JN303765

演習形式で学ぶ

特殊関数・積分変換入門

蓬田 清 著

共立出版

はじめに

　理工系全般向けの物理数学に関する教科書，参考書，演習書はこれまで多く出版されているが，この一冊を新たに執筆しようと考えたのは，大学理工系学部教育を取り囲む昨今の二つの環境変化に既存の類書は対応していないと感じたからである．第1は，計算機，とりわけ誰でも簡単にマウスをクリックするだけでかなり複雑な数理的な問題を解き，さらに図示（最近では動画も）できるパソコン＋計算ソフトのコンビの急速な発展である．数式ばかりか，プログラムの中身も全くわからずに計算結果が得られてしまう状況に，理工系の大多数の学生が直面している現状で，物理数学が持つ意味は一昔前とは大きく異なっている．第2に，中等教育以下の数学教育の簡素化により，日本の学部教育（世界的に見ても同様であろう）での従来の内容の多くが十分な講義等の時間を確保できない点である．講義のレベルの低下はやむをえないが，一方で最先端の研究を大学院以降ではいやがおうにも要求されている現状では，少しでも余裕のある学生には要点のみを講義し，あとは自習に任せるしかない．あるいは，大学院段階で，各自の研究に必要な部分を実感した学生が自主的に後から学びたいと思った場合に，これを助ける教材こそが今は必要であろう．

　私なりにこのように感じた時代のニーズに少しでも応えたいと，本書を執筆した．まず内容面は，複素関数の復習から始まり，特殊関数，それも応用として多くの分野で重要と思われる球関数と円筒関数に，特にページを割いた．さらに，フーリエ級数から，フーリエ変換等の積分変換の応用へと展開し，グリーン関数とデルタ関数の重要性を意識した．類書にないもう一つの特徴は，理工系で広く利用される2階常微分方程式と積分表示式を強調し，これに対して，級数展開および最急降下法という「近似解法」を中心概念に当てたことである．最後のWKBJ法や積分方程式入門の二章でも，この点に触れた．すなわち，証明や厳密解は二の次にして，「とにかく解，それもある程度の精度の範囲で求めることができれば十分である」という極めて実用的な立場を取った．一方で，近似解法もできるだけ統一した概念を常に意識して説明し，幅広い問題に応用で

きるガイドにもなるように努めた．形式的には，例題とその解答を通じての解説を中心とし，自習しやすい本にと心掛けた．演習問題も数多くを載せるのでなく，ある程度の解説も交えた詳しい解答を載せ，これも読み進めることで理解が深まるようにと考えた．つまり，問題を解きながらの学習を想定している．大学院入学試験の準備にも，利用できるはずである．

先に強調したように証明は極力省力し，個人的な経験から実際の研究を進める上で重要と思われる物理モデルの概念と数式のつながりを直感的に理解できるような解説に力点を置いた．「直感的」と言うと，今では最初に述べたようにパソコンから出てくる図や動画を連想されがちである．しかし，図と数式を連携させて理解できるかが，多くの理工系の研究において新しいアイデアを生み出す鍵と強く感じており，この点を常に意識したつもりである．各節や問題ごとに難易度を★の数で表すとともに，従来の証明中心主義の色が濃い部分や問題は†の印を付けた．★が一つの節と問題のみを拾って最後まで読み切れれば，理工系のどの分野の基礎としては，まずは十分である．その後で興味を持ったり，必要に迫られた場合のみ，難解な部分や証明等を学習すればよいという明確な指針を与えた点も，特徴である．

本書のスタートは，北海道大学理学部地球科学科（地球物理学）において「物理数学 II 演習」および「物理数学 III」を数年にわたり担当した際に，宿題として問題を書きためたもの，また十分な時間が取れない部分を追加資料として配布したノートである．書きなぐった手書きのノートを，TA であった本多亮博士が LaTeX 形式の多くの原稿として作成してくれたことが，たいへん助けとなった．また，見延庄士郎先生は並行して行っていた講義・演習の自作ノートを提供していただき，教材の選択に大いに参考となった．本書のまとめは，筆者が日本学術振興会の援助により，英国ケンブリッジ大学ブラード研究室に滞在中に行われた．A.J. Haines 博士と研究所のスタッフには，滞在に際してたいへん面倒を見ていただいた．北海道大学理学部数学教室の泉屋周一，中村玄先生は，この原稿を共立出版に紹介していただいた．共立出版の小山透氏は，出版のプロとして細かな点まで根気よく面倒をみていただいた．これらすべての方のご好意がなければ本書はできなかったわけで，この機会に心より感謝の気持ちを表したい．

2007 年 1 月　蓬田　清

目 次

第1章 複素関数論のまとめ
- 1.0 i の平方根は？★ *1*
- 1.1 複素数★ *3*
- 1.2 複素関数とその微分★ *4*
- 1.3 複素関数の積分★ *7*
- 1.4 ローラン展開★ *10*
- 1.5 留数定理★ *13*
- 1.6 コーシーの主値積分★ *16*
- 1.7 分岐とリーマン面★★ *18*

第2章 特殊関数の基礎知識
- 2.1 偏微分方程式と変数分離★ *32*
- 2.2 特殊関数の統一的な解釈：序論★ *36*
- 2.3 常微分方程式の級数解★ *39*

第3章 ルジャンドル多項式と球面調和関数
- 3.1 ルジャンドルの微分方程式★ *47*
- 3.2 ルジャンドル多項式の級数解★† *51*
- 3.3 積分表示式，母関数および漸化式★ *55*
- 3.4 ルジャンドル多項式の直交性★ *58*
- 3.5 ルジャンドル陪関数★ *61*
- 3.6 球面調和関数★ *63*
- 3.7 ルジャンドル多項式の加法定理★ *66*

第4章 ベッセル関数
- 4.1 ベッセルの微分方程式とベッセル関数★ *74*

4.2　ベッセル関数の直交性* 78
　　4.3　母関数，加法定理，および積分表示式* 80
　　4.4　ハンケル関数と漸近展開序論*† 81
　　4.5　ベッセル関数に関係する諸関数* 87

第5章　積分の漸近展開：最急降下法

　　5.1　ラプラスの方法* 93
　　5.2　停留値法* 95
　　5.3　最急降下法（鞍部点法）** 97
　　5.4　ハンケル関数の漸近形** 100
　　5.5　積分の高次の漸近展開序論** 103

第6章　エルミートとラゲール多項式

　　6.1　エルミート多項式** 110
　　6.2　ラゲール多項式** 119

第7章　直交関数展開とフーリエ級数

　　7.1　直交多項式展開*† 128
　　7.2　フーリエ級数* 131
　　7.3　複素フーリエ級数展開* 135

第8章　フーリエ変換とデルタ関数

　　8.1　フーリエ変換* 141
　　8.2　デルタ関数*† 145
　　8.3　多重フーリエ変換と畳み込み* 147
　　8.4　フーリエ変換の応用例：グリーン関数** 148
　　8.5　超関数としてのデルタ関数等の簡単な応用**† 151

第9章　ラプラス変換とその他の積分変換

　　9.1　ラプラス変換* 163
　　9.2　フーリエ・ベッセル変換** 169
　　9.3　メラン変換** 171
　　9.4　ヒルベルト変換* 173

第10章　WKBJ法（物理学ではWKB法）

- 10.1　転移点（ゼロ点）がない場合の近似解* 177
- 10.2　転移点（ゼロ点）付近での近似解* 181
- 10.3　転移点での解の接続** 182

第11章　積分方程式

- 11.1　簡単な積分方程式の解法* 186
- 11.2　アーベル問題：逆問題の一例**† 187
- 11.3　積分方程式の分類*† 191
- 11.4　縮退した核の積分方程式の解法* 193
- 11.5　ノイマン展開とボルン近似** 194

練習問題解答 203

参考文献 284

重要公式等の抜粋 286

索　引 288

第1章
複素関数論のまとめ

　この章では，複素関数についての基礎的な内容をまとめる．ただし，系統的な扱いはせず，本書の主な目的である，特殊関数，積分変換，積分や微分方程式の近似解法の理解に必要な項目のみを扱う．収束等の厳密な証明には注意を払わず，直感的な理解に重点を置く．より詳しい解説や厳密な証明については，参考文献の複素関数論の専門書（例えば，有馬・神部，スミルノフ6巻，小野寺）を参照すること．

　まず，以下の例題 1-0 を試してみよう．ステップ1をすんなり解答できるなら，この章は読み飛ばして第2章に直ちに進み，後から必要に応じて本章の該当する箇所を読み返せばよい．ステップ2まで理解しているのであれば，本書で必要な複素関数論を十分に習得している．ただし，そのような読者でも，上述の専門書にある厳密な解説に対して，本章のような直感的な切り口は，理解を深める上で参考になると思われる．余裕があれば，部分的に拾い読みすることを薦める．

1.0　i の平方根は？ *

以下の例題を試み，本章の内容の理解度をチェックすること．

[例題 1-0]　純虚数 i の平方根を求めよ．さらに，3乗して i になる値，すなわち $\sqrt[3]{i}$ を求めよ．

[解答]　複素関数論の知識のない高校生でも，ちょっと工夫できる者なら，次のように求めることができるはずである．この例題の答えも「複素数であろう」から，「$x+iy$ と仮定」して，実数 x, y を求めればよい：

$$(x+iy)^2 = x^2 - y^2 + 2xyi = (\sqrt{i})^2 = i \longrightarrow x^2 - y^2 = 0,\ 2xy = 1$$

$2xy = 1$ の両辺を 2 乗し，もう一つの式である $x^2 = y^2$ を代入すると，

$$4x^2y^2 = 4x^4 = 1^2 = 1 \quad \longrightarrow \quad x^4 = \frac{1}{4} \quad \longrightarrow \quad x^2 = \pm\frac{1}{2}$$

x は実数なので，x^2 は正の実数となる．よって，正の符号の方を取ると，

$$x^2 = \frac{1}{2} \quad \longrightarrow \quad x = \pm\frac{1}{\sqrt{2}}$$

となる．$2xy = 1$ より，$y = \pm 1/\sqrt{2}$ と求まり（± は x の符号に選択に従う），結局

$$\sqrt{i} = x + iy = \pm\left(\frac{1+i}{\sqrt{2}}\right)$$

と求められる（3 乗根も，複雑になるが同様に求められる）．これを**ステップ 0** とする．

しかし，複素関数論を学んでいれば，すぐ後に示す図 1.1 の複素平面，そして複素数の極座標表現である $i = e^{i\frac{\pi}{2}}$ を利用することができれば，

$$\sqrt{i} = (i)^{1/2} = \left(e^{i\frac{\pi}{2}}\right)^{1/2} = e^{i\frac{\pi}{4}} = \cos\frac{\pi}{4} + i\sin\frac{\pi}{4} = \frac{1+i}{\sqrt{2}}$$

と簡単に求められる．3 乗根も同様に考えれば，複雑な計算は全く不要で，

$$\sqrt[3]{i} = (i)^{1/3} = \left(e^{i\frac{\pi}{2}}\right)^{1/3} = e^{i\frac{\pi}{6}} = \cos\frac{\pi}{6} + i\sin\frac{\pi}{6} = \frac{\sqrt{3}+i}{2}$$

と簡単に求まる．ここまでを**ステップ 1** とする．

しかし，極座標による単純な平方根の解答では，高校生でも可能な**ステップ 0** の解答の正の符号の $(1+i)/\sqrt{2}$ しか得られない．負の符号の $-(1+i)/\sqrt{2}$ も 2 乗すれば，確かに i になる．では，なぜ，**ステップ 1** では求めることができないのか？

この問いについて簡単に説明できる読者は，以下の**ステップ 2** をマスターしており，本書での必要な複素関数論について十分な理解があると判断してよい．正解は，本章の 7 節に説明する「分岐」の概念に基づく．**ステップ 1** の解答では，純虚数 i の偏角（位相）を $\pi/2$，すなわち 90 度とみなした．しかし，素直でないある読者が，90 度の代わりに原点回りを一周した後の角度である $90 + 360 = 450$ 度という値を選んでも，まちがいとはいえない．x 軸の正方向から逆回り（時計回り）に角度を測って，-270 度と選んだ別の読者についても，誤りではない．この二つの場合の偏角は，$\pi/2 \pm 2\pi = 5\pi/2, -3\pi/2$ であるから，これらの場合の平方根を**ステップ 1** のようにして求めると，

$$\sqrt{i} = \left(e^{i\frac{5\pi}{2}}\right)^{1/2} = e^{i\frac{5\pi}{4}} = \cos\frac{5\pi}{4} + i\sin\frac{5\pi}{4} = \frac{-1-i}{\sqrt{2}}$$

$$\sqrt{i} = \left(e^{-i\frac{3\pi}{2}}\right)^{1/2} = e^{-i\frac{3\pi}{4}} = \cos\frac{3\pi}{4} - i\sin\frac{3\pi}{4} = \frac{-1-i}{\sqrt{2}}$$

であり，高校生向けの**ステップ 0** の負の符号の解に対応する．

複素平面上の偏角は，この例でわかるように，2π の整数倍の任意性がある．$n =$

..., $-2, -1, 0, 1, 2, ...$ として，純虚数 i は
$$i = e^{i\left(\frac{\pi}{2} + 2\pi n\right)}$$
と一般に表される．n の選択によって（具体的にはどのようなものかは，1.7 節を参照），結果が変わることがある．平方根の場合には，n が偶数の場合には**ステップ 1**で求めた正の符号の値，奇数の場合には負の符号の値に対応する．これが分岐であり，二つの場合を厳密に定義するために，複素平面上では原点から「分岐カット」と呼ばれる線を引いて，これを横切る場合は別の領域に入るとみなして，n の選択を区別する．

3 乗根の場合は n の選択が 3 通りの場合に分けられる．この程度の理解は本書を理解するのに必要なので，不安な読者は 1.7 節を簡単に参照すること．□

1.1 複素数 ★

中学・高校の数学の 2 次方程式の解法で虚数が登場して以来，**複素数** (complex variable, complex number) は実部と虚部の和の形で，学習してきたはずである．理工系の多くの問題などに特に有用なのは，図 1.1 のように横軸に実部，縦軸に虚部を取った**複素平面** (complex plane) 上の点という幾何学的な理解である．つまり，複素数 z を

$$z = x + iy = re^{i\theta} = r(\cos\theta + i\sin\theta) \tag{1.1}$$

と表す．ここで，x, y, r, θ は実数で，$i^2 = -1$ である．x を z の **実部** (real part)（$\operatorname{Re} z$ と表す），y を z の **虚部** (imaginary part)（$\operatorname{Im} z$ と表す）と呼ぶ．極座標による表現では，$r = |z|$ を**絶対値** (absolute value, magnitude)，θ を**位相** (phase) または**偏角** (argument)（$\arg z$ と表す）と呼ぶ．

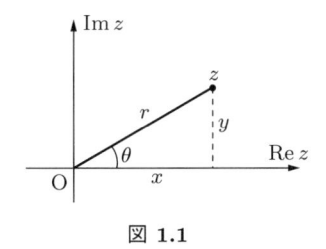

図 1.1

虚数部だけ符号を変えた
$$z^* = x - iy$$

を **複素共役** (complex conjugate) と呼び，以下の結果も示される：

$$|z| = \sqrt{z \cdot z^*} = \sqrt{x^2 + y^2}$$

$$\theta = \tan^{-1}\left(\frac{y}{x}\right) = \tan^{-1}\left(\frac{\mathrm{Im}\, z}{\mathrm{Re}\, z}\right) \quad (0 \leq \theta < 2\pi \text{ または } -\pi < \theta \leq \pi)$$

二つの複素数 z_1, z_2 の積や比，複素平面上の距離 $|z_1 - z_2|$ は，次のようになる：

$$z_1 \cdot z_2 = r_1 e^{i\theta_1} \cdot r_2 e^{i\theta_2} = r_1 r_2 e^{i(\theta_1 + \theta_2)}$$

$$|z_1 \cdot z_2| = |z_1| \cdot |z_2|, \quad \arg(z_1 \cdot z_2) = \arg(z_1) + \arg(z_2)$$

$$z_1 / z_2 = r_1 e^{i\theta_1} / r_2 e^{i\theta_2} = \frac{r_1}{r_2} e^{i(\theta_1 - \theta_2)}$$

$$|z_1 - z_2| = \sqrt{(x_1 - x_2)^2 + (y_1 - y_2)^2}$$

1.2　複素関数とその微分 ★

実数 x を変数とする関数 $f(x)$ に対して，複素数 $z = x + iy$ を変数とする関数 $f(z)$ を **複素関数** (function of a complex variable) と呼ぶ．一般の複素関数はやはり複素数なので，この実部 u と虚部 v によって，

$$f(z) \equiv u(x, y) + iv(x, y) \tag{1.2}$$

と表され，u, v はそれぞれ x, y の 2 変数関数となる．例えば，

$$f(z) = z^3 = (x + iy)^3 = x^3 - 3xy^2 + i(3x^2 y - y^3) = (re^{i\theta})^3 = r^3 e^{i3\theta}$$

ここでは，$u(x, y) = x^3 - 3xy^2$，$v(x, y) = (3x^2 y - y^3)$ となっている．また，極座標での表示で，この例のように z^n の n が整数の場合，z の位相が θ から $n\theta$ となるので，複素平面上で θ を $0 \leq \theta < 2\pi$ のように特に規定しなくても，$f(z)$ の値はただ一つに決まる（n が非整数ではそうならないために，1.7 節の分岐の概念が必要となる）．

次に，複素関数 $f(z)$ の微分について考える．実数関数 $f(x)$ の $x = x_0$ での微分は，微積分の最初の一歩として以下のように定義した：

$$f'(x_0) = \frac{df}{dx}\bigg|_{x=x_0} \equiv \lim_{x \to x_0} \frac{f(x) - f(x_0)}{x - x_0} = \lim_{\Delta x \to 0} \frac{f(x_0 + \Delta x) - f(x_0)}{\Delta x} \tag{1.3}$$

数学的な厳密さを求める者は，上の定義は「$f(x)$ が $x = x_0$ で滑らかな場合」に限られることを言及したいだろう．滑らかでない場合は，$x \to x_0$ の極限につい

ては正側と負側（$x \to x_0+$ または $\Delta x \to +0$, と $x \to x_0-$ または $\Delta x \to -0$）で値が異なる．本書においては，このような厳密な議論は触れない．しかし，理工系の実用的な視点からでも，このような点での挙動は，フーリエ級数のギブス現象（7.2節）やデルタ関数（練習問題 8-4）などで無視できないことのみ，ここで付記しておく．

(1.3) の定義を素直に複素関数へ拡張すれば，$z = z_0$ での微分は

$$f'(z_0) = \frac{df}{dz}\Big|_{z=z_0} \equiv \lim_{z \to z_0} \frac{f(z) - f(z_0)}{z - z_0} = \lim_{\Delta z \to 0} \frac{f(z_0 + \Delta z) - f(z_0)}{\Delta z} \quad (1.4)$$

と定義できる．実数関数 $f(x)$ の場合，$\Delta x \to 0$ の極限について正と負の2方向だけなのに対し，複素関数の場合は $\Delta z \to 0$ の極限は $\Delta z \equiv \Delta x + i\Delta y$ の形からわかるように，実部 Δx と虚部 Δy の兼ね合いより，複素平面上の点 z_0 に向かって360度のどの方向からの極限操作もありうる．

そこで，複素関数の場合に「極限操作の方向によって値 (1.4) が変わらない」ことを **微分可能** (differentiable) とみなし，導関数 df/dx が定義できるとする．このとき，**解析的** (analytic) と呼ばれ，$f(z)$ は **解析関数** (analytic function) と呼ばれる．複素平面のある領域 D 内のあらゆる点で，上の意味で微分可能であり，かつ 1.7 節で説明するような1価関数ならば「$f(z)$ は D において **正則** (regular)」と呼び，そのような関数を **正則関数** (regular function) と呼ぶ．また，$z = z_0$ およびその近傍で $f(z)$ が微分可能の場合，「$f(z)$ において z_0 は **正則点** (regular point)」と呼ぶ．正則でない点は **特異点** (singular point) と呼ぶ．正則点では，1.4 節で説明するようにテイラー展開の形で表現できる．

$f(z)$ が正則である必要十分条件は，次のコーシー・リーマンの微分方程式が成立することである．詳しい証明は参考文献に譲り，ここでは「どの方向からの極限操作でも値は同じ」という本質的な性質を強調するために，(a) 実軸方向および (b) 虚軸方向からの微分が同じである条件（つまり必要条件）のみを示す．ここで $f(z) = u(x,y) + iv(x,y)$ とする：

(a) $\Delta z : (\Delta x, 0)$ の場合：

$$f'(z_0) = \lim_{\Delta z \to 0} \frac{f(z + \Delta z) - f(z)}{\Delta z} = \lim_{\Delta x \to 0} \frac{f(x + \Delta x + iy) - f(x + iy)}{\Delta x}$$
$$= \left(\frac{\partial f(x,y)}{\partial x}\right)_y = \left(\frac{\partial (u + iv)}{\partial x}\right)_y = \frac{\partial u(x,y)}{\partial x} + i\frac{\partial v(x,y)}{\partial x}$$

(b) $\Delta z : (0, i\Delta y)$ の場合：

$$f'(z_0) = \lim_{\Delta z \to 0} \frac{f(z + \Delta z) - f(z)}{\Delta z} = \lim_{\Delta y \to 0} \frac{f(x + i(y + \Delta y)) - f(x + iy)}{i\Delta y}$$

$$= \left(\frac{\partial f(x,y)}{\partial (iy)}\right)_x = \left(\frac{\partial (u + iv)}{\partial (iy)}\right)_x = \frac{\partial v(x,y)}{\partial y} - i\frac{\partial u(x,y)}{\partial y}$$

上の二つが同じであるためには，$u(x,y), v(x,y)$ について，以下の一対の微分方程式が成立する：

$$\frac{\partial u(x,y)}{\partial x} = \frac{\partial v(x,y)}{\partial y} \tag{1.5}$$

$$\frac{\partial v(x,y)}{\partial x} = -\frac{\partial u(x,y)}{\partial y} \tag{1.6}$$

これを コーシー・リーマンの微分方程式 (Cauchy-Riemann differential equations) と呼ぶ．

[例題 1-1] ★ 次の関数は正則関数か？

(a) $f(z) = z^3$, (b) $f(z) = z^*$

[解答] (a) $f(z) \equiv z^3 = (x + iy)^3 = x^3 - 3xy^2 + i(3x^2y - y^3)$

$$u(x,y) = x^3 - 3xy^2, \quad v(x,y) = 3x^2y - y^3$$

となる．コーシー・リーマンの微分方程式は

$$\frac{\partial u}{\partial x} = 3x^2 - 3y^2, \quad \frac{\partial v}{\partial y} = 3x^2 - 3y^2$$

$$\frac{\partial u}{\partial y} = -6xy, \quad \frac{\partial v}{\partial x} = 6xy$$

と成立する．よって，$f(z) = z^3$ は正則関数である．

(b)
$$f(z) \equiv z^* = x - iy$$

より，$u(x,y) = x, v(x,y) = -y$ である．コーシー・リーマンの微分方程式は，

$$\frac{\partial u}{\partial x} = 1, \quad \frac{\partial v}{\partial y} = -1 \quad \frac{\partial u}{\partial y} = 0, \quad \frac{\partial v}{\partial x} = 0$$

より成立せず，正則関数ではない．(多くの初等関数は正則関数であるが，このような単純な形の関数でも正則関数でない場合もあるので，注意が必要である．) □

例題 1-1(a) の $f(z) = z^3$ の場合でも，複素平面のすべての点で正則でない．$|z| \to \infty$ の場合，$u(x,y)$ も $v(x,y)$ も発散するので正則ではなく，ここは特異点となる．逆に，$f(z) = 1/z$ の場合は，原点 $z = 0$ 以外では $|z| \to \infty$ も含めて，正則である．

1.3 　複素関数の積分 *

実数の関数 $f(x)$ が与えられると，$x = x_1$ から $x = x_2$ までの積分は

$$\int_{x_1}^{x_2} f(x)dx$$

と表現される．ここで「一意 (unique)」にその値が決まることが重要である．これに対して，複素関数 $f(z)$ の z_1 から z_2 までの積分

$$\int_{z_1}^{z_2} f(z)dz$$

はどうであろうか？　実数関数の場合と異なって，図 1.2(a) のように z_1, z_2 は

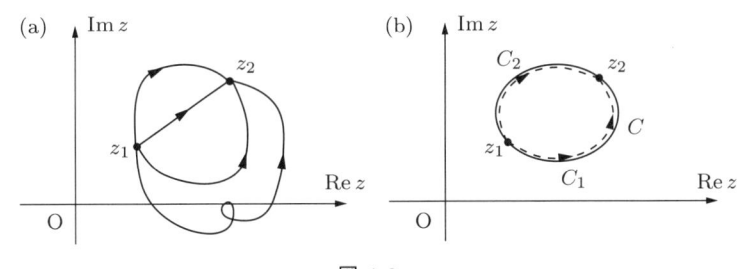

図 **1.2**

複素平面上の 2 点なので，これを結ぶ経路は無限に存在する．すると，この積分はさまざまな値が取れそうである．ところが，以下の「コーシーの積分定理」によって，積分の値は経路ごとに勝手な値を取れないことがわかる：

「**コーシーの積分定理：**　領域 C 内で $f(z)$ が正則であるならば，領域 C を一周する積分路に沿った積分はゼロになる：

$$\oint_C f(z)dz = 0 \tag{1.7}$$

逆に，上の積分がゼロならば，$f(z)$ は領域 C 内で正則である．」

　この重要な定理の証明は，最初に挙げた参考文献を参照することにして，簡

単な証明（厳密さは欠けるが，概念は十分につかめる）のみを示す．

[**コーシーの積分定理の簡単な証明**] ここでは，$f(z) = u + iv$ が正則だから，u, v の x, y についての微分は連続となる．(1.7) の円周積分の実部と虚部を計算する．ガウス・グリーンの定理を用いて，周回積分 $\oint_C$ がその領域の面積分 $\iint_{[C]}$ に変換されることを利用すると，

$$\mathrm{Re}\oint_C f(z)\,dz = \mathrm{Re}\oint_C (u + iv)\,d(x + iy) = \oint_C (u\,dx - v\,dy)$$

$$= \iint_{[C]}\left(-\frac{\partial u}{\partial y} - \frac{\partial v}{\partial x}\right)dxdy = 0$$

コーシー・リーマンの微分方程式 (1.6) が成立するので，最後の積分がゼロとなる．また，

$$\mathrm{Im}\oint_C f(z)\,dz = \oint_C (v\,dx + u\,dy) = \iint_{[C]}\left(-\frac{\partial v}{\partial y} + \frac{\partial u}{\partial x}\right)dxdy = 0$$

と，(1.5) よりやはりゼロになるので，$\oint_C f(z)dz = 0$ が示された． □

コーシーの積分定理を用いると，$\int_{z_1}^{z_2} f(z)dz$ の $z_1 \to z_2$ の二つの異なる積分路が，図 1.2(b) のように $f(z)$ が正則な領域を囲む積分路の場合，

$$\oint_C f(z)dz = \int_{C_1} f(z)dz - \int_{C_2} f(z)dz = 0$$

（C_2 では C での積分の方向と逆なので，マイナスが付く）すなわち，

$$\int_{z_1}^{z_2} f(z)dz \to \int_{C_1} f(z)dz = \int_{C_2} f(z)dz \tag{1.8}$$

を示す．つまり，「積分路によらずに一意に決まる」．次節に示す極や分岐点のような特異点を避ければ，積分路は自分で勝手に選んでも，積分値は (1.8) のように経路ごとに変わらず，これは応用上極めて重要である．

コーシーの積分定理を拡張すると，以下の公式が得られる：

「**コーシーの積分公式：** 複素積分 $f(z)$ が積分路 C 内の領域で正則ならば，この領域内の任意の点 z で

$$f(z) = \frac{1}{2\pi i}\oint_C \frac{f(\zeta)}{\zeta - z}d\zeta \tag{1.9}$$

が成り立つ．また，z が C の外にある場合は，

$$\frac{1}{2\pi i}\oint_C \frac{f(\zeta)}{\zeta - z}d\zeta = 0 \tag{1.10}$$

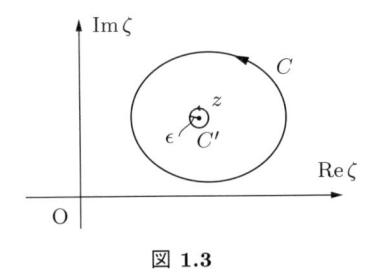

図 **1.3**

となる．ただし，C は反時計回りの積分路とする．」（図1.3 参照）

この詳しい証明も参考文献に譲り，簡単な証明のみを示す．ただし，極座標での極限操作は，後の多くの例で用いるので重要である．

[コーシーの積分公式の簡単な証明]　領域 C 内で $f(\zeta)$ は正則なので，関数 $f(\zeta)/(\zeta-z)$ は領域 C 内で点 $\zeta = z$ 以外では正則である．よって，積分路はこの点を除けば，コーシーの積分定理より積分路を変形できるので，z を中心とした微小半径 ϵ の円周積分 C' に変える（図1.3）．C' の積分を極座標 $\zeta = z + \epsilon e^{i\theta}$ と変数変換すると，積分範囲は $\theta : 0 \to 2\pi$ で，$d\zeta = \epsilon i e^{i\theta} d\theta$ より，

$$\oint_C \frac{f(\zeta)}{\zeta - z} d\zeta = \oint_{C'} \frac{f(\zeta)}{\zeta - z} d\zeta = \int_0^{2\pi} \frac{f(z + \epsilon e^{i\theta})}{\epsilon e^{i\theta}} \epsilon i e^{i\theta} d\theta$$

$$= i \int_0^{2\pi} f(z + \epsilon e^{i\theta}) d\theta \longrightarrow i \int_0^{2\pi} f(z) d\theta = 2\pi i f(z) \quad (\epsilon \to 0) \quad \square$$

(1.9) は，物理的に重要な性質を有する．(1.9) の右辺の周積分 C に対し，左辺は領域 C 内の任意の1点 z での値 $f(z)$ となっている．もし点 z の値がわからなくても，周辺の C 上の値 $f(\zeta)$ のみで $f(z)$ を求めることができる．このような形式を **表現定理** (representation theorem) と呼び，応用上極めて重要である．例えば，地表面での観測値だけから，直接触れることができない地球内部の物理パラメータを，同様な表現定理から推定できる根拠となっている．

コーシーの積分公式 (1.9) の両辺を z で微分すると，

$$f'(z) = \frac{1}{2\pi i} \oint_C \frac{f(\zeta)}{(\zeta - z)^2} d\zeta \tag{1.11}$$

と導関数が表現され，さらに一般に n 回微分すれば，

$$f^n(z) = \frac{n!}{2\pi i} \oint_C \frac{f(\zeta)}{(\zeta - z)^{n+1}} d\zeta \tag{1.12}$$

となる．これを **グルサの公式** (Goursat's formula) と呼ぶ．

[例題 1-2] ★　グルサの公式より，次の積分を求めよ．ただし，積分路 C は原点を中心にした半径 3（ある大きさ以上ならどんな値でもよい）の円とする：
$$I = \oint_C \frac{e^{2z}}{(z+1)^3} dz$$

[解答]　(1.12) に $f(\zeta) = e^{2\zeta}$, $z = -1$, $n = 2$ を代入すれば，
$$\frac{2!}{2\pi i} \oint_C \frac{e^{2\zeta}}{(\zeta+1)^3} d\zeta = f^{(2)}(-1) = \left[\frac{d^2}{dz^2} e^{2z}\right]_{z=-1} = 4e^{-2}$$
より，$I = \oint_C \cdots = 4\pi i e^{-2}$.　□

1.4　ローラン展開 ★

収束条件が満たされれば，実関数はある点 x_0 の回りの **テイラー展開** (Taylor's expansion) で表現される（微分積分学のいずれかの入門書を参照）：
$$f(x) = a_0 + a_1(x-x_0) + a_2(x-x_0)^2 + \cdots + a_n(x-x_0)^n + \cdots$$
$$a_0 = f(x_0), \quad a_1 = f'(x_0), \quad \ldots, \quad a_n = \frac{1}{n!} f^{(n)}(x_0)$$
同様に，複素関数 $f(z)$ の場合も，$f(z)$ が正則である領域内の任意の点 z_0 の回りでテイラー展開が可能となる：
$$f(z) = a_0 + a_1(z-z_0) + a_2(z-z_0)^2 + \cdots + a_n(z-z_0)^n + \cdots$$
$$a_0 = f(z_0), \quad a_1 = f'(z_0), \quad \ldots, \quad a_n = \frac{1}{n!} f^{(n)}(z_0)$$
この級数が収束する領域は z_0 を中心とした円形の領域となる．$f(z)$ が正則である領域内なら収束するので，この「収束半径」は z_0 から最も近い正則でない点，すなわち 特異点までの距離となる．例えば，以下の無限級数を考えると，
$$f(z) \equiv \frac{1}{1-z} = 1 + z + z^2 + z^3 + \cdots$$
$z = 0$ の回りのテイラー展開として収束するには $|z| < 1$，すなわち分母がゼロとなる特異点 $z = 1$ までの半径 1 の円状の領域となる．

複素関数の場合には，特異点が展開する点のすぐそばにあって，その外側の領域の方がむしろ正則である場合も多い．そこで，領域 C 内で特異点がただ一

つ z_1 （**孤立特異点** (isolated singular point) と呼ぶ）で，それ以外は領域 C 内で正則な場合を考える．点 z_0 回りの逆数 $(z-z_0)^{-1}$ のテイラー展開では，収束領域は z_0 を中心にして特異点 z_1 の外側，すなわち半径 $|z_1-z_0|$ の外側領域となる．上の例で $f(z)$ を $1/z$ の無限級数とみなすと，

$$f(z) = \frac{1}{1-z} = -\frac{1/z}{1-1/z} = -\frac{1}{z}\left(1+\frac{1}{z}+\frac{1}{z^2}+\cdots\right)$$

となり，これは $|z|>1$ で収束する．すなわち，原点が中心で半径 1 の円の外側が収束領域となる．もし，z_0 に 2 番目に近い特異点 z_2 が存在する場合は，図 1.4(a) のように半径 $|z_1-z_0|$ と半径 $|z_2-z_0|$ の間のドーナツ状の領域について収束する級数展開となる．例えば，

$$f(z) \equiv e^z = 1+z+\frac{z^2}{2!}+\frac{z^3}{3!}+\cdots$$

では，$|z|<\infty$ の有限領域で収束するのに対し，

$$g(z) \equiv \frac{e^z}{z} = \frac{1}{z}+1+\frac{z}{2!}+\frac{z^2}{3!}+\cdots$$

は，$0<|z|<\infty$ で収束する．すなわち，原点を除いた有限領域で正則となる．

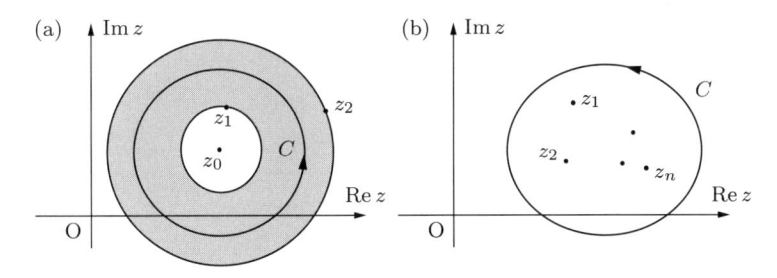

図 1.4

このような場合はテイラー展開を負のベキ級数まで拡張した **ローラン展開** (Laurent expansion) と呼ばれる形式で表現される：

$$\begin{aligned}f(z) &= \cdots + a_{-1}(z-z_0)^{-1} + a_0 + a_1(z-z_0) + a_2(z-z_0)^2 + \cdots\\ &= \sum_{n=-\infty}^{\infty} a_n(z-z_0)^n\end{aligned} \quad (1.13)$$

ここで係数 a_n は，考えている領域を一周する積分 C によって表される：

$$a_n = \frac{1}{2\pi i}\oint_C \frac{f(z)}{(z-z_0)^{n+1}}dz \quad (1.14)$$

[例題1-3] ★† (1.13) の係数 a_n が (1.14) の積分となることを導け（ヒント：z_0 の回りを半径 r で一周する積分路について極座標表現を用いる）．

[解答]　(1.13) の添字を $n \to k$ とし，両辺に $(z-z_0)^{-n-1}$ をかけ，C 上で積分すると，

$$\oint_C \frac{f(z)}{(z-z_0)^{n+1}}dz = \sum_{k=-\infty}^{\infty} a_k \oint_C (z-z_0)^{k-n-1}dz$$

$z - z_0 = re^{i\theta}$ とおくと，$dz = ire^{i\theta}d\theta$ で，積分範囲は $\theta : 0 \to 2\pi$ より，右辺の積分は

$$\oint_C (z-z_0)^{k-n-1}dz = \int_0^{2\pi}(re^{i\theta})^{k-n-1}ire^{i\theta}d\theta = ir^{k-n}\int_0^{2\pi}e^{i(k-n)\theta}d\theta$$

ここで，$k \neq n$ では，$\int_0^{2\pi}\cdots d\theta = 0$ とゼロになる．$k = n$ の場合のみ，$\int_0^{2\pi}\cdots d\theta = \int_0^{2\pi}d\theta = 2\pi$ となるので，$\sum a_k \oint_C \cdots dz = 2\pi i \cdot a_n$ が示される．　□

例えば，次のような特異点 $z = 1, -2$（分母がゼロとなる点）が二つある関数のローラン展開を考える：

$$f(z) = \frac{3}{(z-1)(z+2)} = \frac{1}{z-1} - \frac{1}{z+2}$$

図 1.4(a) で $z_0, z_1, z_2 = 0, 1, -2$ の場合に対応し，三つの領域で以下の展開となる：

(1) $|z| < 1$ の場合：

$$f(z) = -\frac{1}{1-z} - \frac{1/2}{1-\left(-\frac{z}{2}\right)} = -(1+z+z^2+\cdots)-\frac{1}{2}\left(1-\frac{z}{2}+\frac{z^2}{4}+\cdots\right)$$

(2) $|z| > 2$ の場合：

$$f(z) = \frac{1/z}{1-1/z} - \frac{1/z}{1-\left(-\frac{2}{z}\right)} = \frac{1}{z}\left(1+\frac{1}{z}+\frac{1}{z^2}+\cdots\right)-\frac{1}{z}\left(1-\frac{2}{z}+\frac{4}{z^2}+\cdots\right)$$

(3) $1 < |z| < 2$ の場合：

$$f(z) = \frac{1/z}{1-1/z} - \frac{1/2}{1-\left(-\frac{z}{2}\right)} = \frac{1}{z}\left(1+\frac{1}{z}+\frac{1}{z^2}+\cdots\right)-\frac{1}{2}\left(1-\frac{z}{2}+\frac{z^2}{4}+\cdots\right)$$

(1.13) において，(1) は a_n の n が正のみ，(2) は負のみ，そして (3) は正負両方を含んだ場合となる．(3) が図 1.4(a) の色のついた領域に対応する．

1.5 留数定理★

前節のローラン展開の係数のうち, $n = -1$ すなわち a_{-1} は

$$a_{-1} = \frac{1}{2\pi i} \oint_C f(z) dz \tag{1.15}$$

のように, $f(z)$ そのものを積分するとこの係数だけが残るという特別の意味がある. 右辺の積分路 C の内部に特異点 z_0 のみを含むと, z_0 の近傍回りの積分路の場合と積分値は同じなので, この a_{-1} を z_0 固有の値とみなすことができる. a_{-1} を「$f(z)$ の z_0 での**留数** (residue)」と呼び, $\mathrm{Res}(z_0)$ と表す.

任意の周積分路 C 内に有限個 (n 個) の特異点 $z_1, z_2, \ldots, z_n$ があり, それ以外では $f(z)$ が正則ならば (図 1.4(b)),

$$\oint_C f(z) dz = 2\pi i \sum_{i=1}^n \mathrm{Res}(z_i) \tag{1.16}$$

と表すことができ, これを **留数定理** (the theorem of residues) と呼ぶ.

留数定理を用いると, 次のような積分が計算できる. ただし, C は原点中心の円 (例えば, 半径が 2) とする. (以下と同じ値となる積分路の条件は?)

$$I = \int_C \frac{z}{z^2 + 1} dz = \int_C \left(\frac{1}{2} \frac{1}{z-i} + \frac{1}{2} \frac{1}{z+i} \right) dz$$

被積分関数は $z = i, -i$ で特異点を有し, そこでの留数は $(z \pm i)^{-1}$ の係数である $1/2$ に, どちらもなる. よって, $I = 2\pi i \cdot (1/2 + 1/2) = 2\pi i$ と求まる.

ローラン展開において有限な負のベキ乗で打ち切れる場合を考える.

$$f(z) = a_{-k}(z-z_0)^{-k} + a_{-k+1}(z-z_0)^{-k+1} + \cdots$$
$$+ a_{-1}(z-z_0)^{-1} + a_0 + a_1(z-z_0) + a_2(z-z_0)^2 + \cdots \tag{1.17}$$

のように特異点 z_0 の回りのローラン展開とする. すなわち,

$$\lim_{z \to z_0} f(z) = \frac{a_{-k}}{(z-z_0)^k}$$

の場合に当たる. このとき,「$f(z)$ は z_0 に k **位の極** (pole of order k) を持つ」と呼ぶ. この場合, $(z-z_0)^k f(z)$ は点 z_0 でも正則となる. 例えば, 前節で取り扱った $f(z) = 1/(1-z)$ は, $z = 1$ で 1 位の極を持ち, その留数は -1 である.「$f(z)$ は z_0 に k 位の極を持つ」場合, その留数 a_{-1} は以下のように求められる:

$$a_{-1} = \text{Res}(z_0) = \frac{1}{(k-1)!} \left[\left(\frac{d}{dz}\right)^{k-1} \left[(z-z_0)^k f(z)\right] \right]_{z=z_0} \tag{1.18}$$

[例題 1-4] ★† k 位の極 z_0 での留数が (1.18) で表せることを示せ.

[解答] $f(z)$ のローラン展開 (1.17) の両辺に $(z-z_0)^k$ をかけると,

$$(z-z_0)^k f(z) = \sum_{n=0}^{\infty} a_{n-k}(z-z_0)^n$$

この両辺を $(k-1)$ 階微分をすると,

$$\frac{d}{dz}\left[(z-z_0)^k f(z)\right] = \sum_{n=1}^{\infty} a_{n-k} n \cdot (z-z_0)^{n-1} = \sum_{n=0}^{\infty} a_{n+1-k}(n+1)(z-z_0)^n$$

$$\left(\frac{d}{dz}\right)^{k-1}\left[(z-z_0)^k f(z)\right] = \sum_{n=0}^{\infty} a_{n-1}(n+k-1)(n+k-2)\cdots(n+1)(z-z_0)^n$$

となる. ここで $z=z_0$ とおくと, 上の右辺の級数は $n=0$ の項のみ残り,

$$\left(\frac{d}{dz}\right)^{k-1}\left[(z-z_0)^k f(z)\right]_{z=z_0} = a_{-1} \cdot (k-1)(k-2)\cdots 1 = a_{-1} \cdot (k-1)! \quad \square$$

例えば, 次の関数 $f(z)$ は, $z=0$ に 2 位の極と $z=2$ に 1 位の極がある:

$$f(z) = \frac{4}{z^2(z-2)} = -\frac{2}{z^2} - \frac{1}{z} + \frac{1}{z-2}$$

$z=0$ と 2 のそれぞれの極での留数は, -1 および 1 となる. また,

$$f(z) = \frac{1}{z^2} e^{-z} = \frac{1}{z^2}\left(1 - z + \frac{z^2}{2!} - \frac{z^3}{3!} + \cdots\right) = \frac{1}{z^2} - \frac{1}{z} + \frac{1}{2!} - \frac{1}{3!}z + \cdots$$

では, 原点 $z=0$ に 2 位の極があり, そこでの留数は -1 だが, 確かに

$$\text{Res}(z=0) = \frac{1}{(2-1)!} \lim_{z\to 0} \frac{d}{dz}\left[z^2 f(z)\right] = \lim_{z\to 0} \frac{d}{dz} e^{-z} = \lim_{z\to 0}(-e^{-z}) = -1$$

と, (1.18) と一致する. また, 原点以外に特異点がないので, 原点を含む任意の閉曲線 C の積分は, 留数定理 (1.16) よりすべて以下のようになる:

$$\oint_C f(z) dz = \oint_C \frac{1}{z^2} e^{-z} dz = 2\pi i \cdot \text{Res}(z=0) = -2\pi i$$

留数定理によって, さまざまな積分を解析的に求めることができる. コーシー

の積分定理 (1.7) より，都合のよい積分路に変形できることも，それを応用するのに重要である．

[例題 1-5] ★ 複素積分を用いて，以下の積分を求めよ．ただし，a は正の実数とする（注：複素積分を用いずに，(a) はどのように求められるか？）．

(a) $I \equiv \int_0^\infty \dfrac{dx}{1+x^2}$ (b) $I(x) \equiv \int_0^\infty \dfrac{e^{ixy}}{y^2+a^2} dy$

[解答] (a) まず被積分関数は偶関数であることを利用し，

$$2I = \int_{-\infty}^\infty \frac{dx}{1+x^2} = \int_{C_1} \frac{dz}{1+z^2}$$

となる複素積分を捜す．元の積分路は複素平面の実軸上を左から右へ向かう積分路 C_1 である（図 1.5）．コーシーの積分定理や留数定理を用いるには，ある閉曲線に沿った周積分を定める必要がある．C_1 を含む閉曲線を積分路 C は，必然的に複素平面の上半面か下半面を半円状にとなる．ここでは上半面を半円弧として反時計回りに回る積分路 C_2 を考える（下半面 C' でもかまわない，練習問題 1-5 を参照）．以下は，C_2 上での積分を評価する．$z = Re^{i\theta}$ で半径 $R \to \infty$ とする．C_2 は $\theta : 0 \to \pi$ で $dz = iRe^{i\theta}d\theta$ より

$$\int_{C_2} \frac{dz}{1+z^2} = \lim_{R\to\infty} \int_0^\pi \frac{iRe^{i\theta}d\theta}{1+R^2 e^{2i\theta}}$$

$$\simeq \lim_{R\to\infty} \int_0^\pi \frac{iRe^{i\theta}d\theta}{R^2 e^{2i\theta}} = \lim_{R\to\infty} \frac{i}{R} \int_0^\pi e^{-i\theta} d\theta = \lim_{R\to\infty} \frac{i}{R} \frac{2}{i} = 0$$

と寄与がないこともわかる．よって，求めている積分は閉曲線 C の周積分となる：

$$2I = \left(\int_{C_1} + \int_{C_2} \right) \frac{dz}{1+z^2} = \oint_C \frac{dz}{1+z^2}$$

この周積分は，留数定理 (1.16) より閉曲線 C 内の特異点での留数で表される．被積分関数の形から分母 $(1+z^2)$ がゼロとなる $z = i, -i$ の 2 点で 1 位の極を取る．閉曲線 C の内部の極は $z = i$ のみで，この点の留数を (1.18) より計算すると，

$$2I = \oint_C \frac{dz}{1+z^2} = 2\pi i \cdot \text{Res}(z=i) = 2\pi i \left[(z-i)\frac{1}{1+z^2} \right]_{z=i} = 2\pi i \left[\frac{1}{z+i} \right]_{z=i} = \pi$$

すなわち，$I = \pi/2$ と求まる．

(b) (a) と同様に，実軸上で $-\infty$ から ∞ を通るような適当な閉曲線 C を定める：

$$2I(x) = \int_{-\infty}^\infty \frac{e^{ixy}}{y^2+a^2} dy = \oint_C \frac{e^{ixz}}{z^2+a^2} dz$$

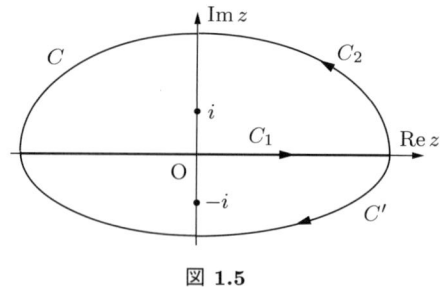

図 1.5

C は (a) と同様に図 1.5 に示すものとなる．上の式が成立するには，無限遠半円上での積分がゼロにならなくてはならない．被積分関数のうち，指数関数は分母のベキ乗関数よりも収束等の程度が強いので（本章の最後の「補足説明」を参照），$|z| \to \infty$ で $|e^{ixz}| \to 0$ となるものを選べばよい．$x > 0$ ならば $\mathrm{Im}\, z > 0$，$x < 0$ ならば $\mathrm{Im}\, z < 0$ を選べば，指数関数にかかる実部が負となり，上の条件を満たす．つまり，それぞれ上半円 C_2，下半円 C' となる（章末の「補足説明」にあるジョルダンの補題に当たる）．

残る作業は，積分路 C 内にある極での留数の計算である．被積分関数の分母がゼロになる $z = \pm ia$ に 1 位の極があるので，x の符号に応じて次のようになる：

(1) $x > 0$：上半円の積分路の内部には $z = ia$ の極のみ含まれるので，

$$I = \oint_{C_1+C_2} \frac{e^{ixz}}{z^2+a^2} dz = 2\pi i \cdot \mathrm{Res}(z=ia) = 2\pi i \left[(z-ia)\frac{e^{ixz}}{z^2+a^2}\right]_{z=ia}$$

$$= 2\pi i \left[\frac{e^{ixz}}{z+ia}\right]_{z=ia} = 2\pi i \frac{e^{-ax}}{2ai} = \frac{\pi}{a} e^{-ax}$$

(2) $x < 0$：$z = -ia$ のみ下半円内にあり，反対の時計回りの積分路も考慮して，

$$I = \oint_{C_1+C'} \cdots dz = -2\pi i \cdot \mathrm{Res}(z=-ia) = -2\pi i \left[(z+ia)\frac{e^{ixz}}{z^2+a^2}\right]_{z=-ia} = \frac{\pi}{a} e^{ax}$$

二つの場合をまとめると，$I(x) = \pi e^{-a|x|}/a$．□

1.6　コーシーの主値積分 ★

これまでは関数の特異点が積分経路の内または外にある場合を扱い，コーシーの積分定理や留数定理の有効性を考えた．ここでは，実軸上の積分で積分路の上に特異点がある次のような場合を考える：

$$\int_a^b \frac{f(x)}{x-x_0} dx$$

ただし，a, b, x_0 は実数であり，上の積分路は x_0 を含む，すなわち $a < x_0 < b$ とする．$f(x)$ は x_0 を含めて実軸上で正則とする．被積分関数そのものは x_0 で発散するので，厳密な積分の定義ではこの積分は存在しない．しかし，x_0 の正と負の両側から同じ距離を保ちながら近づけば（図 1.6(a)），正負の発散が打ち消しあい，その極限は有限な値が期待できる．すなわち，上の積分を近似した次のような積分を定義する：

$$P\int_a^b \frac{f(x)}{x-x_0}dx \equiv \lim_{\epsilon \to +0}\left[\int_a^{x_0-\epsilon} \frac{f(x)}{x-x_0}dx + \int_{x_0+\epsilon}^b \frac{f(x)}{x-x_0}dx\right] \quad (1.19)$$

通常の積分の定義と異なることを明確にするため，積分の前に符号 P を付ける．積分 (1.19) を **コーシーの主値積分** (Cauchy principal value) と呼ぶ．被積分関数を複素平面上で定義すると，$f(z)/(z-x_0)$ は，$z=x_0$ で 1 位の極を持つことになり，元の積分との違いは小さな半円の積分路 C' となる（図 1.6(b) の II）．$z = x_0 + \epsilon e^{i\theta}, dz = i\epsilon e^{i\theta}d\theta$ の変数変換（半径 ϵ）で積分範囲が $\theta : \pi \to 0$ となり，

$$\int_{C'}\frac{f(z)}{z-x_0}dz = \int_\pi^0 \frac{f(x_0+\epsilon e^{i\theta})}{\epsilon e^{i\theta}}i\epsilon e^{i\theta}d\theta = i\int_\pi^0 f(x_0+\epsilon e^{i\theta})d\theta$$
$$\longrightarrow if(x_0)\int_\pi^0 d\theta = -i\pi f(x_0) \quad (\epsilon \to 0)$$

すなわち，以下のような通常の積分と主値積分との関係が求まる：

$$\int_a^b \frac{f(x)}{x-x_0}dx = P\int_a^b \frac{f(x)}{x-x_0}dx - i\pi f(x_0) \quad (1.20)$$

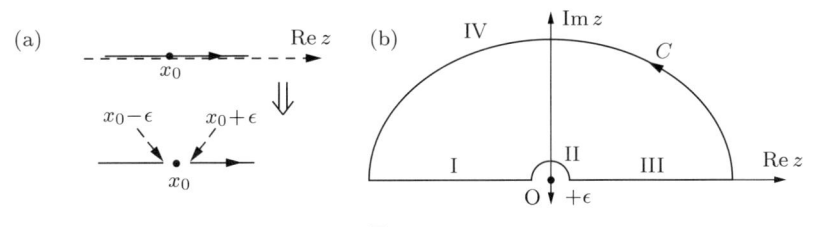

図 1.6

[例題 1-6] ★★　以下の主値積分を求めよ：
$$P\int_{-\infty}^{\infty} \frac{e^{ix}}{x} dx$$

[解答]　図 1.6(b) に示す積分路 C の複素積分を考える（無限半円で積分ゼロになれば，問題の積分と同じになる）．この積分路の内部には特異点はないのでゼロとなる：

$$\oint_C \frac{e^{iz}}{z} dz = \left\{\int_\mathrm{I} + \int_\mathrm{II} + \int_\mathrm{III} + \int_\mathrm{IV}\right\} \frac{e^{iz}}{z} dz = 0$$

ここで，無限遠半円での積分は $z = Re^{i\theta}$, $dz = iRe^{i\theta} d\theta$ $(\theta : 0 \to \pi)$ と変換して，

$$\int_\mathrm{IV} \frac{e^{iz}}{z} dz = \int_0^\pi \frac{e^{iRe^{i\theta}} iRe^{i\theta}}{Re^{i\theta}} d\theta = i\int_0^\pi e^{-R\sin\theta + iR\cos\theta} d\theta \longrightarrow 0 \quad (R \to \infty)$$

最後の極限がゼロになるのは，$0 < \theta < \pi$ より $\sin\theta > 0$ とである点に注意．一方，原点回りの小さな半円では，$z = \epsilon e^{i\theta}$, $dz = i\epsilon e^{i\theta} d\theta$ $(\theta : \pi \to 0)$ と変換して

$$\int_\mathrm{II} \frac{e^{iz}}{z} dz = \int_\pi^0 \frac{e^{i\epsilon e^{i\theta}} i\epsilon e^{i\theta}}{\epsilon e^{i\theta}} d\theta = -i\int_0^\pi e^{i\epsilon e^{i\theta}} d\theta \longrightarrow -i\int_0^\pi d\theta = -i\pi \quad (\epsilon \to 0)$$

残りの I, III での積分は実軸上なので，変数は複素数 z より実数 x となり，$\epsilon \to 0$ の極限では，これらの積分の和はコーシーの主値積分となるので

$$\left\{\int_\mathrm{I} + \int_\mathrm{III}\right\} \frac{e^{ix}}{x} dx = P\int_{-\infty}^{\infty} \frac{e^{ix}}{x} dx = -\int_\mathrm{II} \frac{e^{iz}}{z} dz = i\pi \quad (1.21)$$

(1.21) の実部と虚部を書き下すと，以下の結果となる（**フレネル積分** (Fresnel integral) と呼ばれ，干渉縞などの波動現象に用いられる）：

$$P\int_{-\infty}^{\infty} \frac{\cos x}{x} dx = 0, \quad P\int_{-\infty}^{\infty} \frac{\sin x}{x} dx = \pi \quad (1.22)$$

□

1.7　分岐とリーマン面 ★★

これまでは，ローラン展開の有限の負のベキ乗で表される特異点である，極について考えた．これとは別のタイプの特異点を以下に簡単に説明する（ローラン展開では無限の負のベキ乗となる）．極のような特異点の回りでは，複素関数 $f(z)$ は **1 価関数** (single-valued function) である．つまり，複素変数 z が与えられると，$f(z)$ は一意 (unique) に定まる．複素関数の場合，これは「複素

1.7 分岐とリーマン面** 19

変数 z の位相を任意に選んでも,$f(z)$ の値はただ一つの値しか取らない」と解釈してよい.複素変数 z の位相は,複素平面上のある点を指定すると,2π の整数倍だけの任意性が残る.例えば,第 1 象限の 45 度の角度の点の位相は $\pi/4$ と普通はみなすが,2π の整数倍を加えた $\ldots, -1\frac{3}{4}\pi, 2\frac{1}{4}\pi, 4\frac{1}{4}\pi, \ldots$ と解釈しても構わない.1 価関数とは,複素平面上の 1 点 z について上に示すどの位相の値を選択しても $f(z)$ の値がただ一つである,という意味である.$f(z) = z^2$ は 1 価関数の例である(確かめよ).

$f(z)$ が 2π の整数倍の任意性による z の位相の取り方によって,異なる値(複素平面上で異なった点)を取る場合もあり,これを **多価関数** (multi-valued function) と呼ぶ.一例として,1.0 節で扱った $f(z) = z^{1/2}$ を考える.このような非整数のベキ乗関数は極座標表現で考えるとわかりやすい:

$$z = re^{i\theta} \longrightarrow f(z) = \{re^{i\theta}\}^{1/2} = r^{1/2}e^{i\frac{\theta}{2}} = r^{1/2}\left(\cos\frac{\theta}{2} + i\sin\frac{\theta}{2}\right) \quad (1.23)$$

となるが,z の位相を 2π ずらした場合,$f(z)$ の値はどうなるか?

$$z = re^{i(\theta+2\pi)} \longrightarrow f(z) = \{re^{i(\theta+2\pi)}\}^{1/2} = r^{1/2}e^{i\frac{\theta}{2}+i\pi} = -r^{1/2}e^{i\frac{\theta}{2}} \quad (1.24)$$

z は同じ値(複素平面上で同じ点)なのに,位相の取り方によって $f(z)$ は (1.23) と (1.24) のように異なる値を取る.すなわち,$z_1 = re^{i\theta}$,$z_2 = re^{i(\theta+2\pi)}$ について,$z_1 = z_2$ だが,$f(z_1) \neq f(z_2) = -f(z_1)$ となり,多価関数の一例となる.図 1.7(a) では点 A が $z = 4e^{i\pi/4}$ とした場合と,$z = 4e^{i(\pi/4+2\pi)} = 4e^{i9\pi/4}$ とした場合,図 1.7(b) のように $f(z) = z^{1/2}$ が点 B の $f(z) = 2e^{i\pi/8}$ と点 C の $f(z) = 2e^{i9\pi/8}$ という二つの異なった値(複素平面上の点)を取ることを示す.この例では,$z = e^{i\theta+2\pi in}$ で,n が偶数と奇数の場合によって,$f(z)$ が二つの値に分かれる.多価関数のうちでも,これは **2 価関数** (double-valued function) と呼ばれる.

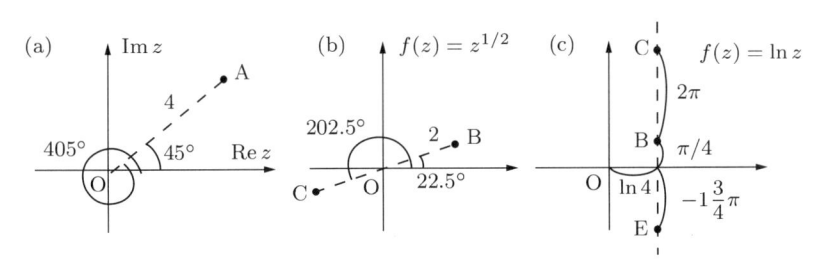

図 1.7

[例題 1-7] ★ $f(z) = z^{1/3}$ は，複素平面上のある 1 点について，位相により三つの値を取りうることを示せ（よって，3 価関数と呼ばれる）．さらに，$f(z) = z^{1/n}$（n は正の整数）の場合，複素平面上のある 1 点について，n 個の異なる値を取ることを示せ（n 価関数と呼ばれる）．

[解答] $z = re^{i\theta}$ とすると，$f(z) = z^{1/3} = r^{1/3}e^{i\theta/3}$ となるが，この点を $z = re^{i(\theta+2\pi)}, re^{i(\theta+4\pi)}$ とみなせば，それぞれ $f(z) = r^{1/3}e^{i\theta/3+i2\pi/3}$，$r^{1/3}e^{i\theta/3+i4\pi/3}$ と異なる値となる．さらに，$z = re^{i(\theta+6\pi)}$ とみなすと $f(z) = r^{1/3}e^{i\theta/3+2\pi i} = r^{1/3}e^{i\theta/3}$ のように，元の値に戻る．つまり，$z = re^{i(\theta+2\pi m)}$ として，$m = 3k, 3k+1, 3k+2$（k は整数）の三つの場合のいずれかで，三つの異なった $f(z)$ の値となる．一般に $f(z) = z^{1/n} = r^{1/n}e^{i\theta/n}$ では，$z = re^{i(\theta+2\pi m)}$ では

$$f(z) = r^{1/n}e^{i\theta/n}e^{i2\pi m/n} \tag{1.25}$$

となり，$m = nk, nk+1, \ldots, nk+(n-1)$ の n 通りに異なる値を取る． □

次に，$f(z) = \ln z$ を考える．複素関数として以下のように定義される：

$$f(z) = \ln z = \ln\left(re^{i\theta}\right) = \ln r + i\theta \tag{1.26}$$

前の例の点 A（図 1.7(a)）について，例えば，位相を $\theta = \pi/4$ と取ると，

$$f(z) = \ln\left(4e^{i\frac{\pi}{4}}\right) = \ln 4 + i\frac{\pi}{4}$$

と，図 1.7(c) の点 B の値となる．これに対して，点 A の位相が 2π 異なった $z = 4e^{i(\pi/4+2\pi)}$ とみなした場合，

$$f(z) = \ln\left(4e^{i\left(\frac{\pi}{4}+2\pi\right)}\right) = \ln 4 + i\left(\frac{\pi}{4}+2\pi\right)$$

となり，図 1.7(c) の点 B に比べて虚部が 2π だけ異なる点 C の値を取る．さらに，位相を 2π 増やした $z = 4e^{i(\pi/4+4\pi)}$ として点 A を考えると，

$$f(z) = \ln\left(4e^{i\left(\frac{\pi}{4}+4\pi\right)}\right) = \ln 4 + i\left(\frac{\pi}{4}+4\pi\right)$$

となり，点 C からさらに虚部が 2π 増えた点となる．最初に定義した位相 $\theta = \pi/4$ から逆に 2π だけ少ない $z = 4e^{i(\pi/4-2\pi)}$ とみなすと，

$$f(z) = \ln\left(4e^{i\left(\frac{\pi}{4}-2\pi\right)}\right) = \ln 4 + i\left(\frac{\pi}{4}-2\pi\right)$$

と，今度は点 B から虚部が 2π だけ小さい点 E の値となる．これらをまとめると，一般に点 A は $z = 4e^{i(\pi/4+2n\pi)}$（ただし，n は整数）と考えられるので，

$$f(z) = \ln\left(4e^{i\left(\frac{\pi}{4}+2n\pi\right)}\right) = \ln 4 + i\left(\frac{\pi}{4}+2n\pi\right) \tag{1.27}$$

となり，実部が $\ln 4$ の上に一つの n の値に対して，虚部が 2π ずつ離れた点の値を取る．つまり，位相の選択によって関数 $f(z) = \ln z$ は，z の一つの点から無限個の点の値を取りうることを示している．

このように多価関数では，位相 2π の任意性が残る．そこで，複素平面 z にある変更を与えて，1 対 1 の関数関係（つまり，z の値が決まれば，$f(z)$ はただ一つの値しか取りえない）になるようにする．例として，2 価関数 $f(z) = z^{1/2}$ を考える．この場合は $z = re^{i(\theta+2n\pi)}$ （n は整数，さらに便宜上 $0 < \theta < 2\pi$ と指定する）と表すと，

$$f(z) = z^{1/2} = r^{1/2}e^{i\left(\frac{\theta}{2}+n\pi\right)} \tag{1.28}$$

の値を取る．n が奇数 (odd) と偶数 (even) では，$e^{in\pi} = 1$ および -1 とそれぞれなるので，(1.28) は

$$f(z) = \pm r^{1/2}e^{i\frac{\theta}{2}} \tag{1.29}$$

となる．つまり，z の位相 ϕ が次のどちらにより，$f(z) = z^{1/2}$ の値が異なる:

$$\ldots, -4\pi \leq \phi < -2\pi,\ 0 \leq \phi < 2\pi,\ 4\pi \leq \phi < 6\pi, \ldots \tag{1.30}$$

$$\ldots, -2\pi \leq \phi < 0,\ 2\pi \leq \phi < 4\pi,\ 6\pi \leq \phi < 8\pi, \ldots \tag{1.31}$$

z の位相によってこれら二つのグループに複素平面を分ければ，$f(z)$ はただ一つの値に定めることができる．このようなグループについて，「複素関数 $f(z) = z^{1/2}$ には二つの**分岐** (branch) がある」と呼ぶ．二つの分岐を示すため，その境界線を複素平面上に定める必要がある．この境界線を**分岐カット** (branch cut) と呼ぶ．

上の例では $\phi = 0$ の点と $\phi = 2\pi$ の点は複素平面上で正の実軸上の同じ点だが，$f(z) = z^{1/2}$ では分岐カットにより異なる二つの点とみなす．図 1.8(a) の点 A と点 B が，図 1.8(b) の $f(z)$ では異なる点 A′ と点 B′ になる．z の位相 ϕ が $0 \to 2\pi$ に変わるには，$z = 0$ の回りを 1 回転しなくてはならない（$z = 0$ を含まずに 1 回転しても ϕ は元に戻ることを確かめよ）．つまり，$f(z) = z^{1/2}$ では，複素平面上で $z = 0$ を一回りすると z は元の値に戻らない．（このような $z = 0$ の回りで $f(z)$ をローラン展開をすると，負のベキ乗項は無限まで続くことを確認せよ．）$z = 0$ は極とは異なった多価関数に関係する特異点であり，

(1.30), (1.31) のように分岐を規定する基準点であり，**分岐点** (branch point) と呼ぶ．分岐の境界線である分岐カットは，この分岐点から延びる．そして，「分岐点を一周すると同じ点（複素平面上の同じ点）に戻っても，その関数の値の方は元の値に戻らない」，すなわち別の分岐へと移行する．$f(z) = z^{1/2}$ では，(1.30) と (1.31) の境界線である分岐カットは，分岐点 $z = 0$ から正の実軸に沿って延びている（図 1.8(c)）．分岐カットを横切ると，ある分岐から別の分岐へと移ることになる．$f(z) = z^{1/2}$ は二価関数であり，分岐カットを 2 度同じ方向に横切ると，元の値に戻る．図 1.7 の例では，$z = 4e^{i\pi/4}$ の点から，原点を反時計回りに 1 回転して分岐カットを下から上に横切って元に戻ってきた $z = 4e^{i(\pi/4+2\pi)}$ は異なる点とみなす．しかし，さらに 1 回転して分岐カットをもう一度下から上に横切って戻ってきた点 $z = 4e^{i(\pi/4+4\pi)}$ は元の点 $z = 4e^{i\pi/4}$ と $f(z) = z^{1/2}$ の値は同じなので，同一の点とみなす．つまり，複素平面が 1 枚の面でなく，分岐カットでつながった 2 枚（あるいは 2 重）の平面とみなせばよい．このような多重の複素平面を**リーマン面** (Riemann sheet) と呼ぶ（図 1.8d）．複素平面上では 1 点だが，位相 ϕ によって 2 枚のリーマン面上で二つの独立な点と考える．リーマン面を考慮した（つまり，どちらのリーマン面上かを規定した）ある点 z の値に対しては，関数 $f(z)$ はただ一つの値となる．

ここで，分岐点は関数に固有なものであるが，分岐カットは任意に選べることに注意したい．複素関数 $f(z) = z^{1/2}$ では，分岐点 $z = 0$ から無限方向に延びていく分岐カットを，これまでは正の実軸方向としてきた．これは，z の位相が $\phi = \ldots, -2\pi, 0, 2\pi, \ldots$ を境界にして二つのグループ，すなわち分岐に分けたからである．しかし，例えば，z の位相を次の二つのグループにしても，分

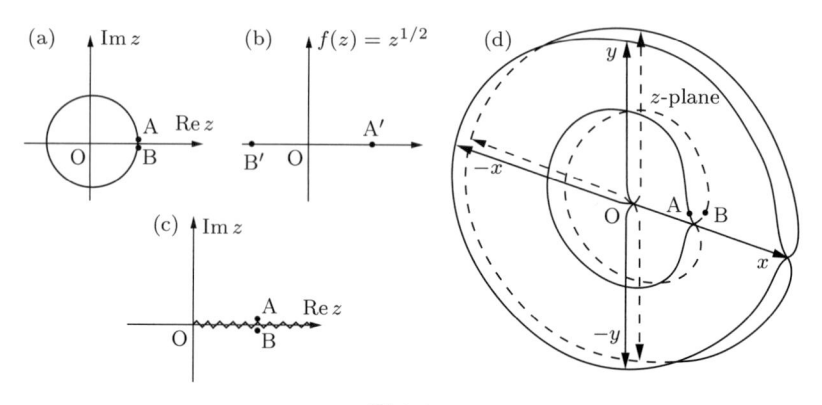

図 1.8

1.7 分岐とリーマン面** 23

岐の概念はやはり満足する：

$$\ldots, -3\frac{1}{2}\pi \leq \phi < -1\frac{1}{2}\pi, \ \frac{\pi}{2} \leq \phi < 2\frac{1}{2}\pi, \ 4\frac{1}{2}\pi \leq \phi < 6\frac{1}{2}\pi, \ldots \quad (1.32)$$

$$\ldots, -1\frac{1}{2}\pi \leq \phi < \frac{\pi}{2}, \ 2\frac{1}{2}\pi \leq \phi < 4\frac{1}{2}\pi, \ 6\frac{1}{2}\pi \leq \phi < 8\frac{1}{2}\pi, \ldots \quad (1.33)$$

この場合，位相が $\ldots, -1\frac{1}{2}\pi, \frac{\pi}{2}, 2\frac{1}{2}\pi, \ldots$ となる所に，二つの分岐の境界，すなわち分岐カットがある．複素平面上では分岐点 $z=0$ から正の虚軸に沿って無限遠まで続く．つまり，分岐カットの位置は，分岐点より延びていれば，どの方向・形状でも構わない．極端な例えを使うと，原点から複雑に折れ曲がった1本の線を無限遠に延びる分岐カットでも構わない（具体的な計算は面倒になるが）．

$f(z) = z^{1/3}$ は，特異点である $z=0$ が分岐点となり，ここから分岐カットが無限遠に延びる．この分岐カットを3回同じ方向に横切ると，例題1-7のように元の値に戻るから，3枚のリーマン面となる．では，$f(z) = \ln z$ はどうなるか？ $z=0$ が分岐点となり，上の二つの関数と同じ図1.8(c) の分岐カットを取ればよい．ところが，この場合は分岐カットを下から上に横切るたびに虚部が 2π ずつ単調増加するので，何度か同じ方向に分岐カットを横切っても元の値には戻れない．元の値に戻るには，必ず反対方向（上から下）に分岐カットを横切る必要がある．つまり，無限枚のリーマン面があると考えればよい．

最後に，二つの分岐点がある場合を考える．以下の関数を取り上げる：

$$f(z) = \sqrt{(z-a)(z-b)} \quad (1.34)$$

ただし，a, b は実数で $a < b$ とする．$f(z) = (z-a)^{1/2}(z-b)^{1/2}$ と考えれば，分岐点は $z=a$ および $z=b$ であり，分岐カットはこの2点から延びる．これまでの例を参考にすると，図1.9(a) のように二つの分岐点から実軸の負および正方向の無限遠方に延びる2本の分岐カットが考えられる．しかし，図1.9(b) のように二つの分岐点を結ぶ1本の分岐カットを考えてもよい．いずれの場合も，$f(z)$ の位相を分岐カットに対してきちんと定義する必要がある．例えば，「$f(z)$ は実軸上で b よりも右側では（特に図1.9(a) では，分岐カットのわずかに上側，のように指定する必要がある）正とする」と定義する．図1.9には複素平面上の場所ごとの $f(z)$ の値を付した．$f(z) = z^{1/2}$ と同様に，分岐カットを2度同じ向きに横切ると元の値に戻るので，2枚のリーマン面となる．

この例では，z を各分岐点の回りの極座標で表現すると簡単である．つまり，

$$z - a \equiv r_1 e^{i\theta_1} \quad z - b \equiv r_2 e^{i\theta_2} \quad (1.35)$$

$$f(z) = \sqrt{(z-a)(z-b)} = (r_1 r_2)^{1/2} e^{i(\theta_1+\theta_2)/2} \tag{1.36}$$

とみなす．分岐カットを横切ると，θ_1, θ_2 が変化する（練習問題 1-10）．

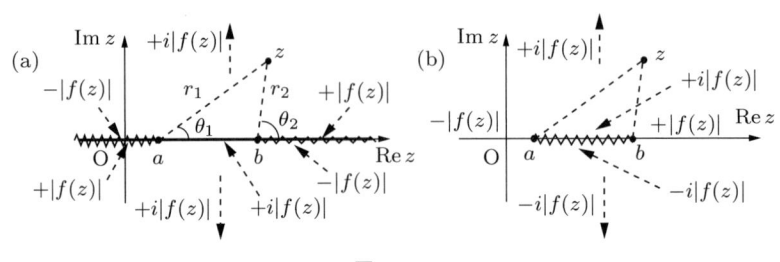

図 1.9

[例題 1-8] ★★　分岐を考慮して，次の積分を求めよ．

$$I \equiv \int_0^\infty \frac{\sqrt{x}}{1+x^2} dx$$

[解答]　分岐がある複素関数を積分する場合，分岐点からの分岐カットを定め，その両側での複素数 z の位相を厳密に指定する必要がある．ここでは，まず実軸上の $0 \to \infty$ を含むある積分路 C の

$$\oint_C \frac{\sqrt{z}\, dz}{1+z^2}$$

を考え，その積分路 C を適当に選ぶ．この被積分関数の特異点は，以下の三つである：(a) $z = i$ の 1 位の極　(b) $z = -i$ の 1 位の極　(c) $z = 0$ の分岐点．二つの極に

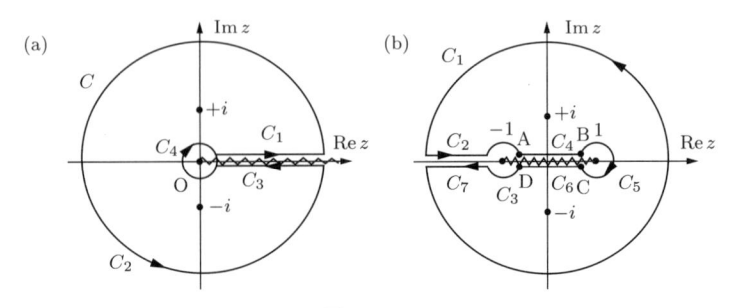

図 1.10

ついては留数定理で扱えるが，分岐点 $z = 0$ からどのように分岐カットを定めればよ

1.7 分岐とリーマン面★★　25

いか？積分路 C は元の $0 \to +\infty$ を含む必要があるので，$z=0$ から正の実軸上に分岐カットを延ばすことにする．次に，$+\infty$ につながる無限遠方の円周部分（C' とする）をどのように取るかを考える．位相が $\theta_1 \to \theta_2$ の円弧とし，$z = Re^{i\theta}$ とおくと，$dz = iRe^{i\theta}d\theta$ より，$R \to \infty$ で

$$\oint_{C'} \frac{\sqrt{z}}{1+z^2}dz = \int_{\theta_1}^{\theta_2} \frac{\sqrt{R}e^{i\frac{\theta}{2}}}{1+R^2 e^{i2\theta}} iRe^{i\theta}d\theta$$

$$\to \int_{\theta_1}^{\theta_2} \frac{iR\sqrt{R}e^{i\frac{3}{2}\theta}}{R^2 e^{i2\theta}}d\theta = \frac{i}{\sqrt{R}}\int_{\theta_1}^{\theta_2} e^{-i\frac{\theta}{2}}d\theta \to 0 \quad (R \to \infty)$$

となる．θ_1 や θ_2 にかかわらずどの範囲でもゼロになるので，実軸上の分岐カットの位置から，$\theta = 0 \to 2\pi$ と一周とする．よって積分路 C は図 1.10(a) のようにする：

$$\oint_C \frac{\sqrt{z}dz}{1+z^2} = \int_{C_1} + \int_{C_2} + \int_{C_3} + \int_{C_4}$$

となり，既に $\int_{C_2} \to 0\,(R \to \infty)$ は示した．また半円 C_4 については $z = \varepsilon e^{i\theta}$ で $\varepsilon \to 0$ とすると，

$$\int_{C_4} \frac{\sqrt{z}}{1+z^2}dz = \int_{2\pi}^{0} \frac{\sqrt{\varepsilon}e^{i\frac{\theta}{2}}\varepsilon i e^{i\theta}}{1+\varepsilon^2 e^{i2\theta}}d\theta \to i\varepsilon^{3/2}\int_{2\pi}^{0} e^{i\frac{3}{2}\theta}d\theta \to 0$$

とゼロになる．よって C_1 と C_3 上の積分だけが残る．これらの積分は分岐カットの上と下の積分路なので，$z = xe^{i\theta}$ の位相 θ を厳密に定義する必要がある．今，$x = 0 \to \infty$ の積分を求めたいので，C_1 をこれに対応させ，C_1 で $\theta = 0$ とする：

$$\int_{C_1} \frac{\sqrt{z}dz}{1+z^2} = \int_0^\infty \frac{\sqrt{x}e^{i\frac{\theta}{2}}}{1+x^2 e^{2i\theta}}e^{i\theta}dx\Big|_{\theta=0} = \int_0^\infty \frac{\sqrt{x}}{1+x^2}dx$$

C_1 で $\theta = 0$ ならば，C_3 上では $\theta = 2\pi$ となるので，

$$\int_{C_3} \frac{\sqrt{z}dz}{1+z^2} = \int_\infty^0 \frac{\sqrt{x}e^{i\frac{\theta}{2}}}{1+x^2 e^{2i\theta}}e^{i\theta}dx\Big|_{\theta=2\pi} = \int_\infty^0 \frac{\sqrt{x}e^{i\pi}}{1+x^2}dx = \int_0^\infty \frac{\sqrt{x}}{1+x^2}dx$$

よって，C についての周積分は，以下のようになることが示された：

$$\oint_C \frac{\sqrt{z}dz}{1+z^2} = \int_{C_1} + \int_{C_3} = 2\int_0^\infty \frac{\sqrt{x}}{1+x^2}dx = 2I$$

C 内部には $z = \pm i$（ただし，上の位相の定義より $i = e^{i\frac{\pi}{2}}, -i = e^{i\frac{3}{2}\pi}$ と定める必要がある）の極があるので，この積分は留数定理 (1.16) と (1.18) より，

$$\oint_C \frac{\sqrt{z}}{1+z^2}dz = 2\pi i\left[\text{Res}(z=i) + \text{Res}(z=-i)\right]$$

$$= 2\pi i\left[\left((z-i)\frac{\sqrt{z}}{1+z^2}\right)_{z=e^{i\frac{\pi}{2}}} + \left((z+i)\frac{\sqrt{z}}{1+z^2}\right)_{z=e^{i\frac{3}{2}\pi}}\right]$$

$$= 2\pi i \left[\frac{\sqrt{e^{i\frac{\pi}{2}}}}{2i} + \frac{\sqrt{e^{i\frac{3}{2}\pi}}}{-2i} \right] = \pi \left[e^{i\frac{\pi}{4}} - e^{i\frac{3}{4}\pi} \right] = \pi \left(\frac{1+i}{\sqrt{2}} - \frac{-1+i}{\sqrt{2}} \right)$$
$$= \pi\sqrt{2}$$

となる．よって $I = \pi/\sqrt{2}$ となる．　□

[分岐の応用例] 波動伝搬理論 ★★†

応用上，分岐が重要である一例を挙げる．水平成層構造（例えば，速度が深さ方向，すなわち z 方向 に主に変化する恒星・惑星・地球の内部，海洋，大気）を伝播する波について考える．速度 c のこのような媒質を図 1.11(a) のように角度 θ で伝播する**平面波** (plane wave)，すなわち波面が直線で振幅が一定の波を考える．伝播方向は (x, z) で $(\sin\theta, \cos\theta)$ なので，角周波数 ω で振幅 A の平面波は次のように表現される：

$$u(x,z,t) = A\exp\left\{i\omega\left(\frac{\sin\theta}{c}x + \frac{\cos\theta}{c}z - t\right)\right\} \tag{1.37}$$

この平面波の表現について，図 1.11(b) のように水平な境界面（ここでは $z=0$）で異なる速度 c_1, c_2 の 2 種類の媒質が接している場合，スネルの法則より (1.37) の x にかかる係数が一定という大きな特徴がある（練習問題 11-3 参照）：

$$\frac{\sin\theta_1}{c_1} = \frac{\sin\theta_2}{c_2} \equiv p \tag{1.38}$$

波線パラメータ (ray parameter)，あるいは速度の逆数なので**水平スローネス** (horizontal slowness) とも呼ばれる p は，水平成層構造を伝播する波では保存される．さらに，固体中の弾性波では P 波（縦波）と S 波（横波）の 2 種類の速度の波が伝搬するが，この二種類の波が境界面で変換される場合にも，p は保存する．よって，平面波は

$$u(x,z,t) = A\exp\left\{i\omega\left(px + \gamma z - t\right)\right\} \tag{1.39}$$

と表現した方が適当である．ここで，z の係数である γ は

$$\gamma \equiv \frac{\cos\theta}{c} = \frac{\sqrt{1-\sin^2\theta}}{c} = \sqrt{\frac{1}{c^2} - p^2} \tag{1.40}$$

となる．p が一定なのに対して，γ は媒質の速度 c によって変化する．すなわち伝播方向が変わる．$\gamma_i \equiv \sqrt{c_i^{-2} - p^2}$ と定義すれば，速度 c_i の媒質を伝播する平面波は

$$u(x,z,t) = A\exp\left\{i\omega\left(px + \gamma_i z - t\right)\right\} \tag{1.41}$$

と p をパラメータとして，さまざまな伝播方向の平面波を統一的に表現できる．

ここまでは (1.40) の γ について，θ が実数，すなわち角度として定義できる場合を暗黙に仮定してきた．速度 c_1 で角度 θ_1 で伝播する平面波は $p = \sin\theta_1/c_1$ であり，

1.7 分岐とリーマン面** 27

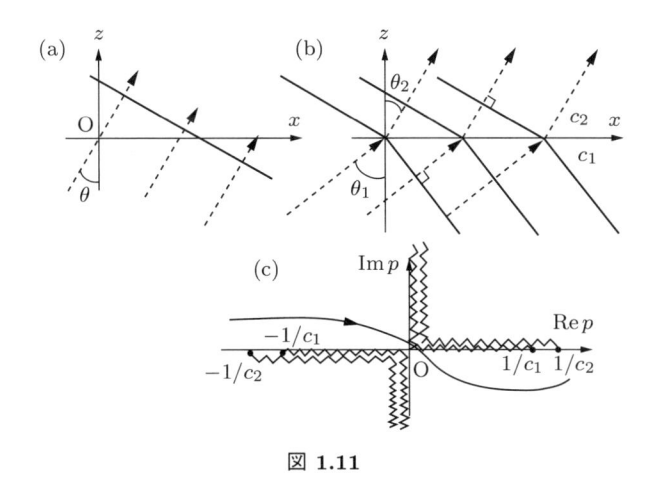

図 1.11

$\gamma_1 = \sqrt{c_1^{-2} - p^2}$ は $p < c_1^{-1}$ なので，単純に定義できる．しかし，速い速度 c_2 の媒質にこの波が伝搬していくと p は保存するので，$\gamma_2 = \sqrt{c_2^{-2} - p^2}$ において $p < c_2^{-1}$ の場合に加えて，$c_2^{-1} < p < c_1^{-1}$ になる場合もある．この場合には，(1.40) の平方根の中が負になってしまうが，γ_2 を複素関数として考えればよい（γ_2 が複素数になると，物理的にはどのような波に対応するか，考えよ）．すると，γ_2 は $p = \pm c_2^{-1}$ という二つの分岐点を持ち，平方根の形式から 2 枚のリーマン面を持つことが わかる．γ_1 も同様に，$p = \pm c_1^{-1}$ に分岐点を持つ．ここでは，虚軸の正と負の無限遠方にそれぞれの分岐点より分岐カットを延ばす．図 1.11(c) のような分岐カットを持つ複素 p 平面で議論すると，水平成層構造の媒質における複雑な波動現象を説明することができる．

例えば，P 波や S 波，および境界面から屈折するようなヘッドウェーブと呼ばれる波は分岐カットに沿った積分に対応する．一方，表面に沿って伝搬し，深さ方向には振幅のみが減衰していく**表面波** (surface wave) という波も存在する．表面波はこの複素平面の極に対応し，留数定理からこの極の回りの積分で表現できる．詳しくは，理論地震学の教科書（参考文献の Aki and Richards）を参照せよ．

[補足説明] 極限操作 *

留数定理 (1.16), (1.18) を有効に利用するには，極や分岐の位置を配慮しつつ複素平面上の積分路を自由に選べる点が重要である．多くの場合，円弧状の積分路を用いて，無限遠 ($z = Re^{i\theta}$, $R \to \infty$)，および，ある点 z_0 の回りの微小半径 ($z = z_0 + \epsilon e^{i\theta}$, $\epsilon \to 0$) という極限操作をして，その積分がゼロになることを利用する例を取り上げた．参考文献に挙げたような複素関数論の専門書ではゼロへの収束を厳密に証明しているが，

28 第 1 章 複素関数論のまとめ

直感的に収束を判定することは，適当な積分路の選択には不可欠である．この目的には，以下のような極限操作における収束の度合を理解するだけで十分である：

$$e^{az} > z^n > \ln z, \quad |z| \to \infty \quad (\text{Re}\,(az) > 0;\, n > 0) \tag{1.42}$$

この関係を極限表現で示すと，例えば

$$\lim_{|z| \to \infty} \frac{z^n}{e^{az}} = \lim_{|z| \to \infty} z^n e^{-az} = 0, \tag{1.43}$$

$$\lim_{|z| \to \infty} \frac{\ln z}{z^n} = \lim_{|z| \to \infty} z^{-n} \ln z = 0 \tag{1.44}$$

となる．無限小円弧の極限については，上の関係の z を z^{-1} に置き換えて，$|z| \to 0$ を考えればよい．例えば

$$\lim_{|z| \to 0} z^n \ln z = 0 \tag{1.45}$$

となる．極言すれば，$\boxed{(指数関数) > (ベキ乗関数) > (対数関数)}$ である．

$\int_C f(z) dz$ という積分においては，$z = Re^{i\theta}$ で $dz = iRe^{i\theta} d\theta$ と R が被積分関数にかかるので，積分路 C が無限遠あるいは無限小半径の円弧として極限の収束を判断する場合には，$f(z) \cdot z$ という関数に対する極限を想定すればよい．

上の極限操作のうち，指数関数については $\text{Re}\,(az) > 0$ という条件をつけた．これはすぐ後に示す「ジョルダンの補題」にも関係するが，

$$e^{az} = e^{\text{Re}(az) + i\text{Im}(az)} = e^{\text{Re}(az)}(\cos \text{Im}(az) + i \sin \text{Im}(az)) \tag{1.46}$$

のように，虚部は三角関数になるので，絶対値には関係しない．そして，無限遠で e^{az} がゼロに収束するには，(1.46) の右辺の指数関数の形より，a が実数で正ならば $\text{Re}\,z < 0$ でなくてはいけない．これは第 2 と第 3 象限を通る，つまり複素平面の左半円に当たる．

「**ジョルダンの補題** (Jordan's lemma)： $|f(z)|$ が $|z|$ が大きいときに一様にゼロに近づく場合，z 複素平面の無限半径の上半円状の積分路 C において，$\text{Re}\,a > 0$ とすると，$\oint_C e^{iaz} f(z) dz \to 0$ となる．」

[例題 1-9] ★† ジョルダンの補題では，上半面状の積分路となることを，上の補足説明の範囲内で簡単に説明せよ．

[解答] $f(z)$ は $|z| \to \infty$ で有界な関数とすると，$\oint_C f(z) e^{iaz} dz$ の指数関数部分は

$$e^{iaz} = e^{ia\text{Re}z - a\text{Im}z}, \quad |e^{iaz}| = e^{-a\text{Im}z}$$

より，Re $a>0$ の場合，$|\text{Im}z|\to\infty$ では Im $z>0$ ならばゼロに収束する．これは複素 z 平面の上半面の無限遠への半円部分の積分路にあたる． □

練習問題

1-1 次の関数は正則関数か？
(a)★ e^z (b)★★ $\ln z$ (c)★★ $z^{\frac{1}{2}}$ (d)★ $|z|$ (e)★ Re z (f)★★ $e^{\sin z}$

1-2 関数 $f(z)=u(x,y)+iv(x,y)$ が正則関数として，$f(z), u(x,y), v(x,y)$ のどれか一つが与えられたとすると，残りの二つを求めよ．
(a)★ $u(x,y)=e^x\cos y$ (b)★ $u(x,y)=\sin x\cosh y$
(c)★ $v(x,y)=y(3x^2-y^2-1)$ (d)★★★ $f(z)=\arctan z$

1-3★★ 複素関数を極座標 (r,θ) で表現する．$f(z)=u(r,\theta)+iv(r,\theta)$ とすると，コーシー・リーマンの微分方程式 (1.5), (1.6) はどのように表現されるか．

1-4 留数定理を用いて次の積分を求めよ．ただし，a は実数として，正および負のそれぞれの場合を求めよ．

(a)★ $\displaystyle\int_0^\infty \frac{\cos ax}{1+x^2}dx$ (b)★ $\displaystyle\int_0^\infty \frac{\cos ax}{(1+x^2)^2}dx$

(c)★ $\displaystyle\int_0^{2\pi} \frac{d\theta}{a+b\cos\theta}\quad (a>b>0)$ (d)★★ $\displaystyle\int_0^{2\pi} \frac{d\theta}{a^2+\sin^2\theta}$

(ヒント：(c), (d) は，$z=e^{i\theta}$ として積分変数を θ から z に変換せよ．)

1-5★† 例題 1-5(a) の積分を求める際に，複素平面の上半面を通る半円状の領域を考えたが，下半面の半円状領域（図 1.5 の C'）を用いても同じ結果になることを示せ．

1-6★† 速度 c の媒質中のある点から波が放出されるとする．x だけ離れた観測点では $t=x/c$ 以前は何も観測されないはずである．つまり波動場を $p(x,t)$ をすると，
$$p(x,t)=0\quad \left(t<\frac{x}{c}\right)$$
を満たす．これを**因果律** (causality) と呼ぶ．この条件は，
$$p(x,t)=\frac{1}{2\pi}\int_{-\infty}^\infty F(\omega)e^{-i\omega(t-\frac{x}{c})}d\omega$$
で定義される $F(\omega)$（第 8 章で $p(x,t)$ のフーリエ変換と呼ぶ）が，複素数 ω の複素平

面上の上半面 (Im $\omega \geq 0$) において正則であることを示せ.

1-7 ガンマ関数 (Gamma function) は $\Gamma(z) = \int_0^\infty x^{z-1} e^{-x} dx$ と, $\mathrm{Re}\, z > 0$ の条件の下で定義される.

(a)★ $\Gamma(z) = (z-1)\Gamma(z-1)$ (Re $z > 1$) を示せ.

(b)★ (a) を用いて, $\Gamma(n) = (n-1)!$ を示せ. ただし, n は自然数とする.

(c)★★ $\Gamma\!\left(\frac{1}{2}\right)$ を求めよ (ヒント: $\Gamma\!\left(\frac{1}{2}\right)$ の 2 乗を極座標に変数変換する).

(d)★ $\Gamma\!\left(\frac{5}{2}\right)$ を求めよ.

1-8★ 階段関数は

$$H(t-a) = \begin{cases} 0 & (t < a) \\ 1 & (t > a) \end{cases}$$

で定義される. t を実数として,

$$H(t) = \frac{1}{2} + \frac{1}{2\pi i} P \int_{-\infty}^{\infty} \frac{e^{ixt}}{x} dx$$

となることを示せ.

1-9★† コーシーの主値積分を応用して, 波動の分散にしばしば用いられる**分散公式** (dispersion relations) を以下に考える. コーシーの積分公式 (1.9) において, z を実軸上の点とする.

(a) $f(z)$ が z の複素平面の上半面で特異点がなく, $|z| \to \infty$ で $f(z) \to 0$ になるとする. (1.9) において積分路 C を図 1.5 (ただし, ξ 平面とする) のように実軸上と上半面として, この半円の半径 R が ∞ になると, ここでの積分の寄与は 0 となり,

$$f(z) = \frac{1}{2\pi i} \int_{C_1} \frac{f(\xi)}{\xi - z} d\xi \quad (\text{ただし Im}\, z > 0)$$

と実軸上の積分のみになることを示せ.

(b) (a) の積分を, z の値を上半面から実軸に近づけていくことで考える. つまり,

$$F(x) = \lim_{\epsilon \to 0} f(x + i\epsilon)$$

で $\epsilon > 0$ とする. コーシーの積分公式 (1.9) にこれを用いると

$$F(x) = \frac{1}{\pi i} P \int_{-\infty}^{\infty} \frac{F(x')}{x' - x} dx'$$

となることを示せ.

(c) (b) より, $F(x)$ の実数部と虚数部の関係を示せ. つまり, この場合には実数部と

虚数部は独立ではない．例えば，波動現象では e^{ikx} の波数を $k = k_R + ik_I$ と複素数に拡張すると，$e^{ik_Rx}e^{-k_Ix}$ となるので，実数部は伝播速度，虚数部は減衰を表す．これら二つの全く別の現象が実際は独立でないことを，この関係式は意味する．

1-10 ★ 関数 $f(z) = \sqrt{(z-a)(z-b)}$ について，図 1.9 に示す分岐のどちらの場合でも分岐カットを 2 回同じ方向に横切った場合，元に戻ることを示せ．なお，分岐カットが 2 本の場合については，各々の分岐カットについて確かめよ．

1-11 ★★ 関数 $f(z) = (z^2+1)^{1/2}$ は，複素平面にどのような分岐カットを入れれば，一意に決まる関数となるか？

1-12 分岐の扱いに注意しながら，次の積分を求めよ．
(a) ★★ $\int_0^\infty \ln x\, dx/(1+x^2)$ を複素積分として考えることで，以下の積分を求めよ．
$$\int_0^\infty \frac{dx}{1+x^2} = \frac{\pi}{2}$$
(ヒント：例題 1-8 と同様に，図 1.10(a) のような分岐カットと積分路を考える．)
(b) ★★★
$$\int_{-1}^1 \frac{dx}{\sqrt{1-x^2}(1+x^2)}$$
(ヒント：図 1.10(b) に示す分岐カットを持つ積分を考える．)
(c) ★★
$$\int_{-\infty}^\infty \frac{e^{\alpha x}}{e^x+1}dx \qquad (0 < \alpha < 1)$$

1-13 ★★ 練習問題 1-7 で定義したガンマ関数において，変数が整数でない場合の関係を求める．
(a) 次の関係を示せ（ヒント：各々の積分変数を x, y とし，y の代わりに $u \equiv x+y$ と変数変換（x は 0 から u となる），さらに $x \to t \equiv x/u$ と変換する）．
$$\Gamma(r)\Gamma(s) = \Gamma(r+s)B(r,s)$$
ただし，$B(r,s)$ はベータ関数 (beta function) と呼ばれる次の関数である：
$$B(r,s) \equiv \int_0^1 x^{r-1}(1-x)^{s-1}dx$$
(b) 次の関係を示せ．ただし，積分を評価する際には $t=0$ が分岐点となるので，図 1.10(a) のように分岐カットと積分路を取るとよい．
$$\Gamma(z)\Gamma(1-z) = \int_0^\infty \frac{t^{z-1}}{1+t}dt = \frac{\pi}{\sin \pi z}$$

第2章 特殊関数の基礎知識

　この章では，次章以降で扱う特殊関数が理工系のさまざまな分野でなぜ必要であるか，を簡単に考える．また，特殊関数は2階常微分方程式の解であるが，数学的に統一的な扱いが可能なことを簡単に触れる．さらに，特殊関数の表現の一つである，常微分方程式の級数解を考える．本書では，それぞれの特殊関数を級数解の表現から定義し，他の表現を導いていく．級数解を定義に選んだ理由の一つは，本書のあちらこちらで取り上げる線形常微分方程式の近似解として，応用上も重要だからである．

2.1　偏微分方程式と変数分離 ★

　理工系で扱う多くの現象は，2階の線形偏微分方程式で表現される．次のような例がある（最初の例を除き，ψ は空間 $\boldsymbol{x}$ と時間 t の関数である）：

・ラプラス方程式 (Laplace equation)

$$\nabla^2 \psi = 0 \tag{2.1}$$

・波動方程式 (wave equation)（c は速度）

$$\frac{1}{c^2}\frac{\partial^2 \psi}{\partial t^2} = \nabla^2 \psi \tag{2.2}$$

・拡散方程式 (diffusion equation)（κ は拡散係数）

$$\frac{1}{\kappa}\frac{\partial \psi}{\partial t} = \nabla^2 \psi \tag{2.3}$$

・シュレディンガー方程式 (Schrödinger equation)（m は質量，$h = 2\pi\hbar$ はプランク定数，U はポテンシャルエネルギー）

$$i\hbar\frac{\partial \psi}{\partial t} = -\frac{\hbar^2}{2m}\nabla^2 \psi + U(\boldsymbol{x}, t)\psi \tag{2.4}$$

2変数 x, y についての2階の偏微分方程式は，一般に次のように表現される：

$$\left[a(x,y)\frac{\partial^2}{\partial x^2} + 2b(x,y)\frac{\partial^2}{\partial x \partial y} + c(x,y)\frac{\partial^2}{\partial y^2} \right.$$
$$\left. + d(x,y)\frac{\partial}{\partial x} + e(x,y)\frac{\partial}{\partial y} + f(x,y) \right] \psi(x,y) = 0 \quad (2.5)$$

$$b(x,y)^2 - a(x,y) \cdot c(x,y) \quad (2.6)$$

が負，ゼロ，正の3通りに分類され，それぞれ**楕円型** (elliptic)，**放物線型** (parabolic)，**双曲線型** (hyperbolic) と呼ばれる．どの型に属するかによって，解の性質が大きく異なる（例えば，参考文献のファーロウを参照）．

[例題 2-1] ★ (2.1) から (2.4) の四つの偏微分方程式は，どの型に属するか？

[解答] ラプラス方程式は，$a > 0, b = 0, c > 0$ より $b^2 - a \cdot c < 0$ で楕円型．変数を (x, t) とみなせば，波動方程式は，$a > 0, b = 0, c < 0, b^2 - a \cdot c > 0$ より双曲線型．拡散方程式は，$a > 0, b = c = 0, b^2 - a \cdot c = 0$ より放物線型．シュレディンガー方程式はラプラス方程式と同様に楕円型だが，時間の係数は虚数であることに注意． □

偏微分方程式に対する基本的ないくつかの解法は他書を参照せよ（例えば，ファーロウ）．本書で重要なのは，その一つの**変数分離** (separation of variables) である．例えば，空間 $\boldsymbol{x}$ について直交座標 (x, y, z) で表現される場合，

$$\psi(x, y, z, t) = X(x) \cdot Y(y) \cdot Z(z) \cdot T(t) \quad (2.7)$$

のように，一変数のみの関数の積で表現できると仮定して，解を求めていく．すると，各々の変数について，次のような2階の常微分方程式に帰着される：

$$\frac{d^2}{dz^2}Z(z) + p(z)\frac{d}{dz}Z(z) + q(z)Z(z) = 0 \quad (2.8)$$

理工系の各分野では，直交座標とは異なった座標系を用いる方が適当な場合が多い．例えば，太陽や地球や惑星はほぼ球形をしているので，緯度，経度，深さ（あるいは，高さや半径）で表す方が便利である．また，重力やクーロン力などの自然界の基本的な力は距離のみに依存する中心力なので，距離のみの座標系として扱った方が簡単になる．すなわち，球座標系を用いた方がよい（図 2.1(a)）．また，ある狭い地域を研究する場合は，地表面を平面として近似して

構わない．また，物理学の最初に必ず登場する鉛直下方を向く重力場では，固体地球にしても流体地球にしても深さ（高さ）によって物理量が大きく異なるのに，水平方向にはほとんど変化しない「水平成層構造」という大きな特徴がある．工学的問題でも平面構造を基本にする場合が多い．これらは，水平方向だけは極座標を用いた円筒座標系が適当である（図 2.1(b)）．

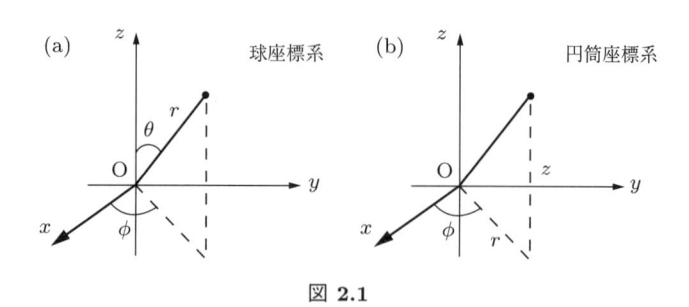

図 2.1

例えば，直交座標系 (x, y, z) においてラプラス方程式は

$$\nabla^2 \psi = \left(\frac{\partial^2}{\partial x^2} + \frac{\partial^2}{\partial y^2} + \frac{\partial^2}{\partial z^2} \right) \psi(x, y, z) = 0 \tag{2.9}$$

であるが，球座標系 (r, θ, ϕ) では

$$\left[\frac{1}{r^2} \frac{\partial}{\partial r} \left(r^2 \frac{\partial}{\partial r} \right) + \frac{1}{r^2} \frac{1}{\sin\theta} \frac{\partial}{\partial \theta} \left(\sin\theta \frac{\partial}{\partial \theta} \right) + \frac{1}{r^2} \frac{1}{\sin^2\theta} \frac{\partial^2}{\partial \phi^2} \right] \psi(r, \theta, \phi) = 0 \tag{2.10}$$

と表現される．以下に示すような変数分離により (2.10) の解を求めると，各変数について，(2.8) のような 2 階の常微分方程式が導かれる．こうして得られた方程式に対する解を **特殊関数** (special functions) と本書では限定する．例えば，球座標系の場合は緯度に関係する θ についての解がルジャンドル多項式となり（第 3 章），円筒座標系では水平面内の半径 r についての解がベッセル関数となる（第 4 章）．

[例題 2-2] ★ 円筒座標系 (r, ϕ, z) において，m 次のベッセル方程式

$$x^2 \frac{d^2 U(x)}{dx^2} + x \frac{dU(x)}{dx} + (x^2 - m^2) U(x) = 0 \tag{2.11}$$

が導かれることを，**ヘルムホルツ方程式** (Helmholtz equation) を例にして考える（第 4 章で詳細を扱う）：

$$\nabla^2 W + k^2 W = 0 \tag{2.12}$$

この方程式は，波数 k の波が $r=0$ より円筒状に拡がる波を表すことになる．

(a) 円筒座標におけるヘルムホルツ方程式 (2.12) を記せ．
(b) 領域を z によらない 2 次元空間とみなすと，方程式はどうなるか．
(c) 変数分離（すなわち $W(r,\phi) = V(r) \cdot \Phi(\phi)$ とみなす）を用いて，r の部分と ϕ の部分を両辺に分離し，この両辺が定数となることを示せ．
(d) ϕ は $r=0$ の z 軸回りの座標であり（図 2.1(b)），この軸を一回りしたら元に戻るので，$\Phi(\phi) = \Phi(\phi+2\pi)$ である．これにより，(c) の定数が制限され，(ϕ のみの式) $\equiv m^2$（ただし，m は整数）となることを示し，ϕ についての関数形 $\Phi(\phi)$ を求めよ．
(e) (d) の定数 m^2 を (c) で求めた $V(r)$ についての方程式に代入し，r についての 2 階の常微分方程式を求めよ．
(f) $kr \equiv s$ という変数変換により，(e) で求めた式は変数 s についての m 次のベッセル方程式 (2.11) となることを示せ．この解は，ベッセル関数 $J_m(kr)$ である（例題 2-5 参照）．

[解答] (a)
$$\left[\frac{1}{r}\frac{\partial}{\partial r}\left(r\frac{\partial}{\partial r}\right) + \frac{\partial^2}{r^2 \partial \phi^2} + \frac{\partial^2}{\partial z^2} + k^2 \right] W(r,\phi,z) = 0 \tag{2.13}$$

(b) $\partial/\partial z = 0$ より，
$$\left[\frac{1}{r}\frac{\partial}{\partial r}\left(r\frac{\partial}{\partial r}\right) + \frac{\partial^2}{r^2 \partial \phi^2} + k^2 \right] W(r,\phi,z) = 0$$

(c) $W(r,\phi) = V(r)\cdot \Phi(\phi)$ を (b) の結果に代入すれば，
$$\Phi(\phi)\frac{1}{r}\frac{d}{dr}\left(r\frac{dV}{dr}\right) + \frac{V}{r^2}\frac{d^2\Phi}{d\phi^2} + k^2 V\cdot\Phi = 0$$

$$\frac{r}{V}\frac{d}{dr}\left(r\frac{dV}{dr}\right) + k^2 r^2 = -\frac{1}{\Phi}\frac{d^2\Phi}{d\phi^2} \equiv \text{const.} = C$$

上の左辺は r のみ，右辺は ϕ のみなので，共に定数（C とする）でなくてはならない．

(d) (c) の ϕ についての方程式
$$\frac{d^2\Phi}{d\phi^2} + C\Phi = 0$$

より，この解は未定定数 A, B より次のようになる：
$$\Phi(\phi) = A\exp(i\sqrt{C}\phi) + B\exp(-i\sqrt{C}\phi)$$

周期性 $\Phi(\phi) = \Phi(\phi + 2\pi)$ より，定数 C は離散的な整数 m に制限される．

$$A\exp(i\sqrt{C}\phi) + B\exp(-i\sqrt{C}\phi) = A\exp(i\sqrt{C}(\phi+2\pi)) + B\exp(-i\sqrt{C}(\phi+2\pi))$$

$$\exp(\pm 2\pi i \sqrt{C}) = 1 \longrightarrow \pm 2\pi\sqrt{C} = 2\pi m \quad (m = 0, 1, 2, \ldots)$$

すなわち，$C = m^2$ となり，m に対応する定数 A, B を a_m, b_m とそれぞれ表すと，

$$\Phi(\phi) = \sum_{m=0}^{\infty} \left(a_m e^{im\phi} + b_m e^{-im\phi} \right)$$

(e) (c) の r についての方程式は，(d) の結果より次のようになる：

$$r\frac{d}{dr}\left(r\frac{dV}{dr}\right) + (k^2 r^2 - m^2)V = r^2\frac{d^2V}{dr^2} + r\frac{dV}{dr} + (k^2 r^2 - m^2)V = 0$$

(f) $kr = s$ より $dr = ds/k$．これらを (e) の方程式に適応すれば，以下のように (2.11) と同じ形となり，その解は $V(s) \propto J_m(s)$，つまり $V(r) \propto J_m(kr)$ となる：

$$s^2 \frac{d^2V}{ds^2} + s\frac{dV}{ds} + (s^2 - m^2)V = 0 \quad \square$$

2.2 特殊関数の統一的な解釈：序論 *

理工系の多くの分野で重要であるルジャンドルとベッセルという特殊関数は，第 3 章と第 4 章で個別に詳しく説明する．これらも含めてさまざまな座標系や方程式に対して，変数分離により登場する 2 階の常微分方程式は多数あり，互いに何の関係もなさそうだが，実は系統的な説明が可能である（参考文献の犬井，Morse and Feshbach，時弘を参照）．この点をここで簡単に触れる．

理工系でよく扱う 2 階線形常微分方程式の解である特殊関数は，一部の例外を除き，次の二つのタイプに帰着される：

(a) （ガウスの）**超幾何関数（級数）**(Gauss's hypergeometric function or series)

$$z(1-z)\frac{d^2}{dz^2}U + [c - (a+b+1)z]\frac{dU}{dz} - abU = 0 \quad (2.14)$$

という微分方程式（a, b, c は定数）で，解は以下のようになる：

$$U(z) = F(a, b, c \mid z) \equiv 1 + \frac{ab}{c}\frac{z}{1!} + \frac{a(a+1)b(b+1)}{c(c+1)}\frac{z^2}{2!} + \cdots$$

$$= \frac{\Gamma(c)}{\Gamma(a)\Gamma(b)} \sum_{n=0}^{\infty} \frac{\Gamma(a+n)\Gamma(b+n)}{\Gamma(c+n)} \frac{z^n}{n!} \quad (2.15)$$

(2.14) は 2 階の微分方程式で，もう一つの独立な解は次のようになる：

$$U(z) = z^{1-c}F(1+a-c, 1+b-c, 2-c \mid z) \tag{2.16}$$

(b) **合流型超幾何関数（級数）** (confluent hypergeometric function or series)

$$z\frac{d^2}{dz^2}U + [c-z]\frac{dU}{dz} - aU = 0 \tag{2.17}$$

という微分方程式（a, c は定数）で，二つの独立な解は以下のようになる：

$$U(z) = F(a, c \mid z) \equiv 1 + \frac{a}{c}\frac{z}{1!} + \frac{a(a+1)}{c(c+1)}\frac{z^2}{2!} + \cdots = \frac{\Gamma(c)}{\Gamma(a)}\sum_{n=0}^{\infty}\frac{\Gamma(a+n)}{\Gamma(c+n)}\frac{z^n}{n!} \tag{2.18}$$

$$U(z) = z^{1-c}F(1+a-c, 2-c \mid z) \tag{2.19}$$

以下に，いくつかの具体的な例を挙げる：

$$P_n(z) = F\left(n+1, -n, 1 \mid \frac{1-z}{2}\right)$$

$$e^z = F(a, a \mid z) \quad (a：任意の定数)$$

$$J_n(z) = \frac{1}{\Gamma(n+1)}\left(\frac{z}{2}\right)^n e^{iz}F(n+\frac{1}{2}, 2n+1 \mid -2iz)$$

$$\text{erf}(z) \equiv \frac{2}{\sqrt{\pi}}\int_0^z e^{-t^2}dt = \frac{2z}{\sqrt{\pi}}F(\frac{1}{2}, \frac{3}{2} \mid -z^2)$$

$$H_n(z) = 2^n\left[\frac{\Gamma(-\frac{1}{2})}{\Gamma(-\frac{n}{2})}zF(\frac{1-n}{2}, \frac{3}{2} \mid z^2) + \frac{\Gamma(\frac{1}{2})}{\Gamma(\frac{1-n}{2})}F(-\frac{n}{2}, \frac{1}{2} \mid z^2)\right]$$

$$L_n^\alpha(z) = \frac{\Gamma(\alpha+n+1)}{n!\Gamma(\alpha+1)}F(-n, \alpha+1 \mid z)$$

ただし，ベッセル関数 $J_n(z)$ は例題 2-5 で定義し，erf(z) は**誤差関数** (error function) と呼ばれ，$P_n(z), H_n(z), L_n^\alpha(z)$ は第 3 章と第 6 章で扱うルジャンドル，エルミートおよびラゲール多項式と呼ばれるものである．

<注> 数学の大きな体系として，「有限個の確定特異点のみを特異点として持つ線形微分方程式」を **フックス型微分方程式** (Fuchsian equations) と呼ぶ（微分方程式の特異点については，2.3 節で解説）．このうち，超幾何関数の微分方程式のように，「2 階の微分方程式で確定特異点が三つ」の場合の解は **リーマンの P 関数** (Riemann's P function) と呼ばれる形で表現される．すなわち，超幾何関数はリーマンの P 関数の特殊な場合であり，合流型超幾何関数はその変形した形とみなせる．リーマンの P 関数を用いると，その積分表示式より，例えば $P_n(z)$ の係数 n が整数でない場合を自然

に定義でき,また各特殊関数の漸化式なども統一的に解釈できる.このように,一見するとばらばらな特殊関数は,実はまとまった美しい数学体系をなし,枝葉が取れてすっきりした本質が理解できる(参考文献の Mathews and Walker の 7-3, 7-4;スミルノフ 7 巻の第 5 章;犬井).

このような特殊関数の統一的解釈によりその理解は深まるが,本書では応用上で最も重要ないくつかの特殊関数のみを個別に取り上げる.ただし,特殊関数は以下のような複数の表現があることだけは認識した上で,個々の関数を具体的に考えていくとよい.

(1) 直接的な表現形式

$$f_l(z) \tag{2.20}$$

特殊関数には何らかの次数 l が付いており,例えば,超幾何関数 (2.15) では a, b, c に当たる.また,特殊関数は初等関数(有限の項のベキ乗関数,三角関数,指数・対数関数)では一般には表現できない.

(2) **級数解** (series) (2.3 節参照)

$$f_l(z) = \sum_{n=0}^{\infty} c_n z^n \tag{2.21}$$

(3) **積分表示式** (integral representation)

$$f_l(z) = \int_a^b F_l(z, \zeta) d\zeta \quad \text{または} \quad \oint_C F_l(z, \xi) d\xi \tag{2.22}$$

(4) **漸化式** (recurrence relation, recursive equation)

$$f_{l+1}(z) = a_l f_l(z) + b_l f_{l-1}(z) \tag{2.23}$$

(5) **母関数** (generating function)

$$F(h, z) = \sum_{n=0}^{\infty} h^n f_n(z) \tag{2.24}$$

これらは互いに独立ではなく,ある表現から別の表現を導くことができる.よって,上のどれを出発点として特殊関数を説明するか,著書ごとに異なる.本書では,(2) の級数解を出発点として他の表現を導いていく.

最後に,特殊関数には**直交性** (orthogonality) という重要な性質がある.正規化という操作も入れて考えると,次のような **正規直交性** (orthnormality) が成立する.これは異なった次数 l について, $f_l(z)$ は直交するベクトルの集合のような関係となっている:

$$\int_a^b f_l(z) f_{l'}(z) dz = \delta_{ll'} \tag{2.25}$$

2.3　常微分方程式の級数解 *

n 階微分の斉次の線形常微分方程式の一般的表現である

$$\frac{d^n y}{dx^n} + p_{n-1}(x) \frac{d^{n-1} y}{dx^{n-1}} + p_{n-2}(x) \frac{d^{n-2} y}{dx^{n-2}} + \cdots + p_1(x) \frac{dy}{dx} + p_0(x) y = 0 \tag{2.26}$$

の解 $y(x)$ を $x = x_0 (\neq \infty)$ についての級数の形で考える．すると，以下の三つの場合に解の形が分類されることがわかっている．一般的な数学的証明は，微分方程式の本（例えば，スミルノフ7巻，時弘）を参照せよ．ただし，以下に示す具体例によって，その違いが理解できれば十分である．

(a) **正則点** (ordinary point)

$x = x_0$ で $p_0(x), p_1(x), \ldots, p_{n-1}(x)$ がすべて正則（第1章の複素関数論に基づく）である場合，$x = x_0$ の回りのテイラー展開で解が表現できる：

$$y(x) = \sum_{n=0}^{\infty} c_n (x - x_0)^n \tag{2.27}$$

(b) **確定特異点** (regular singular point)

$x = x_0$ で $p_0(x), p_1(x), \ldots, p_{n-1}(x)$ のどれか一つは正則ではないが，$(x - x_0)^n p_0(x), (x - x_0)^{n-1} p_1(x), \ldots, (x - x_0) p_{n-1}(x)$ のすべてが正則である場合，$x = x_0$ の回りで一つの解は以下のように表される：

$$y(x) = (x - x_0)^s \sum_{n=0}^{\infty} c_n (x - x_0)^n \tag{2.28}$$

ただし，$c_0 \neq 0$ とする．指数 s は整数とは限らない．

(c) **不確定特異点** (irregular singular point)

$x = x_0$ で正則点でも確定特異点でもない場合（つまり，(b) よりも係数 $p_i(x)$ が高次の極あるいは分岐点），簡単な級数解は存在しない（現代の純粋数学の知識でも，この場合の解についての十分にまとまった理論体系はないらしい）．当面はこの場合は考えない．（漸近展開という概念を導入すれば，ある程度の体系化した扱いは可能である．参考文献の犬井，スミルノフ7巻，Bender and Orszag を参照．）

[例題 2-3] ★ 超幾何関数についての微分方程式 (2.14) は, $z = 0, 1, \infty$ の 3 点で確定特異点であることを示せ (ヒント: $t = 1/z$ という変数変換を用いれば, $z = \infty$ は $t = 0$ について考えればよい).

[解答] (2.14) を (2.26) の形にすれば, 各係数として関数は以下のようである:

$$p_1(z) = \frac{1}{z(1-z)}\left[c - (a+b+1)z\right], \quad p_0(z) = -\frac{ab}{z(1-z)}$$

$z = 0, 1$ で $p_1(z), p_0(z)$ は正則でないが, $z(z-1)p_1(z), z^2(z-1)^2 p_0(z)$ は正則なので, 確定特異点である. また, $t = 1/z$ と変数変換すると, $dz = -dt/t^2$ より,

$$\frac{1}{t}\left(1 - \frac{1}{t}\right)\left(-t^2 \frac{d}{dt}\right)\left(-t^2 \frac{dU}{dt}\right) + \left[c - \frac{a+b+1}{t}\right]\left(-t^2 \frac{dU}{dt}\right) - abU = 0$$

$$t^2(t-1)\frac{d^2 U}{dt^2} + 2t(t-1)\frac{dU}{dt} - t\left(ct - (a+b+1)\right)\frac{dU}{dt} - abU = 0$$

よって, $p_1(t) = 2/t - (ct - (a+b+1))/t(t-1)$, $p_0(t) = -ab/t^2(t-1)$ となるので, $t = 0$ すなわち $z = \infty$ は確定特異点である. □

[例題 2-4] ★ 次の常微分方程式の $x = 0$ の回りの級数解を求めよ:

$$\frac{d^2 y}{dx^2} + y = 0$$

[解答] $x = 0$ は正則点なので, $y = \sum_{n=0}^{\infty} c_n x^n$ と解を仮定できる. すると,

$$\frac{d^2 y}{dx^2} = \sum_{n=2}^{\infty} n(n-1)c_n x^{n-2} = \sum_{n=0}^{\infty} (n+2)(n+1)c_{n+2} x^n$$

となる. ここで, 添字を $m = n - 2$ と変換してから, n に戻した. 方程式に代入すると,

$$\frac{d^2 y}{dx^2} + y = \sum_{n=0}^{\infty} (n+2)(n+1)c_{n+2} x^n + \sum_{n=0}^{\infty} c_n x^n$$

$$= \sum_{n=0}^{\infty} \{(n+2)(n+1)c_{n+2} + c_n\} x^n = 0$$

すべての x についてこの式を満たすには, 上の $\{(n+2)\cdots\} = 0$, すなわち

$$c_{n+2} = -\frac{c_n}{(n+2)(n+1)} \qquad (n = 0, 1, \cdots)$$

という漸化式を係数 c_n が満たさなくてはならない．n が偶数の場合は，

$$c_2 = -\frac{c_0}{2 \cdot 1} = \frac{-1}{2!}c_0$$

$$c_4 = -\frac{c_2}{4 \cdot 3} = (-1)^2 \frac{c_0}{4 \cdot 3 \cdot 2 \cdot 1} = \frac{(-1)^2}{4!}c_0$$

$$c_6 = -\frac{c_4}{6 \cdot 5} = \frac{(-1)^3}{6!}c_0$$

$$\vdots$$

$$c_{2m} = -\frac{c_{2m-2}}{2m(2m-1)} = \cdots = \frac{(-1)^m}{(2m)!}c_0$$

一方，n が奇数の場合は，

$$c_3 = -\frac{c_1}{3 \cdot 2} = \frac{-1}{3!}c_1$$

$$c_5 = -\frac{c_3}{5 \cdot 4} = \frac{(-1)^2}{5!}c_1$$

$$\vdots$$

$$c_{2m+1} = -\frac{c_{2m-1}}{(2m+1)2m} = \cdots = \frac{(-1)^m}{(2m+1)!}c_1$$

よって，c_0 と c_1 の二つの未定定数を用いて，解は次のように表される：

$$y(x) = c_0 \sum_{m=0}^{\infty} \frac{(-1)^m}{(2m)!} x^{2m} + c_1 \sum_{m=0}^{\infty} \frac{(-1)^m}{(2m+1)!} x^{2m+1}$$

これは 2 階常微分方程式なので，二つの未知定数は整合している．この微分方程式については，次の三角関数による解がよく知られている：

$$y(x) = c_0 \cos x + c_1 \sin x$$

得られた級数解は，実はこの解のテイラー展開に一致していることに注目したい． □

[例題 2-5] ★　以下のベッセルの微分方程式で，$x = 0$ は確定特異点であることを確認せよ．また，$x = 0$ の回りの級数解を求めよ．

$$x^2 \frac{d^2 y}{dx^2} + x \frac{dy}{dx} + (x^2 - m^2)y = 0 \tag{2.29}$$

[解答]　この方程式を (2.26) の形にすると，$p_1(x) = 1/x$, $p_0(x) = 1 - m^2/x^2$ となる．$x = 0$ で $p_1(x), p_0(x)$ は正則ではないが，$x \cdot p_1(x) = 1$, $x^2 \cdot p_0(x) = x^2 - m^2$ はどちらも正則なので，確定特異点である．よって，$x = 0$ の回りの級数解は，

$$y = x^s \sum_{n=0}^{\infty} c_n x^n \quad (c_0 \neq 0)$$

の形となり，これを微分方程式に代入して，指数 s と係数 c_n を以下のように求める：

$$\frac{dy}{dx} = \sum_{n=0}^{\infty}(s+n)c_n x^{s+n-1}, \qquad \frac{d^2y}{dx^2} = \sum_{n=0}^{\infty}(s+n)(s+n-1)c_n x^{s+n-2}$$

$$\sum_{n=0}^{\infty}(s+n)(s+n-1)c_n x^{s+n} + \sum_{n=0}^{\infty}(s+n)c_n x^{s+n}$$
$$+ \sum_{n=0}^{\infty} c_n \left(x^{s+n+2} - m^2 x^{s+n}\right) = 0 \qquad (*)$$

$(*)$ の左辺において x のベキ乗のうち最も低次である s 次の項の係数がゼロとなるためには，

$$\bigl(s(s-1) + s - m^2\bigr)c_0 = (s^2 - m^2)c_0 = 0$$

を満たす．これを**指数方程式** (indicial equation) と呼ぶ．$c_0 \neq 0$ なので $s = \pm m$ が求まる．式 $(*)$ の次の $(s+1)$ 次の項については，

$$\bigl((s+1)s + (s+1) - m^2\bigr)c_1 = \bigl((s+1)^2 - m^2\bigr)c_1 = 0$$

となる．これを満たすには，以下の二つの場合がある：

(a) $c_1 \neq 0 : s+1 = \pm m$ となり，これと上の $s = \pm m$ とをあわせると，$m = +\frac{1}{2}$ で，かつ，$s = -m = -\frac{1}{2}$ の場合のみ存在できる．
(b) $c_1 = 0 :$

(a) は特殊な場合なので除き，以下は (b) のみ考える．式 $(*)$ の $(s+2)$ 次以下の項は，

$$\{(s+n)^2 - m^2\}c_n + c_{n-2} = 0 \quad (n = 2, 3, \ldots)$$

を満たす．$c_1 = 0$ より n が奇数では $c_n = 0$ となり，n が偶数の場合のみ残り，

$$y(x) = x^{\pm m}(c_0 + c_2 x^2 + c_4 x^4 + \cdots) \qquad (**)$$

となる．上の c_n と c_{n-2} の漸化式に，既に求めた $s = \pm m$ を代入すると，

$$\frac{c_{n+2}}{c_n} = \frac{-1}{(s+n+2)^2 - m^2} = \frac{-1}{(s+n+2)^2 - s^2} = \frac{-1}{(2s+n+2)(n+2)}$$

となる．これを $(**)$ に代入すれば，

$$y(x) = c_0 x^s \left[1 - \frac{x^2}{4(s+1)} + \frac{x^4}{4 \cdot 8(s+1)(s+2)} - \cdots \right]$$
$$= c_0 x^s \left[1 - \frac{1}{s+1}\left(\frac{x}{2}\right)^2 + \frac{1}{1 \cdot 2 \cdot (s+1)(s+2)}\left(\frac{x}{2}\right)^4 - \cdots \right]$$

と解が求まる．$s=m$ を選び $c_0 = 1/2^m m!$ とおいた場合が，慣例としてベッセル関数の定義となる（第 4 章参照）：

$$J_m(x) = \frac{1}{m!}\left(\frac{x}{2}\right)^m \left[1 - \frac{1}{m+1}\left(\frac{x}{2}\right)^2 + \frac{1}{(m+1)(m+2)}\frac{1}{2!}\left(\frac{x}{2}\right)^4 + \cdots \right]$$
$$= \sum_{n=0}^{\infty} \frac{(-1)^n}{n!\,\Gamma(m+n+1)}\left(\frac{x}{2}\right)^{m+2n} \tag{2.30}$$

2 階のベッセルの微分方程式はもう一つの解は $s=-m$ とした $J_{-m}(x)$ でよさそうだが，m が整数の場合は独立な解とならない．その場合は **フロベニウスの方法** (Frobenius method) を用いるが，本書ではその説明は省略する（第 4 章の練習問題 4-1 で簡単に触れる．詳しくは，スミルノフ 7 巻，犬井，Mathews and Walker, Bender and Orszag 等を参照）． □

練習問題

2-1 ★★ (a) 弾性運動方程式を書き下せ．また，どの型の偏微分方程式に属するか？
(b) 流体力学の基本方程式であるナビア・ストークスの方程式は，2 階の偏微分方程式であるが，上のような型の分類に入らない．なぜか？

2-2 (a) ★ 確定特異点が $x=0,1,\infty$ の超幾何関数の微分方程式 (2.14) で，$x=bz$ の変数変換により，$b \to \infty$ の極限を取ることで，合流型超幾何関数の微分方程式 (2.17) になることを示せ．そして，この方程式は $x=1$ の確定特異点と，$b \to \infty$ によって特異点が「合流」したことで $x=\infty$ で不確定特異点になっていることを示せ．(なお，この操作からわかるように，$x=0$ は合流型超幾何関数でも確定特異点のままである．)
(b) ★★ e^z，および第 3 章で示す $P_n(z)$ の表現 (3.24) が，2.2 節で示した表現になっていることを確認せよ．

2-3 ★★ エアリーの微分方程式
$$\frac{d^2 y}{dx^2} - xy = 0$$
の正則点 $x=0$ の回りの級数解を求めよ（ヒント：練習問題 1-7 の $\Gamma(x+1) = x\Gamma(x)$ を用いると，級数展開がコンパクトに表現できる）．

2-4 ★ 合流型超幾何関数に対する微分方程式 (2.17)

$$x\frac{d^2y}{dx^2} + (c-x)\frac{dy}{dx} - ay = 0$$

の確定特異点 $x=0$ の回りの級数解を求めよ．ただし，$c, a \neq 0$ とする．

2-5 ★ ガウスの超幾何関数に対する微分方程式 (2.14)

$$x(1-x)\frac{d^2y}{dx^2} + (c-(a+b+1)x)\frac{dy}{dx} - aby = 0$$

の $x=0$ の回りの級数解を求めよ．ただし，$a, b, c \neq 0$ とする．

2-6 ★ 第3章で詳しく議論するルジャンドルの微分方程式

$$(1-x^2)\frac{d^2y}{dx^2} - 2x\frac{dy}{dx} + \nu(\nu+1)y = 0$$

（ただし，ν は整数とは限らない）の無限遠点の回りの級数解を求めよ（$t=1/z$ と変数変換して $t=0$ の回りの級数解を求め，結果として z の負のベキ乗の級数となる）．ν が整数でなければ，こうして求められた二つの解は独立であることも確かめよ．

2-7 ★★ 水平成層構造中（深さ z 方向のみに速度，または剛性率や密度が変化）を伝播する弾性波は，P-SV 波と SH 波に分かれて伝播する．ここでは，簡単な SH 波，すなわち (x,z) 方向に伝播する平面波で，y 方向のみ振動する波についての微分方程式を考える．変位ベクトル $u_i(x,y,z,t)$（$i=1,2,3$ または x,y,z）に対する弾性運動方程式は練習問題 2-1(a) で求めた．ρ を密度，$\tau_{ji} = \tau_{ij}$ を応力テンソルとし，τ_{ji} は等方媒質では，歪みテンソル e_{ji} と次のようにラメの定数 λ, μ を介して比例する：

$$\tau_{ji} = \sum_{k=0}^{3} \lambda e_{kk}\delta_{ji} + 2\mu e_{ji}, \qquad e_{ji} = \frac{1}{2}\left(\frac{\partial u_i}{\partial x_j} + \frac{\partial u_j}{\partial x_i}\right)$$

ここで，ρ, λ, μ は z のみの関数である．

(a) 弾性運動方程式，および応力テンソルがゼロでない成分を具体的に書き並べると，以下となることを示せ：

$$\rho\frac{\partial^2 v}{\partial t^2} = \frac{\partial \tau_{yx}}{\partial x} + \frac{\partial \tau_{yz}}{\partial z}, \qquad \tau_{yx} = \mu\frac{\partial v}{\partial x}, \qquad \tau_{yz} = \mu\frac{\partial v}{\partial z}$$

(b) (a) の結果から，v についての2階の偏微分方程式を導け（μ が z のみの関数であることにも注意）．また，これは双曲線型であることを確かめよ．

(c) x 方向に伝播する平面波を考えると，そのうち角周波数 ω で波数 k の調和振動は（これが第8章のフーリエ変換に対応する）$\exp(ikx - i\omega t)$ と伝播部分は表現できる

ので，
$$v(x, z, t) \equiv V(z)e^{ikx-i\omega t}$$
とする．これは変数分離の一種とも考えられる．この解の形を (b) の偏微分方程式に代入し，$V(z)$ についての 2 階の常微分方程式を求めよ．

(d) (c) の結果のうち dV/dz の項を消すためには（その理由は 4.4 節で説明する），
$$V(z) \equiv \mu(z)^{-1/2} \cdot Z(z)$$
とすればよい．$Z(z)$ についての常微分方程式を求めよ．

(e) 実際の一般的な水平成層構造では，(d) の常微分方程式を数値的に解けばよい．ここでは，ある特殊な構造について，解析的な解の表現が可能であることを調べる（一見，非現実的な構造ではあるが，他の手法と合わせてより複雑な場合にも応用が可能である）．それは，剛性率と密度が深さとともに線形に増加していく場合である．例えば，$\mu(z) = \mu_0(1+\epsilon z)$, $\rho(z) = \rho_0(1+\delta z)$ とする（$\mu_0, \epsilon, \rho_0, \delta$ はすべて定数）．ここで，$\zeta \equiv \mu/\mu_0 = 1 + \epsilon z$ と変数変換すると，
$$\frac{d^2 Z}{d\zeta^2} + \left[\frac{1}{4\zeta^2} + \frac{\kappa}{\zeta} - \eta^2\right] Z = 0$$
となることを示せ（新しい変数 κ, η を求めよ）．

(f) $x = 2\eta\zeta$ とすれば，(e) の微分方程式は**ホイッタカーの方程式** (Whittaker equation) と呼ばれる
$$\frac{d^2 W}{dx^2} + \left[\frac{1/4 - m^2}{x^2} + \frac{k}{x} - \frac{1}{4}\right] W = 0$$
と同じになることを示せ．そして，この方程式は合流型超幾何関数の微分方程式 (2.17) の特殊な場合であり，一つの解が
$$W(x) = x^{m+1/2} e^{-x/2} \cdot F\left(m + \frac{1}{2} - k, 2m + 1 \mid x\right)$$
となることを示せ．最後に元の変数 z に戻して，媒質の SH 波の解を合流型超幾何関数を用いて表現せよ．

2-8 ★★ 練習問題 2-7 におけるもう一つ別の解析的な解の例として，剛性率と S 波速度が指数関数的に変化する場合がある：$\mu = \mu_0 \exp(\alpha z)$, $\sqrt{\mu/\rho} = b_0 \exp(\beta z)$ ($\mu_0, \alpha, b_0, \beta$ は定数)

(a) このような媒質では，練習問題 2-7(c) の微分方程式は次のようになることを示せ．
$$\frac{d^2 V}{dz^2} + \alpha \frac{dV}{dz} + \left[\frac{\omega^2}{b_0^2} \exp(-2\beta z) - k^2\right] V = 0$$

(b) 新しい変数 $\zeta = \exp(-2\beta z)$ と変数変換して,次に方程式を導け.

$$\frac{d^2 V}{d\zeta^2} + \frac{4\beta^2 - 2\alpha\beta}{4\beta^2}\frac{1}{\zeta}\frac{dV}{d\zeta} + \frac{1}{4\beta^2}\left(\frac{\omega^2}{b_0^2 \zeta} - \frac{k^2}{\zeta^2}\right) V = 0$$

これは第 4 章で示すベッセル関数を用いて表現できる(練習問題 4-9 参照).

第3章 ルジャンドル多項式と球面調和関数

理工系の多くの分野では，対象を球座標で表現することが多い．身近な例を挙げると，地球のある点は (x, y, z) で表すのではなく，緯度と経度と深さ（または，高さ）で表現する（内部でも地表面上でも外部でも）．2.1 節の 2 階の線形偏微分方程式を球座標で扱う場合は，緯度についての方程式を満たす解がルジャンドル多項式となる．経度については三角関数になり，これらを合わせたものを，球面調和関数と呼ぶ．本章ではこれらを具体的に考える．

3.1 ルジャンドルの微分方程式 *

2.1 節で取り上げたすべての偏微分方程式には，ラプラシアン ∇^2 の形で空間微分が入っていた．よって，どの方程式でも，極座標系では以下に導くルジャンドルの微分方程式が関係してくる．ここでは一番簡単なラプラス方程式 (2.1) を例にする．重力ポテンシャルや（電荷などがない場合の）電磁気ポテンシャルは，この方程式に従う．

比較のために，直交座標ではラプラス方程式が変数分離によって，どのような解として表現されるか，まず考える：

$$\nabla^2 \psi = \left(\frac{\partial^2}{\partial x^2} + \frac{\partial^2}{\partial y^2} + \frac{\partial^2}{\partial z^2} \right) \psi(x, y, z) = 0 \tag{3.1}$$

変数分離の概念を用いるとは，解を

$$\psi(x, y, z) \equiv X(x) \cdot Y(y) \cdot Z(z) \tag{3.2}$$

のように，1 変数のみの関数どうしの積とする．(3.2) を偏微分方程式 (3.1) に代入すると，

$$\frac{d^2X}{dx^2} \cdot Y \cdot Z + \frac{d^2Y}{dy^2} \cdot X \cdot Z + \frac{d^2Z}{dz^2} \cdot X \cdot Y = 0$$

この式では，偏微分が全微分に変わっていることに注意．これを変形して，左辺には x のみの関数，右辺には y, z のみの関数に分けると，

$$-\frac{1}{X}\frac{d^2X}{dx^2} = \frac{1}{Y}\frac{d^2Y}{dy^2} + \frac{1}{Z}\frac{d^2Z}{dz^2}$$

「定数の場合」に限りこの等式が成立するので，それを便宜上 m^2 とおくと，x についての常微分方程式が得られ，その解は三角関数となる：

$$\frac{d^2X}{dx^2} + m^2 X = 0 \tag{3.3}$$

$$X(x) = A_m e^{imx} + B_m e^{-imx} \quad \text{または} \quad C_m \cos(mx) + D_m \sin(mx) \tag{3.4}$$

係数 $(A_m, \ldots)$ は境界条件によって決まる．y および z についても同様に三角関数（あるいは，定数 m の符号によっては sinh, cosh 関数）で表現される．第7章で扱うフーリエ級数に，この形式は対応する．

では，球座標の場合は，どうなるであろうか？ 図 2.1(a) の球座標で ∇^2 を球座標で表示して，ラプラス方程式 (2.1) は

$$\left[\frac{1}{r^2}\frac{\partial}{\partial r}\left(r^2\frac{\partial}{\partial r}\right) + \frac{1}{r^2}\frac{1}{\sin\theta}\frac{\partial}{\partial\theta}\left(\sin\theta\frac{\partial}{\partial\theta}\right) + \frac{1}{r^2}\frac{1}{\sin^2\theta}\frac{\partial^2}{\partial\phi^2} \right]\psi(r,\theta,\phi) = 0 \tag{3.5}$$

となる．変数分離を用いて，この解を求める．そのためには

$$\psi(r,\theta,\phi) \equiv R(r) \cdot \Theta(\theta) \cdot \Phi(\phi)$$

と解を仮定して，方程式 (3.5) に代入する：

$$\frac{\nabla^2\psi}{\psi} = \frac{1}{R}\frac{1}{r^2}\frac{d}{dr}\left(r^2\frac{dR}{dr}\right) + \frac{1}{\Theta}\frac{1}{r^2\sin\theta}\frac{d}{d\theta}\left(\sin\theta\frac{d\Theta}{d\theta}\right) + \frac{1}{\Phi}\frac{1}{r^2\sin^2\theta}\frac{d^2\Phi}{d\phi^2} = 0$$

直交座標の場合と同様に，ϕ のみの関数と，r, θ のみの関数に分けて，定数 a の場合に限りそれらが等しくなるので，

$$-\frac{1}{\Phi}\frac{d^2\Phi}{d\phi^2} = \frac{\sin^2\theta}{R}\frac{d}{dr}\left(r^2\frac{dR}{dr}\right) + \frac{\sin\theta}{\Theta}\frac{d}{d\theta}\left(\sin\theta\frac{d\Theta}{d\theta}\right) \equiv a \tag{3.6}$$

よって，ϕ については次の常微分方程式が得られる：

$$\frac{d^2\Phi}{d\phi^2} + a\Phi = 0 \tag{3.7}$$

3.1 ルジャンドルの微分方程式★

この解は直交座標の場合 (3.3), (3.4) と同様な形となる：

$$\Phi = Ae^{i\sqrt{a}\phi} + Be^{-i\sqrt{a}\phi} \quad \text{または} \quad C\cos\sqrt{a}\phi + D\sin\sqrt{a}\phi$$

ϕ 座標については一回転（つまり 2π 増える）して元に戻るので，任意の ϕ について

$$\Phi(\phi) = \Phi(\phi + 2\pi) \tag{3.8}$$

の条件が成立する（練習問題 3-1 参照）．例えば，$\cos(\sqrt{a}\phi)$ を解に選んで代入すると，

$$\cos\sqrt{a}\phi = \cos\sqrt{a}(\phi + 2\pi) \longrightarrow 2\pi\sqrt{a} = 2\pi \times (\text{整数})$$

より，$\sqrt{a} \equiv m$（m は整数）となる．よって，Φ についての解が求まる：

$$\Phi = \sum_{m=0}^{\infty} \left(A_m e^{im\phi} + B_m e^{-im\phi}\right) \quad \text{または} \quad \sum_{m=0}^{\infty} (C_m \cos m\phi + D_m \sin m\phi) \tag{3.9}$$

次に，r および θ についての方程式を考える．$a = m^2$ を (3.6) に代入すると，

$$\frac{1}{R}\frac{d}{dr}\left(r^2 \frac{dR}{dr}\right) + \frac{1}{\Theta \sin\theta}\frac{d}{d\theta}\left(\sin\theta \frac{d\Theta}{d\theta}\right) - \frac{m^2}{\sin^2\theta} = 0$$

これを r のみ，および θ のみの部分に分けて，互いに等しいのは定数 b の場合なので，以下の二つの 2 階常微分方程式となる：

$$\frac{d}{dr}\left(r^2 \frac{dR}{dr}\right) - bR = 0 \tag{3.10}$$

$$\frac{1}{\sin\theta}\frac{d}{d\theta}\left(\sin\theta \frac{d\Theta}{d\theta}\right) + \left(b - \frac{m^2}{\sin^2\theta}\right)\Theta = 0 \tag{3.11}$$

θ については，解が有限となるには，特別な条件が必要であることを次の 3.2 節で解説する．ここでは結果のみ示すと，定数 b は次の条件を満たす：

$$b \equiv n(n+1) \quad (n = 0, 1, 2, \ldots; \ m = 0, 1, \ldots, n) \tag{3.12}$$

つまり，θ については以下のような 2 階の常微分方程式が成立する：

$$\frac{1}{\sin\theta}\frac{d}{d\theta}\left(\sin\theta \frac{d\Theta}{d\theta}\right) + \left(n(n+1) - \frac{m^2}{\sin^2\theta}\right)\Theta = 0 \tag{3.13}$$

$\cos\theta = x$ と変数変換すると，次の **ルジャンドルの微分方程式** (Legendre's differential equation) となる（練習問題 3-3 参照）：

50　第3章　ルジャンドル多項式と球面調和関数

$$\frac{d}{dx}\left\{(1-x^2)\frac{d\Theta}{dx}\right\} + \left\{n(n+1) - \frac{m^2}{1-x^2}\right\}\Theta = 0 \tag{3.14}$$

　$m=0$ の方程式についての解を，ルジャンドル多項式と呼び，$P_n(x)$ と記す．$m \neq 0$ の場合には，ルジャンドル陪関数 $P_n^m(x)$ と呼ぶ．具体的な形は，3.2節と3.5節でそれぞれ求める．(厳密には (3.14) は2階常微分方程式なので，もう一つ独立な解があり，また n が整数でない場合にも拡張できる．ただし，それらは多項式や初等関数では表現できず，ルジャンドル関数と呼ぶべきものになる．これは，超幾何関数 (2.15) のような無限級数で表現される特殊関数となる．)

　θ についての解が $P_n^m(x) = P_n^m(\cos\theta)$ として，最後に残った r についての方程式 (3.10) の解を考える：

$$\frac{d}{dr}\left(r^2\frac{dR}{dr}\right) - n(n+1)R = 0 \tag{3.15}$$

[例題 3-1] ★　微分方程式 (3.15) の解は次のようになることを示せ：

$$R(r) \propto r^n \quad \text{または} \quad r^{-n-1} \tag{3.16}$$

[解答]　$R(r) = ar^l$ と解の形を仮定して，(3.15) に代入すると

$$\frac{d}{dr}\left(r^2 \cdot alr^{l-1}\right) - n(n+1)ar^l = \frac{d}{dr}\left(alr^{l+1}\right) - n(n+1)ar^l$$
$$= a\left[l(l+1) - n(n+1)\right]r^l = 0$$

$$l(l+1) - n(n+1) = (l+n+1)(l-n) = 0 \longrightarrow l = n, -n-1 \quad \square$$

　$P_n^m(\cos\theta)$ の具体的な形はまだ説明していないが，球座標のラプラス方程式 (3.5) の解がこうして求まった．有限な大きさの物体（例えば，地球）では，r についてはその半径 a で規格化した方がいいので，$(r/a)^n$, $(a/r)^{n+1}$ と表現した方が適当である．ϕ については，sin, cos を用いて，その係数を g_n^m などと表すと，最終的に (3.5) の解は

$$\psi(r,\theta,\phi) = a\sum_{n=0}^{\infty}\sum_{m=0}^{n}\left\{(g_n^m\cos m\phi + h_n^m\sin m\phi)\left(\frac{a}{r}\right)^{n+1}\right.$$
$$\left. + (\bar{g}_n^m\cos m\phi + \bar{h}_n^m\sin m\phi)\left(\frac{r}{a}\right)^n\right\}P_n^m(\cos\theta) \tag{3.17}$$

となる．重力や電磁気のポテンシャルはラプラス方程式を満たすので，これらの

一般解は (3.17) の形式で表現できる．さらに，全地球的に何らかの物理量（ジオイド，地震波速度構造，海面の温度分布など）あるいは地球から見た宇宙空間での物理量（背景黒体輻射の分布など）を表現する場合は，すべて (3.17) のような形式で系統的な扱いが可能なので，この結果は極めて重要である．(3.6 節で，よりコンパクトな表現の球面調和関数として再び取り上げる．)

3.2　ルジャンドル多項式の級数解 *†

前節で導いたルジャンドルの微分方程式の解 $P_n^m(x)$ を具体的に求めていく：

$$\frac{d}{dx}\left\{(1-x^2)\frac{dy}{dx}\right\} + \left\{n(n+1) - \frac{m^2}{1-x^2}\right\}y = 0 \quad (3.18)$$

係数 m が一般の場合は後回しにして（3.5 節），まずは $m=0$ の場合，

$$\frac{d}{dx}\left[(1-x^2)\frac{dy}{dx}\right] + n(n+1)y = (1-x^2)\frac{d^2y}{dx^2} - 2x\frac{dy}{dx} + n(n+1)y = 0 \quad (3.19)$$

について，$x=0$ の回りの級数解を求める．

微分方程式 (3.19) は $x=0$ の回りで正則点なので，級数解は

$$y(x) = \sum_{m=0}^{\infty} c_m x^m = c_0 + c_1 x + c_2 x^2 + \cdots \quad (3.20)$$

とテイラー展開の形で表される．ただし，(3.14) で $x = \cos\theta$ とおいたので，$-1 \leq x \leq 1$ である．(3.19) の係数から $x = \pm 1$ は特異点となっているので，この級数解 (3.20) の収束半径は 1 となる．すぐ後で示すが，$x = \pm 1$ で解が発散しないために，n が整数でなくてはならない．(3.20) を方程式 (3.19) に代入すると，

$$(1-x^2)\sum_{m=2}^{\infty} m(m-1)c_m x^{m-2} - 2x\sum_{m=1}^{\infty} mc_m x^{m-1} + n(n+1)\sum_{m=0}^{\infty} c_m x^m = 0$$

$$\sum_{m=0}^{\infty}(m+2)(m+1)c_{m+2}x^m - \sum_{m=0}^{\infty} m(m-1)c_m x^m$$
$$- \sum_{m=0}^{\infty} 2mc_m x^m + n(n+1)\sum_{m=0}^{\infty} c_m x^m = 0$$

つまり

$$\sum_{m=0}^{\infty}\{(m+2)(m+1)c_{m+2} + [-m(m-1) - 2m + n(n+1)]c_m\}x^m = 0$$

で，上の $\{\cdots\} = 0$ より，係数 c_m ($m = 0, 1, 2, \ldots$) についての漸化式を得る：

$$c_{m+2} = \frac{m(m+1) - n(n+1)}{(m+1)(m+2)} c_m = -\frac{(m+n+1)(n-m)}{(m+1)(m+2)} c_m \quad (3.21)$$

係数 c_0 と c_1 が未知定数として，その他の係数は以下のように求まる：

$$c_2 = -\frac{n(n+1)}{2} c_0$$

$$c_3 = \frac{2 - n(n+1)}{3 \cdot 2} c_1 = -\frac{(n-1)(n+2)}{3!} c_1$$

$$c_4 = -\frac{(n+3)(n-2)}{4 \cdot 3} c_2 = \frac{n(n-2)(n+1)(n+3)}{4!} c_0$$

$$c_5 = \cdots c_1$$

$$\vdots$$

よって，解 (3.20) は具体的には以下のようになる：

$$y(x) = c_0 \left[1 - n(n+1)\frac{x^2}{2!} + n(n-2)(n+1)(n+3)\frac{x^4}{4!} + \cdots \right]$$
$$+ c_1 \left[x - (n-1)(n+2)\frac{x^3}{3!} + (n-1)(n-3)(n+2)(n+4)\frac{x^5}{5!} + \cdots \right]$$
$$(3.22)$$

次に，この級数解の $x = \pm 1$ での収束について考える．係数 c_m は (3.21) より

$$\frac{c_{m+2}}{c_m} = \frac{(m+n+1)(m-n)}{(m+1)(m+2)} \to 1 \quad (m \to \infty)$$

となるので，次数の大きい各項は（i が十分に大きいとする）

$$y(x) = c_0 \left[\cdots + O(1)\, x^i + O(1)\, x^{i+2} + O(1)\, x^{i+4} + \cdots \right]$$
$$+ c_1 \left[\cdots + O(1)\, x^{i+1} + O(1)\, x^{i+3} + O(1)\, x^{i+5} + \cdots \right]$$

となる．ここで，$O(1)$ はほぼ同じ大きさであることを示す．よって，$x \to \pm 1$ ではこの無限級数は発散してしまう．地球なら北極点と南極点 ($\theta = 0, \pi$) に対応する．この発散を回避するには，(3.22) が有限の項で切れなくてはならない．そのためには，係数の漸化式 (3.21) の分子がある m でゼロになり，それ以降の係数はすべてゼロになればよい．この場合，(3.22) は

(1) $c_1 = 0$ で，かつ $n = \ldots, -5, -3, -1, 0, 2, 4, \ldots$ であれば，

$$y(x) = c_0 \left[1 - n(n+1)\frac{x^2}{2!} + \cdots \right]$$

(2) $c_0 = 0$ で，かつ $n = \ldots, -6, -4, -2, 1, 3, 5, \ldots$ であれば，

$$y(x) = c_1 \left[x - (n-1)(n+2)\frac{x^3}{3!} + \cdots \right]$$

の，いずれかであればよい．前節の (3.12) で「n が整数」と仮定した理由である．$n(n+1)$ の係数の形でルジャンドルの微分方程式 (3.19) に入っているので，n を $-n-1$ と変換しても同じ形になので，以下では n をゼロまたは正の整数に限定してもすべての場合を含む．上のいずれの場合でも，(3.21) の分子の $(n-m)$ が $m = n$ でゼロとなるので，$y(x)$ は n 次の多項式となる．

$2r \equiv n - m$ とおいて，上の二つの場合を具体的に書き下す：

(1) $n = 0, 2, 4, \ldots$ では，(3.22) の第 1 項は

$$c_0 \frac{\left[\left(\frac{n}{2}\right)!\right]^2}{n!} (-1)^{\frac{n}{2}} \sum_{r=0}^{n/2} (-1)^r \frac{(2n-2r)!}{(n-r)!r!} \frac{x^{n-2r}}{(n-2r)!}$$

(2) $n = 1, 3, 5, \ldots$ では，(3.22) の第 2 項は

$$\frac{c_1}{2} \frac{\left[\left(\frac{n-1}{2}\right)!\right]^2}{n!} (-1)^{\frac{n-1}{2}} \sum_{r=0}^{(n-1)/2} (-1)^r \frac{(2n-2r)!}{(n-r)!r!} \frac{x^{n-2r}}{(n-2r)!}$$

この二つの場合を一般の整数 n としてまとめる．以下の n 次の多項式が $-1 \leq x \leq +1$ で有限な解となり（K_n は例題 3-2 で求める定数），**ルジャンドルの多項式** (Legendre polynomial) と呼ぶ：

$$P_n(x) \equiv K_n \sum_{r=0}^{2r \leq n} (-1)^r \frac{(2n-2r)!}{(n-r)!r!} \frac{x^{n-2r}}{(n-2r)!} \tag{3.23}$$

[例題 3-2] ★ (3.23) の結果を参照して，以下の問いに答えよ．

(a) ルジャンドル多項式である級数解 (3.23) は次の **ロドリゲス公式** (Rodrigues' formula) と呼ばれている式と一致していることを示せ．

$$P_n(x) = \frac{K_n}{n!}\left(\frac{d}{dx}\right)^n (x^2-1)^n$$

(b) (a) の定数 K_n はすべての n に対して，$P_n(1) = 1$ となるように定めると（正規化），$K_n = 1/2^n$ となることを示せ．つまり，ルジャンドル多項式は，以下のようにコンパクトに表現される：

$$P_n(x) = \frac{1}{2^n n!}\left(\frac{d}{dx}\right)^n (x^2-1)^n \tag{3.24}$$

(c) ルジャンドル多項式を $n=6$ まで書き下ろせ．また，簡単に図示せよ ($-1 \leq x \leq 1$)．さらに $n=2$ と 3 について，θ の関数として動径方向の長さ $r(\theta) = r_o(1 + fP_n(\cos\theta))$ を描け（r_o は適当な定数，$f=0.2$ とする）．$n=2$ の場合は，楕円体となり，f は偏平率と呼ばれる．

[解答]　(a) $(x^2-1)^n = (x^2 + (-1))^n$ について 2 項展開の定理を用いると，

$$(x^2-1)^n = \sum_{r=0}^{n}\binom{n}{r}x^{2(n-r)}(-1)^r = \sum_{r=0}^{n}\frac{n!}{(n-r)!r!}(-1)^r x^{2(n-r)}$$

となる．右辺の $x^{2(n-r)}$ について n 階微分すると，$2r \leq n$ では

$$(2n-2r)(2n-2r-1)\cdots(2n-2r-n+1)x^{2(n-r)-n} = \frac{(2n-2r)!}{(n-2r)!}x^{n-2r}$$

となるので，以下のように (3.23) で求めた多項式と一致する：

$$\left(\frac{d}{dx}\right)^n (x^2-1)^n = \sum_{r=0}^{2r \leq n}(-1)^r \frac{n!}{(n-r)!r!}\frac{(2n-2r)!}{(n-2r)!}x^{n-2r}$$

(b) $(x^2-1)^n = (x+1)^n(x-1)^n$ と二つの項に分けてから n 階微分すると，

$$\left(\frac{d}{dx}\right)^n (x^2-1)^n = \left(\frac{d}{dx}\right)^n (x+1)^n(x-1)^n$$

$$= n(n-1)\cdots 2 \cdot 1 \cdot (x+1)^n + n^2 \cdot n! \cdot (x+1)^{n-1}(x-1) + \cdots$$

となり，ここで，$x=1$ としてゼロでないのは最初の項だけとなる．よって，

$$\left[\left(\frac{d}{dx}\right)^n (x^2-1)^n\right]_{x=1} = n(n-1)\cdots 2 \cdot 1 \cdot 2^n = 2^n n!$$

$$P_n(1) = \frac{K_n}{n!} 2^n n! = 1 \longrightarrow K_n = \frac{1}{2^n}$$

(c)
$$P_0(x) = 1, \quad P_1(x) = \frac{1}{2 \cdot 1} \frac{d}{dx}(x^2 - 1) = x$$

$$P_2(x) = \frac{1}{2^2 2!} \left(\frac{d}{dx}\right)^2 (x^2 - 1)^2 = \frac{1}{8} \frac{d^2}{dx^2}(x^4 - 2x^2 + 1) = \frac{1}{2}(3x^2 - 1)$$

同様にして,
$$P_3(x) = \frac{1}{2}(5x^3 - 3x), \quad P_4(x) = \frac{1}{8}(35x^4 - 30x^2 + 3)$$

$$P_5(x) = \frac{1}{8}(63x^5 - 70x^3 + 15x)$$

$P_6(x)$ については,以下のように x^4 以下の項は 6 階微分するとゼロになるので省略して構わない点にも注意して,具体的に計算過程を以下に示す:

$$P_6(x) = \frac{1}{2^6 6!} \left(\frac{d}{dx}\right)^6 (x^2 - 1)^6$$
$$= \frac{1}{2^6 6!} \left(\frac{d}{dx}\right)^6 (x^{12} - 6x^{10} + 15x^8 - 20x^6 + 15x^4 + \cdots)$$
$$= \frac{1}{2^6 6!} (12 \cdot 11 \cdots 8 \cdot 7 x^6 - 6 \cdot 10 \cdot 9 \cdots 6 \cdot 5 x^4 + 15 \cdot 8 \cdot 7 \cdots 3 x^2 - 20 \cdot 6 \cdot 5 \cdots 1)$$
$$= \frac{1}{16}(231x^6 - 315x^4 + 105x^2 - 5)$$

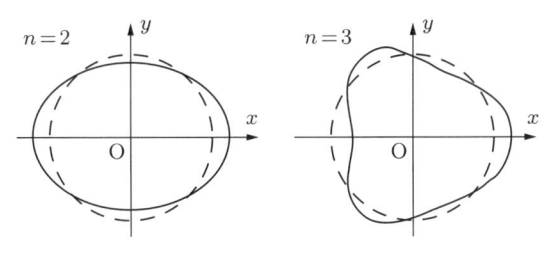

図 **3.1**

$P_n(x)$ の図を下に示す.一方,$P_2(\theta), P_3(\theta)$ を図 3.1 に示す.楕円,および西洋ナシ状の偏角依存性にそれぞれ対応している. □

$P_0(x)$ から $P_5(x)$ までを図 3.2 に示す.

3.3　積分表示式,母関数および漸化式 ★

まず,ルジャンドル多項式を複素平面上の積分の形で表す.コーシーの積分公式 (1.9) より,$f(z)$ が z を反時計回りする積分路 C の内部で正則ならば,

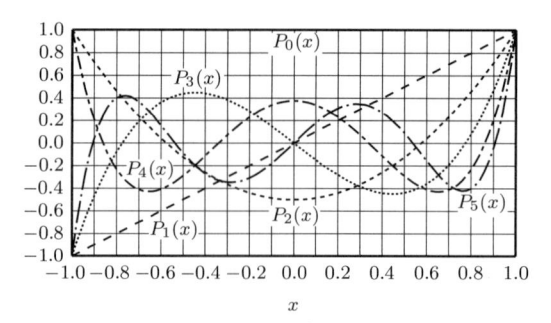

図 3.2

$$f(z) = \frac{1}{2\pi i} \oint_C \frac{f(t)}{t-z} dt$$

と表現される．両辺を n 階微分すると，

$$\left(\frac{d}{dz}\right)^n f(z) = \frac{n!}{2\pi i} \oint_C \frac{f(t)}{(t-z)^{n+1}} dt$$

が成立する（グルサの公式 (1.12)）．ここで，$f(z)$ を $(z^2-1)^n$ として，両辺を $2^n n!$ で割れば，ロドリゲス公式 (3.24) より

$$P_n(z) = \frac{1}{2^n n!} \left(\frac{d}{dz}\right)^n (z^2-1)^n = \frac{1}{2^n} \frac{1}{2\pi i} \oint_C \frac{(t^2-1)^n}{(t-z)^{n+1}} dt \tag{3.25}$$

と，ルジャンドル多項式を複素積分として表すことができる．(3.25) を，シュレーフリの積分表示式 (Schläfli's integral representation) と呼ぶ．これより

$$P_n(z) = \frac{1}{\pi} \int_0^\pi (z + \sqrt{z^2-1} \cos\phi)^n d\phi \tag{3.26}$$

というラプラスの積分表示式 (Laplace's integral representation) も簡単に導かれる（練習問題 3-4）．積分表示式は，次数 n が整数でない場合にも自然に拡張できるので，便利である（練習問題 3-11）．

次に，母関数を求める．2.2 節で触れたように母関数 F は

$$F(h, z) = \sum_{n=0}^\infty h^n P_n(z)$$

の形で定義される．右辺の $P_n(z)$ にラプラスの積分表示式 (3.26) を代入すると

$$F(h, z) = \frac{1}{\pi} \int_0^\pi \sum_{n=0}^\infty (hz + h\sqrt{z^2-1} \cos\phi)^n d\phi \tag{3.27}$$

3.3 積分表示式，母関数および漸化式* 57

ここで $x \equiv hz + h\sqrt{z^2-1}\cos\phi$ として $|x|<1$ なら，右辺の無限級数について $\sum_{n=0}^{\infty} x^n = 1/(1-x)$ を用い，さらに練習問題 1-4(c) の $\int_0^\pi d\theta/(a+b\cos\theta)$ の結果を用いると，$|h|<1$ の条件では

$$F(h,z) = \frac{1}{\pi}\int_0^\pi \frac{d\phi}{1-hz-h\sqrt{z^2-1}\cos\phi} = \frac{1}{\sqrt{1-2hz+h^2}} = \sum_{n=0}^\infty h^n P_n(z) \tag{3.28}$$

と，(3.27) の右辺が計算でき，ルジャンドル多項式の母関数が求まる．

次に，漸化式を母関数より求める．$F(h,z)$ を h で偏微分すると，

$$\frac{\partial F}{\partial h} = \frac{z-h}{(1-2hz+h^2)^{3/2}} = \frac{z-h}{1-2hz+h^2}F$$

$$(1-2hz+h^2)\frac{\partial F}{\partial h} = (z-h)F$$

が成り立つ．そして，上の左辺の偏微分は

$$\frac{\partial F}{\partial h} = \frac{\partial}{\partial h}\sum_{n=0}^\infty h^n P_n(z) = \sum_{n=1}^\infty nh^{n-1}P_n(z) = \sum_{n=0}^\infty (n+1)h^n P_{n+1}(z)$$

となる．上の最後の等式では $n-1\to n$ と和の添字を変換した．よって，

$$\sum_{n=0}^\infty (1-2hz+h^2)(n+1)h^n P_{n+1}(z) = \sum_{n=0}^\infty (z-h)h^n P_n(z)$$

となる．任意の h について成立するには，h^n についての両辺の係数が等しくならなくてはいけない．添字 n を適当に変換すると，

$$(n+1)P_{n+1}(z) - 2znP_n(z) + (n-1)P_{n-1}(z) = zP_n(z) - P_{n-1}(z)$$

まとめると，$P_n(z)$ についての次の漸化式が求まる：

$$(n+1)P_{n+1}(z) - (2n+1)zP_n(z) + nP_{n-1}(z) = 0 \tag{3.29}$$

(3.29) より，$P_{n-1}(z)$ と $P_n(z)$ から $P_{n+1}(z)$ が求まる．つまり，$P_0(z)$ と $P_1(z)$ の値を計算しておけば，$P_2(z), P_3(z),\ldots$ と次数が増えても，(3.23) や (3.24) を用いずにその値を求めることができる．このように数値計算上でも，漸化式は有効である．この他にさまざまな漸化式が存在する（練習問題 3-5，その他は森口他などの公式集を参照）．

3.4 ルジャンドル多項式の直交性 ★

用いられる変数の範囲を積分領域として，二つのルジャンドル多項式の積を積分すると，以下の **直交性** (orthogonality) が成立する：

$$\int_{-1}^{1} P_m(x)P_n(x)dx = \frac{2}{2n+1}\delta_{mn} \qquad (3.30)$$

数学的には，$P_n(x)$ を空間上のベクトルとして，次数 n が異なるものどうしは直交していることに相当する．

[ロドリゲス公式 (3.24) からの証明] $m < n$ と仮定し（$m > n$ の場合は，以下の証明において単に m と n を入れ換えればよい），以下のように部分積分を n 回繰り返すと，

$$\int_{-1}^{1} P_m(x)P_n(x)dx = \frac{1}{2^{m+n}m!n!}\int_{-1}^{1}\left[\left(\frac{d}{dx}\right)^m(x^2-1)^m\right]\left[\left(\frac{d}{dx}\right)^n(x^2-1)^n\right]dx$$

$$= \frac{-1}{2^{m+n}m!n!}\int_{-1}^{1}\left[\left(\frac{d}{dx}\right)^{m+1}(x^2-1)^m\right]\left[\left(\frac{d}{dx}\right)^{n-1}(x^2-1)^n\right]dx$$

$$= \cdots = \frac{(-1)^n}{2^{m+n}m!n!}\int_{-1}^{1}\left[\left(\frac{d}{dx}\right)^{m+n}(x^2-1)^m\right](x^2-1)^n dx$$

最後の積分の $[\cdots]$ において，微分の階数の方が多項式 $(x^2-1)^m$ の次数よりも高い（$2m < m+n$）ので，この被積分関数はゼロとなる．

次に，$m = n$ では，同様に部分積分を n 回繰り返すと，

$$\int_{-1}^{1} P_n(x)P_n(x)dx = \frac{1}{2^{2n}(n!)^2}\int_{-1}^{1}\left[\left(\frac{d}{dx}\right)^n(x^2-1)^n\right]^2 dx$$

$$= \cdots = \frac{(-1)^n}{2^{2n}(n!)^2}\int_{-1}^{1}(x^2-1)^n\left[\left(\frac{d}{dx}\right)^{2n}(x^2-1)^n\right]dx$$

最後の積分内の
$$[\cdots] = \left(\frac{d}{dx}\right)^{2n}(x^{2n} - nx^{2(n-1)} + \cdots) = \left(\frac{d}{dx}\right)^{2n}x^{2n} = (2n)!$$

の結果を用いた後で，$x \equiv 2t-1$ と変数変換すると，

$$\int_{-1}^{1} P_n(x)P_n(x)dx = \frac{(2n)!}{2^{2n}(n!)^2}\int_{-1}^{1}(1-x^2)^n dx$$

$$= \frac{2\cdot(2n)!}{(n!)^2}\int_{0}^{1} t^n(1-t)^n dt = \frac{2\cdot(2n)!}{(n!)^2}B(n+1, n+1)$$

練習問題 1-13 のベータ関数 B とガンマ関数 Γ の関係式，および $\Gamma(n+1) = n!$（練習問題 1-7）を用いると，

$$\int_{-1}^{1} P_n(x)P_n(x)dx = \frac{2\cdot(2n)!}{(n!)^2}\frac{\Gamma(n+1)\Gamma(n+1)}{\Gamma(2n+2)} = \frac{2}{2n+1} \quad \square$$

$-1 \leq x \leq 1$ で定義された任意の関数 $f(x)$ は，(3.30) より

$$f(x) = \sum_{n=0}^{\infty} c_n P_n(x) \tag{3.31}$$

とルジャンドル多項式で展開でき，その係数 c_n は一意に定まる：

$$c_n = \frac{2n+1}{2}\int_{-1}^{1} f(x)P_n(x)dx \tag{3.32}$$

($P_n(x)$ を $\sin nx/\pi, \cos nx/\pi$ で置き換えれば，第7章のフーリエ級数に対応する．)

[補足説明] 第 2 種ルジャンドル関数について ★★†

ルジャンドルの微分方程式 (3.19) は 2 階の微分方程式なので，ルジャンドルの多項式とは独立な解がある．ルジャンドル多項式の級数解 (3.22) を求めた際に，$x = \pm 1$ で発散しないように，次の条件で有限項で打ち切れる場合を $P_n(x)$ と定義した：

(1) $c_0 = 0$ かつ $n = \ldots, -5, -3, -1, 0, 2, 4, \ldots$
(2) $c_1 = 0$ かつ $n = \ldots, -6, -4, -2, 1, 3, 5, \ldots$

$P_n(x)$ とは独立な解は，上の逆の場合とすればよい．つまり，n が正の偶数なら (2) の $c_1 \neq 0$，正の奇数なら (1) の $c_0 \neq 0$ を取ればよさそうである．ただし，それは必然的に無限級数の形となり，よって $x = \pm 1$ で発散する．以下は，このような無限級数と同じ性質だがよりコンパクトな表現で慣例的に用いられる **第 2 種ルジャンドル関数** (Legendre function of the second kind)$Q_n(x)$ を簡単に説明する．

ルジャンドルの微分方程式の一つの解が $P_n(x)$ なので，もう一つの独立な解を求める方法の一つとして，以下のような変数変換を考える：

$$y = v(x)P_n(x)$$

これを元の微分方程式 (3.19) に代入すると，

$$(1-x^2)v'' P_n(x) + v'\left[2(1-x^2)P_n'(x) - 2xP_n(x)\right] = 0$$

となり，これより $v(x)$ は以下のように表現される (C, C' は未定定数)：

$$v'(x) = \frac{C}{(1-x^2)[P_n(x)]^2} \longrightarrow v(x) = C\int^{x}\frac{dz}{(1-z^2)[P_n(z)]^2} + C'$$

このうち、慣例に従い定数 C, C' を選んで $v(x)$ を定め、$P_n(x)$ とは独立な解として、

$$Q_n(x) \equiv -P_n(x) \int_\infty^x \frac{dz}{(1-z^2)[P_n(z)]^2} \tag{3.33}$$

となるように定義する。ここで、$x \to \infty$ では $P_n(x) \to O(x^n)$ より、$Q_n(x) \to O(x^{-(n+1)})$ とゼロに漸近することに注意。また、$Q_n(x)$ は $P_n(x)$ の漸化式 (3.29) なども同様に満たす。(3.33) の積分については省略するが（積分表示式から求めるのが正確だが、分岐をまたぐ積分路となる）、結果だけ示すと（詳しくは、犬井、スミルノフ 8 巻、Morse and Feshbach、時弘などを参照）、

$$Q_n(x) = \frac{1}{2} P_n(x) \ln\left|\frac{x+1}{x-1}\right| + f_{n-1}(x) \tag{3.34}$$

で表され、ここで $f_{n-1}(x)$ は $(n-1)$ 次の多項式に相当する。対数の形になっているので、無限級数となるわけである。具体的な形を求めると、

$$Q_0(x) = \frac{1}{2} \ln\left|\frac{x+1}{x-1}\right| = \frac{1}{x} + \frac{1}{3x^3} + \frac{1}{5x^5} + \cdots \tag{3.35}$$

$$Q_1(x) = \frac{x}{2} \ln\left|\frac{x+1}{x-1}\right| + f_0 = \left(1 + \frac{1}{3x^2} + \cdots\right) + f_0$$

ここで、$Q_1(x) \to 0$, $x \to \infty$ と選ぶと $f_0 = -1$ が定まり、

$$Q_1(x) = \frac{x}{2} \ln\left|\frac{x+1}{x-1}\right| - 1 \tag{3.36}$$

となる。$n \geq 2$ については、漸化式 (3.29) が $Q_n(x)$ にも成り立つので、以下のように求まる：

$$Q_2(x) = \frac{1}{2} P_2(x) \ln\left|\frac{x+1}{x-1}\right| - \frac{3}{2} P_1(x)$$

$$Q_n(x) = \frac{1}{2} P_n(x) \ln\left(\frac{x+1}{x-1}\right) - \frac{2n-1}{1 \cdot n} P_{n-1}(x) - \frac{2n-5}{3(n-1)} P_{n-3}(x) - \cdots \tag{3.37}$$

これらの形より、以下の $Q_n(x)$ の重要な性質もわかる：

$$Q_n(1) = \infty, \qquad Q_n(\infty) = 0$$

$$Q_n(-x) = (-1)^{n+1} Q_n(x), \qquad Q_n(0) = 0 \qquad (n：偶数) \tag{3.38}$$

$Q_n(x)$ は $\ln\left|\frac{x+1}{x-1}\right|$ の形を含むため、$x = \pm 1$, すなわち $Q_n(\cos\theta)$ は $\theta = 0, \pi$ で発散するので、理工系のほとんどの問題では必要ない。$Q_0(x)$ から $Q_5(x)$ までを図 3.3 に示す。$x = 1$ で発散することに注意すること。　□

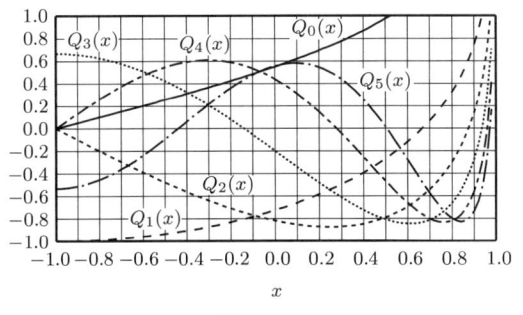

図 3.3

3.5　ルジャンドル陪関数 *

これまではルジャンドルの微分方程式 (3.18) のうち，$m = 0$ という特殊な場合を扱ってきた．以下では，$m \neq 0$ で正の整数の場合の

$$(1-x^2)\frac{d^2y}{dx^2} - 2x\frac{dy}{dx} + \left\{n(n+1) - \frac{m^2}{1-x^2}\right\}y = 0 \qquad (3.39)$$

の解を求める．結果的には，ルジャンドル多項式を少し変形するだけでよい．以下の導入は，天下り的部分も含むが，特異点の概念を用いて解の性質を理解するのにも役に立つ．その他の多くの微分方程式の解を求める際に，以下のような特異点の扱いは有効である．

方程式 (3.39) で，$x = \pm 1$ は確定特異点なので（練習問題 3-2），その近傍の振舞いをまず考える．そのために $-1 \leq x \leq 1$ より $\epsilon \equiv 1 \pm x$ で $0 < \epsilon \ll 1$ と変数変換する（以下では，上の符号が $x = -1$，下が $x = 1$ の場合に対応する）．$d\epsilon \equiv \pm dx$, $1 - x^2 = 1 - \{\pm(\epsilon - 1)\}^2 = 2\epsilon - \epsilon^2$ より，(3.39) は次のようになる：

$$\left(2\epsilon - \epsilon^2\right)\frac{d^2y}{d\epsilon^2} \pm 2(1-\epsilon)\frac{dy}{\pm d\epsilon} + \left\{n(n+1) - \frac{m^2}{2\epsilon - \epsilon^2}\right\}y = 0$$

ここで $\epsilon \to 0$ で高次の項を除くと，上の方程式は

$$2\epsilon\frac{d^2y}{d\epsilon^2} + 2\frac{dy}{d\epsilon} - \frac{m^2}{2\epsilon}y \simeq 0 \longrightarrow \epsilon\frac{d^2y}{d\epsilon^2} + \frac{dy}{d\epsilon} - \frac{m^2}{4\epsilon}y \simeq 0$$

と，求めるべき方程式が求まる．確定特異点での解の振舞いを $y \sim \epsilon^s$ と仮定して，上の方程式に代入すると，

$$s(s-1)\epsilon^{s-1} + s\epsilon^{s-1} - \frac{m^2}{4}\epsilon^{s-1} = \left(s^2 - \frac{m^2}{4}\right)\epsilon^{s-1} \simeq 0$$

よって，$s = \pm m/2$ が求まる．$x \to \mp 1$ ($\epsilon \to 0$) で発散しないために m が正なので，$y \sim \epsilon^{m/2}$ の方を選ぶ．つまり，$x \to \mp 1$ で $y \sim (1 \pm x)^{m/2}$ となる．よって，$x \to \mp 1$ で有限な関数 $A(x)$ を導入し，解は次のような表現となる：

$$y(x) \equiv (1-x)^{\frac{m}{2}}(1+x)^{\frac{m}{2}}A(x) = (1-x^2)^{\frac{m}{2}}A(x) \tag{3.40}$$

(3.40) を方程式 (3.39) に代入して，$A(x)$ が満たすべき方程式を求める．

$$\frac{dy}{dx} = (1-x^2)^{\frac{m}{2}}A'(x) - mx(1-x^2)^{\frac{m}{2}-1}A(x)$$

$$\frac{d^2y}{dx^2} = (1-x^2)^{\frac{m}{2}}A''(x) - 2mx(1-x^2)^{\frac{m}{2}-1}A'(x)$$
$$+ \left\{m(m-2)x^2(1-x^2)^{\frac{m}{2}-2} - m(1-x^2)^{\frac{m}{2}-1}\right\}A(x)$$

となるので，$A(x)$ についての以下の方程式が得られる：

$$(1-x^2)\frac{d^2A}{dx^2} - 2mx\frac{dA}{dx} + \frac{m^2x^2 - mx^2 - m}{1-x^2}A - 2x\frac{dA}{dx} + \frac{2mx^2}{1-x^2}A$$
$$+ \left\{n(n+1) - \frac{m^2}{1-x^2}\right\}A$$
$$= (1-x^2)\frac{d^2A}{dx^2} - 2(m+1)x\frac{dA}{dx} + \{n(n+1) - m(m+1)\}A = 0 \tag{3.41}$$

一方，$m=0$ の場合の方程式 (3.19) を m 階微分すると

$$\left(\frac{d}{dx}\right)^m \frac{d}{dx}\left[(1-x^2)\frac{dP_n}{dx}\right]$$
$$= (1-x^2)P_n^{(m+2)} + (m+1)(-2x)P_n^{(m+1)} + \frac{m(m+1)}{2}(-2)P_n^{(m)}$$

となるので ($P_n^{(m)}(x) \equiv d^m P_n(x)/dx^m$ と表記)，次の方程式となる：

$$(1-x^2)\frac{d^2 P_n^{(m)}}{dx^2} - 2(m+1)x\frac{dP_n^{(m)}}{dx} + \{n(n+1) - m(m+1)\}P_n^{(m)} = 0$$

これは $A(x)$ が満たすべき微分方程式 (3.41) と一致するので，$A(x) = P_n^{(m)}(x)$ であることがわかる．(3.40) も合わせて，(3.39) の解が最終的に求まる：

$$y(x) = (1-x^2)^{\frac{m}{2}}\left(\frac{d}{dx}\right)^m P_n(x) \equiv P_n^m(x) \tag{3.42}$$

ルジャンドル多項式の微分で表される (3.42) の $P_n^m(x)$ を **ルジャンドル陪関数** (associated Legendre function) と呼ぶ．ここで，$P_n(x)$ は n 次の多項式なので，$m \leq n$ でなければならない (練習問題 3-7(a) では m が負の場合に定義す

る).ルジャンドル陪関数 $P_n^m(x)$ は,ルジャンドル多項式 $P_n(x)$ と似たような漸化式や直交性があるが,それらは練習問題 3-7 を参照せよ.

[例題 3-3] ★ ルジャンドル陪関数を $n=3$ まで(各々の n について可能な m についてすべて)書き下せ.

[解答]
$$P_0^0(x) = P_0(x) = 1, \quad P_1^0(x) = P_1(x) = x$$
$$P_1^1(x) = \sqrt{1-x^2}\frac{d}{dx}P_1(x) = \sqrt{1-x^2}\frac{d}{dx}x = \sqrt{1-x^2}$$
$$P_2^0(x) = P_2(x) = \frac{1}{2}(3x^2-1), \quad P_2^1(x) = \sqrt{1-x^2}\frac{d}{dx}P_2(x) = 3x\sqrt{1-x^2}$$
$$P_2^2(x) = (1-x^2)\frac{d^2}{dx^2}P_2(x) = 3(1-x^2)$$
$$P_3^0(x) = P_3(x) = \frac{1}{2}(5x^3-3x), \quad P_3^1(x) = \sqrt{1-x^2}\frac{d}{dx}P_3(x) = \frac{3}{2}(5x^2-1)\sqrt{1-x^2}$$
$$P_3^2(x) = (1-x^2)\frac{d^2}{dx^2}P_3(x) = 15(1-x^2)x$$
$$P_3^3(x) = (1-x^2)^{\frac{3}{2}}\frac{d^3}{dx^3}P_3(x) = 15(1-x^2)^{\frac{3}{2}} \quad \square$$

3.6 球面調和関数 ★

球座標のラプラシアン ∇^2 について,3.1 節ではまず経度座標 ϕ については三角関数 (3.9) で,さらに 3.5 節では緯度座標 θ についてはルジャンドル陪関数 $P_n^m(\cos\theta)$ で表されることを示した.つまり,3.1 節の (3.17) の具体的な表現を導いた.ϕ については虚数の指数関数を用い,係数の範囲に注意すると(慣例に従って次数 n を l に代える),直交性(練習問題 3-7 の (3.58))を用いて,球面上の任意の関数 $f(\theta,\phi)$ は

$$f(\theta,\phi) = \sum_{l=0}^{\infty}\sum_{m=-l}^{l} A_{lm} P_l^{|m|}(\cos\theta) e^{im\phi} \tag{3.43}$$

と,展開できる.ここで,係数 A_{lm} は一意に決まる.

[例題 3-4] ★ (3.43) の係数 A_{lm} を求めよ.

[解答] ϕ についての積分 $\int_0^{2\pi} e^{im\phi}d\phi$ は整数 m がゼロ以外ではゼロとなり,$m=0$

では 2π となる．(3.43) の両辺に以下のような関数をかけて球面上で積分すると，練習問題 3-7(b) の結果と合わせて，まず $m \geq 0$ では

$$\int_0^{2\pi} d\phi \int_0^{\pi} \sin\theta d\theta\, f(\theta,\phi) P_l^{|m|}(\cos\theta) e^{-im\phi}$$

$$= \sum_{l'=0}^{\infty} \sum_{m'=-l'}^{l'} A_{l'm'} \int_0^{2\pi} e^{i(m-m')\phi} d\phi \int_0^{\pi} P_l^{|m|}(\cos\theta) P_{l'}^{|m'|}(\cos\theta) \sin\theta d\theta$$

$$= \sum_{l'=0}^{\infty} 2\pi A_{l'm} \int_0^{\pi} P_l^m(\cos\theta) P_{l'}^m(\cos\theta) \sin\theta d\theta = \frac{4\pi}{2l+1} \frac{(l+m)!}{(l-m)!} A_{lm}$$

$m<0$ なら，上の積分は，

$$\cdots = \sum_{l'=0}^{\infty} 2\pi A_{l'm} \int_0^{\pi} P_l^{|m|}(\cos\theta) P_{l'}^{|m|}(\cos\theta) \sin\theta d\theta = \frac{4\pi}{2l+1} \frac{(l+|m|)!}{(l-|m|)!} A_{lm}$$

すなわち，二つの場合をまとめると，

$$A_{lm} = \frac{2l+1}{4\pi} \frac{(l-|m|)!}{(l+|m|)!} \int_0^{2\pi} d\phi \int_0^{\pi} \sin\theta d\theta\, f(\theta,\phi) P_l^{|m|}(\cos\theta) e^{-im\phi} \quad \square$$

(3.43) の表現から，θ の関数と ϕ の関数をまとめると便利である．これを **球面調和関数** (spherical harmonics functions) と呼び，$Y_{lm}(\theta,\phi)$ と記す．これは，$P_l^{|m|}(\cos\theta) e^{im\phi}$ に何らかの係数をかけたものである．係数の定義は著書によって多種あるので注意が必要だが，本書では，以下の (3.45) のような正規直交化に対応した球面調和関数を用いる：

$$Y_{lm}(\theta,\phi) \equiv \left[\frac{2l+1}{4\pi} \frac{(l-|m|)!}{(l+|m|)!}\right]^{\frac{1}{2}} P_l^{|m|}(\cos\theta) e^{im\phi} \times \begin{cases} (-1)^m & (m \geq 0) \\ 1 & (m < 0) \end{cases}$$
(3.44)

こうすると，C を単位半径の球面上として，次の球面調和関数の正規直交性が成立する（練習問題 3-8）：

$$\int_C Y_{lm}^*(\theta,\phi) Y_{l'm'}(\theta,\phi) d\Omega = \int_0^{\pi} \sin\theta d\theta \int_0^{2\pi} d\phi Y_{lm}^*(\theta,\phi) Y_{l'm'}(\theta,\phi) = \delta_{ll'} \delta_{mm'}$$
(3.45)

(3.43) のように，球面上の任意の関数 $f(\theta,\phi)$ は，球面調和関数 $Y_{lm}(\theta,\phi)$ の展開として表現できる：

$$f(\theta,\phi) = \sum_{l=0}^{\infty} \sum_{m=-l}^{l} A_{lm} Y_{lm}(\theta,\phi) \tag{3.46}$$

3.6 球面調和関数* 65

上の両辺に $Y_{lm}^*(\theta,\phi)$ をかけて球面上で積分すると，(3.45) より A_{lm} が求まる：

$$A_{lm} = \int_C f(\theta,\phi) Y_{lm}^*(\theta,\phi) d\Omega = \int_0^\pi \sin\theta d\theta \int_0^{2\pi} d\phi f(\theta,\phi) Y_{lm}^*(\theta,\phi) \tag{3.47}$$

(3.44) で定義された球面調和関数は複素数である．m が負の場合は，練習問題3-8の (3.59) で示すように，m が正の場合と複素共役の関係にある．直感的な理解のために，図 3.4 では (3.44) の定義でなく，以下のような実数として定義された球面調和関数 $\mathcal{Y}(\theta,\phi)$ を示す（(3.44) の $e^{im\phi}$ を除いた部分を $X_{lm}(\theta)$ とする）：

$$\mathcal{Y}(\theta,\phi) \equiv \begin{cases} \sqrt{2} X_{l|m|}(\theta) \cos m\phi & (-l \le m < 0) \\ X_{lm}(\theta) & (m = 0) \\ \sqrt{2} X_{lm}(\theta) \sin m\phi & (0 < m \le l) \end{cases}$$

$l=2,8$ について，地球の緯度・経度に重ねて図示する（白い部分が正，黒い部

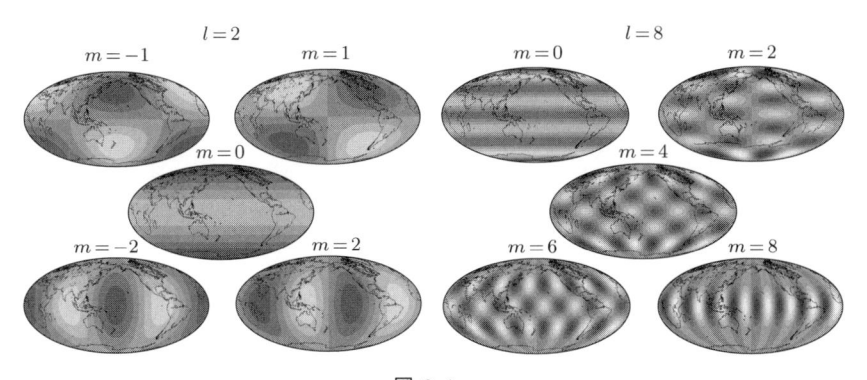

図 3.4

分が負）．$m=0$ の場合，緯度方向のみに l 本の節がある．すわなち，$(l+1)$ 個の領域に全体が分けられる．$m \ne 0$ の場合，経度方向に m 本の節が加わるのに対して，緯度方向の節の数がその本数分だけ減少する．$m = \pm l$ の場合，経度方向のみに l 本の節ができる．いずれの場合でも，合計 l 本の節で全球面が区分される．

3.7　ルジャンドル多項式の加法定理 ⋆

距離が角度 ψ だけ離れた球面上の2点，A(θ,φ) と B(θ',φ')，について考える（図3.5）．例えば，何らかの力源（例：磁化した物質，地震，マグマ）が点 A にあり，それを点 B で観測するといった形で理工系の多く問題で扱われる．これらの角度の間には，球面上での余弦定理が成り立つ（練習問題 3-6(a)）：

$$\cos\psi = \cos\theta\cos\theta' + \sin\theta\sin\theta'\cos(\varphi-\varphi') \tag{3.48}$$

この左辺は $P_1(\cos\psi)$ に当たり，右辺を見ると $P_1(\cos\theta)$ や $\cos\varphi$ 等で展開して

図 3.5

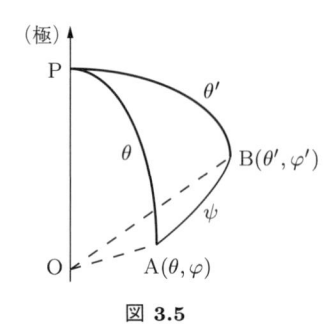

いる形となっている．そこで，一般の l についての $P_l(\cos\psi)$ を点 A と B での球面調和関数で展開することを考える．ルジャンドル陪関数の直交性 (3.58) から，関係する次数 l が同じでなくてはいけないので，

$$P_l(\cos\psi) = \sum_{m=-l}^{l} a_m Y_{lm}(\theta,\varphi) \tag{3.49}$$

と，点 A での座標 (θ,φ) でまず展開する．球面調和関数の正規直交性 (3.45) より，係数 a_m （ただし，点 B の位置によるので，θ' と φ' の関数）は

$$a_m = \int_0^{2\pi} d\varphi \int_0^{\pi} \sin\theta d\theta\, Y_{lm}^*(\theta,\varphi) P_l(\cos\psi) \tag{3.50}$$

で表わされる．

次に，極を点 A(θ,φ) に移動させる．点 B の緯度は ψ となるので，経度を形式的に γ と定義すると，(3.49) の展開と似た次の形で表現できる：

$$Y_{lm}(\theta,\varphi) = \sum_{m'=-l}^{l} b_{m'} Y_{lm'}(\psi,\gamma) \tag{3.51}$$

3.7 ルジャンドル多項式の加法定理* 67

その上で，点 B を点 A に近づけていくと，$\theta \to \theta'$ および $\varphi \to \varphi'$，さらに $\psi \to 0$ となるので，(3.51) の左辺と右辺はそれぞれ

$$Y_{lm}(\theta, \varphi) \to Y_{lm}(\theta', \varphi'), \qquad \sum_{m'=-l}^{l} b_{m'} Y_{lm'}(\psi \to 0, \gamma)$$

となる．ここで，例題 3-2(b) と練習問題 3-7(d) より

$$P_l(\cos(\psi = 0)) = P_l(1) = 1, \qquad P_l^{m'}(1) = 0 \quad (m' \neq 0)$$

であることを用いると，(3.51) の右辺の球面調和関数は

$$Y_{lm'}(0, \gamma) = \sqrt{\frac{2l+1}{4\pi}} \delta_{m'0}$$

となる．よって，(3.51) の係数 b_0 が点 B の座標 (θ', φ') として表現できる：

$$Y_{lm}(\theta', \varphi') = \sqrt{\frac{2l+1}{4\pi}} b_0 \tag{3.52}$$

一方，(3.51) を (3.50) の $Y_{lm}^*(\theta, \varphi)$ に代入して，さらに積分変数 (θ, φ) を (ψ, γ) に変換すると，係数 a_m は

$$a_m = \sum_{m'=-l}^{l} b_{m'}^* \int_0^{2\pi} d\gamma \int_0^{\pi} \sin\psi d\psi\, Y_{lm'}^*(\psi, \gamma) P_l(\cos\psi)$$

と表される．ここで，$P_l(\cos\psi) = \sqrt{4\pi/(2l+1)} Y_{l0}(\psi, \gamma)$ であり，球面調和関数の正規直交性 (3.45) を用いる．さらに，b_0 の値 (3.52) より，上の左辺は

$$a_m = \sum_{m'=-l}^{l} b_{m'}^* \sqrt{\frac{4\pi}{2l+1}} \delta_{m'0} = b_0^* \sqrt{\frac{4\pi}{2l+1}} = \frac{4\pi}{2l+1} Y_{lm}^*(\theta', \varphi') \tag{3.53}$$

と求まる．よって，$P_l(\cos\psi)$ の展開式 (3.49) は，最終的に

$$P_l(\cos\psi) = \frac{4\pi}{2l+1} \sum_{m=-l}^{l} Y_{lm}^*(\theta', \varphi') Y_{lm}(\theta, \varphi) \tag{3.54}$$

と点 A と B の座標で表現される．(3.54) で，2 点の座標 (θ, φ) と (θ', φ') を交換してもよい．球面調和関数をルジャンドル陪関数と三角関数に書き下すと，

$$P_l(\cos\psi) = P_l(\cos\theta) P_l(\cos\theta')$$
$$+ 2 \sum_{m=1}^{l} \frac{(l-m)!}{(l+m)!} P_l^m(\cos\theta) P_l^m(\cos\theta') \cos m(\varphi - \varphi') \tag{3.55}$$

とも表される．(3.54), (3.55) が，余弦定理 (3.48) を拡張したルジャンドル多項式の **加法定理** (addition theorem) である（$l=1$ で (3.48) になることを確かめよ）．

練習問題

3-1 ★† 量子力学の波動関数においては，ϕ 座標についての周期性が単純に $\Phi(\phi) = \Phi(\phi+2\pi)$ ではない．では，どのような条件であるか．また，それは ϕ についてどのような式で表されるか（ヒント：スピンという概念に関係する）．

3-2 ★ θ についての微分方程式 (3.11) で，θ が取りうる範囲を考慮して，正則でない点はどこか？また，どのような種類の特異点となっているか？

3-3 ★ θ についての微分方程式 (3.13) から x についての方程式 (3.14) を導け．

3-4 ★ (a) シュレーフリの積分表示式 (3.25) より，ラプラスの積分表示式 (3.26) を導け（ヒント：積分路 C を z の回りの半径 $|\sqrt{z^2-1}|$ の円とみなす）．
(b) シュレーフリの積分表示式で定義された $P_n(z)$ そのものが，ルジャンドルの微分方程式 (3.19) を満たすことを示せ．

3-5 ★ ルジャンドル多項式の母関数 (3.28) を用いて，以下の性質を示せ．ルジャンドル多項式の他の定義（例えばロドリゲス公式 (3.24)）から導くこともできるので，興味のある読者は別解として試みるとよい．
(a) 微分における次の漸化式を示せ（ヒント：(3.28) の両辺を z で偏微分する）．
$$P_n'(z) - 2zP_{n-1}'(z) + P_{n-2}'(z) = P_{n-1}(z) \tag{3.56}$$
(b) (3.56) と別の漸化式 (3.29)（母関数の両辺を h で微分して求めた）を合わせて，以下の漸化式を示せ．
  (1) $P_{n+1}'(z) - zP_n'(z) = (n+1)P_n(z)$
  (2) $zP_n'(z) - P_{n-1}'(z) = nP_n(z)$
  (3) $P_{n+1}'(z) - P_{n-1}'(z) = (2n+1)P_n(z)$
  (4) $(z^2-1)P_n'(z) = nzP_n(z) - nP_{n-1}(z)$
(c) 母関数を用いて，$P_n(-1) = (-1)^n$ を示せ．
(d) 母関数を用いて，$P_n(0)$ を求めよ．
(e) $P_n(-z) = (-1)^n P_n(z)$ を示せ（ヒント：$F(-h, -z)$ を考える）．

(f) $\sum_{n=0}^{\infty} \frac{z^{n+1}}{n+1} P_n(z)$ の積分形（できたらその積分の値も）を求めよ．

3-6★★ 地球（あるいは任意の天体）の外の点 P の重力ポテンシャル U を考える（図 3.6 参照）．これは，体積 V の質量要素 dm の積分

$$U(P) = G \int_V \frac{dm}{R}$$

で表される．ここでのポテンシャルの符号は通常と逆に定義し，G は重力定数であり，R は考える質量要素 dm と点 P との距離である．原点 O と点 P との距離を r，原点 O と dm との距離を r'，そして原点 O から見た dm と点 P とのなす角度を ψ とする．

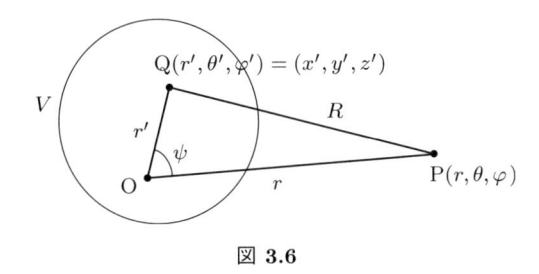

図 3.6

(a) 余弦定理 (3.48) を導け．また，これを用いて，R を r, r' および ψ で表せ．
(b) 点 P は体積 V の十分外側，つまり，$r > r'$ とする．$1/R$ は実はルジャンドル多項式の母関数の (3.29) になっていることを示せ．また，これより $U(P)$ を r'/r とルジャンドル多項式を用いて，級数展開せよ．
(c) (b) の級数展開のゼロ次 ($n=0$) の項は原点にすべての質量が集まった場合，また 1 次 ($n=1$) の項は重心に関係することを，それぞれ示せ．
(d) もし地球の一様の球（半径 a，密度 ρ_0）とすると，点 P が地球の外 ($r > a$) と内 ($r < a$) の場合，それぞれどのようになるか示せ．（ヒント：$dm = \rho_0 dV = \rho_0 r'^2 dr' \sin\psi d\psi d\phi$ と極座標で表し，積分する．この場合に $\phi: 0 \to 2\pi$ で，ψ と R は (a) の結果より変数変換することで，積分できる．積分範囲 $\psi: 0 \to \pi$ は，$R: |r-r'| \to r+r'$ に対応する．）

3-7★ ルジャンドル陪関数について

(a) $|m| \leq n$ ならば，m が負の場合にもロドリゲス公式 (3.24) より $P_n^m(x)$ が定義できる．その場合，次の関係になることを示せ：

$$P_n^{-m}(x) = (-1)^m \frac{(n-m)!}{(n+m)!} P_n^m(x) \qquad (0 \leq m \leq n) \tag{3.57}$$

(b) 次の直交性を示せ（ヒント：(a) を用いて，$\int_{-1}^{1} P_n^{-m}(x) P_l^m(x) dx$ をまず考えよ．また，ルジャンドル多項式の直交性 (3.30) も用いること）．

$$\int_{-1}^{1} P_n^m(x) P_l^m(x) dx = \frac{2}{2n+1} \frac{(n+m)!}{(n-m)!} \delta_{nl} \quad (-n \leq m \leq n) \tag{3.58}$$

(c) $P_n^m(-x) = (-1)^{m+n} P_n^m(x)$ を示せ．

(d) $P_n^m(\pm 1) = 0$（ただし，$m \neq 0$）を示せ．$m = 0$ の場合はどうなるか．

(e) ルジャンドル多項式の漸化式（練習問題 3-5 を参照）を用いて，以下のようなルジャンドル陪関数の漸化式を導け．

(1) $P_{n+1}^{m+1}(x) - x P_n^{m+1}(x) = (n+m+1)(1-x^2)^{1/2} P_n^m(x) \quad (m \geq 0)$
(2) $(1-x^2)^{1/2} P_n^m(x) - (n+m) x P_n^{m-1}(x) + (n-m+2) P_{n+1}^{m-1}(x) = 0$
(3) $(1-x^2) P_n^{m\prime}(x) = (n+1) x P_n^m(x) - (n-m+1) P_{n+1}^m(x)$

(f) $m \geq 0$ の場合，次の極限の結果を示せ（多くの場合，球面上のある点を基準に物理量を表現するので，この結果は重要である）．

$$P_n^m(\cos\theta) \to \frac{1}{2^m m!} \frac{(n+m)!}{(n-m)!} \theta^m \quad (\theta \to 0)$$

3-8★ 球面調和関数について

(a) (3.44) で定義した $Y_l^m(\theta, \varphi)$ は，m の正負にかかわらず，以下であることを示せ．

$$Y_{lm}(\theta, \varphi) = \frac{1}{2^l l!} \left[\frac{2l+1}{4\pi} \frac{(l-m)!}{(l+m)!} \right]^{1/2} e^{im\varphi} (-\sin\theta)^m \left(\frac{d}{d\cos\theta} \right)^{l+m} (\cos^2\theta - 1)^l$$

(b) **偶奇性** (parity) に関する次の関係式を示せ．

$$Y_{l,-m}(\theta, \varphi) = (-1)^m Y_{lm}^*(\theta, \varphi) \tag{3.59}$$

(c) $l = 0, 1, 2, 3$ のそれぞれの可能な m について，$Y_{lm}(\theta, \varphi)$ を具体的に書き下せ．また，球面上に実部の正負の領域を黒白で塗りわけて図示せよ．

(d) 球面調和関数の正規直交性 (3.45) を示せ．（ヒント：(3.59) を用いる．）

3-9★ ルジャンドル多項式の加法定理 (3.54) を用いて，$P_l(\cos\psi)$ の直交性を調べる．

(a) 積分領域 C を全球面上として，以下の結果を示せ．

$$\int_C Y_{lm}(\theta, \varphi) P_l(\cos\psi) \sin\theta \, d\theta \, d\varphi = \frac{4\pi}{2l+1} Y_{lm}(\theta', \varphi')$$

(b) (a) より，次の結果を示せ．
$$\int_C P_l(\cos\theta) P_l(\cos\psi) \sin\theta d\theta d\varphi = \frac{4\pi}{2l+1} P_l(\cos\theta') \tag{3.60}$$

3-10 ⋆⋆ 練習問題 3-6 で，地球の重力ポテンシャルを考え，球面調和関数展開して，$n=1$ の項まで考えた．$n=2$ 以上の項ではルジャンドル陪関数が必要となる．図 3.6 も参照して，以下の問いに答えよ．

(a) ルジャンドル多項式の加法定理を用いて，$n=2$ の $P_2(\cos\psi)$ の項を (θ,ϕ) と (θ',ϕ') で表せ．

(b) x,y,z 軸回りのそれぞれの慣性モーメント
$$A \equiv \int (y'^2 + z'^2) dm, \qquad B \equiv \int (z'^2 + x'^2) dm, \qquad C \equiv \int (x'^2 + y'^2) dm$$
を球座標 (r',θ',ϕ') で表現せよ．また，次のような慣性乗積 C_{xy}, C_{yz}, C_{xz} も表現せよ．
$$C_{xy} = -\int x'y' dm$$

(c) (a) と (b) の結果から，重力ポテンシャルの 2 次の項 $(n=2)$ を，A, B, C, C_{xy} 等で表現せよ．

(d) z' を自転軸方向とすると，地球（や多くの天体）ではほぼ回転楕円体なので，$(n,m)=(2,0)$ の項が他の項よりも圧倒的に大きい．この項のみ残すと，$n=0,1$ の結果と合わせて，以下で定義される無次元量（M は地球の全質量，a は平均半径）
$$J_2 \equiv \frac{C - (A+B)/2}{Ma^2}$$
によって，地球の重力ポテンシャルは
$$U \simeq \frac{GM}{r}\left(1 - J_2\left(\frac{a}{r}\right)^2 P_2(\cos\theta)\right)$$
となることを示せ．

(e) 実際の地球（や多くの天体）での形の偏平は自転が原因であり，それによる遠心力は以下のポテンシャルで表されることを示せ：
$$V = \frac{1}{2}\omega^2 r^2 \sin^2\theta$$
ただし，ω は自転の角速度（地球では $2\pi/24$ 時間）．

(f) 地球上の重力ポテンシャルは万有引力と遠心力，すなわち (d) と (e) の足し合わ

せ $W = U + V$ でよく近似できる．地球の表面は $W = W_0$ という等ポテンシャル面（これをジオイドと呼ぶ）で定義される．ジオイドはせいぜい 100m 程度の凸凹しかないので，$r \simeq a$ の近似を用いて，このジオイドで定義された形の赤道 ($\theta = \pi/2$) での赤道半径 a，および極 ($\theta = 0$) での極半径 c ($\leq a$) から，偏平率 $f \equiv (a-c)/a$ という地球の形についてのパラメータは

$$f \simeq \frac{3}{2} J_2 + \frac{1}{2} \frac{\omega^2 a^3}{GM}$$

として，重力ポテンシャルの最大の 2 次の係数 J_2 と直接に関係することを示せ．

3-11 ★★★ $P_n(z)$ についてのシュレーフリ積分表示式 (3.25) を用いると，次数 n を一般の複素数 α である $P_\alpha(z)$ に，以下のように拡張できる．

(a) $P_\alpha(1)$ を留数定理より求めよ（ヒント：$t = -1$ という分岐点はあるが，積分路の外にあるので関係ない）．

(b) α が整数でない場合は，$t = \pm 1$ と $t = z$ が分岐点であることを示せ．

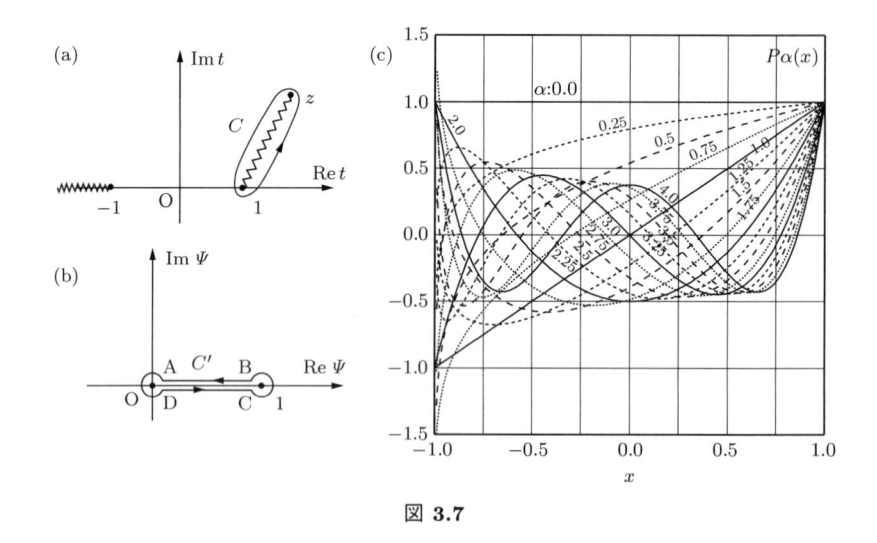

図 3.7

(c) (b) より積分路 C については，これら三つの分岐点の存在を考慮しなくてはならない．ここでは，図 3.7(a) のように，$t = -1$ から負の実軸方向へ分岐カットを延ばし，$t = 1$ と $t = z$ をつなぐ分岐カットを考える．$-1 < \text{Re}\,\alpha < 0$ の場合，$t = z$ から $t = 1$ までの線積分に変換することによって，

$$P_\alpha(z) = \sum_{k=0}^{\infty} \frac{(\alpha+1)(\alpha+2)\cdots(\alpha+k)(-\alpha)(-\alpha+1)\cdots(-\alpha+k-1)}{(k!)^2}\left(\frac{1-z}{2}\right)^k$$
(3.61)

となることを示せ(ヒント:$t=1$ と $t=z$ を結ぶ直線を示すパラメータとして,$t \equiv 1 + \psi(z-1)$ として,$t \to \psi$ の変数変換を行うと,図 3.7(b) のような積分路 C' となり,位相に気をつけて積分すればよい).

次数 α が整数でない場合も含めた $P_\alpha(x)$ を,図 3.7(c) に示す.α が整数の場合(ここでは $\alpha = 0, 1, 2, 3, 4$)では $x = -1$ で有限(+1 または −1)であるが,そうでない場合は $x = -1$ で発散することに注意.

第4章

ベッセル関数

　地球や太陽などの天体はほぼ球形をしているし，自然界の力は距離のみに依存する中心力の場合がほとんどなので，理工系の多くの問題では球座標を用いて表現することが適当である．よって，ルジャンドル多項式，その拡張である球面調和関数が重要であることを第3章で示した．一方，比較的狭い地域（例えば，都道府県ほどの大きさから家の敷地くらいまで）を研究する場合は，地表面を水平として表現した方が便利である．例えば，地球ではその内部についても上方の空や磁気圏についても，横方向に比べて鉛直方向にはその性質（温度や圧力，組成など）が大きく異なる．工学の分野でも2次元的な平面問題を扱う場合が多い．このような状況では，(x,y,z) で表すのではなくて，水平面内では極座標を用いるのに対して，深さ（高さ）は独立に扱うことが適当である．すなわち，円筒座標が有効な場合が多い．理工系で扱う2階の線形偏微分方程式を円筒座標で扱う場合に，動径方向についての方程式を満たす解がベッセル関数またはそれに関係する関数で表わされる．

4.1　ベッセルの微分方程式とベッセル関数 ★

　第2章の図 2.1(b) に示す円筒座標系をこの章では扱う．例題 2-2 で扱った次のヘルムホルツ方程式

$$(\nabla^2 + k^2)\psi = \left[\frac{1}{r}\frac{\partial}{\partial r}\left(r\frac{\partial}{\partial r}\right) + \frac{\partial^2}{r^2\partial\phi^2} + \frac{\partial^2}{\partial z^2} + k^2\right]\psi = 0 \qquad (4.1)$$

を例として，これを変数分離を用いて解を求めていく．

$$\psi \equiv R(r) \cdot \Phi(\phi) \cdot Z(z) \qquad (4.2)$$

と解の形を仮定してヘルムホルツ方程式 (4.1) に代入し，Φ についての境界条件（例題 2-2(d)）も考慮すると，定数 l, m を用いて，

4.1 ベッセルの微分方程式とベッセル関数*

$$Z(z) \propto e^{\pm lz}, \qquad \Phi(\phi) \propto e^{\pm im\phi} \qquad (m：整数) \tag{4.3}$$

が得られる．$\zeta^2 \equiv l^2 + k^2$ とすると，$R(r)$ は次の常微分方程式を満たす：

$$\frac{1}{r}\frac{d}{dr}\left(r\frac{dR}{dr}\right) + \left(\zeta^2 - \frac{m^2}{r^2}\right)R = 0 \tag{4.4}$$

例題2-2のように $x = \zeta r$ と変数変換すると，ベッセルの微分方程式が導かれる：

$$x^2\frac{d^2y}{dx^2} + x\frac{dy}{dx} + (x^2 - m^2)y = 0 \tag{4.5}$$

以下では，方程式 (4.5) の解を求める．この級数解は，既に例題 2-5 において取り上げた．すなわち，$x = 0$ は確定特異点なので，

$$y = x^s \sum_{n=0}^{\infty} c_n x^n \qquad (c_0 \neq 0) \tag{4.6}$$

という級数解となり，(4.5)に代入すると，$s = \pm m$ となる．$s = m$ の場合，以下の無限級数展開の形をした関数となり，これを **ベッセル関数** (Bessel function) と呼ぶ：

$$\begin{aligned} J_m(x) &= \frac{1}{m!}\left(\frac{x}{2}\right)^m \left[1 - \frac{1}{m+1}\left(\frac{x}{2}\right)^2 + \frac{1}{(m+1)(m+2)}\frac{1}{2!}\left(\frac{x}{2}\right)^4 + \cdots\right] \\ &= \sum_{n=0}^{\infty} \frac{(-1)^n}{n!\,\Gamma(m+n+1)}\left(\frac{x}{2}\right)^{m+2n} \end{aligned} \tag{4.7}$$

ベッセルの微分方程式 (4.5) は2階の微分方程式なので，$J_m(x)$ とは独立な解が存在する．$s = \pm m$ のもう一つである $J_{-m}(x)$ がそれに当たるはずだが，例題4-1に示すように，m が整数の場合には $J_{-m}(x)$ は独立ではない．独立なもう一つの解として，ノイマン関数 $Y_m(x)$（$N_m(x)$ と表す本もある）が必要となる（例題 4-3 の (4.32) で定義する）．ただし，$Y_m(x)$ は $x = 0$（つまり，$r = 0$）で発散するので（練習問題 4-1），理工系の問題ではほとんど用いられない．よって，本書では簡単に触れるのみとする．

[例題 4-1]★ $m > 0$ の級数展開でのベッセル関数の定義 (4.7) より，m が整数の場合，$J_{-m}(x) = (-1)^m J_m(x)$ を示せ．(ヒント：$m = 0, 1, 2, \ldots$ で $\Gamma(m+1) = m\Gamma(m) = m!, 1/\Gamma(-m) = 0$)

[解答] (4.7) より，$1/\Gamma(-m) = 0$ を用い，さらに $r = m + s$ とすると，

$$J_{-m}(x) = \sum_{r=0}^{\infty} \frac{(-1)^r}{r!\,\Gamma(-m+r+1)} \left(\frac{x}{2}\right)^{2r-m} = \sum_{r=m}^{\infty} \frac{(-1)^r}{r!\,\Gamma(-m+r+1)} \left(\frac{x}{2}\right)^{2r-m}$$

$$= \sum_{s=0}^{\infty} \frac{(-1)^{s+m}}{(s+m)!\,\Gamma(s+1)} \left(\frac{x}{2}\right)^{2s+m} = (-1)^m \sum_{s=0}^{\infty} \frac{(-1)^s}{s!\,\Gamma(s+m+1)} \left(\frac{x}{2}\right)^{m+2s}$$

□

図 4.1 にベッセル関数 $J_m(x)$ のいくつかを図示する．

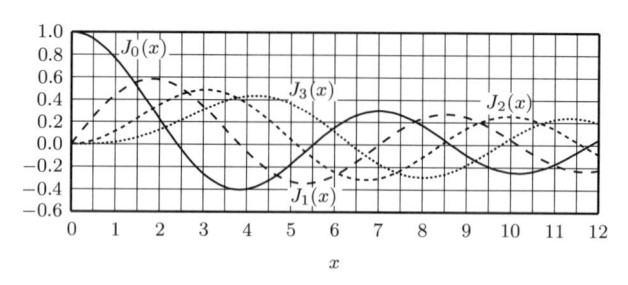

図 **4.1**

ルジャンドル多項式と同様に，ベッセル関数にもいくつかの漸化式がある．

$$J_{m-1}(x) + J_{m+1}(x) = \frac{2m}{x} J_m(x) \tag{4.8}$$

$$J_{m-1}(x) - J_{m+1}(x) = 2J_m'(x) \tag{4.9}$$

は代表的なものであり，その証明は例題 4-2 で考える．これらの漸化式から

$$\frac{dJ_0(x)}{dx} = -J_1(x), \qquad J_{m-1}(x) = \frac{m}{x} J_m(x) + J_m'(x)$$

等が導かれる．漸化式 (4.8) を用いれば，$J_0(x)$ と $J_1(x)$ の値さえ得られれば，任意の m について $J_m(x)$ が求まる．よって，計算機のサブルーチンには，この二つの値を求める機能だけで十分である．

また，m が整数のベッセル関数は初等関数では表現できないが，$m = \ldots, -3/2, -1/2, 1/2, 3/2, 5/2, \ldots$ という半奇数 (half odd-integer) の場合は，三角関数で表現できる（例題 4-2(c)）．

4.1 ベッセルの微分方程式とベッセル関数* 77

[例題 4-2] ★★ (a) ベッセル関数の級数展開 (4.7) の定義より，漸化式 (4.8)，(4.9) を導け．
(b) (a) より，ベッセル関数の次数を増減させる二つの関係式を示せ．

$$\frac{d}{dx}\left[x^m J_m(x)\right] = x^m J_{m-1}(x) \tag{4.10}$$

$$\frac{d}{dx}\left[x^{-m} J_m(x)\right] = -x^{-m} J_{m+1}(x) \tag{4.11}$$

(c) 同様に，(4.7) より次数が半奇数の球ベッセル関数に関係する

$$J_{1/2}(x) = \left(\frac{2}{\pi x}\right)^{1/2} \sin x, \qquad J_{-1/2}(x) = \left(\frac{2}{\pi x}\right)^{1/2} \cos x \tag{4.12}$$

が，三角関数で表せることを示せ（ヒント：$\Gamma(1/2) = \sqrt{\pi}$）．さらに，$J_{3/2}(x)$ および $J_{-3/2}(x)$ を求めよ．

[解答] (a) (4.8) は以下のように示される：

$$J_{m-1}(x) + J_{m+1}(x)$$
$$= \sum_{r=0}^{\infty}\left[\frac{(-1)^r}{r!\Gamma(m+r)}\left(\frac{x}{2}\right)^{m+2r-1} + \frac{(-1)^r}{r!\Gamma(m+r+2)}\left(\frac{x}{2}\right)^{m+2r+1}\right]$$
$$= \left(\frac{x}{2}\right)^{m-1}\left\{\frac{1}{\Gamma(m)} + \sum_{r=1}^{\infty}\left[\frac{(-1)^r}{r!\Gamma(m+r)}\left(\frac{x}{2}\right)^{2r} + \frac{(-1)^{r-1}}{(r-1)!\Gamma(m+r+1)}\left(\frac{x}{2}\right)^{2r}\right]\right\}$$
$$= \left(\frac{x}{2}\right)^{m-1}\left[\frac{m}{\Gamma(m+1)} + \sum_{r=1}^{\infty}\frac{m(-1)^r}{r!\Gamma(m+r+1)}\left(\frac{x}{2}\right)^{2r}\right]$$
$$= \frac{2m}{x}\sum_{r=0}^{\infty}\frac{(-1)^r}{r!\Gamma(m+r+1)}\left(\frac{x}{2}\right)^{2r+m} = \frac{2m}{x}J_m(x)$$

また，(4.9) は次のように示される：

$$2J_m'(x) = \sum_{r=0}^{\infty}\frac{(-1)^r(m+2r)}{r!\Gamma(m+r+1)}\left(\frac{x}{2}\right)^{m+2r-1} = \sum_{r=0}^{\infty}\frac{(-1)^r(r+(m+r))}{r!\Gamma(m+r+1)}\left(\frac{x}{2}\right)^{m+2r-1}$$
$$= \sum_{r=1}^{\infty}\frac{(-1)^r}{(r-1)!\Gamma(m+r+1)}\left(\frac{x}{2}\right)^{m+2r-1} + \sum_{r=0}^{\infty}\frac{(-1)^r}{r!\Gamma(m+r)}\left(\frac{x}{2}\right)^{m+2r-1}$$
$$= \sum_{r=0}^{\infty}\frac{(-1)^{r+1}}{r!\Gamma(m+r+2)}\left(\frac{x}{2}\right)^{m+2r+1} + J_{m-1}(x) = -J_{m+1}(x) + J_{m-1}(x)$$

(b) (4.8) と (4.9) の両辺どうしの和，あるいは差を計算すると，

$$J_{m-1}(x) = \frac{m}{x}J_m(x) + J'_m(x), \qquad J_{m+1}(x) = \frac{m}{x}J_m(x) - J'_m(x)$$

となる．以下のそれぞれの結果と合わせて，(4.10) と (4.11) が示される：

$$\frac{d}{dx}\left(x^m J_m(x)\right) = x^m \left(J'_m(x) + \frac{m}{x}J_m(x)\right)$$

$$\frac{d}{dx}\left(x^{-m} J_m(x)\right) = x^{-m} \left(J'_m(x) - \frac{m}{x}J_m(x)\right)$$

(c) ガンマ関数の公式（練習問題 1-7）を用いると，$J_{1/2}(x)$ は以下のようになる：

$$\Gamma\left(r+\frac{3}{2}\right) = \left(r+\frac{1}{2}\right)\Gamma\left(r+\frac{1}{2}\right) = \left(r+\frac{1}{2}\right)\left(r-\frac{1}{2}\right)\cdots\frac{3}{2}\frac{1}{2}\cdot\Gamma\left(\frac{1}{2}\right)$$

$$= \frac{(2r+1)(2r-1)\cdots 3\cdot 1}{2^{r+1}}\sqrt{\pi}$$

$$J_{1/2}(x) = \sum_{r=0}^{\infty}\frac{(-1)^r}{r!\,\Gamma\left(r+\frac{3}{2}\right)}\left(\frac{x}{2}\right)^{2r+\frac{1}{2}} = \sqrt{\frac{2}{\pi x}}\sum_{r=0}^{\infty}\frac{(-1)^r 2^{r+1}}{r!(2r+1)(2r-1)\cdots 3\cdot 1}\frac{x^{2r+1}}{2^{2r+1}}$$

さらに，$2^r r! = (2r)(2r-2)\cdots 2\cdot 1$ より，

$$J_{1/2}(x) = \sqrt{\frac{2}{\pi x}}\sum_{r=0}^{\infty}\frac{(-1)^r}{(2r+1)!}x^{2r+1} = \sqrt{\frac{2}{\pi x}}\left(x - \frac{x^3}{3!} + \frac{x^5}{5!} + \cdots\right) = \sqrt{\frac{2}{\pi x}}\sin x$$

同様に，$\Gamma(r+1/2) = (2r-1)(2r-3)\cdots 3\cdot 1\sqrt{\pi}/2^r \equiv (2r-1)!!\sqrt{\pi}/2^r$, さらに $2^r r! = (2r)!!$ を用いると，

$$J_{-1/2}(x) = \sum_{r=0}^{\infty}\frac{(-1)^r}{r!\,\Gamma\left(r+\frac{1}{2}\right)}\left(\frac{x}{2}\right)^{2r-\frac{1}{2}} = \sqrt{\frac{2}{\pi x}}\sum_{r=0}^{\infty}\frac{(-1)^r 2^r}{r!(2r-1)!!}\frac{x^{2r}}{2^{2r}}$$

$$= \sqrt{\frac{2}{\pi x}}\sum_{r=0}^{\infty}\frac{(-1)^r}{2^r r!(2r-1)!!}x^{2r} = \sqrt{\frac{2}{\pi x}}\sum_{r=0}^{\infty}\frac{(-1)^r}{(2r)!}x^{2r} = \sqrt{\frac{2}{\pi x}}\cos x$$

また，(4.8) で $m = 1/2, -1/2$ とおき，これらの結果より，

$$J_{3/2}(x) = \frac{1}{x}J_{1/2}(x) - J_{-1/2}(x) = \sqrt{\frac{2}{\pi x}}\left(\frac{\sin x}{x} - \cos x\right)$$

$$J_{-3/2}(x) = -\frac{1}{x}J_{-1/2}(x) - J_{1/2}(x) = -\sqrt{\frac{2}{\pi x}}\left(\frac{\cos x}{x} + \sin x\right) \quad \square$$

4.2　ベッセル関数の直交性 ⋆

以下にベッセル関数に関する直交性を示す．ベッセルの微分方程式 (4.5) の二つの解を $f(x) = J_m(kx), g(x) = J_m(lx)$（ただし，$k \neq l$）とすると

4.2 ベッセル関数の直交性* 79

$$f''(x)+\frac{f'(x)}{x}+\left(k^2-\frac{m^2}{x^2}\right)f(x)=0,\ g''(x)+\frac{g'(x)}{x}+\left(l^2-\frac{m^2}{x^2}\right)g(x)=0$$

を満たす．前者に $xg(x)$，後者に $xf(x)$ をかけて，二つの式の両辺を引くと，

$$x(f''g-fg'')+f'g-fg'+(k^2-l^2)xfg=0$$

これを整理してから，その両辺を積分すると，以下のようになる：

$$(k^2-l^2)xfg=\frac{d}{dx}\left[x(fg'-f'g)\right]$$

$$\int f(x)g(x)xdx=\frac{x}{k^2-l^2}\left[f(x)g'(x)-f'(x)g(x)\right]$$

$f(x), g(x)$ をベッセル関数に戻して，積分領域を a から b までとすると，

$$\int_a^b J_m(kx)J_m(lx)xdx=\frac{x}{k^2-l^2}[lJ_m(kx)J'_m(lm)-kJ'_m(kx)J_m(lx)]_a^b$$

となる．ここで，a, b をベッセル関数がゼロになる零点，つまり $J_m(ka)=0$ や $J_m(lb)=0$ とすると，上の積分は $k\neq l$ より

$$\int_a^b J_m(kx)J_m(lx)xdx=0 \tag{4.13}$$

となる．すなわち，ベッセル関数の直交性が示された．

次に，$k=l$ の場合の積分の値を求める．$y=kx$ と変数変換してから部分積分を用いると，

$$\int J_m(kx)^2 xdx=\frac{1}{k^2}\int J_m(y)^2 ydy$$
$$=\frac{1}{k^2}\left\{\frac{1}{2}y^2 J_m(y)^2-\int J_m(y)J'_m(y)y^2 dy\right\}$$

となり，ここでベッセルの方程式 (4.5) を変形した

$$y^2 J_m(y)=m^2 J_m(y)-yJ'_m(y)-y^2 J''_m(y)$$

を，上の最後の積分に代入する．$\int J_m(kx)^2 xdx$ は以下のようになる：

$$\frac{1}{k^2}\left\{\frac{1}{2}y^2 J_m(y)^2-\int J'_m(y)\left[m^2 J_m(y)-yJ'_m(y)-y^2 J''_m(y)\right]dy\right\}$$
$$=\frac{1}{k^2}\left\{\frac{1}{2}y^2 J_m(y)^2-\frac{m^2}{2}J_m(y)^2+\frac{1}{2}y^2(J'_m(y))^2\right\}$$
$$=\frac{1}{2}\left(x^2-\frac{m^2}{k^2}\right)J_m(kx)^2+\frac{1}{2}x^2[J'_m(kx)]^2$$

ここで、上と同様にベッセル関数の零点 $x = a, b$ を積分領域の両端とする：$J_m(ka) = J_m(kb) = 0$. 右辺の第1項はゼロとなり、例題 4-2(b) で用いた $J'_m(x) = mJ_m(x)/x - J_{m+1}(x)$ より、第2項を計算すると、

$$\int_a^b J_m(kx)^2 x dx = \left[\frac{x^2}{2}(J'_m(kx))^2\right]_a^b = \left[\frac{x^2}{2}(J_{m+1}(kx))^2\right]_a^b \quad (4.14)$$

3.4節のルジャンドル多項式と同様に、領域 $0 \leq x \leq a$ で定義される任意の関数 $f(x)$ は、m 次のベッセル関数で展開できる：

$$f(x) = \sum_{n=1}^{\infty} c_n J_m(k_n x) \quad (4.15)$$

ただし、k_n は点 a でベッセル関数の零点となるように選ぶ：$J_m(k_n a) = 0$. ここで、係数 c_n は直交性 (4.13), (4.14) と $J_m(0) = 0$ $(m \neq 0)$ より

$$\int_0^a J_m(k_n x) J_m(k_p x) x dx = \delta_{np} \frac{a^2}{2} [J_{m+1}(k_p a)]^2$$

であるから、次のように与えられる：

$$c_n = \frac{\int_0^a f(x) J_m(k_n x) x dx}{\frac{a^2}{2}[J_{m+1}(k_n a)]^2} \quad (4.16)$$

なお、領域を $a \leq x \leq b$ のように一般的にしたければ、$J_m(kx)$ の代わりに

$$J_m(kx)Y_m(ka) - Y_m(kx)J_m(ka) \quad (4.17)$$

という関数で展開すると、$x = a$ ではゼロになるので、

$$J_m(kb)Y_m(ka) - Y_m(kb)J_m(ka) = 0 \quad (4.18)$$

となるように k を選べば、(4.15), (4.16) と同様な関係が得られる．

4.3 母関数、加法定理、および積分表示式 ⋆

ルジャンドル多項式の母関数 (3.28) $1/\sqrt{1 - 2hz + h^2} = \sum_{n=0}^{\infty} h^n P_n(z)$ と同様に、まずはベッセル関数の母関数

$$F(h, z) = \sum_{n=-\infty}^{\infty} h^n J_n(z)$$

を求める（ベッセル関数では次数 n は負でもよいので、和の範囲は異なる）．漸化式 (4.8) の両辺に $\sum h^n$ を作用させ、$h^n J_{n+1}(z) \to h^{n-1} J_n(z)$ などの操作

を左辺に, $nh^n J_n(z) = h\frac{\partial}{\partial h}(h^n J_n(z))$ を右辺にそれぞれ考えると,

$$\left(h + \frac{1}{h}\right) F(h,z) = \frac{2h}{z}\frac{\partial F}{\partial h} \longrightarrow \frac{1}{F(h,z)}\frac{\partial F(h,z)}{\partial h} = \frac{z}{2}\left(1 + \frac{1}{h^2}\right)$$

となり, この両辺を h で積分すると, $\phi_1(z), \phi(z)$ を未知関数として

$$\ln F(h,z) = \frac{z}{2}\left(h - \frac{1}{h}\right) + \phi_1(z) \longrightarrow F(h,z) = \phi(z)\cdot\exp\left(\frac{z}{2}\left(h - \frac{1}{h}\right)\right)$$

と求まる. $\phi(z) = 1$ と定めると (練習問題 4-2(a) 参照), ベッセル関数の母関数が以下のように求まる:

$$F(h,z) = \exp\left(\frac{z}{2}\left(h - \frac{1}{h}\right)\right) = \sum_{n=-\infty}^{\infty} h^n J_n(z) \tag{4.19}$$

母関数 (4.19) を用いると, ベッセル関数の加法定理

$$J_n(x+y) = \sum_{k=-\infty}^{\infty} J_k(x) J_{n-k}(y) \tag{4.20}$$

が簡単に導ける (練習問題 4-2(b)). また, 母関数 (4.19) の形は h についてのローラン展開 (係数がベッセル関数) なので, ルジャンドル多項式 (3.25) と同様に, 以下のシュレーフリの積分表示式が導かれる:

$$J_n(z) = \frac{1}{2\pi i}\oint_C \frac{F(t,z)}{t^{n+1}}dt = \frac{1}{2\pi i}\oint_C \frac{\exp\left(\frac{z}{2}\left(t - \frac{1}{t}\right)\right)}{t^{n+1}}dt \tag{4.21}$$

ただし, 積分路 C は $t=0$ を半時計回りに一周する. 次節では, 周積分でない積分路を選ぶことで, 方程式 (4.5) を満たす別の形の関数であるハンケル関数を導入する.

4.4　ハンケル関数と漸近展開序論 *†

ベッセルの微分方程式 (4.5) の解として, $J_n(z)$ と $Y_n(z)$ は独立な解である (練習問題 4-1 参照). ここでは, 積分表示式を用いて n が整数でない場合に拡張し, これらとは異なった解の表現である**ハンケル関数** (Hankel function)$H_n^{(1)}(z), H_n^{(2)}(z)$ を導入する.

n 次 (この段階ではまだ n は整数) のベッセル関数のシュレーフリの積分表示式 (4.21) で, 積分路 C は原点を反時計回りに一周した. この積分路 C を適当に変形して, 以下のように n が整数でない場合に拡張する. そのために,

$$f_n(z) = \frac{1}{2\pi i} \int_C \frac{\exp\left[\frac{z}{2}\left(t - \frac{1}{t}\right)\right]}{t^{n+1}} dt \tag{4.22}$$

の形の関数 $f_n(x)$ がベッセルの微分方程式 (4.5) を満たす条件を考える．(4.22) を微分方程式 (4.5) に代入すると，

$$\left[z^2\left(\frac{d}{dz}\right)^2 + z\frac{d}{dz} + (z^2 - n^2)\right] f_n(z)$$

$$= \frac{1}{2\pi i} \int_C \frac{dt}{t^{n+1}} \exp\left[\frac{z}{2}\left(t - \frac{1}{t}\right)\right] \left[\frac{z^2}{4}\left(t - \frac{1}{t}\right)^2 + \frac{z}{2}\left(t - \frac{1}{t}\right) + z^2 - n^2\right]$$

$$= \frac{1}{2\pi i} \int_C dt \frac{d}{dt} \left\{ \frac{\exp\left[\frac{z}{2}\left(t - \frac{1}{t}\right)\right]}{t^n} \left[\frac{z}{2}\left(t + \frac{1}{t}\right) + n\right] \right\}$$

$$= \frac{1}{2\pi i} [F_n(z,t)]_C \tag{4.23}$$

つまり，C 上でのある関数 $F_n(z,t)$ （上の括弧 { } の中の関数とする）の値に帰着される．$F_n(z,t)$ が積分路 C において

(1) 始点と終点で同じ値，つまり 1 価である，

(2) 終点と始点での値が共にゼロになる，

のいずれかの場合，(4.23) がゼロとなり，$f_n(z)$ がベッセルの微分方程式 (4.5) の解となる．一回りする積分路は (1) に対応する．(4.21) の結果は，n が整数の場合に極である $t=0$ の回りを一周し，ベッセル関数 $J_n(z)$ に対応した．

上の結果を n が整数でない場合に拡張すると（ただし，$\mathrm{Re}\, z > 0$ とするが，その理由は後の (4.34) で示す），(4.22) の被積分関数の分母の t^n より，$t=0$ が分岐点になる．すると，これまでの (1) のようにこの分岐点を一周しても，値が元に戻らないので，(4.23) はゼロにならない．そこで，(2) のように始点と終点で $F_n(z,t)$ がゼロになる新しい積分路 C を探さなくてはならない．指数関数はベキ乗よりも収束が強いので（第 1 章の最後の［補足説明］を参照），$F_n(z,t)$ の指数関数部分のみに注目すればよい．

$$F_n(z,t) \simeq \exp\left[\frac{z}{2}\left(-\frac{1}{t}\right)\right] \frac{z}{2t^{n+1}} \to 0 \quad (t \to 0+) \tag{4.24}$$

$$F_n(z,t) \simeq \exp\left(\frac{z}{2}t\right) \frac{z}{2t^{n-1}} \to 0 \quad (t \to -\infty) \tag{4.25}$$

となるので，$0+$ と $-\infty$ を始点と終点とすれば，(4.23) はゼロ，すなわち (4.22) はベッセルの微分方程式の解となる．一方で，$t=0$ は分岐点なので，ここから分岐カットを延ばさなくてはならない．積分路の両端が $t=0+, -\infty$ なので，

負の実軸に沿って分岐カットを定め，正の実軸上で t の位相をゼロとする．以上のことから，図 4.2 に示す二つの積分路 C_1, C_2 が (2) の条件を満足させる．

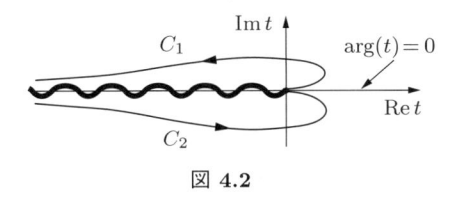

図 4.2

この二つの積分路で定義された関数 $f_n(z)$ を，**第 1 種および第 2 種のハンケル関数** (Hankel function of first or second kind) $H_n^{(1)}(z), H_n^{(2)}(z)$ と呼ぶ：

$$\frac{1}{2}H_n^{(1)}(z) \equiv \frac{1}{2\pi i}\int_{C_1} \frac{\exp\left[\frac{z}{2}\left(t-\frac{1}{t}\right)\right]}{t^{n+1}}dt \tag{4.26}$$

$$\frac{1}{2}H_n^{(2)}(z) \equiv \frac{1}{2\pi i}\int_{C_2} \frac{\exp\left[\frac{z}{2}\left(t-\frac{1}{t}\right)\right]}{t^{n+1}}dt \tag{4.27}$$

$H_n^{(1)}(z), H_n^{(2)}(z)$ は，方程式 (4.5) の二つの独立な解となっている．

n が整数の場合は図 4.2 の分岐カットはないので，C_1 と C_2 を合わせて，原点を一回りする積分路と一致する，すなわちシュレーフリ積分表示式 (4.21) のベッセル関数 $J_n(z)$ に等しくなることから，

$$J_n(z) = \frac{1}{2}\left[H_n^{(1)}(z) + H_n^{(2)}(z)\right] \tag{4.28}$$

である．詳しい証明は示さないが，n が整数でない場合でも

$$\frac{1}{2\pi i}\int_{C_1+C_2}\frac{\exp\left[\frac{z}{2}\left(t-\frac{1}{t}\right)\right]}{t^{n+1}}dt = \sum_{r=0}^{\infty}\frac{(-1)^r}{r!\,\Gamma(n+r+1)}\left(\frac{z}{2}\right)^{n+2r}$$

と，$J_n(z)$ になることが示され，(4.28) は n が整数でなくても成立する．

[例題 4-3] ★★

ハンケル関数とノイマン関数の関係を，以下のように導く．ここで，ν は整数と限らず，正の実数とする．

(a) ハンケル関数の積分表示式 (4.26), (4.27) より，以下を示せ．(ヒント：$t = e^{\pm i\pi}/s$ と変数変換する．)

$$H_\nu^{(1)}(z) = e^{-i\nu\pi} H_{-\nu}^{(1)}(z) \tag{4.29}$$

$$H_\nu^{(2)}(z) = e^{i\nu\pi} H_{-\nu}^{(2)}(z) \tag{4.30}$$

(b) (a) と (4.28) より，次の関係式を示せ．

$$J_{-\nu}(z) = \frac{1}{2}\left[e^{i\nu\pi} H_\nu^{(1)}(z) + e^{-i\nu\pi} H_\nu^{(2)}(z)\right] \tag{4.31}$$

(c) $Y_\nu(z)$ の定義（ν が整数でないとする，整数の場合は練習問題 4-1 参照）

$$Y_\nu(z) \equiv \frac{\cos\nu\pi J_\nu(z) - J_{-\nu}(z)}{\sin\nu\pi} \tag{4.32}$$

より，次の関係式を導け．

$$Y_\nu(z) = \frac{1}{2i}\left[H_\nu^{(1)}(z) - H_\nu^{(2)}(z)\right] \tag{4.33}$$

[解答] (a) 積分表示式 (4.26) で，$t = e^{i\pi}/s$ とおくと，$dt = ds/s^2$ そして積分路 C_1 は $t : +0 \to -\infty$ が $s : -\infty \to +0$，すなわち対応する s 平面の積分路 C_3 は同じ経路を逆方向に向かうだけなので，

$$H_{-\nu}^{(1)}(z) = \frac{1}{\pi i}\int_{C_3} \frac{e^{z(s-1/s)/2}}{e^{i\pi(-\nu+1)}s^{\nu-1}}\frac{ds}{s^2} = -\frac{e^{i\pi\nu}}{\pi i}\int_{C_3} \frac{e^{z(s-1/s)/2}}{s^{\nu+1}}ds = e^{i\pi\nu} H_\nu^{(1)}(z)$$

$H_{-\nu}^{(2)}(z)$ についても，積分路が C_2 が反対方向の積分路 C_4 となるだけで同じである．

(b) $$J_{-\nu}(z) = \frac{1}{2}\left[H_{-\nu}^{(1)}(z) + H_{-\nu}^{(2)}(z)\right] = \frac{1}{2}\left[e^{i\pi\nu}H_\nu^{(1)}(z) + e^{-i\pi\nu}H_\nu^{(2)}(z)\right]$$

(c)
$$Y_\nu(z) = \frac{(e^{i\pi\nu} + e^{-i\pi\nu})(H_\nu^{(1)}(z) + H_\nu^{(2)}(z)) - 2(e^{i\pi\nu}H_\nu^{(1)}(z) + e^{-i\pi\nu}H_\nu^{(2)}(z))}{4\sin\nu\pi}$$
$$= (e^{i\pi\nu} - e^{-i\pi\nu})\frac{-H_\nu^{(1)}(z) + H_\nu^{(2)}(z)}{4\sin\nu\pi}$$

よって，(4.33) となる． □

以下に，ノイマン関数 $Y_n(x)$ のいくつかを図示する．$x = 0$ では発散する．図 4.2 の積分路 C_1, C_2 が先の (2) の条件として満たすためには，

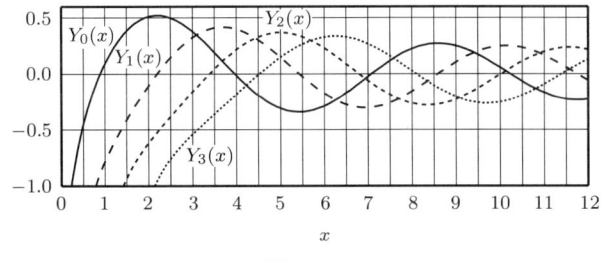

図 4.3

$$\mathrm{Re}\, z > 0 \quad \text{または} \quad |\arg z| < \frac{\pi}{2} \tag{4.34}$$

が必要なのは，$t \to 0+, -\infty$ で (4.23) の $F_n(z,t)$ がゼロになる条件から明らかである．z の位相がこれとは異なる場合，積分路を回転させなくてはならない．これを**ストークス現象** (Stokes phenomenon) と呼ぶ (Bender and Orszag や Mathews and Walker を参照)．また，$n \geq 0$ で $J_n(0)$ は有限であるが，その他の $Y_n(0), H_n^{(1)}(0), H_n^{(2)}(0)$ は発散することに注意したい (確認せよ)．

最後に，応用上も重要である $x \equiv |z|$ が大きい場合の漸近形について，結果のみをここでは示す．x を正の実数として，原点付近以外ではかなりよい精度で以下の近似式が成立する：

$$J_n(x) \sim \sqrt{\frac{2}{\pi x}} \cos\left(x - \frac{n\pi}{2} - \frac{\pi}{4}\right) \tag{4.35}$$

$$Y_n(x) \sim \sqrt{\frac{2}{\pi x}} \sin\left(x - \frac{n\pi}{2} - \frac{\pi}{4}\right) \tag{4.36}$$

$$H_n^{(1)}(x) \sim \sqrt{\frac{2}{\pi x}} \exp\left[i\left(x - \frac{n\pi}{2} - \frac{\pi}{4}\right)\right] \tag{4.37}$$

$$H_n^{(2)}(x) \sim \sqrt{\frac{2}{\pi x}} \exp\left[-i\left(x - \frac{n\pi}{2} - \frac{\pi}{4}\right)\right] \tag{4.38}$$

n は整数とは限らない．上の漸近形より，これらの関数は，原点から 2 次元的な幾何学的拡がりである $\sqrt{x}$ に振幅が反比例して振動する三角関数的な性質であることが，理解される (静かな水面に石を投げたときの水波に対応)．位相が $\pi/4$ および次数 n によって，原点から系統的にずれることも特徴である．第 5 章で，積分表示式を最急降下法 (鞍部点法とも呼ぶ) による漸近展開として，これらを導く．ここでは，以下のような簡単な考察から，上の漸近展開の形を理解する．にもかかわらず，2 階の微分方程式の一般的な解の性質を大雑把に把握するのに，以下の手続きは有効である．

ベッセルの微分方程式 (4.5) のような 2 階の常微分方程式 (2.26)
$$y'' + p(x)y' + q(x)y = 0 \tag{4.39}$$
の近似解を求める方法として，$y(x) = v(x)f(x)$ という形を仮定する．適当な $f(x)$ を選ぶことで，1 階微分の項を消去して，
$$v'' + Q(x)v = 0$$
の形となるように，(4.39) を変換する．この形ならば，積分を 2 回することで解が形式的に表現できるからである．具体的に (4.39) に代入してみると，
$$fv'' + 2f'v' + f''v + pfv' + pf'v + qfv = 0$$
$$v'' + \left(2\frac{f'}{f} + p\right)v' + \left(\frac{f'' + pf' + qf}{f}\right)v = 0$$
よって，$v' = dv/dx$ の項を消すためには，$f'/f = -p/2$ となればよい．よって，求めるべき $f(x)$ は以下となる：
$$f(x) = \exp\left(-\frac{1}{2}\int^x p(t)dt\right) \tag{4.40}$$

上の結果を，ベッセルの微分方程式 (4.5) に適用する．これは $p(x) = 1/x$ なので，解は次のような形にすればよい：
$$f(x) = \exp\left(-\frac{1}{2}\int^x \frac{1}{t}dt\right) = \frac{1}{\sqrt{x}} \quad \longrightarrow \quad y(x) \equiv \frac{v(x)}{\sqrt{x}}$$
これを元の方程式 (4.5) に代入すると，以下のようになる：
$$\frac{d^2v}{dx^2} + \left(1 - \frac{n^2 - \frac{1}{4}}{x^2}\right)v = 0$$
厳密解を求める目的なら，この変換はあまり役に立たないが，$x \to \infty$ のような漸近形を求めるには都合がよい．つまり，$x \to \infty$ ではこの方程式は
$$\frac{d^2v}{dx^2} + v \simeq 0$$
と近似できることが簡単にわかり，以下のように近似解が最終的に求まる：
$$v(x) \simeq A\cos(x + \phi) \quad \longrightarrow \quad y(x) \simeq \frac{A}{\sqrt{x}}\cos(x + \phi) \tag{4.41}$$
こうして，(4.35) と同じようなベッセル関数 $J_n(x)$ の漸近形が求まる．そして，$\cos x$ の代わりに $\sin x, e^{ix}, e^{-ix}$ を選んだ場合が，$Y_n(x), H_n^{(1)}(x), H_n^{(2)}(x)$ にそれぞれ対応することが，(4.35)–(4.38) よりわかる．ただし，振幅 A と位相 ϕ については，第 5 章の最急降下法や第 10 章の WKBJ 法と呼ばれる近似によってのみ，きちんと決定される．

4.5 ベッセル関数に関係する諸関数 ★

ベッセル関数より導かれ，しばしば登場するいくつかの関数をまとめる．

(1) **変形されたベッセル関数** (modified Bessel function)

元のベッセル関数 $J_n(z)$ の変数 z をこれまで実数として考えてきたが，$z \to iz$ のように純虚数とした関数である：

$$I_n(z) \equiv \frac{J_n(iz)}{i^n}, \qquad K_n(z) \equiv \frac{\pi i}{2} i^n H_n^{(1)}(iz) \tag{4.42}$$

第5章の練習問題 5-3 では，次のような漸近展開を求める：

$$K_n(z) \sim \sqrt{\frac{\pi}{2z}} e^{-z} \quad (z \to \infty) \tag{4.43}$$

これは，(4.42) にハンケル関数の漸近形 (4.37) をそのまま代入するだけでも求まる．直感的には，$H_n^{(1)}(z)$ が純虚数の指数関数であるから，$z \to iz$ により $K_n(z)$ は負の実数の指数関数の形となる．

(2) $\mathrm{ber}_n(x), \mathrm{bei}_n(x)$

ベッセル関数の変数の偏角が $3\pi/4$ の場合に対応し，以下のように定義される：

$$J_n(xe^{i\frac{3}{4}\pi}) = J_n(xi\sqrt{i}) \equiv \mathrm{ber}_n(x) + i\,\mathrm{bei}_n(x) \tag{4.44}$$

(3) **球ベッセル関数** (spherical Bessel function)

例題 4-2 の (4.12) のように，半奇数の次元を持つベッセル関数は三角関数で表現でき，これに関係した関数として以下のように定義される：

$$j_l(x) \equiv \sqrt{\frac{\pi}{2x}} J_{l+1/2}(x), \qquad n_l(x) \equiv \sqrt{\frac{\pi}{2x}} Y_{l+1/2}(x) \tag{4.45}$$

練習問題

4-1 ★★ m が整数の場合，$J_m(x)$ と $Y_m(x)$ がベッセルの微分方程式 (4.5) の独立な解であることを，以下に示す．

(a) $f(x)$ と $g(x)$ が 2 階の常微分方程式の独立な解であるためには，以下の行列式（ロンスキアン (Wronskian) と呼ぶ）がゼロでないことを示せ．

$$W(x) \equiv \begin{vmatrix} f(x) & g(x) \\ f'(x) & g'(x) \end{vmatrix}$$

(ヒント：もし $f(x)$ と $g(x)$ が独立ならば，一般解は定数 C_1, C_2 を用いて $y = C_1 f(x) + C_2 g(x)$ と表現され，ここで C_1 と C_2 が一意に決まることになる．)

(b) $f(x)$ と $g(x)$ が同じ次数 m のベッセルの微分方程式 (4.5) の解として,ロンスキアンは $W(x) = C/x$ となることを示せ(ただし,C は定数)(ヒント:$\frac{d}{dx}(x \cdot W(x)) = 0$ を示せ).

(c) (b) の結果よりロンスキアンを計算する際に,$x \to 0$ で一番大きな項,すなわち級数展開 (4.7) の第 1 項のみを考慮すればよい.これを用いて,整数でない ν について,$J_\nu(x)$ と $J_{-\nu}(x)$ のロンスキアンがゼロでない,すなわちこの二つの解が独立であることを示せ.また,このロンスキアンの形から,ν が整数になった場合はゼロとなり,独立な解でないことを確かめよ(ヒント:練習問題 1-13 の $\Gamma(\nu)\Gamma(1-\nu) = \pi/\sin\nu\pi$).

(d) m が整数でない場合のノイマン関数 $Y_m(x)$ の定義 (4.32) をそのまま用いれば,m が整数の場合も定義できる.

$$Y_m(x) = \lim_{\nu \to m} Y_\nu(x) = \lim_{\nu \to m} \frac{\cos\nu\pi J_\nu(x) - J_{-\nu}(x)}{\sin\nu\pi}$$

を考える.(c) のヒントを利用し,(c) と同様に級数展開の一番大きな項にのみ着目して,$x \to 0$ では以下のようになることを示せ.

$$Y_0(x) \simeq \frac{2}{\pi}\ln\frac{x}{2}, \qquad Y_m(x) \simeq -\frac{(m-1)!}{\pi}\left(\frac{2}{x}\right)^m \quad (m \neq 0)$$

(e) (d) の結果を用いて,任意の m について $J_m(x)$ と $Y_m(x)$ のロンスキアンを計算し,この二つが独立の解であることを確認せよ.

4-2★ (a) 4.3 節では,ベッセル関数の母関数 (4.19) について

$$F(h,z) = \sum_{n=-\infty}^{\infty} h^n J_n(z) = \phi(z) \cdot \exp\left(\frac{z}{2}\left(h - \frac{1}{h}\right)\right)$$

まで導いた.ここで,$n = 0$ の項,すなわち $J_0(z)$ の級数展開と $\exp(\cdots)$ のテイラー展開を比べて,$\phi(z) = 1$ を示し,(4.19) を導け.

(b) 母関数を用いて,ベッセル関数の加法定理 (4.20) を示せ.

(c) 母関数を用いて,

$$J_n(-z) = (-1)^n J_n(z), \qquad J_{-n}(z) = (-1)^n J_n(z)$$

および,漸化式 (4.9) を導け.

(d) ベッセル関数についてのシュレーフリの積分表示式 (4.21) より,以下のベッセルの積分表示式を導け.

$$J_n(z) = \frac{1}{\pi}\int_0^\pi \cos(n\theta - z\sin\theta)d\theta \tag{4.46}$$

(e) ベッセル関数の級数展開より，m を正の整数として，次の $x=0$ での結果を示せ．

$$J_0(0) = 1, \; J_m(0) = 0 \;\; \text{および} \;\; J_0'(0) = 0, \; J_m'(0) = 0 \quad (m \neq 1) \tag{4.47}$$

を示せ．

4-3★ (4.10), (4.11) より，以下の積分についての漸化式を求めよ（m, n は整数）．

$$\int^x s^m J_n(s) ds = x^m J_{n+1}(x) - (m-n-1) \int^x s^{m-1} J_{n+1}(s) ds \tag{4.48}$$

$$\int^x s^m J_n(s) ds = -x^m J_{n-1}(x) + (m+n-1) \int^x s^{m-1} J_{n-1}(s) ds \tag{4.49}$$

4-4★ ベッセル関数の級数展開を用いて，(4.42) で定義された $I_n(x)$ の漸近形を示せ．

$$I_n(x) \sim \frac{x^n}{2^n \Gamma(n+1)} \quad (x \to 0)$$

4-5★ 重力や地磁気ポテンシャルなどが満たす極座標でのラプラス方程式 (3.5) の解 (3.17) を，球面調和関数 $Y_{lm}(\theta, \phi)$ を用いて表現する．

$$\nabla^2 \psi = \left[\frac{1}{r^2} \frac{\partial}{\partial r} \left(r^2 \frac{\partial}{\partial r} \right) + \frac{1}{r^2} \nabla_1^2 \right] \psi = 0$$

ここで，(θ, ϕ) の部分のみの微分演算子 ∇_1^2 を以下のように定義する：

$$\nabla_1^2 \equiv \frac{1}{\sin\theta} \frac{\partial}{\partial \theta} \left(\sin\theta \frac{\partial}{\partial \theta} \right) + \frac{1}{\sin^2\theta} \frac{\partial^2}{\partial \phi^2} \tag{4.50}$$

第 3 章では，$\psi(r, \theta, \phi) = R(r)\Theta(\theta)\Phi(\phi)$ と変数分離したが，(θ, ϕ) の部分については，有限な解は整数 l, m を次数とする球面調和関数であることを既に確認したので，係数 c_{lm} を用いた以下の展開とする：

$$\psi(r, \theta, \phi) = \sum_{l=0}^{\infty} \sum_{m=-l}^{l} c_{lm} R_{lm}(r) Y_{lm}(\theta, \phi)$$

(a) 球面調和関数の定義 (3.44) から

$$\nabla_1^2 Y_{lm}(\theta, \phi) = -l(l+1) Y_{lm}(\theta, \phi) \tag{4.51}$$

となることを確かめよ．(4.51) は，演算子 ∇_1^2 の固有値が $-l(l+1)$ で固有関数が $Y_{lm}(\theta, \phi)$ の形になっている．正規直交性 (3.45) と合わせて，極座標に関する最も基本的な関数であることがわかる．

(b) (a) の結果を利用して，$R_{lm}(r)$ についての微分方程式を求めよ．$R_{lm}(r)$ は次数 m によらないことも確認し，以下では $R_l(r)$ とする．

(c) (b) の微分方程式を解いて，ラプラス方程式の極座標での解は

$$\psi = \sum_{l=0}^{\infty} \sum_{m=-l}^{l} \left\{ a_{lm} r^l Y_{lm}(\theta,\phi) + b_{lm} \frac{1}{r^{l+1}} Y_{lm}(\theta,\phi) \right\} \quad (4.52)$$

のように，係数 a_{lm}, b_{lm} で表されることを示せ（(3.17) と比較せよ）．

物理的には，重力ポテンシャルのように（例えば，地球）内部にその起源がある場合は $r \to \infty$ で (4.52) はゼロにならなければいけないので，$a_{lm} = 0$ となる．1839年に著名な数学者のガウス (C.F. Gauss) は (4.52) の展開式を用いて，当時までに観測された地磁気場の解析を行った，すなわち係数の値を求めた．その結果，長期間で平均した地球磁場は $|b_{lm}| \gg |a_{lm}|$ であるから地磁気の原因が地球内部に存在すること，b_{lm} の $l=1$ の係数が他より圧倒的に大きく双極子磁場の形が卓越している，といった重要な性質を定量的に初めて示した．例えば，$Y_{1,0}(\theta,\phi) \propto P_1(\cos\theta)$ の形が両極の方向を向いている双極子磁場を表現していることがわかる．実際の地磁気の極は回転の極と少しずれているので，$Y_{1,-1}(\theta,\phi)$ と $Y_{1,1}(\theta,\phi)$ のような経度 ϕ の入った項も必要になる．地球の重力ポテンシャルについては，練習問題 3-6, 3-10 で扱った．

4-6★ 球座標での速度 c の波動方程式 (2.2) の解を求める．時間については厳密には第 8 章で扱うフーリエ変換を適用するが，角周波数 ω の調和振動 $\psi \propto e^{-i\omega t}$ として時間の関数となると，みなせばよい．この場合，波数 $k = \omega/c$ の入ったヘルムホルツ方程式となる．

$$\nabla^2 \psi + k^2 \psi = 0$$

練習問題 4-5 と同様に，解を球面調和関数展開で表す：

$$\psi(r,\theta,\varphi) = \sum_{l,m} R_l(r) Y_{lm}(\theta,\phi)$$

(a) (4.51) の結果を用いて，$R_l(r)$ が満たすべき微分方程式を示せ．
(b) $R_l(r) = u_l(r)/\sqrt{r}$ とし，さらに $x = kr$ とおくと，$u(x)$ は次数が半奇数 $(l+1/2)$ のベッセルの微分方程式 (4.5) を満たすことを示せ．

以上より，$R_l(r)$ は次数 l の球ベッセル関数 $j_l(kr), n_l(kr)$ となり，波動方程式の極座標での解は

$$\psi = \sum_{l=0}^{\infty} \sum_{m=-l}^{l} \{a_{lm} j_l(kr) Y_{lm}(\theta,\phi) + b_{lm} n_l(kr) Y_{lm}(\theta,\phi)\} e^{-i\omega t} \quad (4.53)$$

とラプラス方程式の解 (4.52) と同様に，係数 a_{lm}, b_{lm} の展開となる．(4.45) から $n_l(kr) \propto Y_{l+1/2}(kr)$ はゼロで発散するので，外へ拡がっていく波ならば $b_{lm} = 0$ となる．

4-7★ x の正の方向に進む角周波数 ω で波数 k の平面波は，

$$\psi = e^{ikx-i\omega t} = e^{ikr\cos\theta - i\omega t} \tag{4.54}$$

と表せる（第 1 章の補足説明）．以下では，$e^{-i\omega t}$ の項を省略する．円柱（または球形）の物体があり，そこに平面波が入射した場合には，物体の中心から円筒波（または球面波）の形で**散乱** (scattering) された波が放出される．よって，入射する平面波 (4.54) をベッセル関数（または球面調和関数）で展開すれば，このような散乱された波動伝播の問題を効率的に扱える．

ベッセル関数の母関数 (4.19) を用い，平面波の次のような円筒波による展開を導け．

$$e^{ikx} = e^{ikr\cos\theta} = \sum_{n=-\infty}^{\infty} i^n J_n(kr) e^{in\theta} \tag{4.55}$$

2 次元問題（z 軸方向には一定であり，(x,y) 平面のみで考える）で，例えば原点に円形の物体を置いた場合，そこに x の正の方向に伝わる平面波が入射し，どのような波動場（電磁波でも地震波でも水の波でも風でも）が散乱されるかを理解するのに，(4.55) は出発点となる重要な表現となる．

4-8★ 例えば z 軸の正方向に伝わる平面波が，原点においた球形の物体に入射するような 3 次元問題では，球面波 (θ,ϕ) については $Y_{lm}(\theta,\phi)$ で展開すればよい．この導出のためには，ベッセル関数の積分表示式を変形して得られる球ベッセル関数の積分表示式の被積分関数が，ルジャンドル多項式のロドリゲス公式 (3.24) と同じ形であることを利用する（詳しくは，犬井や Morse and Feshbach を参照のこと）．結果のみを示すと，

$$j_l(x) = \frac{1}{2i^l} \int_{-1}^{1} P_l(s) e^{ixs} ds \tag{4.56}$$

となっている．さらに上のような散乱では ϕ に依存しないので（z 軸方向に入射するため），球面調和関数 $Y_{lm}(\theta,\phi)$ の $m=0$ の項のみとなる．よって，

$$e^{ikz} = e^{ikr\cos\theta} = \sum_{l=0}^{\infty} (2l+1) i^l j_l(kr) P_l(\cos\theta) \tag{4.57}$$

のように，平面波が球面波で展開されることを導くことができる．

結果のみ示した平面波の球面波による展開 (4.57) を，以下のような簡単な説明を通して理解する．

(a) ベッセル関数 $J_m(x)$ の漸近形 (4.35) から，球ベッセル関数 $j_l(x)$ の $x \to \infty$ の漸近形を求めよ．

(b) (4.57) の右辺の球面波展開と $P_m(\cos\theta)$ の積について，$0 \to \pi$ の積分を取る．ル

ジャンドル多項式の直交性 (3.30) と (a) の結果より，(4.57) の左辺と一致することを示せ．

4-9★ 弾性運動方程式において剛性率と S 波速度が指数関数的に変化する場合，SH 波は練習問題 2-8 で，

$$\frac{d^2V}{d\zeta^2} + \frac{4\beta^2 - 2\alpha\beta}{4\beta^2}\frac{1}{\zeta}\frac{dV}{d\zeta} + \frac{1}{4\beta^2}\left(\frac{\omega^2}{b_0{}^2\zeta} - \frac{k^2}{\zeta^2}\right)V = 0$$

という方程式を満たすことを示した．この式はベッセルの微分方程式であり，

$$V = \zeta^{\alpha/4\beta}\cdot\left[AJ_P\left(\frac{\omega}{\beta b_0}\sqrt{\zeta}\right) + BJ_{-P}\left(\frac{\omega}{\beta b_0}\sqrt{\zeta}\right)\right], \qquad P^2 = \frac{\alpha^2}{4\beta^2} + \frac{k^2}{\beta^2}$$

のように，未定定数 A, B を用いて解を表現できることを示せ．

第5章 積分の漸近展開：最急降下法

この章では，$|x| \to \infty$（x は実数とするが，複素数にまで拡張できる）で

$$I(x) \equiv \int_a^b F(t) e^{xf(t)} dt \tag{5.1}$$

という積分がどのような形になるかを考える．結果的には，$|x|$ がそれほど大きくなくともかなりの精度でよい近似となっているので，理工系の諸分野の多くの問題に適用できる．特に，複雑な現象の重要な性質を物理的・直感的に把握するのに役に立つ場合が多いので，重要である．

5.1 ラプラスの方法★

(5.1) の x, $f(t)$, $F(t)$ のすべてが実数の場合の積分をまず考える．もし $f(t)$ が積分領域 (a,b) で単調増加すると，$x \to \infty$ の場合，$t \simeq b$ 付近での寄与が大きくなっていくので，

$$I(x) \simeq \int_{b-\epsilon}^b F(t) e^{xf(t)} dt \quad (\epsilon \to 小) \tag{5.2}$$

となる（同様に，$f(t)$ が単調減少なら，(5.2) の積分領域を $a \sim a+\epsilon$ に代えればよい）．しかし，この形では $I(x)$ は ϵ の選択に依存してしまうので，意味のある漸近形は求めることができない．これに対して「$f(t)$ が極大値を持つ場合」には，以下のように正しい漸近形が存在する．

ここで，$f(t)$ が $t = t_0$ $(a < t_0 < b)$ で極大値を取るとする．重要なポイントは，x が大きくなると，$t = t_0$ 付近以外の積分の寄与は，この付近 $(t_0-\epsilon \sim t_0+\epsilon)$ の寄与に比べて著しく小さくなることである．$f(t)$ を t_0 の回りでテイラー展開すると，

$$f(t) = f(t_0) + f'(t_0) + \frac{1}{2}f''(t_0)(t-t_0)^2 + \cdots \tag{5.3}$$

となり，極大値であるから $f'(t_0) = 0$ かつ $f''(t_0) < 0$ となる．よって，

$$I(x) \simeq \int_a^b F(t_0) e^{xf(t_0) + \frac{x}{2}f''(t_0)(t-t_0)^2} dt \simeq F(t_0) e^{xf(t_0)} \int_a^b e^{\frac{x}{2}f''(t_0)(t-t_0)^2} dt$$

$$\simeq F(t_0) e^{xf(t_0)} \int_{t_0-\epsilon}^{t_0+\epsilon} e^{\frac{x}{2}f''(t_0)(t-t_0)^2} dt = F(t_0) e^{xf(t_0)} \int_{-\epsilon}^{\epsilon} e^{\frac{x}{2}f''(t_0)\tau^2} d\tau$$

$$\simeq F(t_0) e^{xf(t_0)} \int_{-\infty}^{\infty} e^{\frac{x}{2}f''(t_0)\tau^2} d\tau \tag{5.4}$$

のように近似を用いて求められる．上では，$t - t_0 = \tau$ の変数変換を行った．また，積分領域を微小な $-\epsilon \to \epsilon$ から $-\infty \to \infty$ に置き換えた．これは，被積分関数の指数関数の中が負の符号で絶対値が $x\tau^2$ と非常に大きくなるために，$t = t_0$ 付近に幅の狭い鋭いピークを持つガウス分布として，十分に近似できるからである（図 5.1(a)）．もし積分領域 (a, b) で複数個の極大値を取るなら，それぞれの極大値での結果を足し合わせばよい．また，$f''(t_0) = 0$ などとなっていたら，$f(t)$ を微分がゼロでない高次まで展開して同様に計算すればよい（練習問題 5-8）．

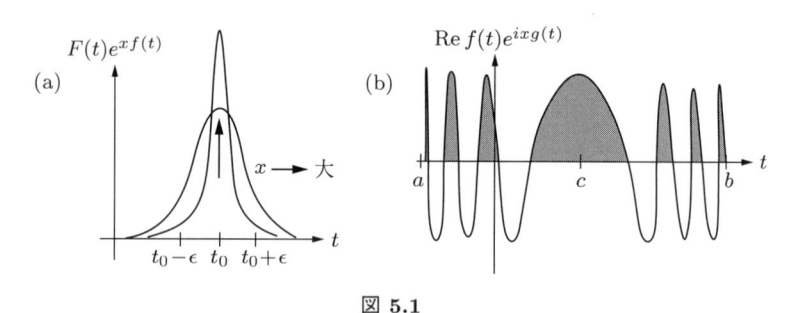

図 5.1

練習問題 1-7 の結果から，$a > 0$ の以下の積分を (5.4) の結果に用いると，

$$\int_{-\infty}^{\infty} e^{-ax^2} dx = \frac{1}{\sqrt{a}} \int_0^{\infty} u^{-1/2} e^{-u} du = \frac{1}{\sqrt{a}} \Gamma\left(\frac{1}{2}\right) = \sqrt{\frac{\pi}{a}}$$

$$I(x) \equiv \int_a^b F(t) e^{xf(t)} dt \simeq F(t_0) e^{xf(t_0)} \sqrt{\frac{2\pi}{-xf''(t_0)}} \quad (x \to \infty) \tag{5.5}$$

と，漸近形が求まる．これを**ラプラスの方法** (Laplace's method) と呼ぶ．

[例題 5-1] ★ 実数 x が正で大きい場合のガンマ関数の漸近形を求めよ.

[解答]
$$\Gamma(x+1) = \int_0^\infty t^x e^{-t} dt = \int_0^\infty e^{x \ln t - t} dt$$

を (5.1) に当てはめると, $F(t) = 1$, $xf(t) = x \ln t - t$ より,

$$xf'(t) = \frac{x}{t} - 1 = 0$$

と $t_0 = x$ で極値を取る. また, $xf''(t) = -x/t^2$ より $xf''(t_0) = -1/x$ となって $f''(t_0) < 0$ を満たす. $F(t_0) = 1$ も用いて, (5.5) の漸近形の結果がそのまま使えて,

$$\Gamma(x+1) \simeq \int_0^\infty \exp\left(xf(x) + \frac{x}{2}f''(x)(t-x)^2\right) dt$$

$$\simeq \int_0^\infty \exp\left(x \ln x - x - \frac{1}{2x}(t-x)^2\right) dt$$

$$\simeq e^{x \ln x - x} \int_{-\infty}^\infty \exp\left(-\frac{1}{2x}(t-x)^2\right) dt = x^x e^{-x} \sqrt{2\pi x}$$

よって, 以下の結果が求まる:

$$\Gamma(x+1) \simeq \sqrt{2\pi x} x^x e^{-x} \quad (x \to \infty) \tag{5.6}$$

x が整数 n の場合は $\Gamma(n+1) = n!$ (練習問題 1-7) より, 大きな n の場合の**スターリングの公式** (Stirling's formula) (統計力学などで必須) となる:

$$n! \simeq \sqrt{2\pi n} n^n e^{-n} \quad \text{または} \quad \ln n! \simeq n \ln n - n + 0.5 \ln(2\pi n) \tag{5.7}$$

□

5.2 停留値法 ★

ラプラスの方法は実数での扱いであったが, これを複素数に拡張する. それは最急降下法であるが, まずはその特殊な場合, すなわち $f(t) = ig(t)$ という純虚数の場合について扱う. これは $\exp(ikx - i\omega t)$ のような波動現象 (高周波近似である $\omega \to \infty$) の場合などに対応する. つまり

$$I(x) \equiv \int_a^b F(t) e^{ixg(t)} dt \quad (x \to \infty) \tag{5.8}$$

を考える. ラプラスの方法と同様に, 積分領域 (a, b) 内で極値を取る場合に漸近形が求まる:$g'(c) = 0$ $(a < c < b)$, ここで c を $g(t)$ の**停留**

点 (stationary point) と呼ぶ．$g(t)$ を $t = c$ の回りでテイラー展開 $g(t) = g(c) + g'(c)(t-c) + g''(c)/2(t-c)^2 + \cdots$ すると，$x \to \infty$ では (5.8) の指数関数の中が大きな虚数となる．これは激しい振動となり，振幅 $F(t)$ はそれに比べて緩やかにしか変化しないから，正と負が繰り返して，積分の値としては大部分が打ち消しあう．ただし，$t \simeq c$ の部分のみが振動が一時休止するので，この部分だけは符号が反対の部分が存在しない．その結果として積分はこの部分だけが残る（図 5.1(b)）．よって，$t \simeq c$ の付近のみの積分として近似してよく，ϵ を小さいとして，(5.8) は

$$I(x) \simeq \int_a^b F(t) e^{ixg(c) + i\frac{x}{2}g''(c)(t-c)^2} dt \simeq F(c) e^{ixg(c)} \int_{c-\epsilon}^{c+\epsilon} e^{i\frac{x}{2}g''(c)(t-c)^2} dt$$

$$\simeq F(c) e^{ixg(c)} \int_{-\infty}^{\infty} e^{i\frac{x}{2}g''(c)\tau^2} d\tau \quad (\tau \equiv t - c \text{ と変数変換}) \qquad (5.9)$$

と近似できる．最後の積分部分は，**フレネル積分** (Fresnel integral) と呼ばれる（練習問題 5-2）：

$$\int_0^\infty \cos(x^2) dx = \int_0^\infty \sin(x^2) dx = \frac{1}{2}\sqrt{\frac{\pi}{2}} \qquad (5.10)$$

上の結果から，以下の二つのそれぞれの場合を考える：

(a) $g''(c) > 0$ の場合：

$$\int_0^\infty \cos(\frac{x}{2}g''(c)t^2) dt = \frac{1}{2}\sqrt{\frac{\pi}{2}}\sqrt{\frac{2}{xg''(c)}} = \frac{1}{2}\sqrt{\frac{\pi}{xg''(c)}} = \int_0^\infty \sin(\cdots) dt$$

より，

$$I(x) \simeq F(c) e^{ixg(c)} \sqrt{\frac{\pi}{xg''(c)}}[1+i] = \sqrt{\frac{2\pi}{xg''(c)}} F(c) e^{ixg(c) + i\frac{\pi}{4}} \qquad (5.11)$$

(b) $g''(c) < 0$ の場合：

$$\int_0^\infty \cos(\frac{x}{2}g''(c)t^2) dt = \int_0^\infty \cos(-\frac{x}{2}|g''(c)|t^2) dt = \int_0^\infty \cos(\frac{x}{2}|g''(c)|t^2) dt$$

$$= \frac{1}{2}\sqrt{\frac{\pi}{x|g''(c)|}} = -\int_0^\infty \sin(\cdots) dt$$

より，

$$I(x) \simeq F(c) e^{ixg(c)} \sqrt{\frac{\pi}{x|g''(c)|}}[1-i] = \sqrt{\frac{2\pi}{x|g''(c)|}} F(c) e^{ixg(c) - i\frac{\pi}{4}} \qquad (5.12)$$

上の二つの場合をまとめると，

$$I(x) \simeq \sqrt{\frac{2\pi}{x\,|g''(c)|}} F(c) e^{ixg(c) \pm i\frac{\pi}{4}} \qquad (x \to \infty) \tag{5.13}$$

ただし，$g''(c) > 0$ の場合に指数関数の $+$ の符号を，$g''(c) < 0$ の場合に $-$ を選ぶこととする．これを，**停留値法** (method of stationary phase) と呼ぶ．

もし積分の端で極値，すなわち $g'(a) = 0$ または $g'(b) = 0$ の場合は，

$$I(x) \simeq \int_a^{a+\epsilon} F(t) e^{ixg(a) + \frac{i}{2}xg''(a)(t-a)^2} dt \simeq F(a) e^{ixg(a)} \int_0^\infty e^{i\frac{x}{2}g''(a)\tau^2} d\tau$$

のように，積分が半分になるだけなので，

$$I(x) \simeq \sqrt{\frac{\pi}{2x\,|g''(a)|}} F(a) e^{ixg(a) \pm i\frac{\pi}{4}} \qquad (x \to \infty) \tag{5.14}$$

のようになる（符号の選択は (5.13) と同じ）．

[例題 5-2] ★　以下の積分の漸近形を求めよ．

$$\int_0^{\frac{\pi}{2}} e^{ix\cos t} dt \qquad (x \to \infty)$$

[解答]　(5.8) で $F(t) = 1$, $g(t) = \cos t$ より，$g'(t) = 0$ となる極値は $t = 0$ と積分の端であり，$g(0) = 1, g''(0) = [-\cos t]_{t=0} = -1$ より，(5.14) を用いて

$$\int_0^{\frac{\pi}{2}} e^{ix\cos t} dt \simeq \sqrt{\frac{\pi}{2x\,|-1|}} e^{ix - i\frac{\pi}{4}} = \sqrt{\frac{\pi}{2x}} e^{i(x - \frac{\pi}{4})} \quad \square$$

5.3　最急降下法（鞍部点法）★★

一般的な場合，すなわち (5.1) において $F(t)$, $g(t)$ が解析的である複素関数，そして積分路が複素平面内にある場合の

$$I(x) \equiv \int_C F(z) e^{xg(z)} dz \qquad (|x| \to \infty) \tag{5.15}$$

の形の積分の漸近形を考える．ただし，積分路 C の両端での積分への寄与は無視できるような場合（すなわち，$|F(z)e^{xg(z)}| \to 0$）を仮定する．$F(z)$ と $g(z) \equiv u(z) + iv(z)$ は解析的なので積分路 C を変形できる点が，これまでの場合と異なる．つまり，x が大きい場合に (1)「積分の寄与が最大になる点

$z = z_0$ を探す」他に, (2)「点 z_0 をどの方向に積分路として取れば, 漸近形を求めるのに効果的か」を考える必要がある.

まず, これまでと同様に, 積分への寄与が最大になる部分は, 指数関数にかかる $g(z)$ に注目する. その中でも実部 $u(z)$ のみが大切となる. 虚部 $v(z)$ は $e^{ixv(z)}$ と振動(三角関数)に対応するので, 正負の部分が打ち消しあうので, 点 z_0 の回りでの寄与は結果的に重要でなくなる. そこで, 上の (1) と (2) の答えは,「実部 $u(z)$ が極大になり, かつその変化が最も大きくなるような複素平面上での方向を探す」ことになる. これらは複素関数 $g(z)$ が解析的である性質から以下のように定まる.

$g(z)$ が解析的なので, $z = x + iy$ として コーシー・リーマンの微分方程式 (1.5),(1.6) の

$$\frac{\partial u}{\partial x} = \frac{\partial v}{\partial y}, \qquad \frac{\partial u}{\partial y} = -\frac{\partial v}{\partial x}$$

より, $u(x,y)$ も $v(x,y)$ も, ラプラス方程式 (2.1) を満たすことになる:

$$\frac{\partial^2 u}{\partial x^2} + \frac{\partial^2 u}{\partial y^2} = \nabla^2 u = 0, \qquad \nabla^2 v = 0 \tag{5.16}$$

ラプラス方程式を満たす関数は領域内で極値が取れない(偏微分方程式の入門書, 例えば, 参考文献のファーロウなどを参照)ので, u も v も複素平面上では最大値は取れない. つまり, 複素平面 (x,y) 内で $u(z) = u(x,y)$ は富士山の山頂のような形をした真の極大値(極小値も同様に)を取れない. では, 複素平面上で $u(x,y), v(x,y)$ の「極値(1階偏微分がゼロ)」に対応するような点では, どのような形状を取っているのであろうか?

例えば, $\partial u/\partial x = \partial u/\partial y = 0$ の点 z_0 を考える. x 方向に極大値を取ると仮定すると, $\partial^2 u/\partial x^2 < 0$ だから, (5.16) より $\partial^2 u/\partial y^2 > 0$, つまり y 方向には極小値となる. このように, $u(z)$ が複素平面上で「極値」となる点の付近では, 富士山やすり鉢のような形ではなくて, 一方向には谷底の形で, それと直角方向には山頂の形となる. すなわち, 馬に載せる鞍の形状をしている(図 5.2(a)). また, 点 z_0 ではコーシー・リーマンの微分方程式から $\partial v/\partial x = \partial v/\partial y = 0$ も同時に満たすので, $g(z)$ の全微分がゼロとなる:

$$\frac{dg(z)}{dz} = 0 \quad (z = z_0) \tag{5.17}$$

z_0 を**鞍部点** (saddle point) と呼ぶ(図 5.2(a)).

$F(z), g(z)$ は解析的なので, (5.15) の元の積分路 C が鞍部点 z_0 を通らなく

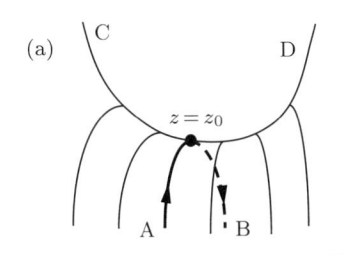

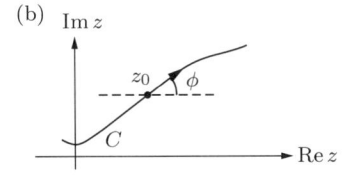

図 5.2

ても,通過するように変形することができる.テイラー展開 $g(z) \simeq g(z_0) + \frac{1}{2}g''(z_0)(z-z_0)^2 + \cdots$ で近似すると,(5.15) は以下のようになる:

$$I(x) \equiv \int_C F(z)e^{xg(z)}dz \simeq F(z_0)e^{xg(z_0)}\int_{z_0 \text{付近}} e^{\frac{x}{2}g''(z_0)(z-z_0)^2}dz \quad (5.18)$$

z_0 付近の積分路の方向については,上に述べたように指数関数にかかる部分の実部が一番急激に減るような方向が最適となる.そのために

$$g''(z_0) \equiv \rho e^{i\theta}, \qquad z - z_0 \equiv se^{i\phi} \quad (5.19)$$

と,鞍部点 z_0 で積分路の方向 ϕ を求める(図 5.2(b)).(5.18) に (5.19) を代入すると,以下のようになる:

$$\begin{aligned}I(x) &\simeq F(z_0)e^{xg(z_0)}\int_{z_0 \text{付近}} e^{\frac{x}{2}\rho s^2 e^{i(\theta+2\phi)}}e^{i\phi}ds \\ &\simeq F(z_0)e^{xg(z_0)+i\phi}\int_{z_0 \text{付近}} e^{\frac{x}{2}\rho s^2(\cos(\theta+2\phi)+i\sin(\theta+2\phi))}ds\end{aligned} \quad (5.20)$$

$x \to \infty$ で,上の指数関数の中の実部が負で絶対値が最大になれば,積分の寄与は z_0 から離れるにつれて,最も急激に減少するので(図 5.2(a) では A → B),

$$\cos(\theta + 2\phi) = -1 \quad \longrightarrow \quad \text{Re}\left\{e^{(\cdots)}\right\} = e^{-\frac{x}{2}\rho s^2}$$

となる方向を選べばよい.さらにこの方向では虚部は $\sin(\theta+2\phi) = 0$ となるので,被積分関数は振動せず,停留値法のように正負の部分が交互に打ち消しあうこともない.すなわち z_0 での積分路の求めるべき方向は

$$\theta + 2\phi = -\pi, \pi \quad \longrightarrow \quad \phi = -\frac{\theta}{2} \pm \frac{\pi}{2} \quad (5.21)$$

となる.± のどちらの符号を選択する必要があるが,反対方向なので同じ経路となり,どちら側から鞍部点を乗り越えていくかになる.元の積分路 C を変形するのだから,その方向は通常は自然に決まる.複雑な例外もありうるので,以

下のように個々にチェックする慎重な心構えは大切だが，直感的に済まして構わない．いずれにしても，$\theta + 2\phi = \pm\pi$ と選ぶと，(5.20) は次のようになる:

$$I(x) \simeq F(z_0)e^{xg(z_0)+i\phi}\int_{-\epsilon}^{\epsilon}e^{-\frac{x}{2}\rho s^2}ds$$

$$\simeq F(z_0)e^{xg(z_0)+i\phi}\int_{-\infty}^{\infty}e^{-\frac{x}{2}\rho s^2}ds \simeq \sqrt{\frac{2\pi}{x\rho}}F(z_0)e^{xg(z_0)+i\phi} \quad (5.22)$$

ここで (5.4) などと同様な理由から，小さな ϵ を ∞ に置き換えた．$\rho = |g''(z_0)|$ より，最終的に積分 (5.15) は次のような漸近形となる:

$$I(x) \equiv \int_C F(z)e^{xg(z)}dz \simeq \sqrt{\frac{2\pi}{x\,|\,g''(z_0)\,|}}F(z_0)e^{xg(z_0)+i\phi} \quad (|x|\to\infty) \tag{5.23}$$

ただし，$\phi = -\theta/2 \pm \pi/2$, $\theta = \arg(g''(z_0))$.

(5.23) は被積分関数の指数部分が鞍部点 z_0 から最も急激に減少する方向に積分するので，**最急降下法** (method of steepest descent) または **鞍部点法** (saddle point method) と呼ぶ．5.1 と 5.2 節の結果 (5.5) と (5.13) は，最急降下法で積分路の方向 ϕ が特殊な例に当たる：

(1) ラプラスの方法： $g(z)$ が実関数 $f(t)$ で，$f''(t_0) < 0$ であるから，$\theta = \pi$，よって $\phi = 0, \pi$ である．$\phi = 0$ は積分路が正の方向（例えば，$-\infty$ から ∞ へ），$\phi = \pi$ は負の方向への積分路に対応する．

(2) 停留値法： $g(z) = if(t)$ より $f''(t_0) > 0, f''(t_0) < 0$ は，それぞれ $\theta = \pi/2, -\pi/2$ に対応する．元の積分路は $-\infty \to \infty$ より $-\pi/2 < \phi < \pi/2$ であるから，(5.21) の $\pm$ の符号を選ぶと，(5.13) の $\phi = \pi/4, -\pi/4$ となる．

5.4 ハンケル関数の漸近形 **

第1種ハンケル関数 $H_\nu^{(1)}(x)$ （ν は整数とは限らない，また x は実数とする．複素数にも拡張できるが，そのためには x の位相によって積分路が異なる）の積分表示式 (4.26) に最急降下法を用いて，4.4 節に結果のみを示した $x \to \infty$ の漸近形 (4.37) を求める．前節の結果 (5.23) をそのまま適応すれば，

$$H_\nu^{(1)}(x) = \frac{1}{\pi i}\int_{0+}^{\infty e^{i\pi}}\frac{e^{\frac{x}{2}\left(t-\frac{1}{t}\right)}}{t^{\nu+1}}dt$$

$$\equiv \int_{C_1} F(t)e^{xg(t)}dt \simeq \sqrt{\frac{2\pi}{x\,|g''(t_0)|}}F(t_0)e^{xg(t_0)+i\phi} \quad (5.24)$$

$$F(t) = \frac{1}{\pi i}\frac{1}{t^{\nu+1}}, \qquad g(t) = \frac{1}{2}\left(t - \frac{1}{t}\right) \quad (5.25)$$

となり，積分路 C_1 は，$0+$ より負の実軸の上側に沿って $-\infty$ に延びる（図 5.3）．$g'(t_0) = 0$ になるように鞍部点 t_0 を定める：

$$g'(t) = \frac{1}{2}\left(1 + \frac{1}{t^2}\right) \longrightarrow g'(t_0) = 0, \ t_0 = \pm i$$

このうち，元の積分路 C_1 の位置と形状から $t_0 = i$ とする（$t_0 = -i$ を取ると，始点の $t = 0$ 付近に再び戻って，結局は $t = i$ も通らなくてはならない）：

$$F(t_0) = \frac{1}{\pi i}\frac{1}{i^{\nu+1}} = \frac{1}{\pi}e^{-i\frac{\pi}{2}(\nu+2)}, \qquad g(t_0) = \frac{1}{2}\left(i - \frac{1}{i}\right) = i$$

と，(5.24) に必要なすべての値が求まる．t_0 近傍での積分の方向 ϕ は，$\mathrm{Re}\,g(t) \propto -|t-t_0|^2$ となるように選ぶ．つまり，$g(t)$ の2階微分は

$$g''(t) = -\frac{1}{t^3} \longrightarrow g''(t_0) = -\frac{1}{i^3} = -i, \ \theta = \arg(-i) = -\frac{\pi}{2}$$

よって，(5.21) より次のように鞍部点 $t_0 = i$ での方向が定まる：

$$\phi = -\frac{1}{2}\left(-\frac{\pi}{2}\right) \pm \frac{\pi}{2} = \frac{3}{4}\pi, -\frac{\pi}{4} \quad (5.26)$$

ここで，積分路 C_1 の形から，$t = i$ を通過するには $\phi = 3\pi/4$ の角度で通過するのが自然ではあるが（図 5.3），念のために以下に確認する：

[$\phi = 3\pi/4$ の確認] 鞍部点 $t = i$ 付近での振舞いのみが重要なので，ϵ を小さいとして，$\epsilon e^{i\phi} \equiv t - i$ として，$t = i$ 近傍での $g(t)$ の振舞いを考える．

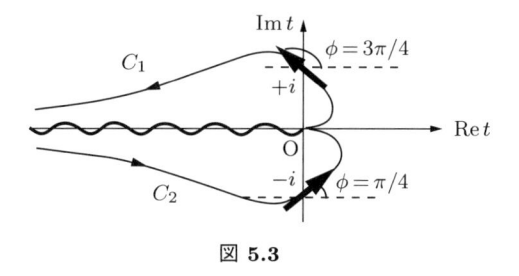

図 **5.3**

$$2g(t) = t - \frac{1}{t} = \epsilon e^{i\phi} + i - \frac{1}{\epsilon e^{i\phi} + i}$$
$$= \epsilon \cos\phi + i(\epsilon \sin\phi + 1) - \frac{1}{\epsilon \cos\phi + i(\epsilon \sin\phi + 1)}$$
$$= \epsilon \cos\phi + i(\epsilon \sin\phi + 1) - \frac{\epsilon \cos\phi - i(\epsilon \sin\phi + 1)}{1 + 2\epsilon \sin\phi + \epsilon^2}$$

ϵ が小さいので高次の項は省略して，この実部は次のようになる：

$$2\mathrm{Re}g(t) = \epsilon \cos\phi - \epsilon \cos\phi (1 + 2\epsilon \sin\phi + \epsilon^2)^{-1}$$
$$\simeq \epsilon \cos\phi - \epsilon \cos\phi (1 - 2\epsilon \sin\phi + \cdots) \simeq 2\epsilon^2 \sin\phi \cos\phi \simeq \epsilon^2 \sin 2\phi$$

したがって，$\mathrm{Re}g(t) \propto -\epsilon^2$ となるには $\sin 2\phi = -1$ なので，$2\phi = 3\pi/2$，すなわち，$\phi = 3\pi/4$ が確かめられた． □

$\phi = 3\pi/4$ や鞍部点 $t_0 = i$ での各種の値を (5.24) に代入すれば，

$$H_\nu^{(1)}(x) \simeq \sqrt{\frac{2\pi}{x \mid -i \mid}} \frac{1}{\pi} e^{-i\frac{\pi}{2}(\nu+2)} e^{ix + i\frac{3}{4}\pi} \simeq \sqrt{\frac{2}{\pi x}} e^{i\left(x - \frac{\nu\pi}{2} - \frac{\pi}{4}\right)} \qquad (5.27)$$

同様に，第 2 種ハンケル関数 $H_\nu^{(2)}(x)$ の積分表示式 (4.27) についても，最急降下法 (5.23) を適用する．$H_\nu^{(1)}(x)$ に比べると，被積分関数は同じで，積分路が実軸の下側を通る C_2 になっただけである．よって，(5.24), (5.25) はそのままで，鞍部点が $t_0 = -i$ の方を選べば（図 5.3），

$$g(t_0) = \frac{1}{2}\left(-i - \frac{1}{-i}\right) = -i, \qquad g''(t_0) = -\frac{1}{(-i)^3} = i$$
$$iF(t_0) = \frac{1}{\pi i} \frac{1}{(-i)^{\nu+1}} = \frac{1}{\pi} e^{-i\frac{\pi}{2}} e^{-i\frac{\pi}{2}(-\nu-1)} = \frac{1}{\pi} e^{i\frac{\nu\pi}{2}}$$

となり，$g''(t_0)$ の位相は $\theta = \arg(i) = \pi/2$ より，$\phi = \pi/4, -3\pi/4$ となる．積分路 C_2 の形から，逆戻りがないような自然な方向として，図 5.3 のように $\phi = \pi/4$ の方を選ぶ（$H_\nu^{(1)}(x)$ と同様に確認せよ）．よって，求めるべき漸近形は

$$H_\nu^{(2)}(x) \simeq \sqrt{\frac{2\pi}{x \mid i \mid}} \frac{1}{\pi} e^{i\frac{\nu\pi}{2}} e^{-ix + i\frac{\pi}{4}} \simeq \sqrt{\frac{2}{\pi x}} e^{-i\left(x - \frac{\nu\pi}{2} - \frac{\pi}{4}\right)} \qquad (5.28)$$

となる．(5.27) と (5.29) より，ベッセルおよびノイマン関数の漸近形も求まる：

$$J_\nu(x) = \frac{1}{2}\left[H_\nu^{(1)}(x) + H_\nu^{(2)}(x)\right] \simeq \frac{1}{2}\sqrt{\frac{2}{\pi x}}\left(e^{i\left(x - \frac{\nu\pi}{2} - \frac{\pi}{4}\right)} + e^{-i\left(x - \frac{\nu\pi}{2} - \frac{\pi}{4}\right)}\right)$$

$$\simeq \sqrt{\frac{2}{\pi x}} \cos\left(x - \frac{\nu\pi}{2} - \frac{\pi}{4}\right) \tag{5.29}$$

$$Y_\nu(x) = \frac{1}{2i}\left[H_\nu^{(1)}(x) - H_\nu^{(2)}(x)\right] \simeq \sqrt{\frac{2}{\pi x}} \sin\left(x - \frac{\nu\pi}{2} - \frac{\pi}{4}\right) \tag{5.30}$$

こうして,4.3 節の (4.35)–(4.38) が示された.このように,これらの関数は,原点付近以外では三角関数と類似して扱うことが可能である.

5.5 　積分の高次の漸近展開序論 ★★

ここまでは,$I(x) \equiv \int_a^b F(t) e^{xf(t)} dt$ という積分 (5.1) について,x が大きい場合の漸近形を求めた.そこでは,$f(t)$ を極大値 $t = t_0$ でのテイラー展開の 2 次の項まで用いた.以下では,さらに高次までの展開を用いることで,x のより高次の近似,すなわちよりよい精度の表現を求める.ただし,一般論は避け,5.1 節のラプラスの方法において,もう一つだけ高次の項の求め方のみを詳しく説明する.ただし,さらに高次の項や,最急降下法などについては,同様の手順を繰り返すだけである(計算だけが長くなる).

$F(t)$ と $f(t)$ についてのテイラー展開 (5.3) に 2 項ずつ高次の項を追加し,さらに $\tau \equiv t - t_0$ と変数変換すると,

$$I(x) \simeq \int_{t_0\,\text{付近}} \left\{ F(t_0) + F'(t_0)(t-t_0) + \frac{F''(t_0)}{2}(t-t_0)^2 + \cdots \right\} \cdot \exp\Big\{ x$$
$$\left(f(t_0) + \frac{f''(t_0)}{2}(t-t_0)^2 + \frac{f^{(3)}(t_0)}{6}(t-t_0)^3 + \frac{f^{(4)}(t_0)}{24}(t-t_0)^4 + \cdots \right) \Big\} dt$$
$$\simeq e^{xf(t_0)} \int_{-\infty}^{\infty} e^{x\frac{f''(t_0)}{2}\tau^2} \left(F(t_0) + F'(t_0)\tau + \frac{F''(t_0)}{2}\tau^2 + \cdots \right)$$
$$\cdot \exp\left\{ x\left(\frac{f^{(3)}(t_0)}{6}\tau^3 + \frac{f^{(4)}(t_0)}{24}\tau^4 + \cdots \right) \right\} d\tau \tag{$*$}$$

最後の指数関数をゼロの回りで $x^2\tau^6$ までテイラー展開すると,

$$\exp(\star) \simeq 1 + (\star) + (\star)^2/2 + \cdots$$
$$\simeq 1 + \frac{xf^{(3)}(t_0)}{6}\tau^3 + \frac{xf^{(4)}(t_0)}{24}\tau^4 + \frac{x^2\left(f^{(3)}(t_0)\right)^2}{72}\tau^6 + \cdots$$

(*) の被積分関数は，上の展開と $F(t)$ についての展開の積となり，積分すると τ の偶数のベキ乗の項だけが残る．こうして残る項は以下のようになる（さらに，$s \equiv \sqrt{x}\tau$ と変数変換する）：

$$I(x) \simeq e^{xf(t_0)} \int_{-\infty}^{\infty} e^{\frac{xf''(t_0)}{2}\tau^2} \left\{ F(t_0) + \frac{F''(t_0)}{2}\tau^2 \right.$$
$$+ x\left(\frac{F'(t_0)f^{(3)}(t_0)}{6} + \frac{F(t_0)f^{(4)}(t_0)}{24}\right)\tau^4 + x\frac{F''(t_0)f^{(4)}(t_0)}{48}\tau^6$$
$$\left. + x^2\frac{F(t_0)\left(f^{(3)}(t_0)\right)^2}{72}\tau^6 + \cdots \right\} d\tau$$
$$\simeq \frac{e^{xf(t_0)}}{\sqrt{x}} \int_{-\infty}^{\infty} e^{\frac{f''(t_0)}{2}s^2} \left\{ F(t_0) + \frac{1}{x}\left[\frac{F''(t_0)}{2}s^2 + \left(\frac{F'(t_0)f^{(3)}(t_0)}{6}\right.\right.\right.$$
$$\left.\left.\left. + \frac{F(t_0)f^{(4)}(t_0)}{24}\right)s^4 + \frac{F(t_0)(f^{(3)}(t_0))^2}{72}s^6\right] + \frac{1}{x^2}(\cdots) + \cdots \right\} ds$$

ここで，練習問題 1-7 のガンマ関数の結果を用いると，

$$\int_{-\infty}^{\infty} e^{-\frac{a^2}{2}s^2} s^{2n} ds = \frac{\sqrt{2\pi}}{a^{2n+1}}(2n-1)(2n-3)\cdots 5\cdot 3\cdot 1 \tag{5.31}$$

なので（証明は下に示す），$a = \sqrt{-f''(t_0)}$ とおけば，(5.5) のもう一つ高次までの漸近展開は以下のように求まる：

$$I(x) \simeq \frac{e^{xf(t_0)}}{\sqrt{x}}\sqrt{\frac{2\pi}{-f''(t_0)}} \left\{ F(t_0) + \frac{1}{x}\left(-\frac{F''(t_0)}{2f''(t_0)} + \frac{F'(t_0)f^{(3)}(t_0)}{2(f''(t_0))^2}\right.\right.$$
$$\left.\left. + \frac{F(t_0)f^{(4)}(t_0)}{8(f''(t_0))^2} - \frac{5F(t_0)(f^{(3)}(t_0))^2}{24(f''(t_0))^3}\right) + \frac{1}{x^2}(\cdots) + \cdots \right\} \tag{5.32}$$

[(5.31) の証明] 被積分関数は偶関数である．そして，$u \equiv a^2s^2/2$ とおくと，$ds = du/(a^2s) = du/(\sqrt{2}a\sqrt{u})$ より，

$$2\int_0^{\infty} e^{-\frac{a^2}{2}s^2} s^{2n} ds = 2\int_0^{\infty} e^{-u}\left(\frac{2u}{a^2}\right)^n \frac{du}{\sqrt{2}a\sqrt{u}} = \frac{2^{n+\frac{1}{2}}}{a^{2n+1}}\int_0^{\infty} e^{-u} u^{n-\frac{1}{2}} du$$

となり，最後の積分は $\Gamma(n+1/2)$ となる．練習問題 1-7 の結果より，

$$\Gamma\left(n+\frac{1}{2}\right) = \left(n-\frac{1}{2}\right)\left(n-\frac{3}{2}\right)\cdots\frac{1}{2}\cdot\Gamma\left(\frac{1}{2}\right) = \frac{\sqrt{\pi}}{2^n}(2n-1)(2n-3)\cdots 5\cdot 3\cdot 1$$

となるので，(5.31) が示された． □

5.5 積分の高次の漸近展開序論**

[**例題 5-3**] ★★ 例題 5-1 のガンマ関数の漸近形 (5.6) について，次の高次の項までの漸近展開を求めよ．

[**解答**] 例題 5-1 と同様に，$F(t) = 1$, $xf(t) = x\ln t - t$ で，極大値は $t_0 = x$ より，(5.32) の高次の展開で必要なものは

$$F(x) = 1, \qquad F'(x) = F''(x) = 0$$

$$xf(x) = x\ln x - x, \qquad xf''(t) = -\frac{x}{t^2} \to f''(x) = -\frac{1}{x^2}$$

$$xf^{(3)}(t) = \frac{2x}{t^3} \to f^{(3)}(x) = \frac{2}{x^3}, \qquad xf^{(4)}(t) = -\frac{6x}{t^4} \to f^{(4)}(x) = -\frac{6}{x^4}$$

となる．これらを (5.32) に代入すると，以下の結果が求まる：

$$\Gamma(x+1) \simeq e^{x\ln x - x}\sqrt{2\pi x}\left\{1 + \frac{1}{x}\left(0 + 0 + \frac{1\cdot\left(-\frac{6}{x^4}\right)}{8\cdot\left(-\frac{1}{x^2}\right)^2} - \frac{5\cdot 1\cdot\left(\frac{2}{x^3}\right)^2}{24\cdot\left(-\frac{1}{x^2}\right)^3}\right)\right.$$

$$\left.+ \frac{1}{x^2}(\cdots) + \cdots\right\} \simeq \sqrt{2\pi x}\, x^x e^{-x}\left(1 + \frac{1}{12}\frac{1}{x} + \cdots\right) \quad \square$$

上の被積分関数について展開をさらに高次まで行って積分すれば，高次の漸近展開の形が求まる．ガンマ関数についての結果のみ，以下に示す（森口他などの公式集を参照）：

$$\Gamma(x+1) \simeq \sqrt{2\pi x}\,x^x e^{-x}\left(1 + \frac{1}{12x} + \frac{1}{288x^2} - \frac{139}{51840x^3} - \frac{571}{2488320x^4} + \cdots\right)$$

このような漸近展開は積分の振舞いを理解する上で役に立つばかりか，数値計算でガンマ関数のサブルーチンの中はこのようなアルゴリズムが用いられている．ベッセル関数などの特殊関数についても同様である．

練習問題

5-1 ★ $n = 5, 10, 100, 500$ について，$n!$ をスターリングの公式 (5.7) による値と比較せよ．

5-2 ★ フレネル積分 (5.10) を求めよ（ヒント：原点から正の実軸上に ∞ まで延ばし，45 度だけ反時計回りに回ってから原点に戻ってくるパイ状の積分路 C で，$\oint_C e^{-z^2}dz = 0$ を示せばよい）．また，以下を示せ．

$$\int_{-\infty}^{\infty} e^{iax^2}dx = \begin{cases} \sqrt{\dfrac{\pi}{2a}}(1+i) & (a > 0) \\ \sqrt{\dfrac{\pi}{-2a}}(1-i) & (a < 0) \end{cases} \qquad (5.33)$$

5-3★ x が大きい場合の変形されたベッセル関数 (4.42) $K_n(x)$ の漸近形を求める．

(a) 第1種ハンケル関数の積分表示式 (4.26) より，n 次の変形されたベッセル関数

$$K_n(x) = \frac{\pi i}{2}(i)^n H_n^{(1)}(ix)$$

の積分表示式を求めよ．つまり，$K_n(x)$ は変数が虚数（x は実数とするが，一般にはある範囲の位相の複素数としてもよい）の場合のハンケル関数に相当し，元のハンケル関数の積分路 C_1（図 4.2）をどのように変形すればよいか考えよ．(ヒント：C_1 を $0+ \to -\infty$ と定めた際に，被積分関数のうちで支配的な指数関数がゼロになるようにしたが，この場合も始点と終点でゼロになるような原点（始点）と無限大（終点）の方向，すなわちそれらの位相さえ求めればよい．)

(b) (a) の積分変数の t から $t = i/s$ と変数変換して，以下を示せ：

$$K_n(x) = \frac{1}{2}\int_0^\infty e^{-\frac{x}{2}(s+\frac{1}{s})} \frac{ds}{s^{1-n}}$$

(c) ラプラスの方法を (b) の積分に適用して，x が大きい場合の $K_n(x)$ の漸近形を求めよ．

5-4★★★ 例題 5-1 では，実数 x が大きい場合のガンマ関数の漸近形を求めた．これを一般の複素数 z の場合（ただし，$\mathrm{Re}\, z > 0$）に拡張して，ガンマ関数

$$\Gamma(z+1) = \int_0^\infty e^{-t} t^z dt$$

の $|z| \to \infty$ の漸近形を，最急降下法を用いて求めよ．

5-5★★ 0次のベッセル関数 $J_0(x)$ の $x \to \infty$ の漸近形を最急降下法を用いて求める．なお，これはゾンマーフェルト積分 (Sommerfeld integal) と呼ばれる．

(a) ベッセル関数のベッセルの積分表示式（練習問題 4-2(d)）の変数を適当に変えて，

$$J_0(x) = \frac{1}{\pi}\int_{-\frac{\pi}{2}}^{\frac{\pi}{2}} \cos(x\cos\theta)d\theta$$

を示し，さらに $t \equiv i\theta$ という変数変換から，以下を示せ．

$$J_0(x) = \mathrm{Re}\,\frac{1}{\pi i}\int_{-\frac{i\pi}{2}}^{\frac{i\pi}{2}} \exp(ix\cosh t)dt$$

(b) 上の積分路は虚軸上の有限な積分路であるが，これを無限遠から無限遠への積分路に置き換える．以下の二つの積分路（実軸に沿って平行）の積分は，共に発散はせず，かつ純虚数であることを示せ．

$$\frac{1}{\pi i}\int_{-\infty-\frac{i\pi}{2}}^{-\frac{i\pi}{2}}\exp(ix\cosh t)dt, \qquad \frac{1}{\pi i}\int_{\frac{i\pi}{2}}^{\infty+\frac{i\pi}{2}}\exp(ix\cosh t)dt$$

(c) (b) の結果から，$-\infty-\frac{i\pi}{2}\to-\frac{i\pi}{2}\to\frac{i\pi}{2}\to\infty+\frac{i\pi}{2}$ という階段状の積分路 C で

$$J_0(x)=\mathrm{Re}\frac{1}{\pi i}\int_C \exp(ix\cosh t)dt$$

と表せる．この積分に最急降下法を適用して，$J_0(x)$ の漸近形を求めよ．

$$J_0(x)\simeq\sqrt{\frac{2}{\pi x}}\cos\left(x-\frac{\pi}{4}\right)$$

5-6★ x が大きい場合のベッセル関数 $J_0(x)$ および $J_3(x)$ の漸近形 (5.29)

$$J_n(x)\simeq\sqrt{\frac{2}{\pi x}}\cos\left(x-\frac{n\pi}{2}-\frac{\pi}{4}\right)$$

の値を具体的に計算して，正しい値と比較して，この漸近形は x がどの程度の大きさからよい近似となるか，確かめよ．できたら図示すること．なお，パソコンなどの備え付けの関数を利用する場合，$J_0(x), J_1(x)$ のみしか普通はないが，漸化式 (4.8) を用いれば，$J_2(x)$ 以降の値を簡単に求められる．

5-7★★ 第 10 章で解説する WKBJ 法で重要な役割を果たす**エアリー関数** (Airy function) の積分表示式から，その漸近形を，以下に求める．第 8 章で学ぶフーリエ変換の形を利用しているが，この問題はその知識なしでも理解できる．ただし，$y(x)$ のフーリエ変換である $Y(k)$ およびその逆変換は以下と定義する：

$$Y(k)\equiv\int_{-\infty}^{\infty}y(x)e^{ikx}dx, \qquad y(x)=\frac{1}{2\pi}\int_{-\infty}^{\infty}Y(k)e^{-ikx}dk$$

(a) エアリーの微分方程式

$$\frac{d^2y(x)}{dx^2}-xy(x)=0$$

の解をフーリエ変換を用いて求めよ．そのためには，上のフーリエ逆変換の式をこの方程式に代入して，以下となることを示せ（A は未定定数）．

$$Y(k)=A\exp\left(-i\frac{k^3}{3}\right)$$

ここで $A\equiv 1$ とした積分表現を，慣例としてエアリー関数 $\mathrm{Ai}(x)$ と呼ぶ：

$$\mathrm{Ai}(x) \equiv \frac{1}{2\pi} \int_{-\infty}^{\infty} \exp\left[-i\left(kx + \frac{k^3}{3}\right)\right] dk = \frac{1}{2\pi} \int_{-\infty}^{\infty} \exp\left[i\left(kx + \frac{k^3}{3}\right)\right] dk \tag{5.34}$$

上では，$k \to -k$ の変数変換を用いた．以下では，この積分表示式における $x \to +\infty$ および $x \to -\infty$ の場合の漸近形を

$$\mathrm{Ai}(x) = \frac{1}{2\pi} \int_{-\infty}^{\infty} \exp\left[i\left(kx + \frac{k^3}{3}\right)\right] dk \equiv \int_{-\infty}^{\infty} F(k) e^{ixg(k)} dk \tag{5.35}$$

として，最急降下法または停留値法を用いて求める．

(b) まず，$x \to +\infty$ の場合を考える．$g'(k_0) = 0$ となる点 k_0 は，$k_0 = \pm i\sqrt{x}$ であることを示し，このうち，$x \to +\infty$ では，$k_0 = i\sqrt{x}$ の方を選ぶので（マイナスの方を選ぶと発散する解となることを確かめよ），次の結果を示せ．

$$\mathrm{Ai}(x) \simeq \frac{1}{2\sqrt{\pi} x^{\frac{1}{4}}} \exp\left(-\frac{2}{3} x^{\frac{3}{2}}\right) \tag{5.36}$$

(c) 次に，$x \to -\infty$ の場合を考える．今度は，$k_0 = \pm \sqrt{-x} = \pm \sqrt{|x|}$ となることを示せ．どちらの符号もよいので，二つの点の回りの積分を考える．$k_0 = \pm \sqrt{|x|}$ のそれぞれの回りで

$$g(k) \simeq \pm \frac{2}{3} \sqrt{|x|} \mp \frac{1}{\sqrt{|x|}} (k - k_0)^2$$

より，それぞれの点での積分の漸近形を足し合わせ，$x \to -\infty$ で以下となることを示せ（ヒント：練習問題 5-2 のフレネル積分を利用する）．

$$\mathrm{Ai}(x) \simeq \frac{1}{\sqrt{\pi} |x|^{\frac{1}{4}}} \sin\left(\frac{2}{3} |x|^{\frac{3}{2}} + \frac{\pi}{4}\right) \tag{5.37}$$

(d) (b) と (c) の結果を用いて，$\mathrm{Ai}(x)$ を $|x| \geq 1$ について，簡単に図示せよ．

$-1 < x < 1$ の間の値は，$x = -1$ と $x = 1$ の点を滑らかに結んだだけでも十分だが，練習問題 2-3 で求めた $x = 0$ の回りの級数解を利用するとより正確な値が得られる．図示すればわかるが，これは伝播する水波のフロント（海辺に押し寄せる波）をよく近似する．さらに，(a) のエアリーの微分方程式を一般化した

$$\frac{d^2 y}{dx^2} + Q(x) y = 0$$

において，$\mathrm{Ai}(x)$ も用いて，「$Q(x)$ がゆっくり変化する」場合には，すべての x について極めてよい近似解を求めることができる（第 10 章の WKBJ 法）．

5-8 ** (a) 5.1 節のラプラスの方法の説明では，$f'(t_0) = 0$ となる点 t_0 では 2 階微分は $f''(t_0) \neq 0$ を仮定した．では，$f''(t_0) = 0$ となる場合の漸近形はどうなるか．こ

れは，変曲点に当るが，$f(t)$ のテイラー展開を $(t-t_0)^3$ まで行い，あとは同じような手続きを踏めば求めることができるか．ただし，以下の積分を利用すること：

$$\int_0^\infty e^{-ax^\nu} dx = \frac{1}{a^{1/\nu}} \Gamma\left(1+\frac{1}{\nu}\right) \quad (a>0) \tag{5.38}$$

(b) 同様に，5.2 節の停留値法において，$g''(t_0)=0$ などとなっている場合にはどうなるか．

第6章 エルミートとラゲール多項式

　第2章で一般的な特殊関数について簡単に言及し，その後，ルジャンドルとベッセル関数について解説した．特殊関数はその他にも数多く存在するが，ここでは量子力学における基本的な例を通して，エルミート多項式とラゲール多項式を導入し，その直交性や積分表示式や母関数などを具体的に概観する．本章で扱うのは，シュレディンガー方程式 (2.4) である：

$$-\frac{\hbar^2}{2m}\nabla^2\psi + U(\mathbf{x})\psi = E\psi \tag{6.1}$$

なお，この章は例題に沿って自ら確認しながら理解する形式にした．他の章の内容と比べて各論的な扱いとなるので，最初はこの章を読み飛ばしても構わない．

6.1　エルミート多項式 ★★

　シュレディンガー方程式 (6.1) のうち，1次元問題，すなわち変数が x のみの $\psi(x)$ を考える．その一例として，ポテンシャルを調和振動子 $U(x) = kx^2/2 = m\omega^2 x^2/2$ とする．古典力学では，角周波数 ω の調和振動に対応する：

$$-\frac{\hbar^2}{2m}\frac{d^2\psi}{dx^2} + \frac{1}{2}kx^2\psi = E\psi \tag{6.2}$$

以下の例題 6-1 から 6-4 に従いながら，エルミート多項式を導いていく．

[例題 6-1] ** (a) 二つの定数 $\alpha^2 \equiv mk/\hbar^2, \lambda \equiv 2mE/\hbar^2$ を導入すると，(6.2) は次の 2 階の常微分方程式で表現されることを示せ．

$$\frac{d^2\psi}{dx^2} + (\lambda - \alpha^2 x^2)\psi = 0 \tag{6.3}$$

(b) 微分方程式 (6.3) は，$x = \infty$ で不確定特異点となることを示せ．
(c) 不確定特異点では $\psi \propto \exp(\phi(x))$ の形を仮定して，$x \to \pm\infty$ での方程式 (6.3) の漸近解が，以下になることを示せ．

$$\frac{d^2\psi}{dx^2} - \alpha^2 x^2 \psi \simeq 0 \longrightarrow \psi(x) \simeq e^{\pm\frac{\alpha}{2}x^2}$$

[解答] (a) (6.2) を変形して，α, λ を導入すると，以下のように (6.3) となる：

$$\frac{\hbar^2}{mk}\frac{d^2\psi}{dx^2} + \left(\frac{2E}{k} - x^2\right)\psi = 0$$

$$\frac{1}{\alpha^2}\frac{d^2\psi}{dx^2} + \left(\frac{\lambda\hbar^2}{mk} - x^2\right)\psi = \frac{1}{\alpha^2}\frac{d^2\psi}{dx^2} + \left(\frac{\lambda}{\alpha^2} - x^2\right)\psi = 0$$

(b) $x = 1/t$ とおくと，$d/dx = -t^2 d/dt, d^2/dx^2 = t^4 d^2/dt^2 + 2t^3 d/dt$ より，(6.3) は

$$t^4 \frac{d^2\psi}{dt^2} + 2t^3 \frac{d\psi}{dt} + \left(\lambda - \frac{\alpha^2}{t^2}\right)\psi = 0$$

となる．一般の形 (2.26) では，$p_1(t) = 2/t, p_0(t) = \lambda/t^4 - \alpha^2/t^6$ に当たり，$p_1(t), p_0(t)$ も $t^2 p_0(t)$ も $t = 0 \, (x \to \infty)$ で正則でないので，不確定特異点である．
(c) 方程式 (6.3) の $x \to \pm\infty$ での主要項だけを残す．そして，解を $\psi \propto \exp(\phi(x))$ と仮定し，その式に代入すると

$$\frac{d^2\psi}{dx^2} + \left(\lambda - \alpha^2 x^2\right)\psi \simeq \frac{d^2\psi}{dx^2} - \alpha^2 x^2 \psi = 0$$

$$\phi'' + (\phi')^2 - \alpha^2 x^2 = 0$$

と，ϕ についての方程式になる．$\phi(x) \equiv ax^n$ と x のベキ乗をさらに仮定すると，

$$an(n-1)x^{n-2} + a^2 n^2 x^{2n-2} - \alpha^2 x^2 = 0$$

これら三つの項の大きさを比較すると（ある一つの項を省略した場合の結果を求めて，それから矛盾がないかを調べればよい），$x \to \pm\infty$ では最初の項を省略できることがわかるので，$n = 2$，さらに $a = \pm\alpha/2$ と求まる（不確定特異点での漸近形についてはこのような指数関数の形式を仮定し，さらに一部の例外を除いて $\phi''(x)$ の項が他の項

より小さいと省略できることのみ，指摘しておく）．よって，$\phi(x) \simeq e^{\pm \alpha x^2/2}$．　□

例題 6-1(c) で求めた $x \to \pm\infty$ の漸近解のうち，有限なのは指数関数に負の符号がかかった方である．$\alpha > 0$ と定めると，有限な解は

$$\psi(x) \equiv e^{-\frac{\alpha}{2}x^2} u(x) \tag{6.4}$$

で表される．こうして $x = \pm\infty$ の不確定特異点は取り除かれ，$u(x)$ は無限遠も含めて有限な級数解で表される．

[例題 6-2] ★★ (a) 解 (6.4) を元の微分方程式 (6.3) に代入して，$u(x)$ が満たすべき微分方程式

$$\frac{d^2 u}{dx^2} - 2\alpha x \frac{du}{dx} + (\lambda - \alpha) u = 0$$

を導け．さらに，du/dx の係数を簡単にするために $\xi \equiv \sqrt{\alpha} x$ と変数変換して，次の方程式となることを示せ．

$$\frac{d^2 u}{d\xi^2} - 2\xi \frac{du}{d\xi} + \left(\frac{\lambda}{\alpha} - 1\right) u = 0 \tag{6.5}$$

(b) 方程式 (6.5) で，$x=0$ は正則点であることを示せ．よって，(6.5) の解は，級数展開 $u(\xi) = \sum_{k=0}^{\infty} a_k \xi^k$ で表現できる．

(c) 上の級数解を (6.5) に代入して，係数 a_k の漸化式を求めよ．また，$a_{k+2}/a_k \simeq 2/k$ $(k \to \infty)$ となり，次のような漸近形になることを示せ．

$$u(x) \simeq e^{\alpha x^2} \quad (x \to \pm\infty) \tag{6.6}$$

[解答]　(a)
$$\frac{d\psi}{dx} = e^{-\frac{\alpha}{2}x^2} u'(x) - \alpha x e^{-\frac{\alpha}{2}x^2} u(x)$$

$$\frac{d^2\psi}{dx^2} = e^{-\frac{\alpha}{2}x^2} u''(x) - 2\alpha x e^{-\frac{\alpha}{2}x^2} u'(x) - \alpha e^{-\frac{\alpha}{2}x^2} u(x) + \alpha^2 x^2 e^{-\frac{\alpha}{2}x^2} u(x)$$

より，これを (6.3) に代入すると，$u(x)$ についての微分方程式が得られる：

$$u''(x) - 2\alpha x u'(x) + (-\alpha + \alpha^2 x^2) u(x) + (\lambda - \alpha^2 x^2) u(x)$$
$$= u''(x) - 2\alpha x u'(x) + (\lambda - \alpha) u(x) = 0$$

$\xi = \sqrt{\alpha} x$ とおくと，$d/dx = \sqrt{\alpha} d/d\xi, d^2/dx^2 = \alpha d^2/d\xi^2$ より，(6.5) となる：

$$\alpha \frac{d^2 u}{d\xi^2} - 2\alpha \frac{\xi}{\sqrt{\alpha}} \sqrt{\alpha} \frac{du}{d\xi} + (\lambda - \alpha) u = 0$$

(b) 方程式 (6.5) で，$p_1(\xi) = -2\xi$, $p_0(\xi) = \lambda/\alpha - 1$ より，$\xi = 0$ では正則である．

(c) $\dfrac{du}{d\xi} = \sum_{k=1}^{\infty} k a_k \xi^{k-1}$, $\dfrac{d^2 u}{d\xi^2} = \sum_{k=2}^{\infty} k(k-1) a_k \xi^{k-2} = \sum_{k=0}^{\infty} (k+2)(k+1) a_{k+2} \xi^k$

より，方程式 (6.5) に代入すると，

$$\sum_{k=0}^{\infty} \left\{ (k+2)(k+1) a_{k+2} - 2k a_k + \left(\dfrac{\lambda}{\alpha} - 1 \right) a_k \right\} \xi^k = 0$$

となり，係数 a_k についての次の漸化式が求まる：

$$a_{k+2} = \dfrac{2k - (\lambda/\alpha - 1)}{(k+2)(k+1)} a_k$$

よって，$k \to \infty$ では，$a_{k+2} \to 2a_k/k$ となる．$x \to \pm\infty$ の漸近形を求めるのに，例題 6-1(c) と同様に，$u(\xi) \propto e^{\phi(\xi)}$ と仮定すると，

$$\phi'' + (\phi')^2 - 2\xi \phi' + \left(\dfrac{\lambda}{\alpha} - 1 \right) = 0$$

さらに，$\phi \propto \xi^n$ として，二つの項ごとの組み合わせで支配的な項を求めると，2 と 3 番目の項となり，$n = 2$ となる．よって，$u(\xi) \propto e^{\xi^2} = e^{\alpha x^2}$ となる．□

$\psi(x) = e^{-\frac{\alpha}{2} x^2} u(x)$ なので，(6.6) より $x \to \pm\infty$ で $\psi(x) \propto e^{-\frac{\alpha}{2} x^2} e^{\alpha x^2} = e^{\frac{\alpha}{2} x^2}$ となり，一般には発散してしまう．これを回避して $u(x)$ が有限となる条件は，a_k についての漸化式が，ある次数 k でゼロである．すなわち有限な項で切れて，$u(x)$ は有限な多項式とならなくてはいけない．この条件は，第 3 章のルジャンドル多項式の場合と同じである．

[例題 6-3] ★★ 例題 6-2(c) の結果より $u(x)$ が有限な多項式となるには，$\lambda/\alpha - 1 \equiv 2n$（ただし，$n$ は整数）であることを示せ．つまり $\lambda_n \equiv (2n+1)\alpha$ のように，λ はとびとびの値しか取ることができない．

[解答] 例題 6-2(c) で求めた係数 a_k についての漸化式の分子が，ある整数でゼロになればよい．よって，その整数を $n = 0, 1, 2, \ldots$ とすると，

$$2n - \dfrac{\lambda}{\alpha} + 1 = 0 \quad \longrightarrow \quad \lambda_n \equiv (2n+1)\alpha$$

このように，λ は離散的な値 λ_n しか取れない．□

まとめると，係数の漸化式は

$$a_{k+2} = \frac{2(k-n)}{(k+2)(k+1)} a_k \quad (k = 0, 1, \ldots) \tag{6.7}$$

となり，微分方程式 (6.5) は次の形となる：

$$\frac{d^2 u}{d\xi^2} - 2\xi \frac{du}{d\xi} + 2nu = 0 \quad (n = 0, 1, \ldots) \tag{6.8}$$

(6.8) を，**エルミートの微分方程式** (Hermite differential equation) と呼び，(6.7) のような級数の係数 a_k を持ち，この方程式を満たす $u(\xi) = H_n(\xi)$ を n 次の **エルミート多項式** (Hermite polynomial) と呼ぶ（これが n 次の多項式であることは，例題 6-4 で確認する）．

以上の結果をまとめると，2 階の微分方程式 (6.3)

$$\frac{d^2\psi}{dx^2} + \left(\lambda - \alpha^2 x^2\right)\psi = 0 \tag{6.9}$$

の解は，エルミート多項式を用いて

$$\psi(x) = e^{-\frac{\alpha}{2} x^2} H_n(\sqrt{\alpha} x) \tag{6.10}$$

と表される．ただし，$x \to \pm\infty$ でこの解が発散しないためには，パラメータ λ がとびとび（離散的）な値を取る場合に限られる：$\lambda_n = (2n+1)\alpha$ $(n = 0, 1, 2, \ldots)$．α, λ を元の定数に戻すと，最終的には

$$\psi(x) = e^{-\frac{\sqrt{mk}}{2\hbar} x^2} H_n\left(\frac{(mk)^{1/4}}{\sqrt{\hbar}} x\right) \tag{6.11}$$

$$E_n \equiv \left(n + \frac{1}{2}\right)\hbar\sqrt{\frac{k}{m}} = \left(n + \frac{1}{2}\right)\hbar\omega \quad (n = 0, 1, 2, \ldots) \tag{6.12}$$

と，エネルギー準位がとびとびの値しか取りえないという量子力学の本質的な結果に到達できる．これは，数学的には固有値問題に対応する（境界条件として，$x \to \pm\infty$ で解が発散しないという制約を与えたことによる）．

[例題 6-4] ★★ 漸化式 (6.7) による多項式 $u(\xi)$ をまとめると,

$$H_{2n}(\xi) = (-1)^n \sum_{s=0}^{n} (-1)^s (2\xi)^{2s} \frac{(2n)!}{(2s)!(n-s)!} \tag{6.13}$$

$$H_{2n+1}(\xi) = (-1)^n \sum_{s=0}^{n} (-1)^s (2\xi)^{2s+1} \frac{(2n+1)!}{(2s+1)!(n-s)!} \tag{6.14}$$

となることを確かめよ. また, $n = 0, 1, 2, 3, 4, 5$ の $H_n(x)$ を具体的に書き下し, それらを簡単に図示せよ.

[解答] n が偶数の場合は, $n \to 2n$, $k \to 2k$ ($k = 0, 1, \ldots, n$) として,

$$a_2 = \frac{2(-2n)}{2 \cdot 1} a_0 = \frac{2(-1) \cdot 2n}{2!} a_0, \quad a_4 = \frac{2(2-2n)}{4 \cdot 3} a_2 = \frac{2^2(-1)^2 \cdot 2n(2n-2)}{4!} a_0$$

$$a_{2k} = \frac{2^k(-1)^k \cdot 2n(2n-2) \cdots (2n-2k+2)}{(2k)!} a_0$$

$$= \frac{2^k(-1)^k 2^k n(n-1) \cdots (n-k+1)}{(2k)!} a_0 = \frac{2^{2k}(-1)^k n!}{(2k)!(n-k)!} a_0$$

よって, $a_0 = (-1)^n (2n)!/n!$ とすれば以下のように (6.13) となる:

$$H_{2n}(\xi) = a_0 \sum_{k=0}^{n} \frac{2^{2k}(-1)^k n!}{(2k)!(n-k)!} \xi^{2k}$$

一方, n が奇数では, $n \to 2n+1$, $k \to 2k+1$ ($k = 0, 1, \ldots, n$) として,

$$a_3 = \frac{2(1-2n-1)}{3 \cdot 2} a_1 = \frac{2(-1) \cdot 2n}{3 \cdot 2} a_1$$

$$a_{2k+1} = \frac{2^k(-1)^k \cdot 2n(2n-2) \cdots (2n-2k+2)}{(2k+1)!} a_1$$

$$= \frac{2^{2k}(-1)^k \cdot n(n-1) \cdots (n-k+1)}{(2k+1)!} a_1 = \frac{2^{2k}(-1)^k n!}{(2k+1)!(n-k)!} a_1$$

同様に, $a_1 = (-1)^n 2(2n+1)!/n!$ とすれば, (6.14) となる:

$$H_{2n+1}(\xi) = a_1 \sum_{k=0}^{n} \frac{2^{2k}(-1)^k n!}{(2k+1)!(n-k)!} \xi^{2k+1}$$

具体的に書き下すと, 以下のようになる:

$$H_0(x) = (-1)^0(2x)^0 \frac{0!}{0!0!} = 1, \qquad H_1(x) = (-1)^0 \sum_{s=0}^{0} \frac{(-1)^s(2x)^{2s+1}1!}{(2s+1)!(0-s)!} = 2x$$

$$H_2(x) = (-1)^1 \sum_{s=0}^{1} (-1)^s(2x)^{2s} \frac{2!}{(2s)!(1-s)!} = -\frac{2!}{0!1!} - (-1)(2x)^2 \frac{2!}{2!0!} = -2 + 4x^2$$

$$H_3(x) = (-1)^1 \sum_{s=0}^{1} \frac{(-1)^s(2x)^{2s+1}3!}{(2s+1)!(1-s)!} = -(2x)\frac{3!}{1!1!} - (-1)(2x)^3 \frac{3!}{3!0!} = -12x + 8x^3$$

$$H_4(x) = (-1)^2 \sum_{s=0}^{2} (-1)^s(2x)^{2s} \frac{4!}{(2s)!(2-s)!} = 12 - 48x^2 + 16x^4$$

$$H_5(x) = (-1)^2 \sum_{s=0}^{2} (-1)^s(2x)^{2s+1} \frac{5!}{(2s+1)!(2-s)!} = 120x - 160x^3 + 32x^5$$

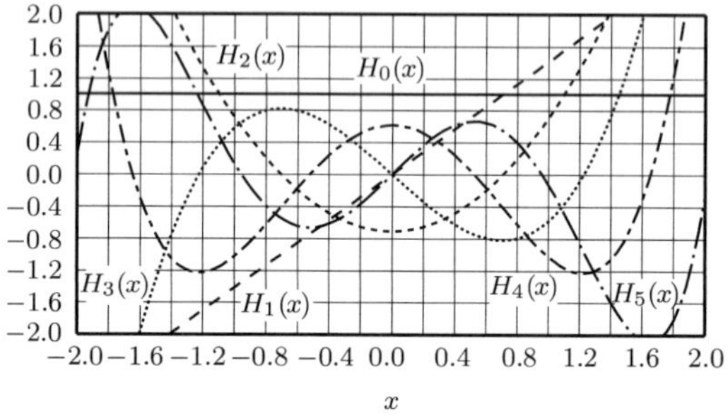

図 6.1

エルミート多項式そのものは次数が大きくなると，絶対値が大きくなる．後で示す直交性での正規化に準じた係数 $\sqrt{2^n n!}$ で割った n 次エルミート多項式を図 6.1 に示す．

□

例題 6-4 に示したエルミート多項式の級数の表現 (6.13), (6.14) は，ルジャンドル多項式のロドリゲスの公式 (3.24) と類似して，次のようにコンパクトに表現できる（練習問題 6-2）．また，この表現そのものを直接，エルミートの微分方程式 (6.8) に代入しても，解であることが確認できる（練習問題 6-1）:

$$H_n(x) = (-1)^n e^{x^2} \left(\frac{d}{dx}\right)^n e^{-x^2} \tag{6.15}$$

次に，エルミート多項式の直交性を調べる．（以下の手順は，ルジャンドル多項式の直交性 (3.30) を求めた手続きと同じなので，比較せよ．）$\xi \equiv \sqrt{\alpha}x$ とす

ると，(6.9) の解 (6.10) である $\psi_n(\xi) = e^{-\frac{1}{2}\xi^2} H_n(\xi)$ は，次の方程式を満たす：

$$\frac{d^2\psi_n}{d\xi^2} + \{(2n+1) - \xi^2\}\psi_n = 0 \tag{6.16}$$

この両辺に $\psi_m(\xi)$ をかける．一方，微分方程式 (6.16) で $n \to m$ と次数を変換した式の両辺に，今度は $\psi_n(\xi)$ をかける．この二つの式の両辺の差を取って，さらに $\int_{-\infty}^{\infty} d\xi$ を作用させると，以下の式が得られる：

$$\int_{-\infty}^{\infty} \left(\frac{d^2\psi_n}{d\xi^2}\psi_m - \frac{d^2\psi_m}{d\xi^2}\psi_n\right) d\xi + \{(2n+1) - (2m+1)\} \int_{-\infty}^{\infty} \psi_n\psi_m d\xi = 0$$

この左辺の第 1 項は，部分積分によって以下のようにゼロになる：

$$\int_{-\infty}^{\infty} \cdots d\xi = \left[\frac{d\psi_n}{d\xi}\psi_m - \frac{d\psi_m}{d\xi}\psi_n\right]_{-\infty}^{\infty} - \int_{-\infty}^{\infty} \left(\frac{d\psi_n}{d\xi}\frac{d\psi_m}{d\xi} - \frac{d\psi_m}{d\xi}\frac{d\psi_n}{d\xi}\right) d\xi = 0$$

よって，

$$\{(2n+1) - (2m+1)\} \int_{-\infty}^{\infty} \psi_n(\xi)\psi_m(\xi) d\xi = 0$$

が成立するので，$n \neq m$ の場合は上の積分がゼロになる．すなわち，変数を ξ から x にすると，以下のようなエルミート多項式の直交関係が求まる：

$$\int_{-\infty}^{\infty} e^{-x^2} H_n(x) H_m(x) dx = 0 \quad (n \neq m)$$

$n = m$ の場合，(6.15) の表現を用いて部分積分すると，

$$\int_{-\infty}^{\infty} e^{-x^2} (H_n(x))^2 dx = (-1)^n \int_{-\infty}^{\infty} H_n(x) \left(\frac{d}{dx}\right)^n e^{-x^2} dx$$

$$= \left[(-1)^n H_n(x) \left(\frac{d}{dx}\right)^{n-1} e^{-x^2}\right]_{-\infty}^{\infty} + (-1)^{n+1} \int_{-\infty}^{\infty} H_n'(x) \left(\frac{d}{dx}\right)^{n-1} e^{-x^2} dx$$

右辺の第 1 項は，$H_n(x)$ が n 次の多項式なのに対して，微分の部分は結果的に e^{-x^2} と多項式の積の形になるので，無限大でゼロになる．よって，第 2 項のみ残り，同様な部分積分をさらに $n-1$ 回繰り返すと，

$$\int_{-\infty}^{\infty} e^{-x^2} (H_n(x))^2 dx = (-1)^{2n} \int_{-\infty}^{\infty} \left(\frac{d}{dx}\right)^n H_n(x) \cdot e^{-x^2} dx$$

となる．右辺の被積分関数のうち，$H_n(x)$ は n 次の多項式なので，n 階の微分がかかっているため，定数となる．$H_n(x) = 2^n x^n + \cdots$（練習問題 6-2）より，$(d/dx)^n H_n(x) = 2^n n!$ となり，上の積分は直ちに

$$\int_{-\infty}^{\infty} e^{-x^2}(H_n(x))^2 dx = 2^n n! \int_{-\infty}^{\infty} e^{-x^2} dx = 2^n n! \sqrt{\pi}$$

と求まる（e^{-x^2} の積分は練習問題 1-7(c) を参照）．

こうして，エルミート多項式の直交関係は，以下のようにまとめられる：

$$\int_{-\infty}^{\infty} e^{-x^2} H_n(x) H_m(x) dx = 2^n n! \sqrt{\pi} \delta_{nm} \tag{6.17}$$

直交性 (6.17) を用いると，$-\infty < x < \infty$ で定義される任意の関数 $f(x)$ は，エルミート多項式によって次の級数展開の形に表現できる：

$$f(x) = \sum_{n=0}^{\infty} a_n H_n(x) \tag{6.18}$$

[例題 6-5] ★ 上のエルミート多項式による展開の係数 a_n を求めよ．

[解答]　(6.18) の添字を m として，$e^{-x^2} H_n(x)$ との積を $(-\infty, \infty)$ の範囲で積分すると，

$$\int_{-\infty}^{\infty} f(x) e^{-x^2} H_n(x) dx = \sum_{m=0}^{\infty} a_m \int_{-\infty}^{\infty} e^{-x^2} H_m(x) H_n(x) dx$$

$$= \sum_{m=0}^{\infty} a_m 2^n n! \sqrt{\pi} \delta_{nm} = a_n 2^n n! \sqrt{\pi}$$

ここで，直交性 (6.17) を用いた．よって，

$$a_n = \frac{1}{2^n n! \sqrt{\pi}} \int_{-\infty}^{\infty} f(x) e^{-x^2} H_n(x) dx \qquad \square$$

最後にエルミート多項式の積分表示式および母関数を求める．これらも，ルジャンドル多項式の場合 (3.25)，(3.28) と同様に求められる．つまり，(6.15) の n 階微分の部分についてグルサの公式 (1.12) を用いればよい：

$$e^{-x^2} H_n(x) = (-1)^n \left(\frac{d}{dx}\right)^n e^{-x^2} = (-1)^n \frac{n!}{2\pi i} \oint_C \frac{e^{-z^2}}{(z-x)^{n+1}} dz$$

ここで積分路 C は x を反時計回りに一周する．原点回りの積分路 C' にするために，$z = x - t$ と変数変換すると，

$$H_n(x) = \frac{n!}{2\pi i} \oint_{C'} \frac{e^{-t^2 + 2xt}}{t^{n+1}} dt \tag{6.19}$$

と積分表示式が求まる．(1.14) より，この積分は被積分関数の分子 $e^{-t^2 + 2xt}$ の

テイラー展開の係数になるので，エルミート多項式の母関数も直ちに求まる：
$$e^{-t^2+2xt} = \sum_{n=0}^{\infty} \frac{1}{n!} H_n(x) t^n \tag{6.20}$$
母関数から導かれる漸化式などについては，練習問題 6-1 を参照のこと．

6.2 ラゲール多項式 **

シュレディンガー方程式 (6.1) を再び扱うが，この節では物理的に最も重要な中心力（力の大きさが距離 r のみに依存し，方位にはよらない）の一つである水素型原子でのクーロン力 $U(\mathbf{x}) = -Ze^2/r$ （Z は原子核の電子数，e は陽子や電子の電荷）中での電子の運動を考える：
$$-\frac{\hbar^2}{2m} \nabla^2 \psi - \frac{Ze^2}{r} \psi = E\psi \tag{6.21}$$
ここで，束縛状態，つまり電子が原子核を回っている状態を考えて，エネルギー準位 $E < 0$ とし，この方程式の解を球面調和関数とラゲール多項式を用いて，例題 6-6 以降を解きながら考える．

[例題 6-6] ★ (a) ポテンシャルが距離 r のみの関数なので，解は球座標で表現すべきであり，球面調和関数を用いて
$$\psi(r, \theta, \phi) \equiv R(r) \cdot Y_{lm}(\theta, \phi) \tag{6.22}$$
とする．ただし，$l = 0, 1, 2, \ldots$，および $m = -l, \ldots, -1, 0, 1, 2, \ldots, l$．練習問題 4-5(a) より，$R(r)$ は次の常微分方程式を満たすことを示せ．
$$-\frac{\hbar^2}{2m} \frac{1}{r^2} \frac{d}{dr}\left(r^2 \frac{dR}{dr}\right) + \left(-\frac{Ze^2}{r} + \frac{\hbar^2}{2m} \frac{l(l+1)}{r^2}\right) R = ER \tag{6.23}$$

(b) $x \equiv \alpha r, \alpha \equiv \sqrt{-8mE/\hbar^2}$ と変数変換して，(6.23) が
$$\frac{1}{x^2} \frac{d}{dx}\left(x^2 \frac{dR}{dx}\right) + \left[-\frac{1}{4} + \frac{\mu}{x} - \frac{l(l+1)}{x^2}\right] R = 0 \tag{6.24}$$
となることを示せ．また，定数 μ を求めよ．

[解答] (a) (6.21) を球座標で表わすと，
$$-\frac{\hbar^2}{2m}\left(\frac{1}{r^2}\frac{\partial}{\partial r}\left(r^2 \frac{\partial}{\partial r}\right) + \frac{1}{r^2}\nabla_1^2\right)\psi - \frac{Ze^2}{r}\psi = E\psi$$

ここで, (4.51) の $\nabla_1{}^2 Y_{lm} = -l(l+1)Y_{lm}$ より, (6.23) となる.
(b) $d/dr = \alpha d/dx$ より, 方程式 (6.23) は以下のような表現になる：

$$-\frac{\hbar^2}{2m}\frac{\alpha^2}{x^2}\alpha\frac{d}{dx}\left(\frac{x^2}{\alpha^2}\alpha\frac{dR}{dx}\right) + \left(-E - \frac{\alpha Ze^2}{x} + \frac{\alpha^2\hbar^2}{2m}\frac{l(l+1)}{x^2}\right)R = 0$$

$$\frac{1}{x^2}\frac{d}{dx}\left(x^2\frac{dR}{dx}\right) + \left(\frac{2mE}{\alpha^2\hbar^2} + \frac{2m}{\alpha\hbar^2}\frac{Ze^2}{x} - \frac{l(l+1)}{x^2}\right)R = 0$$

ここで,

$$\frac{2mE}{\alpha^2\hbar^2} = -\frac{\hbar^2}{8mE}\frac{2mE}{\hbar^2} = -\frac{1}{4},\ \mu \equiv \frac{2mZe^2}{\alpha\hbar^2} = \frac{\hbar}{\sqrt{-8mE}}\frac{2mZe^2}{\hbar^2} = \sqrt{\frac{m}{-2E}}\frac{Ze^2}{\hbar}\ \square$$

[例題 6-7] ★★ (a) 方程式 (6.24) の解 $R(x)$ について, $x=0$（つまり $r=0$）は確定特異点であることを示せ. よって, $x=0$ での級数解は, $R(x) = \sum_{k=0}^{\infty} c_k x^{s+k}$ （ただし, $c_0 \neq 0$）と表される. 指数 s を求め, $x=0$ で発散しないためには $s=l$ となり, $x \to 0$ では $R(x) \simeq x^l$ となることを示せ.
(b) 次に, $x \to \infty$ $(r \to \infty)$ での $R(x)$ の挙動を考える. 方程式 (6.24) で $x \to \infty$ とした場合の主要な項のみを残すと, どのような方程式になるか. また, $x \to \infty$ で発散しないため, $R(x) \simeq e^{-\frac{x}{2}}$ となることを示せ.

[解答] (a) (2.26) の形では, $p_1(x) = 2/x$, $p_0(x) = [-1/4 + \cdots]$ より, $x=0$ では確定特異点. よって, $R(x) = \sum_{k=0}^{\infty} c_k x^{s+k}$ とおいて, (6.24) に代入すると,

$$\sum_{k=0}^{\infty}(s+k)(s+k-1)c_k x^{s+k-2} + \sum_{k=0}^{\infty} 2(s+k)c_k x^{s+k-2} + \sum_{k=0}^{\infty}\left(-\frac{c_k}{4}\right)x^{s+k}$$
$$+ \sum_{k=0}^{\infty}\mu c_k x^{s+k-1} - \sum_{k=0}^{\infty} l(l+1)c_k x^{s+k-2} = 0$$

この式の x のベキ数が最小の項は x^{s-2} の項であり, その係数は以下のようである：

$$s(s-1) + 2s - l(l+1) = s(s+1) - l(l+1) = 0$$

すなわち, $s = l, -l-1$ となり, l はゼロまたは正の整数なので, $x=0$ で収束するためには, $s=l$ でなくてはならず, よって, $R(x) \simeq x^l$.
(b) $x \to \infty$ で, (6.24) は以下のように近似される：

$$\frac{d^2R}{dx^2} + \frac{2}{x}\frac{dR}{dx} - \frac{1}{4}R \simeq 0$$

$R \propto e^{\phi(x)}$ と解の形を仮定し，上の式に代入する．$x \to \infty$ では，

$$\phi''(x) + (\phi')^2 + \frac{2\phi'}{x} - \frac{1}{4} \simeq (\phi')^2 - \frac{1}{4} \simeq 0$$

が支配的な項として残る．ここで，左辺の第 1 項が第 2 項よりも小さいとしたのは，エルミート多項式の例題 6-1(c) で説明した（実際に求めた以下の結果を上の式に代入しても，その妥当性が確認できる）．よって，$\phi' \simeq \pm 1/2, \phi \simeq \pm x/2$ となる．このうち，$x \to \infty$ で収束するのは，$\phi \simeq -x/2$ である．□

例題 6-7 で求めた (a) $x \to 0$ および (b) $x \to \infty$ の漸近形より，方程式 (6.24) の解 $R(x)$ は，

$$R(x) \equiv x^l e^{-\frac{x}{2}} W(x) \tag{6.25}$$

のように，$x \to 0, \infty$ で有界な関数 $W(x)$ との積で表されることがわかる．$W(x)$ についての方程式は以下のように，実は合流型超幾何級数についての微分方程式 (2.17) になっている．よって，解は以下のようになる（練習問題 6-3）：

$$x \frac{d^2 W}{dx^2} + (2l + 2 - x)\frac{dW}{dx} + (\mu - l - 1)W = 0 \tag{6.26}$$

$$\begin{aligned} W(x) &= c_0 F(-\mu + l + 1, 2l + 2 | x) \\ &= c_0 \left[1 + \frac{-\mu + l + 1}{2l + 2}x + \frac{(-\mu + l + 1)(-\mu + l + 2)}{(2l + 2)(2l + 3)}\frac{x^2}{2!} + \cdots \right] \end{aligned} \tag{6.27}$$

合流型超幾何級数は $x = \infty$ で不確定特異点なので（練習問題 2-2），(6.27) のような無限級数の形のままでは，(6.25) の $R(x)$ は $e^{-\frac{x}{2}}$ の項があっても発散する．そこで，$W(x)$ は有限の多項式でなくてはいけない．すなわちある項の係数がゼロになって，それ以降は打ち切られないといけない．(6.27) の係数の分子がゼロとなるには，l がゼロまたは正の整数であるから，例題 6-6(b) の μ が正の整数 n，しかも $n \geq l + 1$ が条件となる．すなわち，固有値問題として，

$$\mu_n \equiv \sqrt{\frac{m}{-2E_n}}\frac{Ze^2}{\hbar} = n \longrightarrow E_n = -\frac{mZ^2 e^4}{2\hbar^2}\frac{1}{n^2} \quad (n = 1, 2, 3, \ldots) \tag{6.28}$$

のように，エネルギー準位 E はとびとびの（離散的な）値のみを取る．

以上のことから，方程式 (6.26) の解 (6.27) は

$$W(x) = c_o F(-n + l + 1, 2l + 2 \mid x) \tag{6.29}$$

と表される．以下では，これをラゲール多項式として表現する．$s = 2l + 1, q =$

$n-(l+1)$ という二つの整数を用いると,方程式 (6.26) は

$$x\frac{d^2W}{dx^2} + (s+1-x)\frac{dW}{dx} + qW = 0 \tag{6.30}$$

となり,これを**一般化したラゲールの微分方程式** (associated Laguerre equation) と呼ぶ.このうち,$s=0$ とした**ラゲールの微分方程式** (Laguerre equation) の解を具体的に考える:

$$x\frac{d^2W}{dx^2} + (1-x)\frac{dW}{dx} + qW = 0 \tag{6.31}$$

[例題 6-8] ★ (a) $s=0$ の解 (6.29) は,以下のような q 次の多項式の表現となることを示せ.

$$W(x) = c_0 \sum_{k=0}^{q} (-1)^k \binom{q}{k} \frac{x^k}{k!} \tag{6.32}$$

(b) (a) の結果は,以下で定義される q 次の **ラゲール多項式** (Laguerre polynomial) $L_q(x)$ によって,$W(x) = c_0 L_q(x)/q!$ で表されることを示せ.

$$L_q(x) \equiv e^x \left(\frac{d}{dx}\right)^q (x^q e^{-x}) \tag{6.33}$$

[解答] (a) $s = 2l+1 = 0$ の場合では,解 (6.29) は以下の形になる:

$$W(x) = c_0 F(-n+l+1, 2l+2 \mid x) = c_0 F(-q, 1 \mid x)$$
$$= c_0 \left(1 + \frac{(-q)}{1}x + \frac{(-q)(-q+1)}{1 \cdot 2}\frac{x^2}{2!} + \cdots + \frac{(-q)(-q+1)\cdots(-2)(-1)}{q!}\frac{x^q}{q!}\right)$$
$$= c_0 \sum_{k=0}^{q}(-1)^k \frac{q(q-1)\cdots(q-k+1)}{k!k!}x^k = c_0 \sum_{k=0}^{q}(-1)^k \frac{q!}{(q-k)!k!}\frac{x^k}{k!}$$

(b) 微分についてのライプニッツの法則より,

$$\left(\frac{d}{dx}\right)^q (x^q e^{-x}) = \sum_{k=0}^{q} \binom{q}{k} \left(\frac{d}{dx}\right)^{q-k} x^q \left(\frac{d}{dx}\right)^k e^{-x}$$

となり,右辺の微分はそれぞれ

$$\left(\frac{d}{dx}\right)^{q-k} x^q = q(q-1)\cdots(k+1)x^{q-(q-k)} = \frac{q!}{k!}x^k, \quad \left(\frac{d}{dx}\right)^k e^{-x} = (-1)^k e^{-x}$$

となるので,(a) の結果と合わせて,$L_q(x)$ は以下となる:

$$L_q(x) \equiv e^x \left(\frac{d}{dx}\right)^q (x^q e^{-x}) = q! \sum_{k=0}^{q} (-1)^k \binom{q}{k} \frac{x^k}{k!} = q!\, F(-q, 1 \mid x) \quad \square$$

[例題 6-9] ★
$$L_q^s(x) \equiv \left(\frac{d}{dx}\right)^s L_q(x) = \left(\frac{d}{dx}\right)^s \left\{ e^x \left(\frac{d}{dx}\right)^q (x^q e^{-x}) \right\} \tag{6.34}$$

で定義される**一般化したラゲール多項式** (associated Laguerre polynomial) を用いると，$s \neq 0$ の場合の方程式 (6.30) の解は，次となることを示せ．

$$W(x) = \frac{c_0}{q!} L_{q+s}^s(x) = \frac{c_0}{(n-l-1)!} L_{n+l}^{2l+1}(x) \tag{6.35}$$

[解答] 方程式 (6.31) に解 $L_q(x)$ を入れて，s 階微分すると，

$$x\left(\frac{d}{dx}\right)^{s+2} L_q + s\left(\frac{d}{dx}\right)^{s+1} L_q + (1-x)\left(\frac{d}{dx}\right)^{s+1} L_q$$
$$- s\left(\frac{d}{dx}\right)^s L_q + q\left(\frac{d}{dx}\right)^s L_q = x\frac{d^2}{dx^2} L_q^s + (s+1-x)\frac{d}{dx} L_q^s + (q-s) L_q^s = 0$$

となり，ここで $q - s \to q$ と変換すると，微分方程式 (6.30) と一致する．$L_q^s(x)$ の上の添字は $s = 2l+1$ で，下の添字は $q+s = n-(l+1)+(2l+1) = n+l$ に対応するので，解 $W(x)$ は (6.35) となる．$\square$

練習問題 6-4 で導くように，ラゲール多項式 $L_n(x)$ の母関数は以下のようである：

$$F(x,t) \equiv \frac{e^{-\frac{xt}{1-t}}}{1-t} = \sum_{n=0}^{\infty} \frac{L_n(x)}{n!} t^n \tag{6.36}$$

そして，いくつかの漸化式や以下の直交性が導かれる（練習問題 6-4）：

$$\int_0^{\infty} e^{-x} L_n(x) L_m(x) dx = (n!)^2 \delta_{mn} \tag{6.37}$$

まとめると，水素型原子での電子の運動は，次の関数で表現される：

$$\psi(r, \theta, \phi) \propto x^l e^{-\frac{x}{2}} L_{n+l}^{2l+1}(x) Y_{lm}(\theta, \phi) \tag{6.38}$$

$$(n = 1, 2, 3, \ldots;\ \ l = 0, 1, 2, \ldots, n-1;\ \ m = -l, \ldots, 0, 1, \ldots, l-1, l)$$

ただし，$x = \sqrt{-8mE_n/\hbar^2}\, r$ である．エネルギー準位は (6.28) なので，$x = 2mZe^2r/n\hbar^2 = 2Zr/na_0$ となる（$a_0 \equiv \hbar^2/me^2 = 0.529 \times 10^{-8}$cm は，ボー

ア半径と呼ばれるミクロレベルの基本的な物理パラメータである)．この電子軌道が，化学の教科書などに広く図解されているものである．n を主量子数，l を方位量子数，m を磁気量子数と呼ぶ．

> [例題 6-10] ★ (a) $L_n(x)$ の $n = 0, 1, 2, 3, 4$ を書き下ろし，図示せよ．また $L_{n+l}^{2l+1}(x)$ で $n = 1, 2, 3$ のそれぞれで $l = 0, 1, \ldots, n-1$ を書き下ろせ．
> (b) $\psi_{nlm}(r, \theta, \phi) \equiv R_{nl}(x) Y_{lm}(\theta, \phi)$ のうち，r 方向について $n = 1, 2, 3$ とそれぞれ可能な l について書き下ろし，図示せよ．また，$l = 0, 1, 2$ について $m = 0$ の場合の θ 方向に沿っての振幅を書け．ただし，相対的な大きさのみ考慮すればよい．

[解答] (a) $L_n(x)$ は， $L_0(x) = 1$

$$L_1(x) = e^x \left(\frac{d}{dx}\right)(xe^{-x}) = e^x(e^{-x} - xe^{-x}) = 1 - x$$

$$L_2(x) = e^x \left(\frac{d}{dx}\right)^2 (x^2 e^{-x}) = 2 - 4x + x^2$$

$$L_3(x) = e^x \left(\frac{d}{dx}\right)^3 (x^3 e^{-x}) = 6 - 18x + 9x^2 - x^3$$

$$L_4(x) = e^x \left(\frac{d}{dx}\right)^4 (x^4 e^{-x}) = 24 - 96x + 72x^2 - 16x^3 + x^4$$

次に，$L_{n+l}^{2l+1}(x)$ は，

$n = 1, l = 0:$ $L_1^1(x) = \dfrac{d}{dx} L_1(x) = -1$

$n = 2, l = 0:$ $L_2^1(x) = \dfrac{d}{dx} L_2(x) = -4 + 2x$

$n = 2, l = 1:$ $L_3^3(x) = \left(\dfrac{d}{dx}\right)^3 L_3(x) = \left(\dfrac{d}{dx}\right)^3 (\cdots - x^3) = -6$

$n = 3, l = 0:$ $L_3^1(x) = \dfrac{d}{dx} L_3(x) = -18 + 18x - 3x^2$

$n = 3, l = 1:$ $L_4^3(x) = \left(\dfrac{d}{dx}\right)^3 L_4(x) = \left(\dfrac{d}{dx}\right)^3 (\cdots - 16x^3 + x^4) = -96 + 24x$

$n = 3, l = 2:$ $L_5^5(x) = \left(\dfrac{d}{dx}\right)^5 L_5(x) = \left(\dfrac{d}{dx}\right)^5 (\cdots - x^5) = -120$

ラゲール多項式は次数が大きくなると，絶対値が大きくなる．直交性 (6.37) での正規化に準じた係数 $n!$ で割った n 次のラゲール多項式 $L_n(x)/n!$ を図 6.2 に示す．

(b) $\psi_{nlm}(r, \theta, \phi) \propto x^l e^{-x/2} L_{n+l}^{2l+1}(x) Y_{lm}(\theta, \phi)$ から，練習問題 3-8(c) の結果も用いて，各 n, l, m について，以下のようになる（ただし，$x \equiv \alpha r$）：

$$\psi_{100} \propto e^{-\frac{x}{2}} L_1^1(x) Y_{00}(\theta, \phi) = -e^{-\frac{x}{2}} \sqrt{\frac{1}{4\pi}}$$

6.2 ラゲール多項式** 125

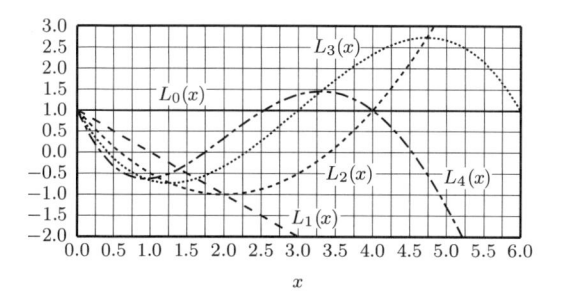

図 6.2

$$\psi_{200} \propto e^{-\frac{x}{2}} L_2^1(x) Y_{00}(\theta,\phi) = e^{-\frac{x}{2}} (-4+2x) \sqrt{\frac{1}{4\pi}}$$

$$\psi_{210} \propto x e^{-\frac{x}{2}} L_3^3(x) Y_{10}(\theta,\phi) = e^{-\frac{x}{2}} (-6x) \sqrt{\frac{3}{4\pi}} \cos\theta$$

$$\psi_{21\pm 1} \propto x e^{-\frac{x}{2}} L_3^3(x) Y_{1\pm 1}(\theta,\phi) = \mp e^{-\frac{x}{2}} (-6x) \sqrt{\frac{3}{8\pi}} \sin\theta e^{\pm i\phi}$$

$$\psi_{300} \propto e^{-\frac{x}{2}} L_3^1(x) Y_{00}(\theta,\phi) = e^{-\frac{x}{2}} (-18+18x-3x^2) \sqrt{\frac{1}{4\pi}}$$

$$\psi_{310} \propto x e^{-\frac{x}{2}} L_4^3(x) Y_{10}(\theta,\phi) = e^{-\frac{x}{2}} (-96x+24x^2) \sqrt{\frac{3}{4\pi}} \cos\theta$$

$$\psi_{31\pm 1} \propto x e^{-\frac{x}{2}} L_4^3(x) Y_{1\pm 1}(\theta,\phi) = \mp e^{-\frac{x}{2}} (-96x+24x^2) \sqrt{\frac{3}{8\pi}} \sin\theta e^{\pm i\phi}$$

$$\psi_{320} \propto x^2 e^{-\frac{x}{2}} L_5^5(x) Y_{20}(\theta,\phi) = e^{-\frac{x}{2}} (-120x^2) \sqrt{\frac{5}{16\pi}} (3\cos^2\theta - 1)$$

$$\psi_{32\pm 1} \propto x^2 e^{-\frac{x}{2}} L_5^5(x) Y_{2\pm 1}(\theta,\phi) = \mp e^{-\frac{x}{2}} (-120x^2) \sqrt{\frac{15}{8\pi}} \sin\theta\cos\theta e^{\pm i\phi}$$

$$\psi_{32\pm 2} \propto x^2 e^{-\frac{x}{2}} L_5^5(x) Y_{2\pm 2}(\theta,\phi) = e^{-\frac{x}{2}} (-120x^2) \sqrt{\frac{15}{32\pi}} \sin^2\theta e^{\pm i2\phi}$$

適当な図示のために，半径 r についての正規化を考える．動径方向に $\psi_{nlm}(r,\theta,\phi) \propto x^l e^{-x/2} L_{n+l}^{2l+1}(x)$ を全空間で積分すると，

$$\int_0^\infty \psi^2 r^2 dr \propto \int_0^\infty x^{2l} e^{-x} \left[L_{n+l}^{2l+1}(x) \right]^2 x^2 dx = \frac{2n[(n+l)!]^3}{(n-l-1)!}$$

となるので，全空間の積分で正規化した動径方向の関数は，$x = 2Zr/na_0$ も考慮すると（慣例上，マイナスの符号をつける），

$$R_{nl}(r) = -\left[\left(\frac{2Z}{na_0} \right)^3 \frac{(n-l-1)!}{2n[(n+l)!]^3} \right]^{1/2} x^l e^{-x/2} L_{n+l}^{2l+1}(x)$$

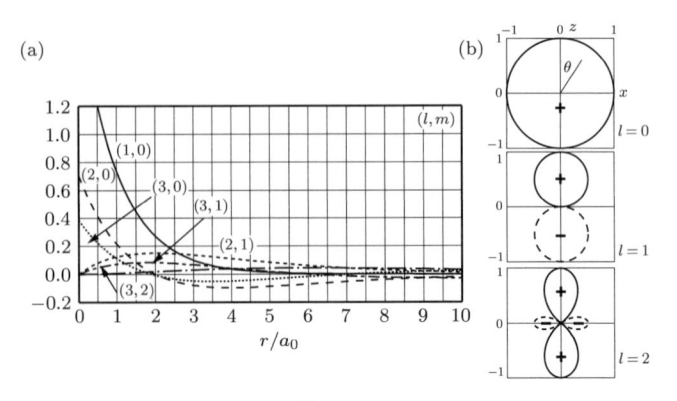

となる．$Z=1$ の場合の $a_0{}^{3/2}R_{nl}(r)$ を，a_0 を動径方向の単位として，図6.3(a)に示す．また，$Y_{l0}(\theta,\phi)$ の θ による振幅の変化を，図6.3(b)に示す． □

$l=0,1,2,3,\ldots$ を s 準位，p 準位，d 準位，f 準位，…と呼び，(6.28)のように $E_n \propto -1/n^2$ というエネルギー準位に依存する部分の番号をつけて，例えば $n=1,l=0$ は 1s 準位，$n=3,l=1$ は 3p 準位と呼ばれる．このことは，これまで天下り的に物理や化学で学習したかもしれない．高校の化学の教科書などの電子雲の分布状態は，実は $Y_{lm}(\theta,\phi)$ の型であることもここで理解される．

練習問題

6-1 ★ (a) (6.15)で定義される $H_n(x)$ が，変数を x としたエルミートの微分方程式(6.8)を満たすことを示せ．

(b) エルミート多項式の母関数 (6.19)

$$\exp(-t^2+2tx) = \sum_{n=0}^{\infty} \frac{H_n(x)}{n!} t^n$$

で定義した $H_n(x)$ が，エルミートの微分方程式 (6.8) を満たすことを示せ．

(c) 母関数 (6.19) より，次の二つの漸化式を導け．

$$H_{n+1}(x) = 2xH_n(x) - 2nH_{n-1}(x) \tag{6.39}$$

$$H_n'(x) = 2nH_{n-1}(x) \tag{6.40}$$

(d) 奇数の n について，$H_n(0) = 0$ を示せ．

(e) 偶数の n について，(c) の漸化式より $H_n(0)$ を求めよ．

6-2★★ エルミート多項式の表現 (6.15) が，級数解 (6.13), (6.14) と一致することを確かめよ．また，級数解より $H_n(x)$ の一番高次である x^n の係数は 2^n であることを確かめよ．

6-3★ (a) (6.25) で定義された $W(x)$ が，方程式 (6.26) を満たすことを示せ．

(b) (6.26) は合流型超幾何級数の微分方程式であり，解が (6.27) であることを確かめよ．また，2.2 節で示したもう一つの独立な解は，$W(x)$ として不適当であるのはなぜか．

6-4★ (a) ラゲール多項式 $L_n(x)$ の母関数 (6.36) を導け．(ヒント：(6.33) とグルサの公式 (1.12) を用いる．)

(b) ラゲール多項式の母関数 (6.36) を用いて，以下の漸化式を導け．

$$L_{n+1}(x) = (2n+1-x)L_n(x) - n^2 L_{n-1}(x) \tag{6.41}$$

$$L_n'(x) = nL_{n-1}'(x) - nL_{n-1}(x) \tag{6.42}$$

(c) ラゲール多項式の定義 (6.33) より，直交性 (6.37) を示せ．

6-5★★ ルジャンドル多項式のロドリゲス公式 (3.24)

$$P_n(x) = \frac{1}{2^n n!} \left(\frac{d}{dx}\right)^n \left[(x^2-1)^n\right]$$

を拡張して，二つの新たな添字 α, β を含む，n 次の多項式である**ヤコビの多項式** (Jacobi polynomial) を定義する ($\alpha = \beta = 0$ で $P_n(x)$ に帰着する)：

$$P_n^{(\alpha,\beta)}(x) \equiv \frac{(-1)^n}{2^n n!}(1-x)^{-\alpha}(1+x)^{-\beta}\left(\frac{d}{dx}\right)^n\left[(1-x)^{\alpha+n}(1+x)^{\beta+n}\right] \tag{6.43}$$

(a) ヤコビの多項式が，次の微分方程式を満たすことを示せ：

$$(1-x^2)\frac{d^2y}{dx^2} + (\beta - \alpha - (\alpha+\beta+2)x)\frac{dy}{dx} + n(\alpha+\beta+n+1)y = 0 \tag{6.44}$$

(b) $P_n^{(\alpha,\beta)}(x)$ の x^n の係数は，$\Gamma(\alpha+\beta+2n+1)/2^n n! \Gamma(\alpha+\beta+n+1)$ であることを示せ．

(c) ヤコビの多項式における次の直交性を示せ．

$$\int_{-1}^{1}(1-x)^\alpha(1+x)^\beta P_n^{(\alpha,\beta)}(x)P_m^{(\alpha,\beta)}(x)dx$$
$$= 2^{\alpha+\beta+1}\frac{\Gamma(\alpha+n+1)\Gamma(\beta+n+1)}{n!(\alpha+\beta+2n+1)\Gamma(\alpha+\beta+n+1)}\delta_{nm} \tag{6.45}$$

第7章 直交関数展開とフーリエ級数

本章は，直交関数展開の一般的な議論をまず簡単にまとめ，その代表である三角関数によるフーリエ級数の要点を解説する．次章以降のフーリエ変換を含む積分変換への橋渡しとなっている．ここでも厳密な証明や数学的な扱いは省略するが，理工系の諸分野の応用として重要となる性質（例：ギブスの現象）については，具体例を用いて直感的に触れる．

7.1 直交多項式展開 ★†

ルジャンドル多項式 $P_n(x)$ などは直交性があり，任意の関数は $P_n(x)$ による級数展開で表されることなどを，第3章や第6章で既に示した．このような直交性がある多項式の一般的性質について簡単にまとめる．

一般の多項式 $f_n(x)$ の直交性は

$$\int_a^b f_n(x) f_m(x) w(x) dx = \alpha_n \delta_{nm} \tag{7.1}$$

と表現され，$w(x)$ は **重み関数** (weight function) と呼ばれる （例えば，$P_n(x)$ では (3.30) より 1 で，$L_n(x)$ では (6.37) より e^{-x}）．ここで，

$$\frac{f_n(x)}{\sqrt{\alpha_n}} \to f_n(x)$$

の変換により，$f_n(x)$ は以下の正規直交性を持つとする：

$$\int_a^b f_n(x) f_m(x) w(x) dx = \delta_{nm} \tag{7.2}$$

積分範囲 $a \leq x \leq b$ で任意の関数 $g(x)$ を多項式 $f_n(x)$ で展開する：

$$g(x) = \sum_{n=0}^{\infty} c_n f_n(x) \tag{7.3}$$

正規直交性より展開の係数 c_n は

$$c_n = \int_a^b f_n(x) g(x) w(x) dx \tag{7.4}$$

となる．ここで，積分 (7.4) をベクトル空間と類似させて，**関数空間** (function space) として，関数どうしの内積のようにみなす：

$$(f, g) \equiv \int_a^b f(x) g(x) w(x) dx \longrightarrow c_n = (f, g) \tag{7.5}$$

こうすると，正規直交性 (7.2) もベクトル空間と同じように扱える：

$$(f_n, f_m) = \delta_{nm} \tag{7.6}$$

関数 $f(x)$ と $g(x)$ が直交すれば，$(f, g) = 0$ となる．ベクトル空間と同様に，**ノルム** (Norm) を次のように定義する：

$$N(f) \equiv (f, f) \tag{7.7}$$

また，$f_1, f_2, \ldots, f_n$ が **1 次独立** (linear independence) であるとは，

$$\sum_{k=0}^{n} c_k f_k(x) = 0 \tag{7.8}$$

となる係数 c_k が，線形代数と同様に「$c_k = 0$ 以外は存在しない」場合である．

上のような直交多項式による展開が有限な項（N とする）で打ち切った場合に，元の任意の関数 $g(x)$ をどのように近似できるかを考える．その誤差をノルムで定義すると，次のようになる（練習問題 7-1）：

$$N\left(g - \sum_{n=0}^{N} c_n f_n(x)\right) = (g - \sum_{n=0}^{N} c_n f_n(x), g - \sum_{n=0}^{N} c_n f_n(x))$$

$$= (g, g) - \sum_{n=0}^{N} c_n^2 \geq 0 \tag{7.9}$$

(7.9) の不等式表現を**ベッセルの不等式** (Bessel inequality) と呼ぶ．係数 c_n は (7.4) で定義したが，もし任意の係数 b_n によって展開した場合と比べると，

130　第7章　直交関数展開とフーリエ級数

$$N\left(g - \sum_{n=0}^{N} b_n f_n(x)\right) = N\left(g - \sum_{n=0}^{N} c_n f_n(x) + \sum_{n=0}^{N} (c_n - b_n) f_n(x)\right)$$
$$= N\left(g - \sum_{n=0}^{N} c_n f_n(x)\right) + \sum_{n=0}^{N} (c_n - b_n)^2 \quad (7.10)$$

より，$b_n = c_n$ となった場合に誤差が最小になる．すなわち「$\sum_{n=0}^{N} c_n f_n(x)$ はノルムの意味で $g(x)$ を最適に近似」する．ここで，項数を無限大した場合，

$$\lim_{N\to\infty} N\left(g - \sum_{n=0}^{N} c_n f_n(x)\right) = 0 \quad (7.11)$$

と，ノルムがゼロになれば「$(f_0(x), f_1(x), \ldots, f_n(x), \ldots)$ は**完全系** (complete system)」と呼ぶ．この場合，ベッセルの不等式 (7.9) は

$$N(g) = (g, g) = \sum_{n=0}^{\infty} c_n{}^2 \quad (7.12)$$

となる（厳密な定義としては，不連続点が有限個の区分連続であればよく，また積分領域を無限大にまで拡張できる．また，複素関数ならば，線形代数の内積と同様に，(7.5) の被積分関数において $f(x)$ の複素共役を定義すればよい）．

> [例題 7-1] ★★†　ラゲール多項式の母関数 (6.36) を用いて，正規直交系に直した以下の $f_n(x)$ について完全系となることを確かめよ．
> $$f_n(x) \equiv \frac{L_n(x)}{n!}, \qquad (f_n, f_m) = \int_0^\infty f_n(x) f_m(x) e^{-x} dx = \delta_{nm}$$

[解答]
$$N(F(x,t)) = \int_0^\infty F(x,t)^2 e^{-x} dx = \frac{1}{(1-t)^2} \int_0^\infty e^{-\frac{2xt}{1-t}} e^{-x} dx$$
$$= \frac{1}{(1-t)^2} \int_0^\infty \exp\left(-x\frac{1+t}{1-t}\right) dx = \frac{1}{1-t^2}$$

$$(f_n, F(x,t)) = \int_0^\infty \frac{L_n(x)}{n!} \sum_{k=0}^\infty \frac{L_k(x)}{k!} t^k e^{-x} dx = \sum_{k=0}^\infty \delta_{nk} t^k = t^n$$

最後の式の積分は (6.37) を用いた．これらの結果を合わせて，

$$N\left(F(x,t) - \sum_{n=0}^{N} f_n(x) t^n\right) = N(F(x,t)) - 2\sum_{n=0}^{N} (F(x,t), f_n) t^n +$$

$$\sum_{n=0}^{N}\sum_{k=0}^{N}(f_n,f_k)t^{n+k} = \frac{1}{1-t^2} - \sum_{n=0}^{N}t^{2n} = \frac{1}{1-t^2} - \frac{1-t^{2N}}{1-t^2} \longrightarrow 0 \quad (N\to\infty)$$

よって，$\int_0^\infty g(x)^2 e^{-x} dx < \infty$ である任意の関数 $g(x)$ は，完全系である $f_n(x)$（または $L_n(x)$）によって，以下のように展開できる：

$$f(x) = \sum_{n=0}^{\infty} c_n f_n(x) = \sum_{n=0}^{\infty} c_n \frac{L_n(x)}{n!} \quad \square$$

7.2　フーリエ級数 ★

波動現象を扱う場合などは，直交多項式展開の $f_n(x)$ について，振動する三角関数を選ぶのは，極めて自然であろう．領域を $-\pi \le x \le \pi$（$0 \le x \le 2\pi$ でもよい）とし，重み関数として $w(x) = 1/\pi$ とすれば，

$$\begin{cases} \frac{1}{\sqrt{2}}, & \cos x,\ \cos 2x, \ldots,\ \cos nx, \ldots \\ & \sin x,\ \sin 2x, \ldots,\ \sin nx, \ldots \end{cases} \quad (7.13)$$

は，正規直交系となる．物理的には任意の関数 $f(x)$ をいろいろな波長の正弦波の足し合わせでの近似に対応する．この場合，(7.3) は次のようになる：

$$\frac{a_0}{2} + \sum_{n=1}^{N}(a_n \cos nx + b_n \sin nx)$$

a_n, b_n が展開の係数である（直交性については，練習問題 7-2 で確認）．

この和は，$x = -\pi$ と π での値が等しいので，$f(\pi) = f(-\pi)$ となる連続な関数 $f(x)$ については，

$$N\left(f(x) - \left(\frac{a_0}{2} + \sum_{n=1}^{N}(a_n\cos nx + b_n\sin nx)\right)\right) \longrightarrow 0 \quad (N\to\infty)$$

と，$-\pi \le x \le \pi$ で一様に近似できる．完全系をなすので有限な項で切れたときにノルムが最小になるためには，係数は (7.4) より

$$a_n = \frac{1}{\pi}\int_{-\pi}^{\pi} f(x)\cos nx\, dx \quad (n=0,1,2,\ldots)$$
$$b_n = \frac{1}{\pi}\int_{-\pi}^{\pi} f(x)\sin nx\, dx \quad (n=1,2,\ldots) \quad (7.14)$$

となる．まとめると，もし

$$\int_{-\pi}^{\pi} f(x)^2 w(x) dx < \infty \tag{7.15}$$

ならば(この条件の必要性といったやや数学的に厳密な議論は,参考文献の藤田・吉田などを参照),任意の関数 $f(x)$ を

$$f(x) = \frac{a_0}{2} + \sum_{n=1}^{\infty} (a_n \cos nx + b_n \sin nx) \tag{7.16}$$

と三角関数で展開でき,$f(x)$ の**フーリエ級数展開** (Fourier series expansion) と呼ぶ.$f(x)$ はもともとは $-\pi \leq x \leq \pi$ でしか定義しなかった.もし (7.16) の右辺のフーリエ級数展開をこの領域の外側まで拡張してみると,結果として「$f(x)$ が周期 2π の周期関数」であることがわかる.

以上は,$f(x)$ は「連続な関数」を暗に仮定した.不連続点が有限個ある場合には,係数 a_n, b_n の積分 (7.14) はそのままで,求めた係数によって $f(x)$ を同様にフーリエ級数展開で表現できる.例えば,$x = x_0$ で $f(x)$ が不連続とすると,

$$a_n = \frac{1}{\pi} \left\{ \int_{-\pi}^{x_0 - 0} f(x) \cos nx dx + \int_{x_0 + 0}^{\pi} f(x) \cos nx dx \right\}$$

と定義された係数を用いてフーリエ級数の形にすると,$x = x_0$ での $f(x)$ の値は,この積分表現から不連続点での平均値となる:

$$\frac{1}{2}[f(x_0 - 0) + f(x_0 + 0)] = \frac{a_0}{2} + \sum_{n=1}^{\infty} (a_n \cos nx_0 + b_n \sin nx_0) \tag{7.17}$$

ただし,このような不連続点がある場合は,その前後での値が振動する.その振動の最大振幅の位置は不連続点に近づくが,展開の項の数をどんなに増やしても,ある有限の値となりゼロに収束しない.これを**ギブスの現象** (Gibbs phenomenon) と呼び,数学的な詳しい議論も展開できる.詳しい数学的考察は実用上は特に必要ないが,実際には有限の項だけを用いるので,その誤差は重要な場合もあり,注意を要する(練習問題 7-3 や 7-4 で,具体例を通してギブスの現象を調べる.数学的に本格的な議論は,藤田・吉田などを参照).

フーリエ級数展開の重要な性質として,もし $f(x)$ が偶関数,すなわち $f(x) = f(-x)$ であった場合は,(7.14) から直ちに $b_n = 0$ となり,$\cos nx$ の項のみとなる.一方,$f(x)$ が奇関数 ($f(x) = -f(-x)$) の場合は,$a_n = 0$ で $\sin nx$ の項のみとなる.

[例題 7-2] ★　$f(x) = x$ をフーリエ級数展開で表せ.

[解答]
$$a_n = \frac{1}{\pi} \int_{-\pi}^{\pi} f(x) \cos nx dx = \frac{1}{\pi} \int_{-\pi}^{\pi} x \cos nx dx = 0$$
$$b_n = \frac{1}{\pi} \int_{-\pi}^{\pi} f(x) \sin nx dx = \frac{1}{\pi} \int_{-\pi}^{\pi} x \sin nx dx$$
$$= \frac{1}{\pi} \left\{ \left[-x \frac{\cos nx}{n} \right]_{-\pi}^{\pi} + \frac{1}{n} \int_{-\pi}^{\pi} \cos nx dx \right\} = \frac{2}{n}(-1)^{n+1}$$

よって，以下のようになる：

$$f(x) = x = 2 \left[\sin x - \frac{\sin 2x}{2} + \frac{\sin 3x}{3} - \cdots \right]$$

不連続点である $f(\pi)$ の値は，$f(\pi - 0) = \pi$, $f(\pi + 0) = f(-\pi - 0) = -\pi$ より，

$$2 \left[\sin x - \frac{\sin 2x}{2} + \frac{\sin 3x}{3} - \cdots \right]_{x=\pi} = 0 = \frac{1}{2} [f(\pi - 0) + f(\pi + 0)]$$

と，(7.17) のようにその前後での平均値となっていることが確認される．　□

　フーリエ級数は微分方程式，とりわけ偏微分方程式の解法として重要である．詳しくは，参考文献のファーロウなどを参照すること．ここでは，例題 7-3 で一例のみに触れる．

[例題 7-3] ★　1次元の熱拡散方程式
$$\kappa \frac{\partial^2 T}{\partial x^2} = \frac{\partial T}{\partial t}$$
で，境界条件として $T(x = 0, t) = T(x = L, t) \equiv T_1$, 初期条件として $T(x, t = 0) \equiv T_0$ が与えられた場合の解を求めよ．(ヒント: $T(x,t) \equiv T_1 + Y(x,t)$ という関数 $Y(x,t)$ の方程式とみなし，変数分離を用いる．そして，x についてはフーリエ級数展開で表現する．)

[解答]　ヒントの $Y(x,t)$ を方程式に代入すると，これが満たす偏微分方程式は

$$\kappa \frac{\partial^2 Y}{\partial x^2} = \frac{\partial Y}{\partial t}$$

と同じだが，境界条件と初期条件は $Y(0,t) = Y(L,t) = 0$, $Y(x,0) = T_0 - T_1$ と簡単になる．$Y(x,t) \equiv X(x) \cdot S(t)$ と変数分離して，上の方程式に代入する：

のように，定数 $\lambda(>0)$ を導入して，次の二つの常微分方程式を得る：

$$\frac{dS}{dt} = -\lambda^2 \kappa S, \qquad \frac{d^2 X}{dx^2} + \lambda^2 X = 0$$

前者の解は $S(t) \propto e^{-\lambda^2 \kappa t}$，後者は未定定数 ϕ として $X \propto \sin(\lambda x + \phi)$ より，

$$Y(x,t) = A\sin(\lambda x + \phi)e^{-\lambda^2 \kappa t}$$

と表される．そして，境界条件と初期条件から，未定定数の λ, A, ϕ を求める．まず，

$$Y(0,t) = A\sin(\phi)e^{-\lambda^2 \kappa t} = 0$$

より，$\phi = 0$ が求まる．一方，もう一つの境界条件から

$$Y(L,t) = A\sin(\lambda L)e^{-\lambda^2 \kappa t} = 0$$

より，n を整数として，$\lambda L = \pi n$，すなわち $\lambda_n \equiv \pi n/L$ $(n = 1, 2, \ldots)$ のように λ は離散的な値のみ取ることがわかる（固有値に対応する）．それぞれの n について対応する未定定数 A を A_n として，解は

$$Y(x,t) = \sum_{n=1}^{\infty} A_n \sin\left(\frac{\pi n}{L}x\right) e^{-\left(\frac{\pi n}{L}\right)^2 \kappa t}$$

と，フーリエ級数展開と同じ表現となる．最後に，初期条件を代入すると，

$$Y(x,0) = \sum_{n=1}^{\infty} A_n \sin\left(\frac{\pi n}{L}x\right) = T_0 - T_1$$

となる．A_n はフーリエ級数展開の係数と同じ形なので，三角関数の直交性を用いて求める．すなわち，両辺に $\sin(\pi m x/L)$ をかけて，領域である $x: 0 \to L$ と積分すると，

$$\sum_{n=1}^{\infty} A_n \int_0^L \sin\left(\frac{\pi n}{L}x\right)\sin\left(\frac{\pi m}{L}x\right) dx = \int_0^L (T_0 - T_1)\sin\left(\frac{\pi m}{L}x\right) dx$$

$$= (T_0 - T_1)\frac{L}{\pi m}\left[-\cos\left(\frac{\pi m}{L}x\right)\right]_0^L = (T_0 - T_1)\frac{L}{\pi m}(1-(-1)^m)$$

となる．左辺の積分は $n \neq m$ ではゼロとなり，$n = m$ では $\int_0^L \sin^2(\cdots)dx = \frac{1}{2}\int_0^L (1-\cos 2(\cdots))dx = L/2$ となるので，

$$\frac{L}{2}A_m = \begin{cases} \dfrac{2L}{\pi m}(T_0 - T_1) & (m:奇数) \\ 0 & (m:偶数) \end{cases}$$

こうして A_m も求められ，n が奇数のみの和となる：

$$Y(x,t) = \frac{4}{\pi}(T_0 - T_1) \sum_{n:奇数} \frac{\sin\left(\frac{\pi n}{L}x\right)}{n} e^{-\left(\frac{\pi n}{L}\right)^2 \kappa t}$$

$n = 2k+1\,(k=0,1,\ldots)$ としてまとめると，解は以下のようになる：

$$T(x,t) = T_1 + \frac{4}{\pi}(T_0 - T_1) \sum_{k=0}^{\infty} \frac{\sin\left(\frac{(2k+1)\pi}{L}x\right)}{2k+1} e^{-\left(\frac{(2k+1)\pi}{L}\right)^2 \kappa t} \quad \Box$$

7.3　複素フーリエ級数展開★

　三角関数よりも複素数を変数とする指数関数で表現した方が，微分・積分等が簡単になる．また，位相などの概念も導入でき，簡潔な表現となる．よって，フーリエ級数展開も，直交関数として $\cos nx, \sin nx$ の代わりに e^{inx} を用いた方が簡単になり，かつ $f(x)$ を実関数から複素関数へと自然に拡張できる：

$$\mathrm{Re}f(x) \equiv \frac{a_0}{2} + \sum_{n=1}^{\infty}(a_n \cos nx + b_n \sin nx)$$

$$\mathrm{Im}f(x) \equiv \frac{c_0}{2} + \sum_{n=1}^{\infty}(c_n \cos nx + d_n \sin nx)$$

と，虚数部を追加すると，複素関数 $f(x)$ は

$$f(x) = \frac{a_0 + ic_0}{2} + \sum_{n=1}^{\infty}((a_n + ic_n)\cos nx + (b_n + id_n)\sin nx)$$

と表される．よって，複素数の係数 α_n を以下のように定義すれば，e^{inx} によるフーリエ級数展開となる：

$$f(x) = \sum_{n=-\infty}^{\infty} \alpha_n e^{inx} \tag{7.18}$$

$$\alpha_n \equiv \frac{a_n + ic_n - ib_n + d_n}{2} = \frac{1}{2\pi}\int_{-\pi}^{\pi} f(x)e^{-inx}dx$$

$$\alpha_{-n} \equiv \frac{a_n + ic_n + ib_n - d_n}{2} = \frac{1}{2\pi}\int_{-\pi}^{\pi} f(x)e^{inx}dx$$

ここで，$n = 0, 1, 2, \ldots$ である．正負のいずれの整数 n についても，以下の積分により統一的に α_n が表現できる：

$$\alpha_n = \frac{1}{2\pi} \int_{-\pi}^{\pi} f(x) e^{-inx} dx \quad (n = \ldots, -2, -1, 0, 1, 2, \ldots) \tag{7.19}$$

(7.18) の**複素フーリエ級数** (complex Fourier series) の展開は，微分が簡単に表現できたり

$$\frac{d}{dx} f(x) = \sum_{n=-\infty}^{\infty} \alpha_n in e^{inx} \tag{7.20}$$

(つまり，$\alpha_n \to in\alpha_n$ とみなせばよい)，多変数関数へ自然に拡張できる：

$$f(x, y) = \sum_{k=-\infty}^{\infty} \sum_{l=-\infty}^{\infty} \alpha_{kl} e^{i(kx+ly)} \tag{7.21}$$

$$\alpha_{kl} = \frac{1}{(2\pi)^2} \int_{-\pi}^{\pi} \int_{-\pi}^{\pi} f(x, y) e^{-i(kx+ly)} dx dy \tag{7.22}$$

最後に，これまでは領域を $-\pi \leq x \leq \pi$ として周期 2π としてきたが，一般の $-L/2 \leq x \leq L/2$ の周期 L の領域の表現を求める．三角関数を使ったフーリエ級数 (7.16) では，$y \equiv xL/2\pi$ とすれば，$-\pi \leq x \leq \pi$ から $-L/2 \leq y \leq L/2$ に領域が変わる．そして，変数を y から x に戻すと，

$$f(x) = \frac{a_0}{2} + \sum_{n=1}^{\infty} \left(a_n \cos \frac{2\pi n}{L} x + b_n \sin \frac{2\pi n}{L} x \right) \tag{7.23}$$

と表現され，係数 (7.14) は

$$a_n = \frac{2}{L} \int_{-L/2}^{L/2} f(x) \cos \frac{2\pi n}{L} x dx, \quad b_n = \frac{2}{L} \int_{-L/2}^{L/2} f(x) \sin \frac{2\pi n}{L} x dx \tag{7.24}$$

となる．同様に，複素フーリエ級数 (7.18), (7.19) の場合は，

$$f(x) = \sum_{n=-\infty}^{\infty} \alpha_n e^{i\frac{2\pi n}{L} x}, \quad \alpha_n = \frac{1}{L} \int_{-L/2}^{L/2} f(x) e^{-i\frac{2\pi n}{L} x} dx \tag{7.25}$$

となる．第8章で扱う連続な変数を用いるフーリエ変換の方が，数学的にはより完成した形になっている．しかし，離散的な係数で表現したフーリエ級数の方が，現在のデジタル全盛時代には実用上はより重要である．

7.3 複素フーリエ級数展開★   137

[例題 7-4]★　(a) 関数 $f(x) = 1 - |x|/\pi$ $(-\pi \le x < \pi)$ をフーリエ級数で表せ.
(b) (a) の関数 $f(x)$ を複素フーリエ級数 (7.18) で表せ.

[解答]　(a) (7.14) を計算しなくとも, b_n は次の性質からゼロとわかる:

$$b_n = \frac{1}{\pi}\int_{-\pi}^{\pi}\left(1 - \frac{|x|}{\pi}\right)\sin nx\,dx = \frac{1}{\pi}\int_{-\pi}^{\pi}(偶関数)\cdot(奇関数)\,dx = 0$$

$$\pi a_0 = \int_{-\pi}^{\pi}\left(1 - \frac{|x|}{\pi}\right)dx = 2\int_0^{\pi}\left(1 - \frac{x}{\pi}\right) = 2\left[x - \frac{x^2}{2\pi}\right]_0^{\pi} = \pi$$

$$\pi a_n = \int_{-\pi}^{\pi}\left(1 - \frac{|x|}{\pi}\right)\cos nx\,dx = 2\int_0^{\pi}\left(1 - \frac{x}{\pi}\right)\cos nx\,dx$$

$$= 2\left[\left(1 - \frac{x}{\pi}\right)\frac{\sin nx}{n}\right]_0^{\pi} + \frac{2}{n\pi}\int_0^{\pi}\sin nx\,dx$$

$$= \frac{2}{n\pi}\left[-\frac{\cos nx}{n}\right]_0^{\pi} = \frac{2}{n^2\pi}[1 - (-1)^n] \quad (n = 1, 2, \cdots)$$

係数 a_n は, n が偶数の場合は 0 で, 奇数では $4/(\pi^2 n^2)$ となる. よって,

$$f(x) = 1 - \frac{|x|}{\pi} \simeq \frac{1}{2} + \frac{4}{\pi^2}\left(\frac{\cos x}{1} + \frac{\cos 3x}{3^2} + \frac{\cos 5x}{5^2} + \cdots\right)$$

(b) (7.19) より

$$2\pi\alpha_0 = \int_{-\pi}^{\pi}\left(1 - \frac{|x|}{\pi}\right)dx = 2\int_0^{\pi}\left(1 - \frac{x}{\pi}\right)dx = 2\left[x - \frac{x^2}{2\pi}\right]_0^{\pi} = \pi$$

$$2\pi\alpha_n = \int_{-\pi}^{\pi}\left(1 - \frac{|x|}{\pi}\right)\cos nx\,dx = 2\int_0^{\pi}\left(1 - \frac{x}{\pi}\right)\cos nx\,dx$$

$$= 2\left[1 - \frac{x}{\pi}\frac{\sin nx}{n}\right]_0^{\pi} + \frac{2}{n\pi}\int_0^{\pi}\sin nx\,dx = 0 + \frac{2}{n\pi}\left[\frac{\cos nx}{n}\right]_0^{\pi}$$

$$= \frac{2}{n^2\pi}[1 - (-1)^n] \quad (n = 1, 2, \cdots)$$

係数 α_n は, n が偶数の場合は 0 で, 奇数では $2/(\pi^2 n^2)$ となる. よって,

$$f(x) = 1 - \frac{|x|}{\pi} \simeq \frac{1}{2} + \frac{2}{\pi^2}\left(\cdots + \frac{e^{-i3x}}{3^2} + \frac{e^{-ix}}{1^2} + \frac{e^{ix}}{1^2} + \frac{e^{i3x}}{3^2} + \cdots\right) \quad \square$$

練習問題

7-1★† (7.9) の不等式を導け.

7-2★ 以下の三角関数の正規直交性を示せ.

(a) $\int_{-\pi}^{\pi} \frac{1}{\pi} \cos nx \cos mx \, dx = \delta_{nm}$ (b) $\int_{-\pi}^{\pi} \frac{1}{\pi} \sin nx \sin mx \, dx = \delta_{nm}$

(c) $\int_{-\pi}^{\pi} \frac{1}{\pi} \sin nx \cos mx \, dx = 0$

7-3 ★ (a) $f(x) = \begin{cases} 1 & (0 < x < \pi) \\ -1 & (-\pi < x < 0) \end{cases}$ をフーリエ級数で表せ．また，不連続点 $x = 0$ および $x = \pm\pi$ での値はどうなるか？

(b) (a) のフーリエ級数を $n = 1, 2, 3, 4, \ldots$ と項の数を増やすにつれて，$f(x)$ に近づいて行く様子を数値的に計算し，かつ図で示せ．

(c) (b) におけるギブスの現象（すなわち，不連続点 $x = 0$ 付近での誤差）を調べよ．

7-4 ★★† （この問題は，ギブスの現象をやや理論的に考察するものである．全体の内容はやや難しいが，各問いは易しい誘導形式にした．）フーリエ級数展開で不連続点 $x = x_0$ での値は，x_0 の正と負側の $f(x)$ の平均値 $\frac{1}{2}(f(x_0 + 0) + f(x_0 - 0))$ である．

$$f(x) = \begin{cases} \dfrac{\pi}{2} - \dfrac{x}{2} & (0 \leq x < \pi) \\ -\dfrac{\pi}{2} - \dfrac{x}{2} & (-\pi \leq x < 0) \end{cases}$$

のフーリエ級数展開を例にして，不連続点 $x = 0$ 前後での誤差を考える．図を描きながら進めると，理解が深まる．

(a) 関数 $f(x)$ は奇関数なので，$\cos nx$ についてのフーリエ級数の係数 a_n と a_0 はゼロであることを示せ．

(b) $\sin nx$ についての係数 b_n を求めよ．

(c) $f(x)$ のフーリエ級数展開は，$x = 0$ でゼロになることを確かめよ．

(d) $g(x) \equiv (1 - \cos x)f(x)$ という関数を考える．この関数は $x = 0$ でも連続であることを確かめよ．

(e) $f(x)$ と同様に $g(x)$ は奇関数なので，$g(x) = \sum_{n=1}^{\infty} \beta_n \sin nx$ という形となる．$g(x)$ と $f(x)$ の $\sin nx$ での項を比べ，(b) で求めた b_n と β_n との関係を求めよ．

(f) $g(x)$ と $f(x)$ のフーリエ級数を N 次で打ち切った和を定義する：

$$\sigma_N(x) \equiv \sum_{n=1}^{N} \beta_n \sin nx, \qquad S_N(x) \equiv \sum_{n=1}^{N} b_n \sin nx$$

この二つの残差 $h_N(x)$ を次のように定義する：

$$\sigma_N(x) \equiv (1 - \cos x)S_N(x) + h_N(x)$$

このようにして定義した $h_N(x)$ を求め，さらに，$\lim_{N\to\infty} h_N(x) = 0$ を示せ．
この結果から，$(1-\cos x)S_N(x)$ は $(1-\cos x)f(x)$ に一様に収束することがわかる．よって，$S_N(x)$ は $-\pi \leq x < -\epsilon$ と $\epsilon < x < \pi$ (ϵ は正で微小量) では $f(x)$ に一様に収束する．したがって，$\lim_{\epsilon\to 0}f(\pm\epsilon) = f(\pm 0)$ とすると，$\lim_{N\to\infty} S_N(0) = \frac{1}{2}[f(+0)+f(-0)]$ がより数学的に厳密に確認された．

(g) 次に $x=0$ 付近での $f(x)$ の有限なフーリエ級数 $S_N(x)$ の振舞いを考える．(b) の b_n を用いて，以下のように表せることを示せ．

$$S_N(x) = \sum_{n=1}^{N} b_n \sin nx = \int_0^x \frac{\sin(N+1/2)t}{2\sin(t/2)}dt - \frac{x}{2}$$

(ヒント：$\sum$ と $\int_0^x dt$ の順番を入れ換えてよいことを利用する．)

(h) フーリエ級数展開を有限な N 次で打ち切った $S_N(x)$ と $f(x)$ の残差 $R_N(x) \equiv f(x) - S_N(x)$ ($x > 0$) を考え，その最大値を求める．$dR_N(x)/dx = 0$ となる x の値は $x_k \equiv k\pi/(N+1/2)$ ($k=1,2,3,\ldots$) となることを示せ．

(i) 残差 $R_N(x)$ を，解析的に表現できる部分とそうでない部分 $\rho_N(x)$ とに，以下のように分ける．この場合の $\rho_N(x)$ を求めよ．

$$R_N(x) = \frac{\pi}{2} - \int_0^{(N+\frac{1}{2})x} \frac{\sin y}{y}dy + \rho_N(x)$$

また，$|R_N(x)|$ が最大となる x_k では，$|\rho_N(x_k)| \to 0$ ($N\to\infty, x_k\to 0$) を示せ．(ヒント：$\rho_N(x)$ の被積分関数の一部の $2\sin(t/2) - t$ について，t が小さいのでテイラー展開して一番大きい項だけを考える．)

(j) 絶対値が最大となる $R_N(x_k)$ の値を考える．(i) の $\int \sin y\, dy/y$ の項は，(h) の結果より $\int_0^{k\pi} \sin y\, dy/y$ となり，最初の極大値となる $k=1$ ($x=x_1$) では $\int_0^{\pi} \sin y\, dy/y \simeq \pi/2 + 0.28$ となっている．よって，N が十分大きいと，$R_N(x_1) \simeq -0.28$ と定数になることを確認せよ．

このように $N\to\infty$ とすると，誤差 $R_N(x)$ が最大となる点は $x_1 \to 0$ と不連続点 $x=0$ に近づくが，$x=x_1$ における有限の残差（最大で 0.28）が生じる．これが，ギブスの現象の定量的な一例である．

7-5 $-L/2 \leq x \leq L/2$ で定義された $f(x)$ の 2 乗平均 $\int_{-\frac{L}{2}}^{\frac{L}{2}} |f(x)|^2 dx/L$ は，単位長さあたりの平均エネルギーを示している．

(a) この値を，$f(x)$ の複素フーリエ級数の係数で表現せよ．

(b) (a) の結果は，フーリエ級数の各成分が独立で，$f(x)$ の平均エネルギーはフーリエ級数のこれら各成分の和となっていることを示せ．この各成分を**パワースペクト**

ル (power spectrum) と呼ぶ．連続変数によるフーリエ変換の場合，和が積分に替わるだけで，パワースペクトルは各成分のエネルギー密度を表す（8.2 節のパーシバルの定理）．

第8章 フーリエ変換とデルタ関数

　第 7 章で扱ったフーリエ級数の離散的係数を連続な変数に極限操作で置き換えるという立場で，積分変換の代表例としてのフーリエ変換を取り上げる．フーリエ変換に関連し応用上も極めて重要な例として，デルタ関数にも簡単に触れる．デルタ関数は理工系の諸分野で重要な役割を果たす場合が多いが，数学的にはやや専門的な扱いが必要な超関数に属する．しかし，実用上は超関数の意味まできちんと理解する必要はないので，練習問題の一部などの具体例を通して若干の考察をするのみとし，デルタ関数の便利な特徴の理解に重点を置く．不連続がある場合などは，フーリエ級数や積分変換についても，数学的な厳密な議論が必要ではあるが，ここでは簡単に触れるのみとし，実用的に重要な畳み込みなどを詳しく考える．厳密な数学的議論に興味がある者は，参考文献の藤田・吉田などを参照のこと．

8.1　フーリエ変換 ★

複素フーリエ級数展開 (7.25) である

$$f(x) = \sum_{n=-\infty}^{\infty} \alpha_n e^{i\frac{2\pi n}{L}x}, \qquad \alpha_n = \frac{1}{L}\int_{-L/2}^{L/2} f(x) e^{-i\frac{2\pi n}{L}x} dx$$

の領域 $-L/2 \leq x \leq L/2$ を $L \to \infty$ とすれば，$f(x)$ に自動的に課された周期性も不要となり，一般性を持たせることができる．そのためには，

$$y_n \equiv n\Delta y, \qquad \Delta y \equiv \frac{2\pi}{L} \tag{8.1}$$

とおいて，(7.25) の第 2 式の積分を以下のようにみなす：

$$g_n \equiv \frac{2\pi\alpha_n}{\Delta y} = L\alpha_n = \int_{-L/2}^{L/2} f(x) e^{-iy_n x} dx \tag{8.2}$$

そして，$L \to \infty$, $\Delta y \to 0$ の極限を求める．すると，数列 y_n は連続変数 y となり，離散的な係数 g_n が連続的な関数 $g(y)$ となる：

$$g(y) = \int_{-\infty}^{\infty} f(x)e^{-iyx}dx \tag{8.3}$$

一方，関数 $f(x)$ の級数展開 (7.25) 第 1 式も，次のような関数 $g(y)$ の積分となる：

$$f(x) = \frac{1}{2\pi}\sum_{n=-\infty}^{\infty} g_n e^{iy_n x}\Delta y \longrightarrow \frac{1}{2\pi}\int_{-\infty}^{\infty} g(y)e^{iyx}dy \quad (\Delta y \to 0) \tag{8.4}$$

(8.3) を $f(x)$ の**フーリエ変換** (Fourier transform)，(8.4) を $g(y)$ の**逆フーリエ変換** (inverse Fourier transform) と呼び，この二つを**フーリエ変換対** (Fourier transform pair) とも呼ぶ．上の形は工学系で広く用いられている定義であり，$y \to -y$ という変数変換をして求まる次の形式でも構わない：

$$g(y) = \int_{-\infty}^{\infty} f(x)e^{iyx}dx \tag{8.5}$$

$$f(x) = \frac{1}{2\pi}\int_{-\infty}^{\infty} g(y)e^{-iyx}dy \tag{8.6}$$

これらは指数関数の中の符号が逆に定義され，物理学などの理学系でよく用いられる．一方，積分の前の係数 $1/2\pi$ を，両方の式に振り分けた表現である

$$g(y) = \frac{1}{\sqrt{2\pi}}\int_{-\infty}^{\infty} f(x)e^{\pm iyx}dx \tag{8.7}$$

$$f(x) = \frac{1}{\sqrt{2\pi}}\int_{-\infty}^{\infty} g(y)e^{\mp iyx}dy \tag{8.8}$$

は，$f(x)$, $g(y)$ を同等に扱える論理性から，数学で一般に用いられる．どの対でも本質的な特徴は全く同じだが，研究者や著書によって異なるので，混同しないように注意が必要である．さらに，手持ちのプログラムで使われる定義をきちんと把握しないと，符号が逆の誤った結果を得てしまう可能性もある．本書では，物理学で主に使用されている (8.5), (8.6) の表現を用いる．

　理工系では，時間 t と空間 (x,y,z) の両方を変数として同時に扱うことも多い．このような場合は，時間に対しては

$$F(\omega) = \int_{-\infty}^{\infty} f(t)e^{i\omega t}dt, \quad f(t) = \frac{1}{2\pi}\int_{-\infty}^{\infty} F(\omega)e^{-i\omega t}d\omega$$

と表現する．これは**角周波数** (angular frequency) $\omega = 2\pi/T$ (T は**周期** (period)) と物理的に解釈できる．一方，空間については

$$F(k) = \int_{-\infty}^{\infty} f(x)e^{-ikx}dx, \qquad f(x) = \frac{1}{2\pi}\int_{-\infty}^{\infty} F(k)e^{ikx}dk$$

と，波数 (wavenumber)$k = 2\pi/\lambda$（λ は波長 (wavelength)）とみなせる．指数関数の符号を逆にしたのは，時間と空間を合わせた関数 $f(x,t)$ の二重フーリエ変換（8.3 節参照）が以下のような二重積分で表されるからである：

$$F(k,\omega) = \int_{-\infty}^{\infty}\int_{-\infty}^{\infty} f(x,t)e^{i(\omega t - kx)}dtdx \tag{8.9}$$

$$f(x,t) = \frac{1}{(2\pi)^2}\int_{-\infty}^{\infty}\int_{-\infty}^{\infty} F(k,\omega)e^{i(kx-\omega t)}d\omega dk \tag{8.10}$$

すると，$k, \omega > 0$ では指数関数部分 $\exp(\pm i(kx-\omega t))$ が x の正の方向に速度 ω/k で伝播する正弦波に対応できる（同じ符号の二重フーリエ変換 $\exp(\pm i(kx+\omega t))$ では，負の方向への伝搬を表してしまう）．

フーリエ変換の積分が収束するには**フーリエの積分定理** (Fourier integral theorem)

$$\int_{-\infty}^{\infty} |f(x)|^2 dx < \infty \tag{8.11}$$

が必要である．数学的厳密性に興味がある者は，以下を参考にせよ．

［フーリエの積分定理］　$f(x)$ が $\int_{-\infty}^{\infty}|f(x)|^2 dx < \infty$ のとき（これを $f(x)$ が $L^2(-\infty,\infty)$ に属する関数という），$F(k,a) \equiv \int_{-a}^{a} f(x)e^{ikx}dx$ は，k が $(-\infty,\infty)$ の範囲で $a \to \infty$ のときに，平均収束（以下に定義）の意味で $F(k) \equiv \int_{-\infty}^{\infty} f(x)e^{ikx}dx$ に収束する．また逆変換については，$f(x,a) = \frac{1}{2\pi}\int_{-a}^{a} F(k)e^{-ikx}dk$ とすると，$f(x,a)$ もやはり平均収束の意味で $f(x)$ に収束する．

$$\left(\text{平均収束の定義：} \lim_{a\to\infty}\left\{\int_{-\infty}^{\infty} |F(k,a)-F(k)|^2 dk\right\} \to 0 \right)$$

不連続点などでの厳密な数学的議論は，参考文献の藤田・吉田などを参照せよ．　□

[例題 8-1] ★　次の関数 $f(x)$ のフーリエ変換 $g(y)$ を求め，さらに $g(y)$ の逆フーリエ変換によって，元の関数 $f(x)$ に戻ることを示せ．

(a) $f(x) = \begin{cases} 1 & (|x| < 1) \\ \dfrac{1}{2} & (|x| = 1) \\ 0 & (|x| > 1) \end{cases}$ 　　(b) $f(x) = e^{-\beta|x|}$ 　$(\beta > 0)$

[解答]　(a) フーリエ変換 (8.5) は

$$g(y) = \int_{-\infty}^{\infty} f(x)e^{ixy}dx = \int_{-1}^{1} e^{ixy}dx = \left[\frac{e^{ixy}}{iy}\right]_{-1}^{1} = \frac{e^{iy}-e^{-iy}}{iy} = \frac{2\sin y}{y}$$

一方，逆フーリエ変換は

$$f(x) = \frac{1}{2\pi}\int_{-\infty}^{\infty} g(y)e^{-ixy}dy = \frac{1}{2\pi i}\int_{-\infty}^{\infty} \frac{e^{-i(x-1)y}-e^{-i(x+1)y}}{y}dy$$

ここで，$a>0$ では上半面，$a<0$ では下半面を半周するコーシーの主値積分の典型的な例（第 1 章の (1.21)）

$$\int_{-\infty}^{\infty}\frac{e^{iay}}{y}dy = \begin{cases} i\pi & (a>0) \\ -i\pi & (a<0) \end{cases}$$

を上の積分に応用すれば，逆フーリエ積分は

$$f(x) = \begin{cases} \dfrac{1}{2\pi i}(i\pi - i\pi) = 0 & (x<-1) \\[4pt] \dfrac{1}{2\pi i}(-i\pi - (-i\pi)) = 0 & (x>1) \\[4pt] \dfrac{1}{2\pi i}(i\pi - (-i\pi)) = 1 & (-1<x<1) \end{cases}$$

と確かに元の $f(x)$ に戻る（$x=\pm 1$ の場合は上の主値積分が半分の値を取る）．

(b)

$$g(y) = \int_{-\infty}^{\infty} e^{iyx-\beta|x|}dx = \int_{-\infty}^{0} e^{(iy+\beta)x}dx + \int_{0}^{\infty} e^{(iy-\beta)x}dx$$

$$= \frac{1}{iy+\beta} + \frac{-1}{iy-\beta} = \frac{2\beta}{\beta^2+y^2}$$

$$f(x) = \frac{1}{2\pi}\int_{-\infty}^{\infty} e^{-iyx}\frac{2\beta}{\beta^2+y^2}dy = \frac{\beta}{\pi}\int_{-\infty}^{\infty}\frac{e^{i(-x)y}}{\beta^2+y^2}dy$$

上の被積分関数の分母より，$y=\pm i\beta$ に 1 位の極がある．ジョルダンの補題（例題 1-9）より，$-x>0$ の場合は上半面を，$-x<0$ では下半面を半周する半円状の積分路を考えて，それぞれの中にある極の留数を計算すると，逆フーリエ変換が求まる：

$$f(x) = \begin{cases} \dfrac{\beta}{\pi}2\pi i\left[\dfrac{e^{i(-x)y}}{y+i\beta}\right]_{y=i\beta} = e^{\beta x} & (x<0) \\[8pt] -\dfrac{\beta}{\pi}2\pi i\left[\dfrac{e^{i(-x)y}}{y-i\beta}\right]_{y=-i\beta} = e^{-\beta x} & (x>0) \end{cases}$$

□

8.2 デルタ関数 ★†

数学的に厳密な分類では，デルタ関数は汎関数（関数 $f(x)$ そのものを変数 x のように扱う関数 $F(f)$ の形式）のうち，連続で線形な汎関数である **超関数** (distribution) の一つである．簡単な数学的な意味については，練習問題 8-4 を解きながら理解していくような形態にした．ここでは，フーリエ変換の表現のみからデルタ関数の簡単な性質をみる．理工系で扱う多くの問題において，デルタ関数は極めて重要である．超関数としての数学的な意味はよくわからなくとも，以下で述べる特徴・物理的意味とその利用法については，十分に理解する必要がある．

フーリエ変換 (8.5) と逆フーリエ変換 (8.6) の操作を続けて行うと，元の関数 $f(x)$ に戻ることは，例題 8-1 の例でも確認した．つまり，

$$f(x) = \frac{1}{2\pi}\int_{-\infty}^{\infty} g(y)e^{-iyx}dy = \frac{1}{2\pi}\int_{-\infty}^{\infty} dy e^{-iyx}\int_{-\infty}^{\infty} f(x')e^{ix'y}dx'$$
$$= \int_{-\infty}^{\infty} f(x')\left(\frac{1}{2\pi}\int_{-\infty}^{\infty} e^{-iy(x-x')}dy\right)dx' \tag{8.12}$$

となる．よって，最後の括弧の中の関数を $F(x-x')$ とすると，

$$f(x) = \int_{-\infty}^{\infty} f(x')F(x-x')dx' \tag{8.13}$$

と表現されるので，$F(x-x')$ は以下の性質を持つ（ϵ は正の微小量とする）：

$$F(x-x') = 0 \quad (x \neq x'), \qquad \int_{x-\epsilon}^{x+\epsilon} F(x-x')dx' = 1$$

つまり，括弧内の変数がゼロの点以外でこの関数はゼロであり，この点を含む領域の積分は 1 となる．直感的には，幅がゼロで高さが無限大，そして幅と高さの積が 1 である．20 世紀前半のノーベル賞物理学者の P.A.M. Dirac が，量子力学を構築する過程でこのような関数を δ という記号で導入したので，**ディラックのデルタ関数** (Dirac's delta function) と慣例的に呼ばれる：

$$\delta(x) = 0 \quad (x \neq 0), \qquad \int_{-a}^{b} \delta(x)dx = 1 \quad (a, b > 0) \tag{8.14}$$

この関数は単独で用いるのではなく，一般の関数 $f(x)$ との積分として意味をなす：

$$\int_{x-a}^{x+b} f(y)\delta(y-x)dy = \int_{x-a}^{x+b} f(y)\delta(x-y)dy = f(x) \tag{8.15}$$

フーリエ変換から定義した (8.12) と (8.13) を比べれば，デルタ関数は以下の逆フーリエ変換の表現として理解できる（超関数については，8.5 節と練習問題 8-4 参照）：

$$\delta(x) = \frac{1}{2\pi} \int_{-\infty}^{\infty} e^{-ixy} dy \tag{8.16}$$

ただし，指数関数の符号はプラスでも構わない．デルタ関数のフーリエ変換は

$$g(y) = \int_{-\infty}^{\infty} \delta(x) e^{ixy} dx = e^{i0y} = 1 \tag{8.17}$$

となる．逆フーリエ変換 (8.6) は一般の関数を「いろいろな波長（時間の関数とすると周期）の正弦波の重ね合せ」で表現する．よって，振幅が 1 で位相がゼロ（原点ですべて位相をそろえた）の正弦波を重ね合せると，原点以外では正負がすべて打ち消しあう一方，原点ではどんどん積み重なって，結果として幅がゼロで高さが無限大の特殊な形状になることを，(8.16) は示している．

デルタ関数を用いると，フーリエ変換の物理的な一面が理解できる：

$$\int_{-\infty}^{\infty} |f(x)|^2 dx = \int_{-\infty}^{\infty} f(x)^* f(x) dx$$

$$= \int_{-\infty}^{\infty} dx \left[\frac{1}{2\pi} \int_{-\infty}^{\infty} g(y)^* e^{ixy} dy \right] \cdot \left[\frac{1}{2\pi} \int_{-\infty}^{\infty} g(y') e^{-ixy'} dy' \right]$$

$$= \frac{1}{2\pi} \int_{-\infty}^{\infty} dy\, g(y)^* \int_{-\infty}^{\infty} dy'\, g(y') \frac{1}{2\pi} \int_{-\infty}^{\infty} e^{-i(y'-y)x} dx$$

ここで右辺の最後の積分はデルタ関数 (8.16) なので，以下のようになり，

$$\cdots = \frac{1}{2\pi} \int_{-\infty}^{\infty} dy\, g(y)^* \int_{-\infty}^{\infty} g(y') \delta(y' - y) dy' = \frac{1}{2\pi} \int_{-\infty}^{\infty} g(y)^* g(y) dy$$

すなわち，**パーシバルの定理** (Parseval's theorem) が導かれる：

$$\int_{-\infty}^{\infty} |f(x)|^2 dx = \frac{1}{2\pi} \int_{-\infty}^{\infty} |g(y)|^2 dy \tag{8.18}$$

x を空間座標とすると，e^{iyx} の形から y は波数（普通は記号 k を用いる）になる（x が時間座標 t ならば，y は角周波数 ω）．(8.18) の被積分関数は二乗の形なので，空間（または時間）上でのエネルギー総和が波数領域（または周波数領域）上での総和と等しい．つまり，全エネルギーを異なった領域の和として (8.18) の両辺は表現している（練習問題 7-5 参照）．

8.3 多重フーリエ変換と畳み込み *

多変数関数のフーリエ変換（多次元または多重フーリエ変換）について，簡単にまとめる．三つの変数（3次元空間とする）の関数 $f(x,y,z) \equiv f(\boldsymbol{x})$ を考え，そのフーリエ変換の変数を $\boldsymbol{k} = (k_x, k_y, k_z)$ とする（それぞれ x, y, z 方向の波数と解釈してよい）．このフーリエ変換および逆変換は以下のようになる：

$$g(\boldsymbol{k}) \equiv \int_{-\infty}^{\infty} dx \int_{-\infty}^{\infty} dy \int_{-\infty}^{\infty} dz f(x,y,z) e^{ik_x x + ik_y y + ik_z z}$$
$$= \int_{-\infty}^{\infty} \int_{-\infty}^{\infty} \int_{-\infty}^{\infty} f(\boldsymbol{x}) e^{i\boldsymbol{k}\cdot\boldsymbol{x}} d^3 x$$

$$f(\boldsymbol{x}) = \frac{1}{(2\pi)^3} \int_{-\infty}^{\infty} \int_{-\infty}^{\infty} \int_{-\infty}^{\infty} g(\boldsymbol{k}) e^{-i\boldsymbol{k}\cdot\boldsymbol{x}} d^3 k \tag{8.19}$$

同様に，デルタ関数も多次元（下の例では3次元）に拡張できる：

$$\delta(\boldsymbol{x}) = \delta(x)\delta(y)\delta(z) = \frac{1}{(2\pi)^3} \int_{-\infty}^{\infty} \int_{-\infty}^{\infty} \int_{-\infty}^{\infty} e^{-i\boldsymbol{k}\cdot\boldsymbol{x}} d^3 k \tag{8.20}$$

ただし，指数関数の符号はプラスでもよい．そして，以下の性質を持つ：

$$\begin{cases} \delta(\boldsymbol{x}) = 0 & (\boldsymbol{x} \neq \boldsymbol{0}) \\ \int_{-\infty}^{\infty} \int_{-\infty}^{\infty} \int_{-\infty}^{\infty} \delta(\boldsymbol{x}) d^3 x = 1 \end{cases} \tag{8.21}$$

$$\int_{-\infty}^{\infty} \int_{-\infty}^{\infty} \int_{-\infty}^{\infty} \delta(\boldsymbol{x}) f(\boldsymbol{x} - \boldsymbol{y}) d^3 x = f(\boldsymbol{y}) \tag{8.22}$$

ただし，原点 $\boldsymbol{x} = \boldsymbol{0}$ または $\boldsymbol{x} = \boldsymbol{y}$ をそれぞれ含んでいれば，これらの積分領域はいかなる範囲でも構わない．

最後に，例題 8-2 で証明するが，応用上極めて重要な **畳み込み** (convolution) について，結果のみ示す．二つの関数 $f(x), g(x)$ の畳み込み $h(x)$ とは

$$h(x) \equiv \int_{-\infty}^{\infty} f(y) g(x-y) dy = \int_{-\infty}^{\infty} f(x-y) g(y) dy \equiv f(x) \star g(x) \tag{8.23}$$

で定義される．これは，時系列解析やグリーン関数などの基本的な形式となっている．畳み込みは各々の関数のフーリエ変換の積となる（$f(x), g(x), h(x)$ のフーリエ変換を $F(k), G(k), H(k)$ とする）：

$$H(k) = \int_{-\infty}^{\infty} e^{ikx} h(x) dx = F(k) \cdot G(k) \tag{8.24}$$

(8.23) で定義された時間や空間上での積分に比べて，周波数領域や波数領域では (8.24) のように極めて簡単に扱えて（練習問題 8-6），大量のデータ処理などに役立ち，実用上でも重要である．

[例題 8-2] ★　(8.23) で定義した二つの関数 $f(x)$ と $g(x)$ を積分した関数の畳み込み $h(x)$ のフーリエ変換 $H(k)$ は，$F(k)$ と $G(k)$ の積 (8.24) であることを示せ．

[解答]　途中で $x-y$ を変数とみなして，以下のように示される：

$$H(k) = \int_{-\infty}^{\infty} h(x)e^{ikx}dx = \int_{-\infty}^{\infty} dx \int_{-\infty}^{\infty} dy f(y)g(x-y)e^{ikx}$$
$$= \int_{-\infty}^{\infty} f(y)e^{iky}dy \int_{-\infty}^{\infty} g(x-y)e^{ik(x-y)}d(x-y) = F(k) \cdot G(k) \quad \square$$

8.4　フーリエ変換の応用例：グリーン関数 ★★

常微分方程式も偏微分方程式も，その解法にフーリエ変換が有効な場合が多い．ここでは，これらに関係するグリーン関数（詳しくは，参考文献中のファーロウ，Mathews and Walker, Morse and Feshbach を参照）の具体例も兼ねて，1 次元波動方程式をフーリエ変換を用いて解く：

$$\frac{\partial^2 w(x,t)}{\partial x^2} = \frac{1}{c^2} \frac{\partial^2 w(x,t)}{\partial t^2} + F(x,t) \tag{8.25}$$

この方程式は，速度 c の媒質中を力源 $F(x,t)$ から伝播する波動場 $w(x,t)$ を表している．時間 t と空間 x の二重フーリエ変換を用いれば，解を直接導けるが，以下では簡単のために一変数ごとに処理する．まず，時間について

$$w(x,t) = \frac{1}{2\pi} \int_{-\infty}^{\infty} u(x,\omega)e^{-i\omega t}d\omega \tag{8.26}$$

$$F(x,t) = \frac{1}{2\pi} \int_{-\infty}^{\infty} f(x,\omega)e^{-i\omega t}d\omega \tag{8.27}$$

と，フーリエ変換する．例えば，$\partial w(x,t)/\partial t$ では上の被積分関数内に $(-i\omega)$ の積が追加されるだけになる性質を利用して，方程式 (8.25) に代入すると，

$$\frac{1}{2\pi}\int_{-\infty}^{\infty}\frac{\partial^2 u(x,\omega)}{\partial x^2}e^{-i\omega t}d\omega$$
$$-\frac{1}{c^2}\frac{1}{2\pi}\int_{-\infty}^{\infty}u(x,\omega)\cdot(-i\omega)^2 e^{-i\omega t}d\omega-\frac{1}{2\pi}\int_{-\infty}^{\infty}f(x,\omega)e^{-i\omega t}d\omega$$
$$=\frac{1}{2\pi}\int_{-\infty}^{\infty}\left[\frac{\partial^2 u(x,\omega)}{\partial x^2}+\frac{\omega^2}{c^2}u(x,\omega)-f(x,\omega)\right]e^{-i\omega t}d\omega=0$$

すべての時間 t について，上の式が満足されるには括弧 $[\cdots]$ の中がゼロにならなくてはいけない．以下では，ある一つの角周波数 ω についてのみ考え，$u(x,\omega), f(x,\omega)$ はそれぞれ $u(x), f(x)$ と省略形にすると，波数 $k \equiv \omega/c$ として，次のヘルムホルツ方程式が導かれる：

$$\frac{d^2 u(x)}{dx^2}+k^2 u(x)=f(x) \tag{8.28}$$

さらに $u(x), f(x)$ の空間 x についてのフーリエ変換 $v(p), g(p)$ を考える：

$$u(x)=\frac{1}{2\pi}\int_{-\infty}^{\infty}v(p)e^{ipx}dp, \qquad v(p)=\int_{-\infty}^{\infty}u(x)e^{-ipx}dx \tag{8.29}$$

$$f(x)=\frac{1}{2\pi}\int_{-\infty}^{\infty}g(p)e^{ipx}dp, \qquad g(p)=\int_{-\infty}^{\infty}f(x)e^{-ipx}dx \tag{8.30}$$

ここで，時間のフーリエ変換 (8.26) と指数関数の符号を反対にしたのは，(8.9), (8.10) で示したように $\exp(i(px-\omega t))$ の形から，$\omega, p>0$ では x の正方向に伝播する波に対応させるためである．これらを (8.28) に代入すると，x についての微分は ip の積になることを用いて，

$$\frac{1}{2\pi}\int_{-\infty}^{\infty}\left[(ip)^2+k^2\right]v(p)e^{ipx}dp=\frac{1}{2\pi}\int_{-\infty}^{\infty}g(p)e^{ipx}dp$$

よって，フーリエ変換の形 $v(p)$ として解 $u(x)$ が求まる：

$$v(p)=\frac{1}{k^2-p^2}g(p) \tag{8.31}$$

(8.29), (8.30) より，$u(x)$ は以下の積分で表される：

$$u(x)=\frac{1}{2\pi}\int_{-\infty}^{\infty}\frac{g(p)}{k^2-p^2}e^{ipx}dp=\frac{1}{2\pi}\int_{-\infty}^{\infty}dp\frac{e^{ipx}}{k^2-p^2}\int_{-\infty}^{\infty}e^{-ipy}f(y)dy$$

ここで，グリーン関数 (Green's function) $G(x,y)$ を導入して解を表現すると，

$$u(x)=\int_{-\infty}^{\infty}G(x,y)f(y)dy, \qquad G(x,y)\equiv\frac{1}{2\pi}\int_{-\infty}^{\infty}\frac{e^{ip(x-y)}}{k^2-p^2}dp \tag{8.32}$$

で，解はグリーン関数と力源 $f(y)$ の畳み込み (8.23) となっている（練習問題

8-6)．

　最後に，このグリーン関数 $G(x,y)$ の具体的な形を求める．(8.32) の積分には 1 位の極が $p = \pm k$ にあり，この留数を評価する．しかし，実軸上，すなわち積分路の上に極があり，このままでは (8.32) の積分はできない．そこで，**因果律** (causality)（時間の向きは常に過去から未来に進み，$t \to -t$ の変換が式の上では可能でも，物理的には無意味である）を考慮して，この困難を解決する．それは，微小変数を付け加えて極を積分路である実軸から少しずらし，積分した後でその微小変数をゼロに戻す極限操作を行い，元の積分に戻す．

　具体的には，(8.32) で $k \to k + i\epsilon$ という正の微小量 ϵ を導入し，積分した後で $\epsilon \to 0+$ とする（$\epsilon \to 0-$ については，練習問題 8-8 で考察）．つまり，(8.32) の代わりに

$$G(x,y) = \lim_{\epsilon \to 0+} \frac{1}{2\pi} \int_{-\infty}^{\infty} \frac{e^{ip(x-y)}}{(k+i\epsilon)^2 - p^2} dp \tag{8.33}$$

とみなして，評価する．すると，極は $p = \pm(k+i\epsilon)$ となり実軸からずれる（図 8.1(a)）．ジョルダンの補題（例題 1-9）より，指数関数部分の符号に応じて C_1, C_2 の積分路を取ればよい：

(a) $x - y > 0$： C_1 の積分を選べば，半円上の積分はゼロとなり，

$$G(x,y) = \frac{1}{2\pi} \int_{-\infty}^{\infty} \{\cdots\} dp = \frac{1}{2\pi} \int_{C_1} \frac{e^{ip(x-y)}}{(k+i\epsilon)^2 - p^2} dp$$

C_1 内部の極は $p = k + i\epsilon$ のみなので，この留数の計算後に $\epsilon \to 0$ とすると，

$$G(x,y) = \frac{2\pi i}{2\pi} \left[(p - k - i\epsilon) \frac{e^{ip(x-y)}}{(k+i\epsilon)^2 - p^2} \right]_{p=k+i\epsilon} = i \left[\frac{e^{ip(x-y)}}{-(p+k+i\epsilon)} \right]_{p=k+i\epsilon}$$

$$= i \frac{e^{i(x-y)(k+i\epsilon)}}{-2(k+i\epsilon)} \longrightarrow \frac{-i}{2k} e^{ik(x-y)} \tag{8.34}$$

(b) $x - y < 0$： 時計回りの C_2 の積分を取ると，半円上の積分はゼロとなり，

$$G(x,y) = \frac{1}{2\pi} \int_{-\infty}^{\infty} \{\cdots\} dp = \frac{1}{2\pi} \int_{C_2} \frac{e^{ip(x-y)}}{(k+i\epsilon)^2 - p^2} dp$$

C_2 内部の極は $p = -k - i\epsilon$ のみなので，(a) の場合と同様にして，

$$G(x,y) = -\frac{1}{2\pi} 2\pi i \left[(p + k + i\epsilon) \frac{e^{ip(x-y)}}{(k+i\epsilon)^2 - p^2} \right]_{p=-k-i\epsilon}$$

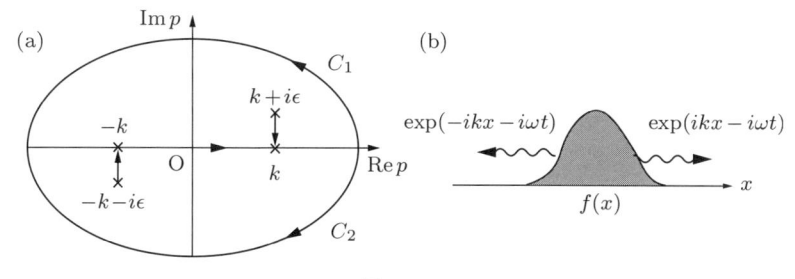

図 8.1

$$= -i\frac{e^{-i(x-y)(k+i\epsilon)}}{2(k+i\epsilon)} \longrightarrow \frac{-i}{2k}e^{-ik(x-y)} \tag{8.35}$$

これら二つの場合をまとめたグリーン関数と力源 $f(x)$ の畳み込みより解が求まる：

$$G(x,y) = -\frac{i}{2k}e^{ik|x-y|} \tag{8.36}$$

$$u(x) = \int_{-\infty}^{\infty} G(x,y)f(y)dy = -\frac{i}{2k}\int_{-\infty}^{\infty} e^{ik|x-y|}f(y)dy$$
$$= -\frac{i}{2k}\left[e^{ikx}\int_{-\infty}^{x} e^{-iky}f(y)dy + e^{-ikx}\int_{x}^{\infty} e^{iky}f(y)dy\right] \tag{8.37}$$

$x \to \pm\infty$ での解の漸近形を考えると，(8.37) の積分の片方だけがそれぞれ残る：

$$u(x) \to \begin{cases} -\dfrac{i}{2k}e^{ikx}\displaystyle\int_{-\infty}^{\infty} f(y)e^{-iky}dy = -\dfrac{i}{2k}e^{ikx}g(k) & (x \to \infty) \\ -\dfrac{i}{2k}e^{-ikx}\displaystyle\int_{-\infty}^{\infty} f(y)e^{iky}dy = -\dfrac{i}{2k}e^{-ikx}g(-k) & (x \to -\infty) \end{cases} \tag{8.38}$$

つまり，力源 $f(x)$ のフーリエ変換 $g(k)$ が $e^{\pm ikx}$ で伝播している形となっている．時間に対する関数は $e^{-i\omega t}$ であったから，図 8.1(b) のように力源 $f(x)$（または $g(k)$）から両側に速度 $c = \omega/k$ で拡がっていく波に対応する．

8.5　超関数としてのデルタ関数等の簡単な応用 ★★†

デルタ関数は従来の関数としての扱いはできず，厳密には超関数と呼ばれている種類に属する．練習問題 8-4 ではできるだけ簡単に超関数としてのデルタ関数を定義し，練習問題 8-5 では実用的に重要な公式を考察する．本節では，こ

のような簡単な定義のみを用いて，応用面でも参考になる超関数としてのデルタ関数の性質のいつかを解説する．

まず，関数 $f(x)$ にいくつかの不連続点がある場合に，デルタ関数との関係を考える．図 8.2 のように，N 個の不連続点 $x = x_j\,(j=1,\ldots,N)$ があり，

$$\gamma_j \equiv f(x_j+0) - f(x_j-0) \tag{8.39}$$

と，各不連続量（とびの量）を定義する．この関数 $f(x)$ の微分を超関数とみなして（不連続点では微分が定義できないので，$f(x)$ の微分は関数ではない），以下のように定義しておく：

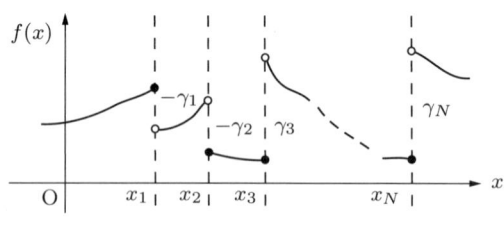

図 8.2

$$\{f'\}(x) \equiv \begin{cases} f'(x) & (x \neq x_j) \\ 0 & (x = x_j) \end{cases} \tag{8.40}$$

f の超関数としての導関数 df/dx である練習問題 8-4 の (8.59) のように定義すると，任意の関数 $\varphi(x)$ との積分は，(8.60) と合わせて以下のようになる：

$$\left\langle \frac{df}{dx}, \varphi \right\rangle = -\left\langle f, \frac{d\varphi}{dx} \right\rangle = -\int_{-\infty}^{\infty} f(x)\varphi'(x)dx$$

$$= -\int_{-\infty}^{x_1} f(x)\varphi'(x)dx - \sum_{j=1}^{N-1} \int_{x_j}^{x_{j+1}} f(x)\varphi'(x)dx - \int_{x_N}^{\infty} f(x)\varphi'(x)dx$$

上の各積分について部分積分を用いると（$f(x)$ は無限遠でゼロと仮定），

$$\left\langle \frac{df}{dx}, \varphi \right\rangle = -f(x_1-0)\varphi(x_1) + \int_{-\infty}^{x_1} f'(x)\varphi(x)dx$$
$$+ \sum_{j=1}^{N-1} \left\{ f(x_j+0)\varphi(x_j) - f(x_{j+1}-0)\varphi(x_{j+1}) + \int_{x_j}^{x_{j+1}} f'(x)\varphi(x)dx \right\}$$
$$+ f(x_N+0)\varphi(x_N) + \int_{x_N}^{\infty} f'(x)\varphi(x)dx$$

$$= \sum_{j=1}^{N} \gamma_j \varphi(x_j) + \int_{-\infty}^{\infty} \{f'\}(x)\varphi(x)dx$$

$$= \sum_{j=1}^{N} \gamma_j \langle \delta_{x_j}, \varphi \rangle + \langle \{f'\}, \varphi \rangle$$

$$= \left\langle \sum_{j=1}^{N} \gamma_j \delta_{x_j} + \{f'\}, \varphi \right\rangle$$

となる．ここで，超関数 $\delta(x - x_j)$ を超関数 δ_{x_j} と定義した．つまり，$f(x)$ を超関数とみなすと，上の結果は

$$\frac{df}{dx} = \{f'\} + \sum_{j=1}^{N} \gamma_j \delta_{x_j} \tag{8.41}$$

を示している．すなわち，不連続関数を超関数として微分すると，連続な点では通常の関数の微分 (8.40) であるのは当然として，不連続点では

$$\boxed{(\text{不連続量，または，とびの量}) \times (\text{デルタ関数})}$$

が追加されていることとなる．

この結果を具体的な例に応用して，フーリエ級数の重要な性質を理解する．

$$f(x) \equiv \left|\sin \frac{x}{2}\right| = \sum_{k=-\infty}^{\infty} C_k e^{ikx} \tag{8.42}$$

という複素フーリエ級数を例とする．この関数は図 8.3(a) のように $f'(x)$ に不連続点がある．関数の範囲を $-\pi \sim \pi$ として，その外側ではフーリエ級数としての周期関数で扱う．係数 C_k は，(7.19) より次のように求められる：

$$C_k = \frac{1}{2\pi} \int_{-\pi}^{\pi} \left|\sin \frac{x}{2}\right| e^{-ikx} dx$$

$$= \frac{1}{2\pi} \left(\int_{-\pi}^{0} \left(-\sin \frac{x}{2}\right) e^{-ikx} dx + \int_{0}^{\pi} \sin \frac{x}{2} e^{-ikx} dx \right)$$

右辺の $-\pi \to 0$ の積分において，変数を $x \to -x$ とすれば，

$$C_k = \frac{1}{2\pi} \int_{0}^{\pi} \sin \frac{x}{2} \left(e^{ikx} + e^{-ikx}\right) dx = \frac{1}{\pi} \int_{0}^{\pi} \sin \frac{x}{2} \cos kx \, dx = \frac{1}{2\pi} \frac{4}{1 - 4k^2}$$

すなわち，(8.42) のフーリエ級数は以下のように表現できる：

$$f(x) = \left|\sin \frac{x}{2}\right| = \frac{1}{2\pi} \sum_{k=-\infty}^{\infty} \frac{4}{1 - 4k^2} e^{ikx} \tag{8.43}$$

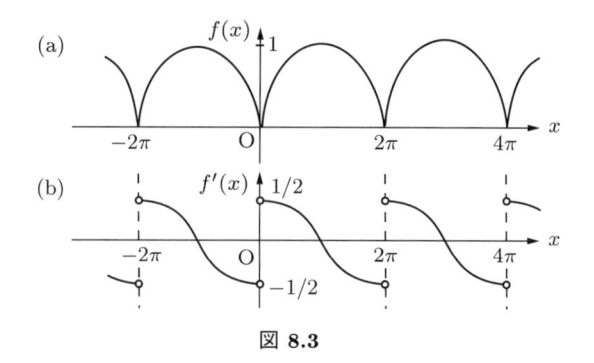

(a), (b) 図 8.3

これより，$-\infty < x < \infty$ での f', f'' を求める．f は連続なので f' は計算できる．しかし，例えば，$x : 0 \sim 2\pi$ では $f'(x) = \frac{1}{2}\cos\frac{x}{2}$ と連続な関数だが，その外側では無数の不連続点がある（図 8.3(b)）．不連続点 $x = 2\pi m$（m は整数）では不連続量（とび）は 1 となる．そこで，超関数 $\{f'\}$ を導入し，連続な領域では $f''(x) = -f(x)/4$ となっているので，(8.41) を用いると，

$$f'' = \{f''\} + \sum_{m=-\infty}^{\infty} \delta_{2\pi m} = -\frac{1}{4}f + \sum_{m=-\infty}^{\infty} \delta_{2\pi m} \tag{8.44}$$

となる．一方，(8.43) のフーリエ級数の結果を項別に 2 階微分すると

$$f''(x) = \frac{1}{2\pi}\sum_{k=-\infty}^{\infty} \frac{-4k^2}{1-4k^2} e^{ikx}$$

となるので，$f'' + f/4$ はフーリエ級数としては，以下のようになる：

$$f'' + \frac{1}{4}f = \frac{1}{2\pi}\sum_{k=-\infty}^{\infty}\left(\frac{-4k^2}{1-4k^2} + \frac{1}{4}\frac{4}{1-4k^2}\right)e^{ikx} = \frac{1}{2\pi}\sum_{k=-\infty}^{\infty} e^{ikx} \tag{8.45}$$

(8.44) と (8.45) を比べると，次の重要な結果が得られる：

$$\frac{1}{2\pi}\sum_{k=-\infty}^{\infty} e^{ikx} = \sum_{m=-\infty}^{\infty} \delta_{2\pi m} = \sum_{m=-\infty}^{\infty} \delta(x - 2\pi m) \tag{8.46}$$

無限領域で定義されて $x = 0$ のみが無限大のデルタ関数のフーリエ変換の表現 (8.16) と比較すれば，(8.46) の左辺のフーリエ級数はデルタ関数が 2π の間隔で並ぶような くし型関数 (comb function) となっていることがわかる（図 8.4）．これは，2π の周期関数である．実際に広く用いられている離散化（デジタル）データや数値シミュレーションにおいては，フーリエ変換ではなくフーリエ級

図 **8.4**

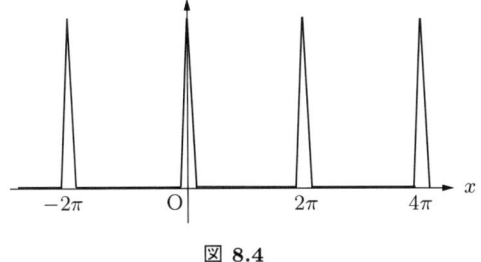

数の表現を用いるので，必然的に含まれるこの周期性の認識は重要である．超関数のフーリエ変換も，練習問題 8-4 に示す他の性質と同様に定義できる：

$$\langle \mathcal{F}u, \varphi \rangle = \langle u, \mathcal{F}\varphi \rangle \tag{8.47}$$

これを用いて，超関数としてのデルタ関数のフーリエ変換を求める．$u = \delta$ として，そのフーリエ変換 $\hat{\delta} \equiv \mathcal{F}\delta$ を一般の関数 $\varphi(x)$ と作用させると，

$$\left\langle \hat{\delta}, \varphi \right\rangle = \langle \delta, \mathcal{F}\varphi \rangle = \langle \delta, \hat{\varphi} \rangle = \int_{-\infty}^{\infty} \delta(x)\hat{\varphi}(x)dx = \hat{\varphi}(0)$$

となる．一方，フーリエ変換 $\hat{\varphi}(0)$ は以下のように表現されるので，

$$\hat{\varphi}(0) = [\mathcal{F}\{\varphi(x)\}]_{k=0} = \left[\int_{-\infty}^{\infty} \varphi(x)e^{ikx}dx\right]_{k=0} = \int_{-\infty}^{\infty} \varphi(x)dx = \langle 1, \varphi \rangle$$

となる．上の二つの結果を比べると，

$$\hat{\delta} = \mathcal{F}[\delta(x)] = 1 \tag{8.48}$$

と，(8.17) と同じ結果が超関数の定義からも得られることが確認された．

逆に，定数 1 を超関数とみなして，そのフーリエ変換を求めると，

$$\langle \hat{1}, \varphi \rangle = \langle 1, \hat{\varphi} \rangle = \int_{-\infty}^{\infty} 1 \cdot \hat{\varphi}(x)dx = \left[\int_{-\infty}^{\infty} \hat{\varphi}(x)e^{-iyx}dx\right]_{y=0}$$
$$= [2\pi\varphi(y)]_{y=0} = 2\pi\varphi(0)$$

となるので，やはり (8.16) と同じ結果になることが，確認される：

$$\langle \hat{1}, \varphi \rangle = 2\pi\varphi(0) = 2\pi \langle \delta, \varphi \rangle \quad \rightarrow \quad \hat{1} = 2\pi\delta \tag{8.49}$$

実は，$f(x) = 1$ はフーリエの積分定理 (8.11) を満たしていないので，厳密には (8.16) によるデルタ関数の表現は正しくない．本当は本節のような超関数による定義でなければならない．しかし，さまざまな結果はどちらの表現（フー

リエ変換と超関数）を用いても一致するので，収束条件を無視すれば，超関数を導入せずに 8.2 節の説明だけで応用上は十分であることが，ここで示された．

多次元での超関数も全く同様に拡張できる．例えば，練習問題 8-4(a) の 1 次元空間 x での定義 (8.60) は，3 次元空間 (x, y, z) とした場合には，

$$\langle T_f, \varphi \rangle = \iint \int_{-\infty}^{\infty} f(x,y,z)\varphi(x)\,dxdydz = \iint \int_{-\infty}^{\infty} f(\boldsymbol{x})\varphi(\boldsymbol{x})d^3x \tag{8.50}$$

また，微分 (8.59) に対して，偏微分は以下のようになる：

$$\left\langle \frac{\partial T_f}{\partial x}, \varphi \right\rangle = -\left\langle T_f, \frac{\partial \varphi}{\partial x} \right\rangle = -\iint \int_{-\infty}^{\infty} f(x,y,z) \frac{\partial \varphi}{\partial x}(x,y,z)\,dxdydz \tag{8.51}$$

最後に，前節で導入したグリーン関数もデルタ関数が絡むので，厳密には超関数として扱わなくてはならないが，これもフーリエ変換のみで説明できる．以下に，3 次元空間でのラプラス方程式のグリーン関数を例にして考える：

$$G(x,y,z) = G(\boldsymbol{x}) = -\frac{1}{4\pi|\boldsymbol{x}|} \quad (|\boldsymbol{x}| \equiv \sqrt{x^2+y^2+z^2}) \tag{8.52}$$

このグリーン関数の導出は，参考文献のファーロウ等を参照せよ．ラプラス方程式 (2.1) を考えているので，それに対応する $\nabla^2 G$ は，(8.51) に従って，超関数として以下のように定義される：

$$\langle \nabla^2 G, \varphi \rangle = -\langle \nabla G, \nabla \varphi \rangle = \langle G, \nabla^2 \varphi \rangle = \iiint_V G(\boldsymbol{x})\nabla^2 \varphi(\boldsymbol{x})d^3x \tag{8.53}$$

ここで積分領域 V を図 8.5 のように，原点回りの半径 ϵ の無限小の球 V_0，この球面を σ_ϵ，内向きの単位法線ベクトルを $\boldsymbol{n}$ とし，外側の領域 V_ϵ とに分ける．外側の領域ではガウス・グリーンの定理を用いて

$$\iiint_{V_\epsilon} G(\boldsymbol{x})\nabla^2 \varphi(\boldsymbol{x})d^3x = \iiint_{V_\epsilon} \nabla^2 G(\boldsymbol{x})\varphi(\boldsymbol{x})d^3x$$

$$= \iint_{\sigma_\epsilon} G(\boldsymbol{x})\frac{\partial \varphi}{\partial n}dS - \iint_{\sigma_\epsilon} \frac{\partial G}{\partial n}\varphi dS$$

ここで，原点以外ではグリーン関数 (8.52) は $\nabla^2 G(\boldsymbol{x}) = 0$（具体的に計算して確かめよ）となるので，上の積分値はゼロである．一方，右辺の二つの表面積分を原点に近づける，すなわち，$\epsilon \to 0$ の極限操作では，それぞれ以下のようになる（角度のみの積分 $d\Omega \equiv \sin\theta d\theta d\phi$ を導入すると，$dS = \epsilon^2 d\Omega$）：

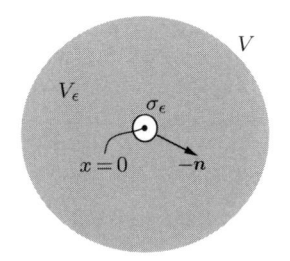

図 8.5

$$\iint_{\sigma_\epsilon} G(\boldsymbol{x})\frac{\partial \varphi}{\partial n}dS = \int_0^\pi \int_0^{2\pi} \frac{-1}{4\pi\epsilon}\left(-\frac{\partial \varphi}{\partial r}\right)\epsilon^2 d\Omega \ \to\ 0$$

$$\iint_{\sigma_\epsilon} \frac{\partial G(\boldsymbol{x})}{\partial n}\varphi dS = \int_0^\pi \int_0^{2\pi} \frac{-1}{4\pi\epsilon^2}\varphi(\epsilon,\Omega)\epsilon^2 d\Omega \ \to\ -\frac{\varphi(0)}{4\pi}\int_0^\pi \int_0^{2\pi} d\Omega = -\varphi(0)$$

$\epsilon \to 0$ の極限では,領域 V_ϵ は原点も含めた全領域 V となるので,まとめると,

$$\varphi(0) = \iiint_{V_\epsilon} G(\boldsymbol{x})\nabla^2 \varphi(\boldsymbol{x})d^3x \ \to\ \iiint_V G(\boldsymbol{x})\nabla^2 \varphi(\boldsymbol{x})d^3x = \langle \nabla^2 G, \varphi\rangle \tag{8.54}$$

(8.54) より,超関数としてのグリーン関数 G はデルタ関数で表現される:

$$\nabla^2 G = \delta \tag{8.55}$$

これは超関数の知識なしで仮定したグリーン関数の定義(すなわち,力源をデルタ関数とした場合の微分方程式の解)に対応している(練習問題 8-6 や (11.17) を参照).

　本節のような超関数の定義に基づいてデルタ関数やグリーン関数の性質を考察することは,数学的な厳密性に基づく立場では必要である.しかし,結果的には通常の関数として捉えた場合と大きな差はないことが確認された.したがって,実用的には超関数の概念は不要だが,本節で触れたような数学的な構造に基づいていることのみを頭の片隅に置き,あとは 8.4 節までの扱いで構わない.

練習問題

8-1★ 次の $f(x)$ のフーリエ変換を求めよ.

(a) $f(x) = \dfrac{1}{x^2+\mu^2}$　　$(\mu > 0)$　　　　(b) $f(x) = e^{-x^2/2a^2}$　　$(a > 0)$

(c) (b) の解答はやはりガウス分布の形となる.$f(x)$ のピークの幅とそのフーリエ変

換 $g(y)$ のピークの幅との関係を調べよ．

8-2★★ ここでは $f(x)$ のフーリエ変換を以下のように定義して，問いに答えよ．

$$F(k) \equiv \int_{-\infty}^{\infty} f(x)e^{ikx}dx$$

(a) $f(x)$ の微分 $f'(x)$ のフーリエ変換は，$(-ik)\cdot F(k)$ であることを示せ．

(b) 定数 C のフーリエ変換は，$2\pi C \cdot \delta(k)$ となることを示せ．

(c) $f(x)$ の不定積分 $g(x) = \int^x f(t)dt$ のフーリエ変換は，(a) の結果より推定すると，$F(k)/(-ik)$ となるはずだが，厳密には正しくない．類似の例として，$h(x) \equiv xf(x)$ は $x=0$ では $f(x) = h(x)/x$ にならず，厳密には $f(x) = h(x)/x + C\delta(x)$ と，デルタ関数が加わる．(b) の結果とあわせて，$g(x)$ のフーリエ変換はどのように表されるか．

(d) $g(x) = f(x+a)$ のフーリエ変換を，$F(k)$ を用いて表せ（すなわち，座標移動）．

(e) $F(k)$ を用いて，$xf(x)$ のフーリエ変換を示せ．同様に，$h(x) = x^n f(x)$ の場合も示せ．

(f) $f(x)$ が実数の場合，$F(k)$ はどのような性質を持つか．それを利用して，$f(x)$ の逆フーリエ変換を 0 から $+\infty$ の積分で表せ．

8-3★ (a) 次の $f(t)$ のフーリエ変換を求めよ．

$$f(t) = \begin{cases} 0 & (t<0) \\ Ae^{-t/\tau}\cos(\omega_0 t) & (t \geq 0) \end{cases}$$

(b) 上の $f(t)$ は減衰振動に対応する．$\tau \gg 2\pi/\omega_0$ として $f(t)$ およびそのフーリエ変換 $g(\omega)$ の絶対値 $|g(\omega)|^2$ を簡単に図示せよ．すると，$|g(\omega)|^2$ が ω_0 の回りに有限の幅を持つピークとなり，このピークの幅（最大値の半分になる所の幅）がだいたい $2/\tau$ になること，つまり τ が大きく（減衰が小さく）なり，$\cos(\omega_0 t)$ に近づくにつれてピーク幅が狭くなりデルタ関数に近づくこと，また τ が小さくなるとピーク幅が拡がることを確かめよ．(注：この物理的解釈は極めて重要である．)

8-4★★† この問題は，超関数としてのデルタ関数をやや理論的に扱う．収束などに関する厳密な数学的証明については，注意をひとまず払わずに，以下の (8.63) に示すように，他の任意の関数との積分という形式でのみ，デルタ関数は定義されることさえ，認識できれば十分である．

[超関数の定義] 以下に，超関数の数学的基礎をごく簡単にまとめる．より厳密な数学的議論に興味がある者は，参考文献の藤田・吉田やシュワルツなどを参照のこと．

(1) ベクトル空間 Ω 上で定義された数値関数を，汎関数と呼ぶ．かみくだいて述

8.5 超関数としてのデルタ関数等の簡単な応用 ★★†

べると，変数 x の関数 $u(x)$ に対して，関数 u を変数のようにみなして，その関数系が Ω を構成すると考える．任意の $u, v \in \Omega$ と任意の定数 α, β に対して，$T(\alpha u + \beta v) = \alpha T(u) + \beta T(v)$ が成立すれば，汎関数 $T(u)$ は線形である．また，汎関数が連続であるとは，関数の列（整数列のようにみなす）$\{u_n\} \in \Omega$ がある関数 $u \in \Omega$ に収束するのに対応して，列 $\{T(u_n)\}$ が $T(u)$ へ収束するとみなす．

(2) 空間のある有界な領域の外側でゼロになる関数を「台 (support) が有界な関数」と呼ぶ．連続な関数 $u(x) \neq 0$ となるような領域 x の集合を，その関数の台と呼ぶ．

(3) n 次元実空間 R^n 上の無限回微分可能で有界な台を持つ複素関数の空間を，$\mathcal{D}$ とする．$\mathcal{D}$ に属する関数の列 $\{u_j\}$ が $u \in \mathcal{D}$ に収束するとは，以下のことである：

  (a) u_j の台は j に無関係な同一の有界集合に含まれ，かつ

  (b) u_j のすべての m 次導関数が，$j \to \infty$ で u の m 次導関数に一様に収束する．

(4) ベクトル空間 $\mathcal{D}$ 上の連続な線形汎関数を超関数 T と呼び，次のように定義する：

$$\langle T, u \rangle \equiv T(u) \tag{8.56}$$

(5) 超関数の和，および任意の数 λ との積を，次のように定義する：

$$\langle T_1 + T_2, u \rangle = \langle T_1, u \rangle + \langle T_2, u \rangle, \qquad \langle \lambda T, u \rangle = \lambda \langle T, u \rangle \tag{8.57}$$

(6) 超関数 T と無限回微分可能な任意の関数 ϕ との積を，次のように定義する：

$$\langle \phi T, u \rangle = \langle T, \phi u \rangle \tag{8.58}$$

(7) 超関数 T の微分は

$$\left\langle \frac{\partial T}{\partial x}, u \right\rangle \equiv -\left\langle T, \frac{\partial u}{\partial x} \right\rangle \tag{8.59}$$

で定義される．つまり，部分積分のように微分を定義する．

以上の項目に基づいて，(a) から (f) の各問いについて，答えよ．

(a) （この問題は上の定義から比較的簡単に求まるが，数学的な問題なので必須問題とはしない．ただし，結果は重要なので十分理解すること．）$|f(x)|$ がすべての有界な領域の集合の上で積分可能となるような関数 $f(x)$ を用いて，

$$\langle T_f, u \rangle \equiv \int_{-\infty}^{\infty} f(x) u(x) dx \tag{8.60}$$

によって T_f を定義すると，T_f が超関数となることを示せ．

(b)
$$Y_\epsilon(x, a) \equiv \frac{1}{\pi} \int_{-\infty}^{x} \frac{\epsilon}{(x' - a)^2 + \epsilon^2} dx', \qquad \delta_\epsilon(x - a) \equiv \frac{d}{dx} Y_\epsilon(x, a) \tag{8.61}$$

とした $\epsilon \to 0$ での挙動を調べ，任意の $u(x) \in \mathcal{D}$ に対して，以下が成立することを

示せ．

$$\lim_{\epsilon\to+0}\int_{-\infty}^{\infty}\delta_\epsilon(x-a)u(x)dx=u(a) \tag{8.62}$$

(c) (これも必須問題ではないが，結果は最重要である．) (b) で定義される汎関数を $\langle\delta(a),u\rangle=u(a)$ と書き，(8.62) を模して

$$\int_{-\infty}^{\infty}\delta(x-a)u(x)dx=u(a) \tag{8.63}$$

と記す．これが「ディラックのデルタ関数の正式な定義」である．この $\delta(a)$ が超関数であることを示せ．

(d) 階段関数 $H(x)=1\ (x>0),\ =0\ (x<0)$ が超関数であることを示し（これも重要だが必須問題ではない），超関数の意味での微分がデルタ関数であることを示せ．

$$\frac{d}{dx}H(x)=\delta(x) \tag{8.64}$$

(e) 以下のようにもデルタ関数が定義できることを示せ．

(1) $\lim_{g\to\infty}\dfrac{\sin(gx)}{\pi x}=\delta(x)$ (2) $\lim_{\epsilon\to+0}\int_{-\infty}^{\infty}e^{ikx-\epsilon|k|}dk=2\pi\delta(x)$

(f) （これも必須問題ではないが結果は重要）正規直交関数系 $e_n(x)$ が区間 $-\infty<x<\infty$ で完全であるとき，超関数の意味で以下の関係が成立することを示せ．

$$\delta(x-y)=\sum_n e_n(x)e_n(y) \tag{8.65}$$

8-5 ★ 練習問題 8-4(c) の (8.63) の意味で定義されたデルタ関数について，次の性質を確かめよ．

(a) $\delta(-x)=\delta(x)$
(b) $x\delta(x)=0$
(c) $\delta(ax)=a^{-1}\delta(x)\quad (a>0)$
(d) $\delta(x^2-a^2)=(2a)^{-1}(\delta(x+a)+\delta(x-a))\quad (a>0)$
(e) $\int_{-\infty}^{\infty}\delta(x-a)\delta(x-b)dx=\delta(a-b)$
(f) $x\delta'(x)=-\delta(x)$
(g) $x\left(\dfrac{d}{dx}\right)^m\delta(x)=-m\left(\dfrac{d}{dx}\right)^{m-1}\delta(x)$
(h) (c) で $a<0$ のときはどうなるか．
(i) $\delta'(-x)=-\delta'(x)$
(j) $f(x)\delta(x-a)=f(a)\delta(x-a)$

8-6 ★ (a) 8.4 節のヘルムホルツ方程式において，グリーン関数 $G(x,y)$ はその形 (8.32) から $G(x,y)\equiv G(x-y)$ と定義される．こうすると，$u(x)$ はこの二つの畳み

込み，つまり $u(x)$ のフーリエ変換は，$G(x)$ と $f(x)$ のフーリエ変換の積となることを確かめよ．
$$u(x) = \int_{-\infty}^{\infty} G(x-y)f(y)dy = G(x) * f(x)$$

(b) ある線形システム（例えば，計測系）にデルタ関数 $\delta(t)$ を入力した場合の出力を $g(t)$ とする．$g(t)$ を**インパルス応答** (impulse responce) と呼ぶ．一般の信号 $s(t)$ が入力した場合の出力 $w(t)$ は，$g(t)$ と $s(t)$ の畳み込みで表されることを示せ．よって，$g(t)$ はグリーン関数と同じ意味を持ち，グリーン関数とは力源としてデルタ関数を仮定した出力であるインパルス応答に対応することが理解される．

8-7★ 1次元の熱拡散方程式
$$\kappa \frac{\partial^2 T(x,t)}{\partial x^2} = \frac{\partial T(x,t)}{\partial t}$$
をフーリエ変換を用いて解く．ここで考える空間領域 x は $-\infty$ から ∞ であり，$t=0$ で $T(x,0) = s(x)$ （すなわち初期条件）とする．

(a) $T(x,t)$ を x についてのフーリエ変換 $F(k,t)$ で表すと，$F(k,t)$ は
$$-\kappa k^2 F(k,t) = \frac{\partial F(k,t)}{\partial t}$$
という方程式を満たすことを示せ．

(b) (a) の方程式を解いて，次の解を求めよ（ただし，$\phi(k)$ は k のみの未定関数）．
$$F(k,t) = \phi(k) \cdot e^{-k^2 \kappa t}$$

(c) $t=0$ の初期条件より，$\phi(k)$ を $s(x)$ の積分形で示せ．

(d) (c) の結果を (b) に代入し，逆フーリエ変換を用いて $T(x,t)$ を求めよ．

8-8★★ 8.4節では，ヘルムホルツ方程式 (8.28) において，フーリエ変換を用いてグリーン関数を計算した．そこでの特異点を実軸上から少しずらす際に，$k \to k + i\epsilon$ としてから $\epsilon \to 0+$ の操作をして，力源から両側に拡がっていく波を確かめた．では，$\epsilon < 0$ としてグリーン関数を計算し，この物理的意味を簡単に論ぜよ．

8-9★★ 8.4節の説明を参考に，1次元の非同次のヘルムホルツ方程式
$$u''(x) + k^2 u(x) = e^{-\alpha|x|}$$
（k と α は正の実数）をフーリエ変換を用いて解く．

(a) $e^{-\alpha|x|}$ のフーリエ変換をまず求め，$u(x)$ をグリーン関数の形で求めよ．

(b) 一般解のうち，$|x| \to \infty$ での漸近解が以下の形となる解を導き，A と B を求めよ．

$$u(x) \simeq \begin{cases} Ae^{ikx} & (x \to \infty) \\ e^{ikx} + Be^{-ikx} & (x \to -\infty) \end{cases}$$

第9章 ラプラス変換とその他の積分変換

第8章のフーリエ変換では，e^{ikx} すなわち三角関数を通して変換を行った．また，積分領域が $-\infty \to \infty$ であったことも，ここで注意したい．三角関数以外の関数を用いても，積分形式による同様な変換が可能であることを，予想できる．また，用いる関数によって積分領域についてもフーリエ変換のそれとは異なる場合もある．本章では，ラプラス変換などのそのような積分変換の例を簡単に考察する．最近では，より一般的な関数を用いて積分変換を行う**ウエーブレット変換** (wavelet transform) と呼ばれる研究分野も発展中である．本章で考察する基本的な概念をきちんと理解できれば，このような最先端の内容についても，応用面に限れば，その習得はそれほど困難なものではないことを，強調しておく．

9.1　ラプラス変換 ⋆

どんな関数でもフーリエ変換が可能なわけではなく，ある収束条件を満たさないと変換の積分が発散してしまう（第8章では証明は示さなかったが，どんな収束条件であったか？）．わかりやすい例として

$$f(x) = A \text{ (constant)} \qquad \text{および} \qquad f(x) = x^2$$

を考える．これらのフーリエ変換は，(8.5) を用いて形式的にはそれぞれ

$$g(y) = \int_{-\infty}^{\infty} A e^{iyx} dx, \qquad g(y) = \int_{-\infty}^{\infty} x^2 e^{iyx} dx$$

と表現はできるが，これらの積分は明らかに発散してしまう．この積分領域の片側の $x \to +\infty$ にのみ配慮すると，たいていの関数については，e^{-cx}（ただし，c は正の実数）をかけた $f(x)e^{-cx}$ ならば，上のような積分を収束させることができる．ただし，このままでは $x \to -\infty$ の方で必ず発散してしまう．

領域の片側，例えば $x > 0$ あるいは $x < 0$ の状況も，理工系の現象では多い．特に，後でも触れるが，変数が時間の場合，過去から現在（または現在から未来）のように片側のみが無限となる例が多い．$x > 0$ に限定するには，階段関数（ヘビサイド関数）

$$H(x) = \begin{cases} 0 & (x < 0) \\ 1 & (x > 0) \end{cases} \tag{9.1}$$

を元の関数にかければよい．つまり $f(x)$ の代わりに $f(x)e^{-cx}H(x)$ のフーリエ変換 (8.5) を考えると，

$$g(y) = \int_{-\infty}^{\infty} f(x)e^{-cx}H(x)e^{iyx}dx = \int_0^{\infty} f(x)e^{-cx+iyx}dx$$

となり，逆フーリエ変換 (8.6) は

$$f(x)e^{-cx}H(x) = \frac{1}{2\pi}\int_{-\infty}^{\infty} g(y)e^{-ixy}dy$$

となる．ここで，新しい複素数の変数 $s \equiv c - iy$ を導入し，$g(y) \to F(s)$ と置き換えると，上のフーリエ変換と逆変換はそれぞれ

$$F(s) = \int_0^{\infty} f(x)e^{-sx}dx \tag{9.2}$$

$$f(x)H(x) = \frac{1}{2\pi i}\int_C F(s)e^{sx}ds \tag{9.3}$$

となる．ここで，逆変換 (9.3) の積分路 C は，虚軸と平行な $\mathrm{Re}\,s = c > 0$ の線に沿って下から上に進む（図 9.1(a)）．(9.2) のように定義された $F(s)$ を関数 $f(x)$ の**ラプラス変換** (Laplace transform) と呼ぶ．

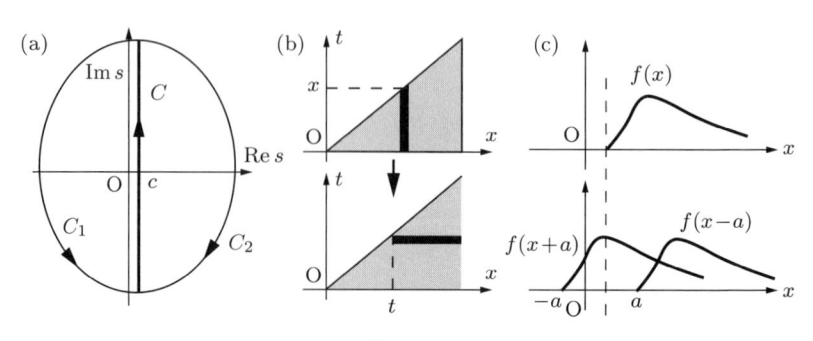

図 **9.1**

$x<0$ の場合，逆変換 (9.3) の被積分関数には e^{sx} があるので，${\rm Re}\,s>0$ では $|s|\to\infty$ の遠方で積分はゼロとなる．よって，(9.3) の積分路 C は，複素 s 平面の右半分の半円を時計回りする積分路 C_2（図 9.1(a)）と一致する．一方で，(9.3) の左辺は $H(x)$ よりゼロとなので，半円状の閉曲線 C_2 の積分がゼロになる．そのための条件は，「$F(s)$ は複素 s 平面の右半面 (${\rm Re}\,s>0$) で解析的」となる．左半分 (${\rm Re}\,s<0$) については，解析接続を用いて定義すればよい．

慣例として，逆ラプラス変換 (9.3) は，$H(x)$ を省略して積分路を明記した

$$f(x)=\frac{1}{2\pi i}\int_{c-i\infty}^{c+i\infty}F(s)e^{sx}ds \tag{9.4}$$

という形式で表し，その代わりにラプラス変換が適用できる関数は

$$f(x)=0 \quad (x<0) \tag{9.5}$$

という条件を暗に仮定している．しかし，厳密には (9.3) である．

物理的には，フーリエ変換は正弦波の重ね合せで任意の関数を表現するのに対して，ラプラス変換 (9.2) では減衰する指数関数 e^{-sx} で分解している．つまり，任意の関数をいろいろな時定数で減衰する関数の重ね合せで表現している．このことからも，$x\to-\infty$ で発散する，すなわちラプラス変換は，片側が有限な領域で定義された関数についてのみ適用できることが理解される．

[例題 9-1] ★ 次の関数のラプラス変換を求めよ．

$$f(x)=\begin{cases} 0 & (x<0) \\ 1 & (x>0) \end{cases}$$

また，その逆変換により元の $f(x)$ に戻ることを確かめよ．

[解答]

$$F(s)=\int_0^\infty f(x)e^{-sx}dx=\int_0^\infty e^{-sx}dx=\frac{1}{s}$$

ここで，$F(s)$ は $s=0$ で極になっており，図 9.1(a) の逆変換の積分路 C が虚数軸から c だけずれていないと重なってしまうことが，理解できる．逆ラプラス変換は

$$f(x)=\frac{1}{2\pi i}\int_{c-i\infty}^{c+i\infty}F(s)e^{sx}ds=\frac{1}{2\pi i}\int_{c-i\infty}^{c+i\infty}\frac{e^{sx}}{s}ds$$

となる．$x>0$ の場合，左半分の遠方の半円上では ${\rm Re}\,s<0$ より e^{sx} の項のためにゼロとなるので，図 9.1(a) のようにこの半円を含む積分路 C_1 と上の積分は同じであ

ることがわかる．C_1 内部の特異点は $s=0$ での極だけなので，留数定理を用いて

$$f(x) = \frac{1}{2\pi i}\int_{c-i\infty}^{c+i\infty}\frac{e^{sx}}{s}ds = \frac{1}{2\pi i}\oint_{C_1}\frac{e^{sx}}{s}ds = 2\pi i\frac{1}{2\pi i}\left[s\frac{e^{sx}}{s}\right]_{s=0} = 1$$

一方，$x<0$ の場合，右半分の半円 C_2 と逆ラプラス変換の積分は同じとなる．C_2 の内部で $F(s)$ は特異点がない，つまり解析的であるので

$$f(x) = \frac{1}{2\pi i}\oint_{C_2}\frac{e^{sx}}{s}ds = 0$$

となる．こうして，元の $f(x)$ に戻ることが示された．□

以下では，ラプラス関数の重要な性質のみ簡単に触れる：

(1) 微分

$f(x)$ のラプラス変換を $\mathcal{L}[f(x)] \equiv F(s)$ と表記すると，その微分 $f'(x)$ のラプラス変換は，部分積分を用いて

$$\int_0^\infty f'(x)e^{-sx}dx = \left[f(x)e^{-sx}\right]_0^\infty + s\int_0^\infty f(x)e^{-sx}dx$$

となり，右辺の第1項は $-f(0)$ なので，

$$\mathcal{L}[f'(x)] = s\mathcal{L}[f(x)] - f(0) \tag{9.6}$$

この結果に $f(0)$ が付くことに注意せよ（厳密には $f(x=0+)$）．フーリエ変換では（練習問題 8-2），$\mathcal{F}[f'(x)] = -ik\mathcal{F}[f(x)]$ と $f(0)$ のような項はない．

[例題 9-2] ★ 2階微分のラプラス変換は

$$\mathcal{L}[f''(x)] = s^2\mathcal{L}[f(x)] - sf(0) - f'(0)$$

となることを示せ．3階微分はどうなるか．

[解答]

$$\mathcal{L}[f''(x)] = \int_0^\infty f''(x)e^{-sx}dx = \left[f'(x)e^{-sx}\right]_0^\infty + s\mathcal{L}[f'(x)]$$
$$= s^2\mathcal{L}[f(x)] - sf(0) - f'(0)$$
$$\mathcal{L}[f^{(3)}(x)] = \int_0^\infty f^{(3)}(x)e^{-sx}dx = \left[f''(x)e^{-sx}\right]_0^\infty + s\mathcal{L}[f''(x)]$$
$$= s^3\mathcal{L}[f(x)] - s^2f(0) - sf'(0) - f''(0) \quad □$$

(2) 積分

$$\mathcal{L}\left[\int_0^x f(t)dt\right] = \int_0^\infty dx\, e^{-sx} \int_0^x f(t)dt = \int_0^\infty dt f(t) \int_t^\infty e^{-sx} dx$$
$$= \int_0^\infty \left[-\frac{e^{-sx}}{s}\right]_t^\infty f(t)dt = \frac{1}{s}\int_0^\infty f(t)e^{-st}dt = \frac{1}{s}\mathcal{L}\left[f(x)\right] \qquad (9.7)$$

ここでは，x, t の積分の順序を図 9.2(b) のように交換した後で，積分を行った．

(3) 座標移動 (shift-rule)

フーリエ変換の場合は座標の原点を正，負のどちらに移動しても形式的には変わらないが（練習問題 8-2），ラプラス変換の場合は原点が重要なので，$a > 0$ とすると，$f(x+a)$ と $f(x-a)$ のラプラス変換は異なる（図 9.1(c) 参照）．以下の導出では，$y \equiv x \pm a$ の変数変換を用いる．まず $f(x+a)$ では

$$\mathcal{L}\left[f(x+a)\right] = \int_0^\infty f(x+a)e^{-sx}dx = \int_a^\infty f(y)e^{-s(y-a)}dy$$
$$= e^{sa}\left[\int_0^\infty f(y)e^{-sy}dy - \int_0^a f(y)e^{-sy}dy\right]$$

よって

$$\mathcal{L}\left[f(x+a)\right] = e^{sa}\left[\mathcal{L}\left[f(x)\right] - \int_0^a f(x)e^{-sx}dx\right] \qquad (9.8)$$

一方，$f(x) = 0 \ (x < 0)$ なので，$f(x-a)$ では次のようになる：

$$\mathcal{L}\left[f(x-a)\right] = \int_0^\infty f(x-a)e^{-sx}dx = \int_{-a}^\infty f(y)e^{-s(y+a)}dy$$
$$= e^{-sa}\int_0^\infty f(y)e^{-sy}dy = e^{-sa} \cdot \mathcal{L}\left[f(x)\right] \qquad (9.9)$$

(4) $x^n f(x)$

$$\mathcal{L}\left[xf(x)\right] = \int_0^\infty xf(x)e^{-sx}dx = -\frac{d}{ds}\left[\int_0^\infty f(x)e^{-sx}dx\right] = -\frac{d}{ds}\mathcal{L}\left[f(x)\right]$$

よって，任意の整数 n については

$$\mathcal{L}\left[x^n f(x)\right] = (-1)^n \frac{d^n}{ds^n}\mathcal{L}\left[f(x)\right] \qquad (9.10)$$

ラプラス変換の畳み込みについては，練習問題 9-4 を参照せよ．

[例題 9-3] ★★　応用例として，0 次のベッセルの微分方程式

$$x\frac{d^2y}{dx^2} + \frac{dy}{dx} + xy = 0$$

((4.5) で $m=0$ とする) の解を，ラプラス変換を用いて求めよ．

[解答]　方程式の両辺に $\int_0^\infty dx e^{-sx}$ をかけると，第 1 項は部分積分を用いて，

$$\int_0^\infty xy''(x)e^{-sx}dx = \left[y'(x)xe^{-sx}\right]_0^\infty - \int_0^\infty y'(x)(1-sx)e^{-sx}dx$$

$$= s\int_0^\infty y'(x)xe^{-sx}dx - \int_0^\infty y'(x)e^{-sx}dx$$

最後の積分は，元の方程式の第 2 項の積分と打ち消しあう．上で残った積分はさらに

$$s\int_0^\infty y'(x)xe^{-sx}dx = \left[sy(x)xe^{-sx}\right]_0^\infty - s\int_0^\infty y(x)(1-sx)e^{-sx}dx$$

$$= -s\int_0^\infty y(x)e^{-sx}dx + s^2\int_0^\infty y(x)xe^{-sx}dx$$

となる．$\mathcal{L}[y(x)] \equiv Y(s)$ として，$x^n f(x)$ の結果 (9.10) も用いると，元の方程式の全体は，以下のようになる：

$$-s\int_0^\infty y(x)e^{-sx}dx + (s^2+1)\int_0^\infty xy(x)e^{-sx}dx = 0$$

$$\longrightarrow \ -sY(s) - (s^2+1)\frac{d}{ds}Y(s) = 0$$

これは $Y(s)$ についての常微分方程式であり，以下のように求まる (C' は定数)：

$$\frac{Y'(s)}{Y(s)} = -\frac{s}{s^2+1} \quad \longrightarrow \quad \ln Y(s) = -\frac{1}{2}\ln(s^2+1) + C'$$

未定定数 C を用いて，解 $y(x)$ のラプラス変換は $Y(s) = C/\sqrt{s^2+1}$ と求まる．あとはこの逆ラプラス変換を行って，$y(x)$ を最終的に求める．$\mathrm{Re}\,\alpha > 0$ として，

$$y(x) = \frac{C}{2\pi i}\int_{\alpha-i\infty}^{\alpha+i\infty}\frac{e^{sx}}{\sqrt{s^2+1}}ds = \frac{C}{2\pi i}\int_{\alpha-i\infty}^{\alpha+i\infty}\frac{e^{sx}}{(s+i)^{1/2}(s-i)^{1/2}}ds$$

という積分になる．被積分関数の平方根より $s = \pm i$ は分岐点で，2 点を結ぶ分岐カットを定める (図 9.2(a))．$x < 0$ では上の積分路は右半円の C_1 と一致するので，$y(x) = 0$ となる．

$x > 0$ では左半円の C_2 と一致するので，分岐カットを回る積分路 C_3 に帰着される．$z = -is$ と変数変換を行うと，C_3 は図 9.2(b) の積分路 C_4 となる．C_4 のうち，$z = \pm 1$ の回りの積分路は半径を小さくすると，ゼロに収束する (練習問題 9-6)．よっ

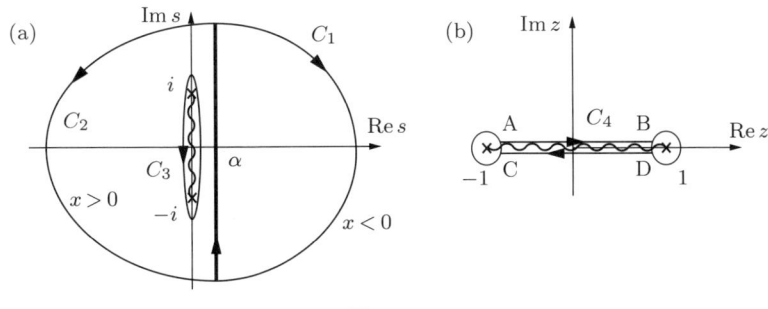

9.2 フーリエ・ベッセル変換 **

(a) / (b) 図 9.2

て，C_4 の積分路は AB および CD 上での積分のみとなり，$z \pm 1$ の位相は AB 上でゼロと選び，その他の位相を考慮する（練習問題 9-6）と，

$$y(x) = \frac{C}{2\pi} \oint_{C_4} \frac{e^{ixz}}{\sqrt{1-z^2}} dz = \frac{C}{2\pi} \left[\int_A^B \cdots dz - \int_C^D \cdots dz \right]$$

$$= \frac{C}{2\pi} \left[\int_{-1}^1 \frac{e^{ixz}}{\sqrt{1-z^2}} dz - \frac{1}{\sqrt{e^{2\pi i}}} \int_{-1}^1 \frac{e^{ixz}}{\sqrt{1-z^2}} dz \right] = \frac{C}{\pi} \int_{-1}^1 \frac{e^{ixz}}{\sqrt{1-z^2}} dz$$

となる．最後に $z = \sin\theta$ と変数変換すると，

$$y(x) = \frac{C}{\pi} \int_{-\frac{\pi}{2}}^{\frac{\pi}{2}} e^{ix\sin\theta} d\theta = \frac{C}{\pi} \int_{-\frac{\pi}{2}}^{\frac{\pi}{2}} \cos(x\sin\theta) d\theta = C J_0(x)$$

とベッセルの積分表示式 (4.46) に一致し，解は 0 次のベッセル関数となった． □

9.2 フーリエ・ベッセル変換 **

2 変数の関数 $f(x,y)$ の二重フーリエ変換とその逆変換を考える：

$$F(\xi,\eta) = \int_{-\infty}^{\infty} \int_{-\infty}^{\infty} f(x,y) e^{i\xi x + i\eta y} dx dy$$

$$f(x,y) = \frac{1}{(2\pi)^2} \int_{-\infty}^{\infty} \int_{-\infty}^{\infty} F(\xi,\eta) e^{-i\xi x - i\eta y} d\xi d\eta$$

ここで，直交座標から次のように極座標に変数変換を行う：

$$x = r\cos\phi, \ y = r\sin\phi \quad \text{および} \quad \xi = \zeta\cos\theta, \ \eta = \zeta\sin\theta \tag{9.11}$$

$dxdy = rdrd\phi$ および $d\xi d\eta = \zeta d\zeta d\theta$ より，フーリエ変換対はそれぞれ

$$F(\xi,\eta) \to F(\zeta,\theta) = \int_0^\infty r dr \int_0^{2\pi} d\phi\, f(r,\phi) e^{i\zeta r(\cos\phi\cos\theta + \sin\phi\sin\theta)}$$

$$= \int_0^\infty r dr \int_0^{2\pi} d\phi\, f(r,\phi) e^{i\zeta r\cos(\phi-\theta)} \quad (*)$$

$$f(x,y) \to f(r,\phi) = \frac{1}{(2\pi)^2} \int_0^\infty \zeta d\zeta \int_0^{2\pi} d\theta\, F(\zeta,\theta) e^{-i\zeta r\cos(\phi-\theta)} \quad (**)$$

ここで,偏角を表す ϕ については,一周したら $f(r,\phi)$ は元に戻る,すなわち 2π の周期性 $f(r,\phi) = f(r,\phi+2\pi)$ が成り立つ.これを満たすためには,第7章のフーリエ級数を用いて,$f(r,\phi) \propto e^{-in\phi}$ (n は整数) と表せば,

$$f(r,\phi) \equiv \sum_{n=-\infty}^{\infty} f_n(r) e^{-in\phi} \to f_n(r) e^{-in\phi} \tag{9.12}$$

のように,r と ϕ の部分に分離できる.ある n の場合についてのみ,つまり $f_n(r) e^{-in\phi}$ を以後は考える(最後に (9.12) のように n について和を取れば,一般の場合となる).これに対応する n 成分のフーリエ変換 $(*)$ は

$$F_n(\zeta,\theta) = \int_0^\infty f_n(r) r dr \int_0^{2\pi} e^{-in\phi + i\zeta r\cos(\phi-\theta)} d\phi$$

と表現できる.ここで $\phi = \theta + \varphi - \pi/2$ という変数 φ を導入し,さらに φ についての 2π の周期性も用いて積分領域を変更すると

$$F_n(\zeta,\theta) = \int_0^\infty f_n(r) r dr\, e^{-in(\theta-\frac{\pi}{2})} \int_{\frac{\pi}{2}-\theta}^{\frac{5\pi}{2}-\theta} e^{-in\varphi + i\zeta r\sin\varphi} d\varphi$$

$$= e^{-in(\theta-\frac{\pi}{2})} \int_0^\infty f_n(r) r dr \int_0^{2\pi} e^{-in\varphi + i\zeta r\sin\varphi} d\varphi$$

となる.ここで,ベッセル関数のベッセルの積分表示式 (4.46) を用いると ($\varphi \to -\varphi$ と変数変換して),このフーリエ変換は以下のようになる:

$$F_n(\zeta,\theta) = 2\pi e^{-in(\theta-\frac{\pi}{2})} \int_0^\infty f_n(r) J_n(\zeta r) r dr \equiv 2\pi e^{-in(\theta-\frac{\pi}{2})} F_n(\zeta)$$

ここで,r について上の積分を $F_n(\zeta)$ と表す.一方,(9.12) を $(**)$ に代入して

$$f(r,\phi) \to f_n(r) e^{-in\phi}$$

$$= \frac{1}{(2\pi)^2} \int_0^\infty \zeta d\zeta \int_0^{2\pi} d\theta\, F_n(\zeta) 2\pi e^{-in(\theta-\frac{\pi}{2})} e^{-i\zeta r\cos(\phi-\theta)}$$

となり,$\theta = \phi + \varphi + \pi/2$ と変数変換すると,θ の積分については

$$\int_0^{2\pi} e^{-in(\theta-\frac{\pi}{2})} e^{-i\zeta r \cos(\phi-\theta)} d\theta = e^{-in\phi} \int_{-\frac{\pi}{2}-\phi}^{\frac{3\pi}{2}-\phi} e^{-in\varphi+i\zeta r \sin\varphi} d\varphi$$

$$= e^{-in\phi} \int_0^{2\pi} e^{-in\varphi+i\zeta r \sin\varphi} d\varphi = 2\pi e^{-in\phi} J_n(\zeta r)$$

と，やはりベッセル関数を含む積分となる．まとめると，r, ζ という動径方向座標についてのフーリエ変換と逆変換は，以下のように表現される：

$$F_n(\zeta) = \int_0^\infty f_n(r) J_n(\zeta r) r dr \tag{9.13}$$

$$f_n(r) = \int_0^\infty F_n(\zeta) J_n(\zeta r) \zeta d\zeta \tag{9.14}$$

これらを**フーリエ・ベッセル変換** (Fourier-Bessel transform)，または $J_n(\zeta r)$ の代わりに $H_n^{(1)}(x)$ などで表現できるので，**ハンケル変換** (Hankel transform) とも呼ぶ．ここでベッセル関数の次数 n は偏角成分 $e^{-in\phi}$ というフーリエ級数の次数であることに注意．直交座標系では正弦波 e^{ikx} の足し合わせの表現に対して，極座標では動径方向はベッセル関数 $J_n(\zeta r)$ の足し合わせになっている．

[例題 9-4] ★ フーリエ・ベッセル変換の例として，2 次元のデルタ関数のフーリエ変換を極座標で表現し，その動径方向の関数 $\delta(r)$ を求めよ．

[解答]　2 次元のデルタ関数の直交座標でのフーリエ変換 (8.20) は

$$\delta(x)\delta(y) = \frac{1}{(2\pi)^2} \int_{-\infty}^\infty \int_{-\infty}^\infty e^{ik_x x + i k_y y} dk_x dk_y$$

となる．ここで，$(x,y) \to (r,\phi)$ および $(k_x, k_y) \to (k, \theta)$ の変換を考える．左辺は ϕ の依存性がないので，$\int_0^{2\pi} d\phi = 2\pi$ より，$2\pi\delta(r)$ と表現される．一方，右辺の被積分関数には θ の依存性がないので，(9.14) で $n=0$ のみ考えればよいので，結局

$$\delta(r) = \frac{1}{2\pi} \int_0^\infty J_0(kr) k dk \tag{9.15}$$

と，デルタ関数 $\delta(r)$ は 0 次のベッセル関数によって表現される．　□

9.3　メラン変換 ★★

ガンマ関数に類似して，ベキ乗関数の足し合わせとして任意の関数 $f(x)$ を表現する：

$$\Gamma(z) = \int_0^\infty x^{z-1} e^{-x} dx \longrightarrow G(z) \equiv \int_0^\infty x^{z-1} f(x) dx \qquad (9.16)$$

これを**メラン変換** (Mellin transform) と呼ぶ．数学的証明は省くが，ガンマ関数と比較すると，上の積分 (9.16) が収束するには，$|f(x)| < Mx^{z_0}$ (M: 定数) という z_0 が存在すればよいという条件を，直感的に理解できる．

(9.16) に対応する逆メラン変換を以下に導く．ある関数 $f(x)$ のフーリエ変換を $h(u)$ とすると，逆フーリエ変換も含めて $f(x)$ は以下のように表現される (8.2 節のデルタ関数の表現に対応)：

$$f(x) = \frac{1}{2\pi} \int_{-\infty}^\infty h(u) e^{-iyu} du = \frac{1}{2\pi} \int_{-\infty}^\infty du \int_{-\infty}^\infty dt f(t) e^{-iu(y-t)}$$

ここで，$x \equiv e^y$ という変数変換 ($0 < x < \infty \to -\infty < y < \infty$) を想定する．$e^t = \xi, dt = d\xi/\xi$ とすると，t または ξ についての上の積分はメラン変換となり，最後に $z = iu$ と変換すると，次の逆メラン変換が求まる：

$$f(x) = \frac{1}{2\pi} \int_{-\infty}^\infty du \int_0^\infty d\xi\, x^{-iu} \xi^{iu-1} f(\xi)$$
$$= \frac{1}{2\pi} \int_{-\infty}^\infty x^{-iu} G(iu) du = \frac{1}{2\pi i} \int_{-i\infty}^{i\infty} x^{-z} G(z) dz$$

逆ラプラス変換 (9.3) のようにこの積分路は虚数軸に沿っているが，収束を考えて，$\int_0^\infty x^\sigma |f(x)|/x dx < \infty$ となる正の実数 σ を導入する．上の両辺に x^σ をかけ，メラン変換の定義から $G(z) x^\sigma \to G(z+\sigma)$ より（例題 9-5）

$$x^\sigma f(x) = \frac{1}{2\pi i} \int_{-i\infty}^{i\infty} x^{-z} G(z) x^\sigma dz = \frac{1}{2\pi i} \int_{-i\infty}^{i\infty} x^{-z} G(z+\sigma) dz$$

となる．$z \to z + \sigma$ の変数変換をすると，次の逆メラン変換が求まる：

$$f(x) = \frac{1}{2\pi i} \int_{\sigma-i\infty}^{\sigma+i\infty} x^{-z} G(z) dz \qquad (9.17)$$

なお，メラン変換は積分表示式を議論する場合に便利な場合もあるが，微分方程式の具体的な解法などにはフーリエやラプラス変換ほどは役立たない．

[例題 9-5] ★ $f(x)$ のメラン変換を $G(z)$ とすると，$x^\sigma f(x)$ のメラン変換は $G(z+\sigma)$ となることを示せ．

[解答]
$$\int_0^\infty x^{z-1} (x^\sigma f(x)) dx = \int_0^\infty x^{(z+\sigma)-1} f(x) dx = G(z+\sigma) \qquad \square$$

[例題 9-6] ★　以下のメラン変換を求め，逆変換で $f(x)$ に戻ることも示せ．
$$f(x) = \begin{cases} 1 & (0 < x < 1) \\ 0 & (x > 1) \end{cases}$$

[解答]　関数 $f(x)$ のメラン変換は

$$G(z) = \int_0^1 x^{z-1} dx = \left[\frac{x^z}{z}\right]_0^1 = \frac{1}{z} \quad (z > 0)$$

となる．一方，逆メラン変換は，有限な $\sigma > 0$ の場合，逆ラプラス変換の積分路（図 9.1(a) の C）と同様に，$x > 1$ では複素 z 平面の右半円 C_2 を，$x < 1$ では左半円 C_1 の積分路と一致し，以下のように $f(x)$ に戻る：

$$f(x) = \frac{1}{2\pi i}\int_{\sigma-i\infty}^{\sigma+i\infty} x^{-z}\frac{dz}{z} = \begin{cases} \oint_{C_2} \cdots dz = 0 & (x > 1) \\ \oint_{C_1} \cdots dz = 2\pi i \frac{1}{2\pi i}\left[z\frac{x^{-z}}{z}\right]_{z=0} = 1 & (x < 1) \end{cases}$$

□

メラン変換はフーリエ変換やラプラス変換の場合と同様に，微分や積分そして畳み込みなどの重要な性質がある．一部は練習問題 9-8 で考察する．

9.4　ヒルベルト変換 ★

コーシーの主値積分 (1.19) を用いた以下の変換および逆変換を，$f(x)$ のヒルベルト変換 (Hilbert transform) $\mathcal{H}[f(x)]$ と呼ぶ：

$$g(y) = \frac{1}{\pi} P \int_{-\infty}^{\infty} \frac{f(x)}{x-y} dx \equiv \mathcal{H}[f(x)] \tag{9.18}$$

$$f(x) = -\frac{1}{\pi} P \int_{-\infty}^{\infty} \frac{g(y)}{y-x} dy \tag{9.19}$$

例えば，$f(x) = \cos ax$ とすると $g(y) = -\sin ay$，また $f(x) = \sin ax$ とすると $g(y) = \cos ay$ となる．一方，ヒルベルト変換を 2 回続けると，

$$g(y) = \mathcal{H}[f(x)] \longrightarrow \mathcal{H}[g(y)] = \mathcal{H}[\mathcal{H}[f(x)]] = -f(x) \tag{9.20}$$

と，符号が逆になる．さらに，証明はしないが

$$\int_{-\infty}^{\infty} |f(x)|^2 dx = \int_{-\infty}^{\infty} |g(y)|^2 dy \tag{9.21}$$

という，フーリエ変換のパーシバルの定理 (8.18) に似た関係も成立する．具体的な証明は示さないが，上のような性質から，

> ヒルベルト変換は位相を $\pi/2$ だけ進める

物理的な意味がある．解析関数なら，その実部にヒルベルト変換を行うと虚部になる．つまり，解析関数は実部と虚部が独立でないことがわかる（これはコーシー・リーマン微分方程式 (1.5), (1.6) でも指摘した）．

このようなことから，さまざまな波動現象を理解するのに，ヒルベルト変換は特に有効である．例えば，レンズの焦点のような部分を波が通過すると，その波形はヒルベルト変換した波形に変化する（つまり，位相が 90 度進む）．因果律もヒルベルト変換できれいに表現できる場合がある．特に，媒質に非弾性的減衰がある場合には，媒質の速度 c を実数から複素数にすればよいが $(\exp(i\omega t/c) \to \exp(i\omega t/(c-i\alpha)))$，この虚数部分 α が減衰率に対応する．因果律を満たすために，実部 c と虚部 α が互いにヒルベルト変換の関係でなくてはならない（**分散公式** (dispersion relations) とも呼ぶ，練習問題 1-9 参照）．

さらに，波形 $f(t)$ の**包絡線** (envelope) $h(t)$ は $f(t)$ のヒルベルト変換 $g(t)$ と合わせて，$h(t) = \left[f^2(t) + g^2(t)\right]^{1/2}$ で表現される（例：$f(t) = A\cos\omega t$ ならば，$g(t) = A\sin\omega t$ より $h(t) = A$ が振幅となる）．このように波動現象の理解やそのデータ解析にヒルベルト変換は重要である（より詳しくは，Mathews and Walker や Aki and Richards 等を参照せよ）．

練習問題

9-1★ 次の関数のラプラス変換を求めよ．また逆ラプラス変換によって元の関数に戻ることを確かめよ．

(a) $f(x) = \begin{cases} 1 & (0 \leq x < 1) \\ 0 & (x \geq 1) \end{cases}$ (b) $f(x) = x^n$ （n:整数）

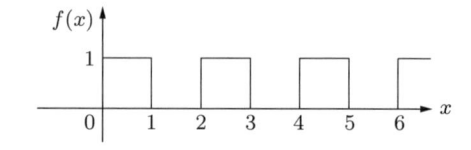

(c)

9-2★ デルタ関数 $\delta(x-x_0)$（ただし，$x_0>0$）のラプラス変換を求め，また，この逆ラプラス変換により $\delta(x-x_0)$ についての積分表示式を示せ．

9-3★ ラプラス変換で以下の関数となる $f(x)$ を求めよ．
$$\mathcal{L}[f(x)] \equiv \frac{1}{(s^2+1)(s+1)}$$

9-4★★† 関数 $f(x)$ と $g(x)$ のラプラス変換での畳み込み $h(x)$ を，以下に定義する：
$$h(x) = \int_0^x f(t)g(x-t)dt \tag{9.22}$$

$f(x), g(x)$ のラプラス変換を $F(s), G(s)$ とすると，$h(x)$ のラプラス変換 $H(s)$ は
$$H(s) = F(s) \cdot G(s) \tag{9.23}$$

と $F(s)$ と $G(s)$ の積になることを示せ．また，$F(s)$ と $G(s)$ が $\operatorname{Re} s > \alpha_1$, $\operatorname{Re} s > \alpha_2$ でそれぞれ存在すると，畳み込みの逆変換として $f(x)$ と $g(x)$ の積のラプラス変換は
$$\mathcal{L}[f(x) \cdot g(x)] = \frac{1}{2\pi i} \int_{c-i\infty}^{c+i\infty} F(z) \cdot G(s-z) dz \tag{9.24}$$

となり，積分路は $\operatorname{Re} s - \alpha_2 > c > \alpha_1$ であることを示せ．

9-5★★ 練習問題 9-3 について，ラプラス変換の畳み込み（練習問題 9-4）を利用して，$f(x)$ を二つの関数の積分形で求めよ．

9-6★† 例題 9-3 において，C_4 での積分のうち，$z=\pm 1$ を一周する積分はゼロになることを示せ（ヒント：$z=\epsilon e^{i\theta}\pm 1$ と変数変換すればよい）．また，位相を考慮して，C_4 の CD の積分を AB の積分と比べよ．

9-7★★ 9.2 節とは異なった視点，すなわち 8.1 節でフーリエ級数からフーリエ変換を導入したように，フーリエ・ベッセル変換を導く．k_n を $J_m(k_n a)=0$ となるような k_n とすると（m は整数），$0<x<a$ での任意の関数 $f(x)$ は，
$$f(x) = \sum_{n=1}^{\infty} C_n J_m(k_n x)$$

というベッセル関数の級数展開で表わされることを 4.2 節で説明した．ここで係数 C_n はどのような形であったか．そして，これらの式において積分の上限を $a \to \infty$ とすれば，以下のフーリエ・ベッセル変換と逆変換となることを示せ：
$$g(k) = \int_0^\infty f(x) J_m(kx) x\, dx, \qquad f(x) = \int_0^\infty g(k) J_m(kx) k\, dk$$

(ヒント：$a \to \infty$ で $g_n \equiv c_n/(k_n \Delta k) \to g(k)$, $\Delta k \equiv \pi/a \to 0$ となり，さらに，ベッセル関数の漸近形 (5.29) を用いる．)

9-8 ★★ (a) $f(x) = e^{-x}$ のメラン変換を求め，逆変換で元の関数に戻ることも示せ．
(b) 次に示すメラン変換の畳み込み，

$$\int_0^\infty v(\xi)w(\xi)\xi^{s-1}d\xi = \frac{1}{2\pi i}\int_{\sigma-i\infty}^{\sigma-i\infty} V_m(\rho)W_m(s-\rho)d\rho \tag{9.25}$$

を示せ．ただし，$V_m(\rho), W_m(\rho)$ はそれぞれ $v(\xi), w(\xi)$ のメラン変換である：

$$V_m(\rho) = \int_0^\infty v(\xi)\xi^{\rho-1}d\xi, \qquad W_m(\rho) = \int_0^\infty w(\xi)\xi^{\rho-1}d\xi \tag{9.26}$$

第10章
WKBJ 法
(物理学では WKB法)

第5章の練習問題 5-7 では，第2章の練習問題 2-3 で扱ったエアリー方程式の解であるエアリー関数 Ai(x) の $x \to \pm\infty$ における漸近形を，最急降下法を用いて求めた．これを拡張することで，一般の n 階の常微分方程式

$$\frac{d^n y}{dx^n} + Q(x)y = 0 \tag{10.1}$$

の解について，「$Q(x)$ がゆっくり変動」するという条件の下では，「すべての x」で十分な精度で成り立つ近似解を求めることができる．「ゆっくり変動」とは，10.1 節で定量的に定義をするが，例えば $Q(x)$ の前にパラメータ ω^2 をつけて

$$\frac{d^n y}{dx^n} + \omega^2 Q(x)y = 0 \tag{10.2}$$

として $\omega \to \infty$ の漸近解に対応する（練習問題 10-1）．(10.2) の表現は，波動現象で角周波数 ω が十分に大きい「高周波近似」（空間なら高波数近似）に当たる．例えば，物体よりも十分に波長の短い（波数が大きい）光が伝播してその影を生じたり，レンズで曲げられるような身近な多くの現象について，この条件が成り立つ．本章で解説するこのような近似解は，量子力学のシュレディンガー方程式に応用した Wentzel, Kramers および Brillouin の三名の頭文字を取って，物理学では「WKB 法」の名で知られる．しかし，応用数学の大家で，かつ地球物理学の父の一人でもある英国のジェフリース卿 (Sir Harold Jeffreys) が独自に考案し，さまざまな重要問題にも応用したので，本書では **WKBJ 法** (WKBJ method) と呼ぶ方が，よりふさわしいと考えた．

10.1 転移点（ゼロ点）がない場合の近似解 ⋆

WKBJ 法の基礎を理解するために，この章では，(10.1) の $n = 2$，すなわち 2 階の微分方程式のみを考える（一般の n の場合でも基本的な解法は全く同じ

で，例えば，参考文献の Bender and Orszag を参照せよ）：

$$\frac{d^2y}{dx^2} + Q(x)y = 0 \tag{10.3}$$

$Q(x)$ は「ゆっくり変動」すると仮定する．仮に $Q(x) \to Q_0$（定数）ならば

$$y(x) = \begin{cases} Ae^{i\sqrt{Q_0}x} + Be^{-i\sqrt{Q_0}x} & (Q_0 > 0) \\ Ce^{\sqrt{-Q_0}x} + De^{-\sqrt{-Q_0}x} & (Q_0 < 0) \end{cases}$$

のように，定数 A, B または C, D を用いて，解が厳密に表現できる．そこで，

$$y(x) = e^{i\phi(x)} \tag{10.4}$$

という，上に類似した指数関数に関数 $\phi(x)$ がかかった解を仮定する．すると，

$$\frac{dy}{dx} = i\phi'(x)e^{i\phi(x)}, \qquad \frac{d^2y}{dx^2} = -\phi'(x)^2 e^{i\phi(x)} + i\phi''(x)e^{i\phi(x)}$$

より，これらを元の微分方程式 (10.3) に代入すると，$\phi(x)$ が満たすべき方程式が次のように得られる：

$$-\phi'(x)^2 + i\phi''(x) + Q(x) = 0 \tag{10.5}$$

$Q(x)$ が「ゆっくり変動」した場合，$\phi''(x)$ が他の二つの項よりも小さく（その妥当性を以下で具体的に確認する，また例題 6-1 や 6-7 でも同様な近似を既に用いた），

$$-\phi'(x)^2 + Q(x) \simeq 0 \tag{10.6}$$

となるので，$Q(x)$ の符号によって次の二通りに求まる：

(a) $Q(x) > 0$ の領域

$$\phi'(x) \simeq \pm\sqrt{Q(x)} \quad \longrightarrow \quad \phi(x) \simeq \pm\int^x \sqrt{Q(t)}\,dt \tag{10.7}$$

方程式 (10.5) において，$\phi''(x)$ を $\phi'(x)^2, Q(x)$ より小さいと仮定して省略したが，結果 (10.7) よりその仮定が成立する条件を調べてみると，

$$\phi''(x) \simeq \pm\frac{1}{2}\frac{Q'(x)}{\sqrt{Q(x)}} \quad \longrightarrow \quad |\phi''(x)| \simeq \frac{1}{2}\frac{|Q'(x)|}{\sqrt{Q(x)}} \ll |Q(x)| \tag{10.8}$$

という $Q(x)$ の条件が求まる．解はおおまかには

$$y(x) \propto e^{\pm i\int^x \sqrt{Q(t)}\,dt} \longrightarrow e^{\pm i\sqrt{Q(x)}\,x} \tag{10.9}$$

10.1 転移点（ゼロ点）がない場合の近似解* 179

とフーリエ変換の形となっているので，x を空間座標とすると $\sqrt{Q(x)}$ は波数 k，よって $1/\sqrt{Q(x)}$ が波長のスケールに対応する．つまり，(10.5) で $\phi''(x)$ を他の項に比べて小さいとして落とすことができる条件 (10.8) は「一波長にわたる $Q(x)$ の変化量である $|Q'(x)/\sqrt{Q(x)}|$ が，$Q(x)$ そのものの大きさと比べて十分に小さい」ことに当たる．これが，WKBJ 法での「ゆっくりと変動」の定量的な定義である．

さて，解 (10.9) のように指数関数にかかる変数は求まったが，その前にかかる定数は一定である．そこで，より高次の近似の形を求めるために，(10.5) で省略した $\phi''(x)$ に (10.7) で求めた $\phi(x)$ を代入した

$$-\{\phi'(x)\}^2 \pm \frac{i}{2}\frac{Q'(x)}{\sqrt{Q(x)}} + Q(x) \simeq 0 \tag{10.10}$$

という方程式より，(10.5) について (10.6) よりも近似を高めた $\phi(x)$ の形を求める．すると，

$$\{\phi'(x)\}^2 \simeq Q(x) \pm \frac{i}{2}\frac{Q'(x)}{\sqrt{Q(x)}} \simeq Q(x)\left(1 \pm \frac{i}{2}\frac{Q'(x)}{Q(x)^{3/2}}\right)$$

$$\phi'(x) \simeq \pm\sqrt{Q(x)}\left(1 \pm \frac{i}{2}\frac{Q'(x)}{Q(x)^{3/2}}\right)^{1/2}$$

$$\simeq \pm\sqrt{Q(x)}\left(1 \pm \frac{i}{4}\frac{Q'(x)}{Q(x)^{3/2}}\right) \simeq \pm\sqrt{Q(x)} + \frac{i}{4}\frac{Q'(x)}{Q(x)}$$

ここでは，(10.8) の条件に基づくテイラー展開を用いた．また，最後の式の第 2 項の符号がプラスのみであるのは，直前の式で先頭の符号がプラスの場合に括弧の中の符号はプラス，先頭がマイナスなら括弧内はマイナスと (10.7) で定めたからである．上の式を積分すると，

$$\phi(x) \simeq \pm\int^x \sqrt{Q(t)}\,dt + \frac{i}{4}\ln|Q(x)| \tag{10.11}$$

と $\phi(x)$ が求まる．これを (10.7) に比べると，近似を高めたことによって (10.11) の第 2 項が補正項として追加されたことがわかる．こうして $Q(x) > 0$ の領域での解 $y_\mathrm{I}(x)$ は，未定数 A, B を用いて

$$y_\mathrm{I}(x) = e^{i\phi(x)} \simeq e^{-\frac{1}{4}\ln Q(x)}\left[Ae^{\left(i\int^x \sqrt{Q(t)}\,dt\right)} + Be^{\left(-i\int^x \sqrt{Q(t)}\,dt\right)}\right]$$

$$\simeq \frac{1}{Q(x)^{1/4}}\left[A\exp\left(i\int^x \sqrt{Q(t)}\,dt\right) + B\exp\left(-i\int^x \sqrt{Q(t)}\,dt\right)\right]$$

$$\tag{10.12}$$

と，近似解が求まった．近似を高めたことで追加された (10.11) の第 2 項は，振幅 $1/Q(x)^{1/4}$ に対応する．(10.12) では，指数関数の中の位相だけでなく振幅の変動も表現されているので，実用的にも価値が高い．「$Q(x)$ がゆっくり変動」するわけだから，振幅 $1/Q(x)^{1/4}$ の変動は確かに小さくなっている．

(b) $Q(x) < 0$ の領域

$\phi(x)$ が満たす方程式 (10.5) において，$\phi''(x)$ を無視した (10.6) より

$$\phi'(x) \simeq \pm i\sqrt{-Q(x)} \longrightarrow \phi(x) \simeq \pm i\int^x \sqrt{-Q(t)}\,dt \tag{10.13}$$

(a) の場合と同様に，(10.5) で無視した $\phi''(x)$ に (10.13) で求めた $\phi(x)$ を代入すると，(10.5) は次の方程式となる：

$$-\{\phi'(x)\}^2 \mp \frac{1}{2}\frac{-Q'(x)}{\sqrt{-Q(x)}} + Q(x) \simeq 0 \tag{10.14}$$

(a) の場合と同様に，テイラー展開による近似を用いて (10.14) を解くと，

$$\{\phi'(x)\}^2 \simeq -(-Q(x)) \mp \frac{1}{2}\frac{-Q'(x)}{\sqrt{-Q(x)}} \simeq -(-Q(x))\left(1 \pm \frac{1}{2}\frac{-Q'(x)}{(-Q(x))^{3/2}}\right)$$

$$\phi'(x) \simeq \pm i\sqrt{-Q(x)}\left(1 \pm \frac{1}{2}\frac{-Q'(x)}{(-Q(x))^{3/2}}\right)^{1/2}$$

$$\simeq \pm i\sqrt{-Q(x)}\left(1 \pm \frac{1}{4}\frac{-Q'(x)}{(-Q(x))^{3/2}}\right) \simeq \pm i\sqrt{-Q(x)} + \frac{i}{4}\frac{-Q'(x)}{-Q(x)}$$

よって，$\phi(x)$ が以下のように求まる：

$$\phi(x) \simeq \pm i\int^x \sqrt{-Q(t)}\,dt + \frac{i}{4}\ln(-Q(x)) \tag{10.15}$$

となり，$Q(x) < 0$ の領域での解 $y_{\text{III}}(x)$ は，未定定数 C, D で次のようになる：

$$y_{\text{III}}(x) \simeq e^{-\frac{1}{4}\ln(-Q(x))}\left[Ce^{\left(\int^x \sqrt{-Q(t)}\,dt\right)} + De^{\left(-\int^x \sqrt{-Q(t)}\,dt\right)}\right]$$

$$\simeq \frac{1}{(-Q(x))^{1/4}}\left[C\exp\left(\int^x \sqrt{-Q(t)}\,dt\right) + D\exp\left(-\int^x \sqrt{-Q(t)}\,dt\right)\right] \tag{10.16}$$

もし $Q(x)$ の符号が x のすべての領域で正または負のどちらかであれば，(10.12) の $y_{\text{I}}(x)$ または (10.16) の $y_{\text{III}}(x)$ が「すべての x」についてのよい近似解を与える．これが WKBJ 法による最も簡単な場合の解である．

10.2 転移点（ゼロ点）付近での近似解 ★

前節で求めた解 $y_\mathrm{I}(x), y_\mathrm{III}(x)$ の形を見れば，振幅の部分はいずれも $|Q(x)|^{-1/4}$ に比例しているので，$Q(x) \to 0$ では発散する．つまり，(10.12)，(10.16) の近似解が崩れていくことが容易にわかる．そこで，$Q(x) = 0$ となる点の近傍での近似解は，別の解の形を考えなくてはいけない．以下では $Q(x)$ のゼロ点が $x = x_0$ の一つだけで，

$$Q(x) = \begin{cases} > 0 & (x < x_0) \\ = 0 & (x = x_0) \\ < 0 & (x > x_0) \end{cases} \tag{10.17}$$

の場合を考える（図10.1(a)）．$x \ll x_0$ では (10.12) の $y_\mathrm{I}(x)$，そして $x \gg x_0$ では (10.16) の $y_\mathrm{III}(x)$ の近似解が成立する．これに対して，$x = x_0$ 付近ではエアリー関数で表現されることを以下で示す．次節では，その解の $x \to \pm\infty$ での漸近形を用いて，先に求めた $y_\mathrm{I}(x)$ と $y_\mathrm{III}(x)$ の未定定数との関係（ゼロ点での接続，と呼ぶ）を求める．これによって，すべての x について極めてよい近似解が得られる．ゼロ点が2個以上ある場合でも，この接続の方法を適応すれば，簡単に拡張できる（練習問題 10-2）．

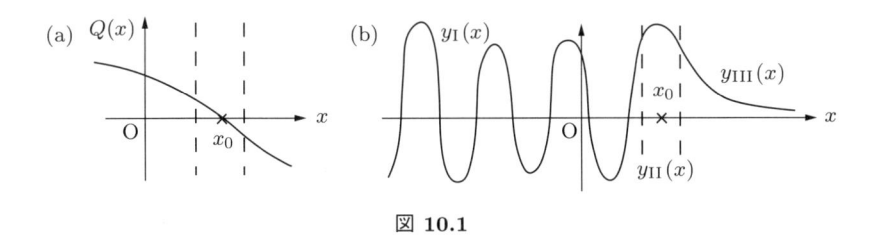

図 10.1

(c) $Q(x) \simeq 0$ 付近の領域（$x \simeq x_0$，この点を**転移点** (turning point) と呼ぶ）

$Q(x)$ を x_0 の回りでテイラー展開し，$a \equiv -Q'(x_0) > 0$ と定義して，

$$Q(x) = Q(x_0) + Q'(x_0)(x - x_0) + \cdots \simeq -a(x - x_0) \tag{10.18}$$

と近似できるので，$x \simeq x_0$ での解くべき方程式は

$$\frac{d^2 y}{dx^2} - a(x - x_0)y \simeq 0 \tag{10.19}$$

となる．(10.19) は，練習問題 2-3 や 5-7 で扱ったエアリーの微分方程式

$d^2y/dx^2 - xy = 0$ と同じ形である．よって，この解であるエアリー関数 $\mathrm{Ai}(x)$ を用いて，(10.19) の解は $y(x) \propto \mathrm{Ai}\left(a^{1/3}(x-x_0)\right)$ と表現できる．未定定数 E を導入すると，この領域での近似解 $y_{\mathrm{II}}(x)$ は，以下のように表される：

$$y_{\mathrm{II}}(x) = E \cdot \mathrm{Ai}\left(a^{1/3}(x-x_0)\right) \tag{10.20}$$

10.3 転移点での解の接続 ★★

まず，10.1 節の結果について，(10.17) のように $Q(x) < 0$ の領域が $x > x_0$ である場合，$x \to \infty$ で解が発散しないために，その領域での近似解 (10.16) の $y_{\mathrm{III}}(x)$ について，未定定数の一つは $\boxed{C=0}$ でなくてはならない．残る作業は，(c) で求めた解 (10.20) の $y_{\mathrm{II}}(x)$ を $x \to -\infty$ として，その領域の解 (10.12) の $y_{\mathrm{I}}(x)$ と一致させ，さらに $x \to \infty$ では (10.16) の $y_{\mathrm{III}}(x)$ と一致させる．この二つの極限操作から，四つの未定定数 A, B, D, E の間の関係を導く．そのためには，練習問題 5-7 で求めた $\mathrm{Ai}(x)$ の以下の漸近形を利用する：

$$\mathrm{Ai}(x) \simeq \begin{cases} \dfrac{1}{2\sqrt{\pi}} x^{-\frac{1}{4}} \exp\left(-\dfrac{2}{3} x^{\frac{3}{2}}\right) & (x \to \infty) \\ \dfrac{1}{\sqrt{\pi}} |x|^{-\frac{1}{4}} \sin\left(\dfrac{2}{3} |x|^{\frac{3}{2}} + \dfrac{\pi}{4}\right) & (x \to -\infty) \end{cases} \tag{10.21}$$

最初に $y_{\mathrm{II}}(x)$ と $y_{\mathrm{III}}(x)$ の接続の条件を考える．(10.20) の漸近形 (10.21) より，$y_{\mathrm{II}}(x)$ は $y_{\mathrm{III}}(x)$ の領域に向かう $(x \to \infty)$ につれて，

$$y_{\mathrm{II}}(x) = E \cdot \mathrm{Ai}\left(a^{1/3}(x-x_0)\right) \longrightarrow \frac{E}{2\sqrt{\pi} a^{\frac{1}{12}} (x-x_0)^{\frac{1}{4}}} \exp\left(-\frac{2}{3} a^{\frac{1}{2}} (x-x_0)^{\frac{3}{2}}\right) \tag{10.22}$$

という漸近形となる．一方，$C=0$ より (10.16) の $y_{\mathrm{III}}(x)$ は

$$y_{\mathrm{III}}(x) \simeq \frac{D}{|-Q(x)|^{\frac{1}{4}}} \exp\left[-\int_{x_0}^{x} \sqrt{-Q(t)}\, dt\right] \tag{10.23}$$

なので，$y_{\mathrm{II}}(x)$ の領域に向かっていくと $x \to x_0+$ という極限に当たり，$x \simeq x_0$ では $Q(x) \simeq -a(x-x_0)$ となっている．よって，

$$\begin{aligned} y_{\mathrm{III}}(x) &\longrightarrow \frac{D}{a^{\frac{1}{4}}(x-x_0)^{\frac{1}{4}}} \exp\left[-\int_{x_0}^{x} \sqrt{a(t-x_0)}\, dt\right] \\ &= \frac{D}{a^{\frac{1}{4}}(x-x_0)^{\frac{1}{4}}} \exp\left[-\frac{2}{3} a^{\frac{1}{2}} (x-x_0)^{\frac{3}{2}}\right] \end{aligned} \tag{10.24}$$

と，$y_{\text{III}}(x)$ の漸近形が求まる．このように求めた $y_{\text{II}}(x)$ と $y_{\text{III}}(x)$ の漸近形である (10.22) と (10.24) が一致するには

$$\frac{E}{2\sqrt{\pi}} a^{\frac{1}{6}} = D \longrightarrow E = 2\sqrt{\pi} a^{-\frac{1}{6}} D \tag{10.25}$$

でなくてはならない．D を未定定数として残すと E が消去でき，$y_{\text{II}}(x)$ は (10.20) の代わって以下のように表せる：

$$y_{\text{II}}(x) = 2\sqrt{\pi} a^{-\frac{1}{6}} D \cdot \text{Ai}\left(a^{1/3}(x - x_0)\right) \tag{10.26}$$

次に，$y_{\text{II}}(x)$ と $y_{\text{I}}(x)$ の接続の条件を考える．まず，$y_{\text{II}}(x)$ の $y_{\text{I}}(x)$ の領域への漸近形を考えるには，$x \to -\infty \,(x < x_0)$ とする．未定定数 D を用いた $y_{\text{II}}(x)$ の漸近形 (10.26) は，(10.21) の $x \to -\infty$ での結果より，

$$y_{\text{II}}(x) \longrightarrow 2D a^{-\frac{1}{6}} a^{-\frac{1}{12}} (x_0 - x)^{-\frac{1}{4}} \sin\left(\frac{2}{3} a^{\frac{1}{2}} (x_0 - x)^{\frac{3}{2}} + \frac{\pi}{4}\right)$$

$$= \frac{2D}{a^{\frac{1}{4}} (x_0 - x)^{\frac{1}{4}}} \sin\left(\frac{2}{3} a^{\frac{1}{2}} (x_0 - x)^{\frac{3}{2}} + \frac{\pi}{4}\right) \tag{10.27}$$

となる．一方，$x \simeq x_0$ での $y_{\text{I}}(x)$ の漸近形については，$Q(x) \simeq -a(x - x_0) = a(x_0 - x)$ となっているので，(10.12) は $x \to x_0-$ で以下のようになる：

$$y_{\text{I}}(x) \longrightarrow \frac{1}{a^{\frac{1}{4}} (x_0 - x)^{\frac{1}{4}}} \left[A \exp\left(ia^{\frac{1}{2}} \int_{x_0}^{x} \sqrt{x_0 - t}\, dt\right) + B \exp\left(-ia^{\frac{1}{2}} \int \cdots \right) \right]$$

$$= \frac{1}{a^{\frac{1}{4}} (x_0 - x)^{\frac{1}{4}}} \left[A \exp\left(-i \frac{2}{3} a^{\frac{1}{2}} (x_0 - x)^{\frac{3}{2}}\right) + B \exp\left(i \frac{2}{3} a^{\frac{1}{2}} (x_0 - x)^{\frac{3}{2}}\right) \right] \tag{10.28}$$

よって，$y_{\text{I}}(x)$ と $y_{\text{II}}(x)$ の漸近形 (10.27) と (10.28) が一致するには，

$$A = iB = Di e^{-i\frac{\pi}{4}} \tag{10.29}$$

でなくてはならない．未定定数 D のみを用いて，$y_{\text{I}}(x)$ の (10.12) は以下のように表される：

$$y_{\text{I}}(x) \simeq \frac{iD}{Q(x)^{\frac{1}{4}}} \left[\exp\left(i \int_{x_0}^{x} \sqrt{Q(t)}\, dt - i\frac{\pi}{4}\right) - \exp\left(-i \int_{x_0}^{x} \sqrt{Q(t)}\, dt + i\frac{\pi}{4}\right) \right]$$

$$\simeq \frac{2D}{Q(x)^{\frac{1}{4}}} \sin\left[\int_{x}^{x_0} \sqrt{Q(t)}\, dt + \frac{\pi}{4}\right] \tag{10.30}$$

以上のように，$y(x)$ の三つの領域についての近似解がただ一つの未定定数

D を用いて，すべて求まった（ただし，$Q(x_0) = 0, a \equiv -Q'(x_0)$ とする）．
(10.23), (10.26) そして (10.30) をまとめると，以下のようになる：

$$y(x) \simeq \begin{cases} 2Q(x)^{-\frac{1}{4}} D \cdot \sin\left[\int_x^{x_0} \sqrt{Q(t)} dt + \frac{\pi}{4}\right] & (x \ll x_0, \ Q(x) > 0) \\ 2\sqrt{\pi} a^{-\frac{1}{6}} D \cdot \mathrm{Ai}\left(a^{\frac{1}{3}}(x - x_0)\right) & (x \simeq x_0, \ Q(x) \simeq 0) \\ (-Q(x))^{-\frac{1}{4}} D \cdot \exp\left[-\int_{x_0}^x \sqrt{-Q(t)} dt\right] & (x \gg x_0, \ Q(x) < 0) \end{cases}$$
(10.31)

これが，WKBJ 法による $d^2y/dx^2 + Q(x)y = 0$ の近似解である．

練習問題 5-7 でエアリー関数の性質について解説したが，上の近似解（図 10.1）はその自然な拡張であることが理解される．すなわち，$Q(x) < 0$ の領域では減衰する指数関数となり，一方，$Q(x) > 0$ では三角関数で表現される振動する解となる．そして，その二つが接続する部分で位相が $\pi/4$ だけずれている（振動する領域に向かって位相が進んでいる）ことがわかる．ベッセル関数の漸近解 (5.29) でもこの $\pi/4$ の位相のずれがあったように（その場合は 原点という特異点で位相がずれていた），このような特異点（あるいは波の性質が異なる領域の境界）を通しての位相のずれは，波動現象などに共通して見られる重要な特徴である．より詳しい具体例での考察については，Bender and Orszag や Aki and Richards などを参照せよ．

練習問題

10-1 ★ WKBJ 法で「ゆっくり変動」の条件は，あるパラメータを指標にしても考えられる．ここでは，速度 $c(x)$ の 1 次元の波動方程式

$$\frac{\partial^2 u(x,t)}{\partial x^2} - \frac{1}{c(x)^2} \frac{\partial^2 u(x,t)}{\partial t^2} = 0 \tag{10.32}$$

を考え，$\omega \to \infty$ という高周波近似の解として WKBJ 法を適用する．

(a) $u(x,t)$ の時間についてのフーリエ変換 $U(x,\omega)$ が満たす方程式を求めよ．

(b) (a) で求めた方程式について，WKBJ 法を用いる．ここでは $U(x,\omega) = Ae^{i\omega\phi(x)}$ と解を仮定する（ただし，$U(x_0, \omega) = A$ と基準点 x_0 での振幅を A とする）．$\phi(x)$ について方程式を求め，$\omega \to \infty$ として ω の次数の高い項を選ぶことで，本文の WKBJ 法の結果と同様な $U(x,\omega)$，つまり $u(x,t)$ の振幅と位相が求まることを示せ．

上の結果を 3 次元に拡張して，

$$\nabla^2 u(\boldsymbol{x},t) - \frac{1}{c(\boldsymbol{x})^2}\frac{\partial^2 u(\boldsymbol{x},t)}{\partial t^2} = 0 \tag{10.33}$$

という波動方程式に WKBJ 法を同様に使って近似解を求めると，波動の伝播を**波線** (ray) で表現できる**幾何光学** (geometrical optics) とか**波線理論** (ray theory) と呼ばれる方法になる．これは光学，地震学，音響学，電波伝搬などの多くの分野で広く用いられている．小学校の理科の時間より，凹凸レンズを光が通過する場合にこの「波線」を用いて学習したはずだが，実は WKBJ 法に基づいて波動現象と対応することが理解される．振幅の変動の長さスケールに比べて十分に振動の波長が小さい，あるいは振幅が変動する時間スケールは振動の周期に比べてはるかに長い（振動の周波数が十分に大きい）場合に，WKBJ 法で十分に精度よく表現される．

(c) 虫めがねで日光を通して焦点を作る場合，波長とレンズの厚さの変化との具体的なスケールを推定し，WKBJ 法による近似が十分な条件 (10.8) を定量的に考察せよ．

10-2★★ この章では，$Q(x)$ のゼロ点が一つの場合について

$$\frac{d^2 y}{dx^2} + Q(x)y = 0$$

という微分方程式の WKBJ 法による近似解を求めた（図 10.1(b)）．ゼロ点 $x_1 (< x_0)$ をもう一つ加えて，「二つのゼロ点がある場合」の解を考える．ここで，$Q(x < x_1) < 0$, $Q(x_1) = 0$, $Q(x_1 < x < x_0) > 0$, $Q(x_0) = 0$, $Q(x_0) < 0$ とする．$y_{\mathrm{I}}(x)$, $y_{\mathrm{II}}(x)$, $y_{\mathrm{III}}(x)$ の解は既に求めたので，あとは $x \simeq x_1$ の解 $y_{\mathrm{IV}}(x)$ と，$x < x_1$ の解 $y_{\mathrm{V}}(x)$ を求めればよい．ゼロ点近傍の領域の解 $y_{\mathrm{IV}}(x)$ は，(10.26) のようにエアリー関数を用いて

$$y_{\mathrm{IV}}(x) = 2\sqrt{\pi}b^{-\frac{1}{6}}F\mathrm{Ai}\left(-b^{1/3}(x - x_1)\right) \tag{10.34}$$

と表される（ただし，F は未定定数で，$b \equiv Q'(x_1) > 0$）．一方，$y_{\mathrm{V}}(x)$ は (10.16) の $y_{\mathrm{III}}(x)$ と同じ形であるが，x は負の領域 $x \to -\infty$ へと拡がっているので，発散しないためには (10.23) とは符号が異なり，未定定数 G を用いて

$$y_{\mathrm{V}}(x) \simeq \frac{G}{(-Q(x))^{1/4}}\exp\left(-\int_x^{x_1}\sqrt{-Q(t)}\,dt\right) \tag{10.35}$$

$x \to x_1$ でそれぞれの漸化式を用いて，(10.34) の $y_{\mathrm{IV}}(x)$ を通して，(10.35) の $y_{\mathrm{V}}(x)$ と (10.30) の $y_{\mathrm{I}}(x)$ を接続する．この場合，$x = x_0$ と $x = x_1$ で同時に接続できるのは，$Q(x)$ がある条件を満たす場合のみである，つまり任意の $Q(x)$ は満たされずに飛び飛びの値を取らなくてはいけない，すなわち固有値問題となることを示せ．

第11章 積分方程式

 理工系の諸分野の問題の多くは，微分方程式の形よりも積分方程式形で表現した方が扱いやすく，その理解に役立つ場合もある．8.4 節で触れたグリーン関数 $G(x,y)$ を用いた力源 $g(x)$ による解 $f(x)$ の表現

$$f(x) = \int_{-\infty}^{\infty} G(x,y)g(y)dy \tag{11.1}$$

は，そのよい例である．観測や実験では，観測記録（解）$f(x)$ をその発生源 $g(y)$ と途中の媒質の応答（グリーン関数）$G(x,y)$ との積分で示すことで，「発生源の特徴」と「媒質の構造」を分離して，各々を考察する指針となる．

 また，微分方程式では初期条件あるいは境界条件が独立に与えられるが，積分方程式では積分領域としてその情報が陽に含まれる．そのため，因果律（時間の例）や有限領域（空間の例）の重要性を自然に取り込める利点がある．このために，散乱問題や電磁量子力学などの場の量子論といった高度な理論的考察において，中心的役割を演じている．さらに，積分の近似を導入することで，積分方程式は数値シミュレーションにおいても自然に取り扱える点も重要である．

 積分方程式については統一的な取り扱いが可能だし，数学的に厳密な議論も展開できる．しかし，応用面を重視する本書の立場から，いくつかの特徴的な手法や近似解法について，具体例を通して触れるのみとする．系統的かつ厳密な議論は，参考文献中の Riley *et al.*, Mathews and Walker, Morse and Feshbach などを，本章の解説を足がかりに読み進まれたい．

11.1 簡単な積分方程式の解法 ⋆

 関数 $f(x)$ についての積分方程式は，一般的に以下のように表現できる：

$$\lambda \int_a^b K(x,y)f(y)dy + g(x) = h(x)f(x) \tag{11.2}$$

ここで，$g(x)$, $h(x)$ は既知の関数であり，λ はあるパラメータまたは係数であるが，問題によってはしばしば行列や連立微分方程式に現れる **固有値** (eigenvalue) と同様の性質を持つ．また，$K(x,y)$ は **核** (kernel) と呼ばれ，グリーン関数 (8.32) はこれと対応する．既知の関数や核の形から，数学的にはいろいろな形式に分類され，その解法が議論される．ここでは積分方程式を代数方程式や微分方程式に変換して簡単に解ける例を，以下に一題を示すに留める．積分方程式の一部はフーリエまたはラプラス変換を用いて解ける場合も多く，それらは積分変換の練習として，例題 11-2 や章末の練習問題でいくつかの例を扱う．

[例題 11-1] ★　次の積分方程式より $f(x)$ を求めよ．

$$f(x) = e^x + \lambda \int_0^1 xtf(t)dt$$

(11.2) の一般形でみると，$h(x) = 1$, $g(x) = e^x$, $K(x,t) = xt$ に相当する．

[解答]　これは，核が $K(x,t) = X(x) \cdot T(t)$ のように完全に変数分離できる場合の例である．このような場合，以下のようにして簡単に解ける：

$$\int_0^1 tf(t)dt \equiv a \text{ (定数)} \quad \longrightarrow \quad f(x) = e^x + \lambda xa$$

この $f(x)$ を a の定義の式の被積分関数に代入すると，

$$a = \int_0^1 tf(t)dt = \int_0^1 t\left(e^t + \lambda ta\right)dt = \int_0^1 te^t dt + \lambda a \int_0^1 t^2 dt = 1 + \frac{\lambda a}{3}$$

つまり，a についての代数方程式が得られ，$a = 1/(1 - \lambda/3) = 3/(3 - \lambda)$ より，

$$f(x) = e^x + \frac{3\lambda}{3 - \lambda}x$$

と求まる．ただし，$\lambda = 3$ の特殊な場合については，練習問題 11-1 を参照せよ．　□

11.2　アーベル問題：逆問題の一例 ★★†

応用数学の分野において現在でも盛んに研究されている **逆問題** (inverse problem) の一例を，簡単に触れる．通常の観測や実験では，(11.1) のように関数 $G(x,y)$, $g(y)$ を仮定したモデルとして与えられ，その結果としての測定量 $f(x)$

を推定する．これと実際の値を比較して，モデルの妥当性を検討する．これを**順問題** (forward problem) と呼ぶ．一方，理工系の多くの分野では，むしろ測定値 $f(x)$ がまず得られ，それから関数 $G(x,y)$, $g(y)$ の形や，それらを構成するパラメータを推定する作業となる．これが逆問題と呼ばれ，数学的視点からはまさに積分方程式に対応する．逆問題については，解の**一意性** (uniqueness) などの数学的研究も重要である．しかし，理工系の諸分野での幅広く応用という視点から，厳密な証明等は本節では無視し，具体例を通して基本的な概念のみに触れる．

例えば，地球内部の構造について，穴を掘っての直接的な測定は最新技術を駆使しても非常に限定される．その代わりに，地球内部を伝搬する地震波を地表面で観測することで，その推定がかなり精密にできることがわかっている．最先端の医療では，X 線や MRI といった波動を人体内に通して，内部の様子が手に取るようにわかる．このような**トモグラフィ**(tomography) と一般に呼ばれている手法も，逆問題の一種である．

具体例として，地震波の P 波や S 波の伝搬時間の測定から，地球内部の速度構造を推定する．実際の地球は，図 11.1(a) のように速度 v が深さ z のみの関数でよく近似できる．ある震源から地震波が放出された場合（図 11.1(b)）に，その震央距離 Δ の関数として波の伝播時間 T（**走時** (travel time) と呼ぶ，図 11.1(c)）を観測する．そして，観測データ $T(\Delta)$ から $v(z)$ を求めるわけである．つまり，$v(z)$ を被積分関数に含む $T(\Delta)$ についての積分方程式を求め，これを解く．詳しくは練習問題 11-3 で扱い，これと同じ積分方程式についての解析的な解法を，以下で考察する．この積分方程式の形式と解法は，**アーベル問題** (Abel's problem) と呼ばれている（N.H. Abel は，群論などの研究で著名な 19 世紀初めのノルウェーの数学者）．

アーベル問題の積分方程式が現れる簡単な力学の問題を，図 11.1(d) に示す．摩擦が全くないスロープの下（$x = 0$ とする）からその上を滑らせるようにボールを投げ上げていき，ボールが戻ってくる時間を測定する．投げ上げる初期速度をさまざまに変えていくことで，ボールが戻ってくる時間が変化し，その測定からスロープの形を求める問題に対応する．

投げ上げる初期速度を v_0 とした場合のボールの最高点 x は，エネルギー保存の法則より（質量 m，重力加速度 g とする），

$$mgx = \frac{1}{2}mv_0^2 \tag{11.3}$$

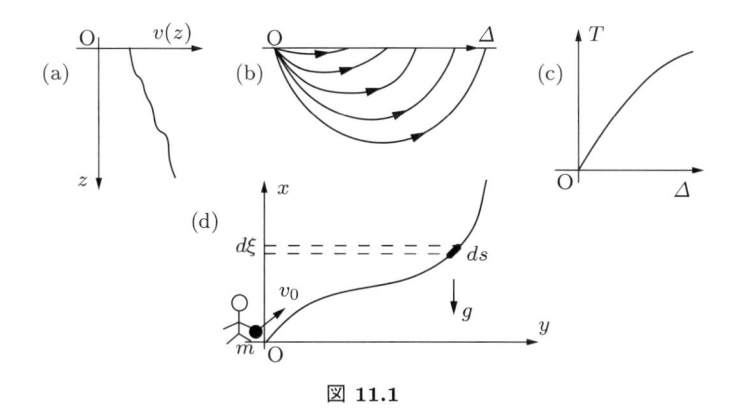

11.2 アーベル問題：逆問題の一例 **†

図 11.1

である．以後は v_0 でなく，x を変数とする．最高点 x では速度がゼロになるので，この点を重力ポテンシャルエネルギーの基準点とすると，高さ ξ でのポテンシャルエネルギーは $-mg(x-\xi)$ となる．また，投げ上げる位置からスロープに沿っての距離を s とすると，ボールの速度は ds/dt なので，運動エネルギーは $\frac{m}{2}(ds/dt)^2$ となる．最高点 $\xi = x$ では速度がゼロなので，このように定義したポテンシャルエネルギーも運動エネルギーもゼロとなる．よって，全エネルギー保存則より

$$\frac{m}{2}\left(\frac{ds}{dt}\right)^2 - mg(x-\xi) = 0 \quad \longrightarrow \quad \left(\frac{ds}{dt}\right)^2 = 2g(x-\xi)$$

となる．この式を変形した後に，$t = 0$ で $x = 0$ という初期条件を考慮し，ξ について $0 \to x$ と積分すると，

$$dt = \frac{ds}{\sqrt{2g(x-\xi)}} \quad \longrightarrow \quad t(x) = \int_0^x \frac{ds/d\xi}{\sqrt{2g(x-\xi)}} d\xi \qquad (11.4)$$

となる．ここで，$ds/d\xi$ が求めたいスロープの形になる．これと分母の $\sqrt{2g}$ を合わせて未知関数を $f(\xi)$ と定義すれば，以下の積分方程式に帰着される：

$$t(x) = \int_0^x \frac{f(\xi)}{\sqrt{x-\xi}} d\xi \qquad (11.5)$$

観測データ $t(x)$ から $f(\xi)$ を求める (11.5) の形式を**アーベルの積分方程式** (Abel's integral equation) と呼ぶ．

(11.5) を解くためには，両辺にまず $\int_0^\eta dx/\sqrt{\eta-x}$ を作用させる．すると，(11.5) の右辺は以下のような二重積分になるが，図 11.2 のように積分する順序を逆にして，x の積分が先となるように変換すると，次の形となる：

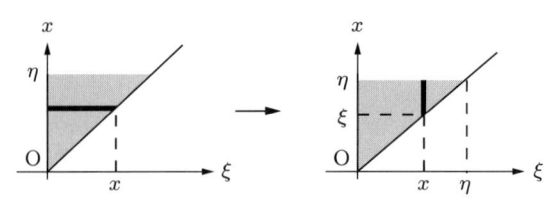

図 11.2

$$\int_0^\eta \frac{t(x)}{\cdots}dx = \int_0^\eta \frac{dx}{\sqrt{\eta-x}}\int_0^x \frac{f(\xi)}{\sqrt{x-\xi}}d\xi = \int_0^\eta f(\xi)d\xi \int_\xi^\eta \frac{dx}{\sqrt{\eta-x}\sqrt{x-\xi}} \tag{11.6}$$

(11.6) の x についての積分は，古典力学の周回運動などによく現れる形であり，$x = \xi\cos^2\theta + \eta\sin^2\theta$ として θ に変数変換する．$dx = -2\xi\sin\theta\cos\theta d\theta + 2\eta\sin\theta\cos\theta d\theta = 2(\eta-\xi)\sin\theta\cos\theta d\theta$ となり，被積分関数の分母も同じ形となり，打ち消しあう．積分範囲 $x : \xi \to \eta$ は，$\theta : 0 \to \pi/2$ に対応するので，

$$\int_\xi^\eta \frac{dx}{\sqrt{\eta-x}\sqrt{x-\xi}} = \int_0^{\frac{\pi}{2}} \frac{2(\eta-\xi)\sin\theta\cos\theta d\theta}{\sqrt{(\eta-\xi)\cos^2\theta \cdot (\eta-\xi)\sin^2\theta}} = \int_0^{\frac{\pi}{2}} 2d\theta = \pi \tag{11.7}$$

となる．これを (11.6) に代入して，両辺を η で微分すると，(11.5) の $f(\xi)$ が求まる：

$$\int_0^\eta \frac{t(x)}{\sqrt{\eta-x}}dx = \pi \int_0^\eta f(\xi)d\xi \quad \longrightarrow \quad \frac{d}{d\eta}\int_0^\eta \frac{t(x)}{\sqrt{\eta-x}}dx = \pi f(\eta)$$

$$f(\xi) = \frac{1}{\pi}\frac{d}{d\xi}\int_0^\xi \frac{t(x)}{\sqrt{\xi-x}}dx \tag{11.8}$$

ボールが戻ってくる時間 $t(x)$ を観測すれば，スロープの形 $f(\xi)$ が求められる．

省略するが，解析解 (11.8) が得られる条件については，数学的に厳密に考察されている．条件の一つは，「$t(x)$ が連続」である．図 11.3(a) のようにスロープに凹状の箇所があると，その手前の頂点部（高さを $\xi = \xi_1$ とする）までは連続だが，それを少しでも超えると，ボールは一気に凹んだ部分を通り超して向こう側の高さが ξ_1 の所まで到達してしまう．すなわち，この部分を境に，ボールの往復時間である $t(x)$ は不連続な値を取ってしまう（図 11.3(b)）．このような場合には，アーベルの積分方程式の解析的な解は得られない．直感的には，$t(x)$ の不連続分 Δt になるような，凹んだ部分の形状は無数の場合が存在することができる（図 11.3(a) の実線のように小さい凹みが横に拡がっていても，破線のように深くて狭い凹みであっても，そこを通る時間は同じ Δt になるため）．

よって，その中のどれが本当かを決めることは，往復時間 $t(x)$ の観測からでは決めることができない．

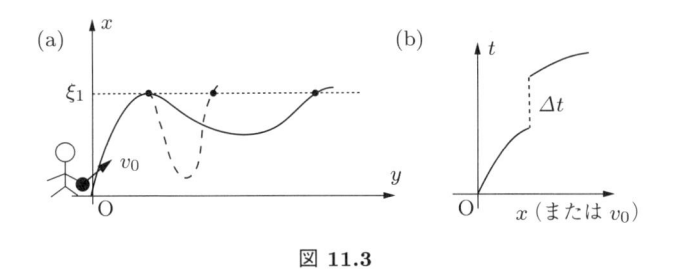

図 **11.3**

地震学における走時と速度構造との関係では，上の状況は低速度層が存在する場合に対応する（練習問題 11-3）．波線が 低速度層が始まる深さ z_1 よりも少しでも深くまで到達すると，波線は低速度層内を上に凸に曲がるので（通常の速度構造では図 11.1(b) のように下に凸），低速度層の底で速度 $v(z_1)$ と同じなる深さまで潜ってしまう．よって，波線は一気に遠くまで伝播し，地震波が到達できない陰の部分 (shadow zone) ができる．陰の部分では走時の曲線がそこで途切れる，すなわち不連続になっていて，アーベル問題のような解析解は得られない．つまり，走時の観測からは低速度層の速度構造を得ることは理論的にできない．（このように走時の測定だけでは，地球のように低速度層がある構造には限界がある．そのために他の種類の観測が必要で，例えば，Aki and Richards などを参照せよ．）

11.3 積分方程式の分類 *†

この節では，積分方程式の一般形 (11.2) を分類する．分類ごとに解法が異なるので重要だが，ここでは概念的な説明しかしない（詳しい，そして統一的な議論に興味がある読者は，参考文献の Morse and Feshbach などを参照せよ）．まず，$K(x,y)$ に何の制約もなく，(11.2) のように積分領域の上限も下限も定数の場合をフレッドホルム型 (Fredholm type) と呼ぶ．このうち，$h(x)$ の形によって，次の第 1 種，第 2 種，第 3 種フレッドホルム型に分かれる：

$$\text{第 1 種}: h(x) = 0 \longrightarrow \lambda \int_a^b K(x,y)f(y)dy + g(x) = 0 \tag{11.9}$$

第 2 種：$h(x) = 1 \longrightarrow \lambda \int_a^b K(x,y)f(y)dy + g(x) = f(x)$ (11.10)

第 3 種：$h(x) =$ その他 $\longrightarrow \lambda \int_a^b K(x,y)f(y)dy + g(x) = h(x)f(x)$ (11.11)

一方，核が $K(x,y) = 0$, $y > x$ という性質を持つと，積分領域が $a \to x$ と変わり，これを **ボルテラ型** (Volterra type) と呼ぶ．上と同様に，$h(x)$ によって各種の Volterra 型の積分方程式に分類される：

第 1 種：$h(x) = 0 \longrightarrow \lambda \int_a^x K(x,y)f(y)dy + g(x) = 0$ (11.12)

第 2 種：$h(x) = 1 \longrightarrow \lambda \int_a^x K(x,y)f(y)dy + g(x) = f(x)$ (11.13)

第 3 種：$h(x) =$ その他 $\longrightarrow \lambda \int_a^x K(x,y)f(y)dy + g(x) = h(x)f(x)$ (11.14)

また，微分方程式と同様に，$g(x) = 0$ の場合を **斉次または同次型** (homogeneous)，$g(x) \neq 0$ を **非斉次または非同次型** (inhomogeneous) と呼ぶ．

一方，核 $K(x,y)$ の性質によって，以下のように分類される：

(a) $K(x,y) = K(y,x)$： **対称** (symmetric)
(b) $K(x,y) = -K(y,x)$： **反対称** (anti-symmetric)
(c) $K(x,y) = K^*(y,x)$： **エルミート性** (Hermitian)
(d) $\int_a^b \int_a^b K(x,y)f(x)f(y)dxdy > 1$ の条件があらゆる関数 $f(x)$ について成り立つ場合は，**正定値** (positive definite)
(e) $K(x,y) = \sum_{i=1}^n \phi_i(x) \cdot \psi_i(y)$： **縮退** (degenerate)

例えば，縮退している場合は，

$$\int_a^b K(x,y)f(y)dy = \sum_{i=1}^n \phi_i(x) \cdot \int_a^b \psi_i(y)f(y)dy \tag{11.15}$$

のような表現になるので，次節に示すように，比較的簡単に解くことができる．

最後に，グリーン関数の表現は積分方程式の形になっていることを指摘する．例として，8.4 節で扱った波動方程式を考える：

$$\frac{d^2 f(x)}{dx^2} + k^2 f(x) = g(x) \tag{11.16}$$

ここで, $g(x)$ は何らかの力源を表していた. この方程式のグリーン関数 $G(x,y)$ は, 以下の微分方程式を満たす ((8.55) や練習問題 8-6 を参照):

$$\frac{d^2 G(x,y)}{dx^2} + k^2 G(x,y) = \delta(x-y) \tag{11.17}$$

グリーン関数を求めることができれば, 一般の力源 $g(x)$ の解は

$$f(x) = \int_{-\infty}^{\infty} G(x,y)g(y)dy \tag{11.18}$$

と表現できる. 一般的には, グリーン関数を用いた**表現定理** (representation theorem) と呼ばれる形式となる.

数値計算として複雑な問題を解く場合にも, 積分方程式は有効である. そのためには, 連続な変数である x, y を離散的な有限な小さな要素に分けて, 積分方程式を行列方程式に近似した後に, 数値的に解いていく. 例えば, 一般的な積分方程式の形 (11.11) を, x, y ともに N 個の要素に分けると

$$\lambda \boldsymbol{Kf} + \boldsymbol{g} = \boldsymbol{hf} \quad \text{または} \quad \lambda \sum_{j=1}^{N} K_{ij} f_j + g_i = h_i f_i \quad (i = 1, 2, \ldots, N) \tag{11.19}$$

となり, これを解けばよい (N が大きくなると計算量は増えるが).

11.4 縮退した核の積分方程式の解法 ★

縮退した核 $K(x,y)$ の積分方程式は, 比較的簡単に解ける場合が多い. 例題 11-1 は, (11.15) において $n=1$ の場合に対応する. 以下では $n=2$ の例を用いて具体的な解法例を示す:

> [例題 11-2] ★ $K(x,y) = xy^2 + x^2 y$ の場合である. 以下の積分方程式より $f(x)$ を求めよ:
>
> $$f(x) = x + \lambda \int_0^1 (xy^2 + x^2 y) f(y) dy$$

[解答]
$$f(x) = x + \lambda x \int_0^1 y^2 f(y) dy + \lambda x^2 \int_0^1 y f(y) dy = x + \lambda x A + \lambda x^2 B$$

ここで, 右辺の二つの積分は定数となるので, それぞれ A, B とした. この式を定数

A と B を定義する積分に代入すると，次の二つの式が導かれる：

$$A = \int_0^1 y^2 f(y) dy = \int_0^1 y^2 (y + \lambda y A + \lambda y^2 B) dy = \frac{1}{4} + \frac{\lambda}{4} A + \frac{\lambda}{5} B$$

$$B = \int_0^1 y f(y) dy = \int_0^1 y(y + \lambda y A + \lambda y^2 B) dy = \frac{1}{3} + \frac{\lambda}{3} A + \frac{\lambda}{4} B$$

つまり，A, B についての連立方程式となるので，それを解くと

$$A = \frac{60 + \lambda}{240 - 120\lambda - \lambda^2}, \qquad B = \frac{80}{240 - 120\lambda - \lambda^2}$$

これらを元の式の $f(x)$ に代入すれば，求めている関数が得られる：

$$f(x) = \frac{(240 - 60\lambda)x + 80\lambda x^2}{240 - 120\lambda - \lambda^2} \quad \square$$

例題 11-2 では，解 $f(x)$ の分母がゼロになる場合があることを，注意しなくてはならない．この場合は，上に出てきた連立方程式が解けなくなる．分母がゼロの場合は，固有値 λ_1, λ_2 に当たる．これは非斉次の積分方程式だったので，この場合は一般には解けない．しかし，

$$f(x) = \lambda \int_0^1 (xy^2 + x^2 y) f(y) dy$$

という斉次の積分方程式では，$f(x) \neq 0$ という関数が存在するのは，上の分母がゼロ，すなわち λ_1, λ_2 という固有値を取る場合に，逆に限られてしまう．これは，行列問題などの場合と極めて類似している．一般の場合に拡張すれば，

$$K(x, y) = \sum_{i=1}^{N} \phi_i(x) \cdot \psi_i(y) \tag{11.20}$$

の形で縮退していれば，N 個の固有値が得られるはずである．この概念をより数学的に厳密に証明したのが，**フレッドホルムの積分定理** (Fredholm's integration theorems) であり，積分方程式が微分方程式や行列問題と同じような固有値問題に帰着できる．ここでは，そのような数学的体系があることを触れるだけに留める（詳しくは，Morse and Feshbach を参照）．

11.5　ノイマン展開とボルン近似 ★★

理工系のさまざまな問題に適用され，応用上で極めて有効かつ広く用いられる積分方程式の近似解法を，ここでは簡単に触れる．それは，

11.5 ノイマン展開とボルン近似** 195

$$f(x) = g(x) + \lambda \int_a^b K(x,y)f(y)dy \tag{11.21}$$

のような形の積分方程式において，右辺の積分の値が $g(x)$ に比べてとても小さい場合に対応する．この条件の下では，まず最初は単純に

$$f(x) \simeq g(x) \equiv f_0(x) \tag{11.22}$$

と解を近似する．この近似解を元の積分方程式 (11.21) の被積分関数に代入して，近似を改良していく．すなわち，次に段階の近似解を $f_1(x)$ として，

$$f_1(x) \equiv g(x) + \lambda \int_a^b K(x,y)f_0(y)dy = g(x) + \lambda \int_a^b K(x,y)g(y)dy \tag{11.23}$$

を選ぶ．$f_1(x)$ を (11.21) の右辺に再び代入し，更に改良した解 $f_2(x)$ を得る：

$$\begin{aligned}
f_2(x) &\equiv g(x) + \lambda \int_a^b K(x,y)f_1(y)dy \\
&= g(x) + \lambda \int_a^b K(x,y)\left[g(y) + \lambda \int_a^b K(x,y')g(y')dy'\right]dy \\
&= g(x) + \lambda \int_a^b K(x,y)g(y)dy + \lambda^2 \int_a^b dy \int_a^b dy' K(x,y)K(y,y')g(y')
\end{aligned} \tag{11.24}$$

となる．この操作を無限回繰り返せば，真の解に収束していくはずである．つまり，以下の積分の展開形式で表現され，これを**ノイマン展開** (Neumann series or solution) と呼ぶ：

$$\begin{aligned}
f(x) = g(x) &+ \lambda \int_a^b K(x,y)g(y)dy + \lambda^2 \int_a^b dy \int_a^b dy' K(x,y)K(y,y')g(y') \\
&+ \lambda^3 \int_a^b dy \int_a^b dy' \int_a^b dy'' K(x,y)K(y,y')K(y',y'')g(y'') + \cdots
\end{aligned} \tag{11.25}$$

この展開の係数は，$1, \lambda, \lambda^2, \lambda^3, \ldots$ なので，$|\lambda| \ll 1$ の場合に収束がよいことが理解できる．理工系の問題においてはこの条件が成り立つ場合が多く，(11.25) の形式は極めて有効である．ノイマン展開の具体的な例として，以下の例題で 1 次元波動方程式の**散乱** (scattering) を扱う．

[例題 11-3] ★★† 8.4 節では，波数 $k = \omega/v$，すなわち速度 v が一定の媒質についてのヘルムホルツ方程式

$$\frac{d^2\psi}{dx^2} + k^2\psi = 0$$

を扱った．これに対して，速度 v が変動する，つまり $v(x)$ となる一般の場合の解を求めよ．ただし，速度の変動は微小と仮定する．

[解答] まず，速度が v_0，つまり $k_0 = \omega/v_0$ が一定とした場合の解 $\psi_{in}(x)$ は

$$\frac{d^2\psi_{in}}{dx^2} + k_0{}^2\psi_{in} = 0 \tag{*}$$

を満たすので，直ちに $\psi_{in}(x) \propto e^{ik_0x}$ と，解の形が求まる．これは，既に (8.25) などで用いてきた一定の速度で振幅の変化もなく伝播する波（平面波）である．

ここで，速度が一定の v_0 から若干の擾乱がある媒質に移行する．$v_0 \to v_0 + \delta v(x)$ あるいは $k_0 \to k_0 + \delta k(x)$ とするが，その変動量は小さい，すなわち $|\delta k(x)/k_0| \ll 1$ という条件を課す（数%ほどの変動でも，結果的には以下の近似解は十分によい）．このような媒質の速度の擾乱に応じて，波動場も $\psi_{in}(x) \to \psi_{in}(x) + \psi_{sc}(x)$ のように，速度一定の場合の解 $\psi_{in}(x)$ に変動する部分 $\psi_{sc}(x)$ が加わる．k と同様に，$\psi_{sc}(x)$ も必然的に $\psi_{in}(x)$ より振幅がずっと小さいはずである．これらを元の方程式に代入すると，

$$0 = \frac{d^2(\psi_{in} + \psi_{sc})}{dx^2} + (k_0 + \delta k(x))^2(\psi_{in} + \psi_{sc}) = \frac{d^2\psi_{in}}{dx^2} + k_0{}^2\psi_{in}$$
$$+ \frac{d^2\psi_{sc}}{dx^2} + 2k_0\delta k(x)\psi_{in} + k_0{}^2\psi_{sc} + \delta k(x)^2(\psi_{in} + \psi_{sc})$$

となる．右辺では，最初の二つの項が一番大きいはずである．しかし，これらは速度一定の場合の式 (*) と同じなので，打ち消しあう．続く三つの項には微小量である $\delta k(x)$ か ψ_{sc} が一つだけ入っている．残りの項は微小量の二乗以上であるから，以下では省略する．こうして，残った三つの項をまとめると，

$$\frac{d^2\psi_{sc}(x)}{dx^2} + k_0{}^2\psi_{sc}(x) \simeq -2k_0\delta k(x)\psi_{in}(x)$$

という微分方程式が近似的に成立する．ここで，右辺の $\psi_{in}(x)$ は既に方程式 (*) の解として求まっているので，$\psi_{sc}(x)$ についての微分方程式とみなすことができる．右辺を与えられた関数 $f(x)$ とすれば，非斉次項となり，(8.28) と一致する．すなわち，この左辺は速度一定の場合の方程式 (*) と同じ形だが，8.4 節のように力源に対応する $\psi_{in}(x)$ の項が加わったことになる．

8.4 節で (8.32) として導入したグリーン関数 $G(x, y)$ を用いれば，求めるべき関数は

11.5 ノイマン展開とボルン近似**

$$\psi_{sc}(x) \simeq \int_{-\infty}^{\infty} G(x,y)f(y)dy = -2k_0 \int_{-\infty}^{\infty} G(x,y)\delta k(y)\psi_{in}(y)dy \qquad (11.26)$$

と，直ちに表現される．方程式 (*) の解で振幅 A と仮定して，$\psi_{in}(x) = Ae^{ik_0 x}$ と表し，(8.36) の $G(x,y) = -\frac{i}{2k_0}e^{ik_0|x-y|}$ を代入すると，

$$\psi(x) = \psi_{in}(x) + \psi_{sc}(x) \simeq Ae^{ik_0 x} + iA \int_{-\infty}^{\infty} \delta k(y) e^{ik_0|x-y|+ik_0 y} dy$$

$$= Ae^{ik_0 x} + iAe^{ik_0 x} \int_{-\infty}^{x} \delta k(y) dy + iAe^{-ik_0 x} \int_{x}^{\infty} \delta k(y) e^{2ik_0 y} dy \qquad (11.27)$$

となる．このように，媒質の速度の変化に対応する $\delta v(x) = \omega/\delta k(x)$ が与えられば，(11.23) に対応する近似解が具体的に求まる．□

　(11.27) のような解の表現は，**ボルン近似** (Born approximation)（物理学者の Max Born が量子力学の問題に導入したので）と呼ばれる．これは，速度が複雑に変化するが，しかしその変化が比較的小さい場合に適用できる．高エネルギー下での素粒子の散乱問題，大気光や地震波などのさまざまな問題に，この解法は有効である．

　ボルン近似の解 (11.27) は，基本となる速度一定の波動場 $\psi_{in}(x)$ が媒質の不均質性 $\delta k(x)$ と相互作用して，その位置からグリーン関数に従って伝播して，波動場の擾乱 $\psi_{sc}(x)$ を形成する，という物理的な解釈ができる．ボルン近似では，この相互作用が 1 回だけのものを集めた（積分する）ことになる（散乱問題では，これを**一次散乱** (single scattering) と呼ぶ）．実際の波動場では，そのような相互作用で生じた波動場がさらに媒質の不均質性 $\delta k(x)$ と 2 回，3 回，... と相互作用を繰り返していくはずである．これらすべてを集めたものが，速度が一定でない媒質での波動場の厳密な解となる．ノイマン展開の高次の項を求める操作を繰り返せば，新たに付け加わる項がその次数分の相互作用をした波動場に対応し，(11.25) で示すように，さらによい近似解を与える．以下の例では，このような多重の過程を別の側面から簡単に考察する．

[成層構造媒質での多重反射]：★† ここでは，物理探査や地震学に広く用いられる成層構造媒質中での波の伝播問題が，ノイマン展開と深く関係していることを簡単に解説する．ノイマン展開を一般的に考えると，積分方程式

$$f(x) = g(x) + \lambda \int_{a}^{b} K(x,y) f(y) dy \qquad (11.28)$$

の核 $K(x,y)$ をある演算子 $\tilde{K}$ とみなして，次のように考える：

$$f = g + \lambda \tilde{K} f \quad \longrightarrow \quad (1 - \lambda \tilde{K}) f = g \tag{11.29}$$

よって，$(\cdots)^{-1}$ は逆演算とすると，$f(x)$ は次のように形式的に表現される：

$$f = (1 - \lambda \tilde{K})^{-1} g = \sum_{i=0}^{\infty} (\lambda \tilde{K})^i g = (1 + \lambda \tilde{K} + \lambda^2 \tilde{K}^2 + \lambda^3 \tilde{K}^3 + \cdots) g \tag{11.30}$$

ただし，ここでは和の収束条件である $|\lambda \tilde{K}| \ll 1$ を暗に仮定している．右辺の最初の二つの項のみを取り出した近似解が，ボルン近似 (11.27) である．

(11.30) の例として，水平成層構造を伝播する波を表現する（図 11.4）．一番簡単な垂直方向に伝播する場合を扱うが，波動伝搬の詳しい理論によれば，任意の角度で伝播する波にも成立する概念である．速度や密度が異なる境界面を波が入射すると，反射と透過する波が発生する．図 11.4(a) のように，深さ $x = x_i$ の境界面に下から振幅 1 の波が入射すると，上側の媒質に透過する波の振幅を T_i，下側に反射する波の振幅を R_i とし，上から入射すると，$\tilde{T}_i, \tilde{R}_i$ とする．これらは透過係数，反射係数と呼ばれ，両側の媒質の速度や密度で表され，$\tilde{R}_i = -R_i$ などの関係がある（詳しくは，Aki and Richads などを参照せよ）．

ここで，下方から x_2 へ波 $f(t)$ が入射した場合に，二つの境界面を隔てた x_1 の上側での波動場を求める．二つの境界面で反射と透過を繰り返すので，最終的に上側の媒質に透過していく波のタイプを一つずつ考えて，それらをすべて足し合わせて，その波動場を合成する．一番簡単なタイプはどちらの境界面もそのまま透過する波（図 11.4(b)）である．この場合，x_2 に比べて x_1 では $\Delta t = (x_2 - x_1)/c$ （c は速度）だけ位相が遅延する．(8.10) の形のフーリエ変換においては，この遅延は $Z \equiv \exp(i\omega \Delta t)$ との積となる（練習問題 8-2(d)）．よって，二つの境界面での透過係数も含めて，$T_1 \cdot Z \cdot T_2 \cdot f(t)$ と表される．次に，上側と下側の境界面で 1 回ずつ反射した後で x_1 の上側に透過する波（図 11.4(c)）を考える．二つの境界面を往復することによる位相の遅延分 Z^2 も含めて，$T_1 \cdot (Z^2 \cdot \tilde{R}_2 \cdot R_1) \cdot Z \cdot T_2 \cdot f(t)$ となる．さらに，上下の境界面で 2 回ずつ反射した後の波は，$T_1 \cdot (Z^2 \cdot \tilde{R}_2 \cdot R_1)^2 \cdot Z \cdot T_2 \cdot f(t)$ となる（図 11.4(d)）．同様に，n 回ずつ各境界面で反射された波は，$T_1 \cdot (Z^2 \cdot \tilde{R}_2 \cdot R_1)^n \cdot Z \cdot T_2 \cdot f(t)$ と表される．

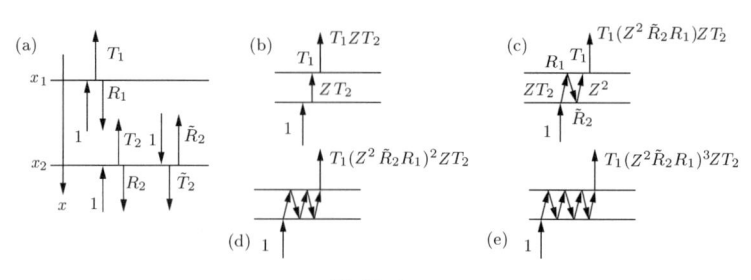

図 **11.4**

こうして，これらすべての場合を足し合わせると，下から x_2 に入射した波 $f(t)$ は，x_1 で上へ透過する際には，$f(t)$ と以下のような値との積の形となる：

$$T_1 \cdot Z \cdot T_2 + T_1 \cdot (Z^2 \cdot \tilde{R}_2 \cdot R_1) \cdot Z \cdot T_2 + T_1 \cdot (Z^2 \cdot \tilde{R}_2 \cdot R_1)^2 \cdot Z \cdot T_2 + \cdots$$

$$= T_1 \cdot \sum_{n=0}^{\infty} \left(Z^2 \cdot \tilde{R}_2 \cdot R_1\right)^n \cdot Z \cdot T_2 = T_1 \cdot \left(1 - Z^2 \cdot \tilde{R}_2 \cdot R_1\right)^{-1} \cdot Z \cdot T_2 \quad (11.31)$$

(11.31) の展開は $|Z^2 \cdot \tilde{R}_2 \cdot R_1| < 1$ でないと収束しないが，$|Z| = 1$ で，かつ反射係数は 1 より小さいので（でないと，入射波よりも振幅の大きな反射波ができてしまう），この条件は通常は満たされている．

例えば，地球内部の境界面では地震波について反射係数が 1 よりはるかに小さいので（すわなち，ある境界面をはさんでの物性の変化はごくわずか），この展開の収束は非常に速い．しかし，堆積層と基盤岩の境界面や核・マントル境界などでは大きな媒質の変化があるので，物性の比，すなわち反射・透過係数が 1 割以上の場合もある．実際，何回も境界で反射される波が観測される．このような複雑な観測データを説明するためには，(11.30) や (11.31) のような逆演算子の形を用いればよい． □

練習問題

11-1 ★　例題 11-1 の積分方程式で，$\lambda = 3$ の場合はどうなるか．

11-2 次の積分方程式を解け．

(a) ★
$$u(x) = \lambda \int_0^\pi \sin(x-t) u(t) dt$$
（ヒント：$\sin(x-t)$ を分解して，固有値 λ を求める．）

(b) ★
$$f(x) = x^2 + \int_0^1 xy f(y) dy$$

(c) ★★
$$f(x) = e^{-|x|} + \lambda \int_x^\infty e^{x-y} f(y) dy \quad (0 < \lambda < 1)$$
（ヒント：積分の変数を y から $t = y - x$ と変換した後，両辺のフーリエ変換をとり，その値を求める．そして，逆フーリエ変換より $f(x)$ を求める．）

(d) ★★
$$f(x) = e^{-ax} + \lambda \int_0^x \sin(x-y) f(y) dy \quad (0 < \lambda < 1,\ a > 0,\ x > 0)$$
（ヒント：右辺の積分は $\sin x$ と $f(x)$ のラプラス変換の畳み込みであることを利用し

て，両辺をラプラス変換し，まず $f(x)$ のラプラス変換を求める．）

11-3 ★★　11.2 節で解説したアーベルの積分方程式を用いて，地震波の走時の曲線の観測から速度の深さ分布を各問いに従って求めていく．ここでは平らな地球モデルを考えるが，球座標でも同様に定式化できる（Aki and Richards を参照）．

(a) 速度 v が深さ z のみの関数とし，$v(z)$ は単調増加関数とする．このような媒質を伝播する波の波線について，スネルの法則，すなわち v_1 と v_2 の速度を持つ平らな境界面で $\sin\theta_1/v_1 = \sin\theta_2/v_2$ を示せ（ヒント：図 11.5(a) のように平行な 2 本の波線を考え，その伝播時間を考える）．

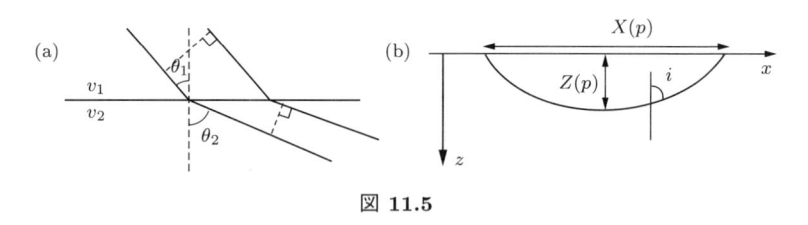

図 11.5

(b) スネルの法則より，以下に定義される波線パラメータ p は，1 本の波線上では常に一定となる：$p \equiv \sin(i)/v(z)$．ただし，i は波線と垂線のなす角度である．ここでは，震源は地表面（速度は $v_0 = v(0)$）にあるとする．震源で i_0 の角度で射出した波線が届く最深の深さ $Z(p)$ はどのようになるか（図 11.5(b) 参照）．

(c) 波線パラメータ p の波線の水平到達距離を $X(p)$ とすると（図 11.5(b)），

$$X(p) = 2\int_0^{Z(p)} \frac{p\,dz}{\sqrt{v(z)^{-2} - p^2}}$$

を示せ．2 倍になるのは，$z=0$ から $Z(p)$ までの波線を往復するからである．

(d) 同様に，$X(p)$ まで到達する時間（走時と呼ぶ）$T(p)$ は

$$T(p) = 2\int_0^{Z(p)} \frac{v^{-2}\,dz}{\sqrt{v(z)^{-2} - p^2}}$$

と表せることを示せ．

(e) 波線パラメータ p を地表 ($z=0$) で考えると，走時の距離による微分 $p = dT/dX$ となることを示せ．以上より，走時の曲線の傾き dT/dX の観測から $v(z)$ を求める積分方程式の形になっていることがわかる．

(f) (c) の $X(p)$ を表わす式を 11.2 節で説明したアーベルの積分方程式に変換する．z の代わりに v^{-2}（速度の 2 乗の逆数）を変数とすると，以下になることを示せ．

$$\frac{X(p)}{2p} = \int_{v_0^{-2}}^{p^2} \frac{dz/d(v^{-2})}{\sqrt{v^{-2}-p^2}} d(v^{-2})$$

(g) (f) の積分方程式は，アーベルの積分方程式 (11.5) と同じなので，

$$z(v) = -\frac{1}{\pi}\int_{v_0^{-2}}^{v^{-2}} \frac{X(p)/2p}{\sqrt{p^2-v^{-2}}}d(p^2) = -\frac{1}{\pi}\int_{v_0^{-1}}^{v^{-1}} \frac{X(p)}{\sqrt{p^2-v^{-2}}}dp$$

となることを示せ．つまり $X(p)$ ($p = dT/dX$ は観測値) によって与えられる速度 v の深さ z を求めることができる．すなわち，最終目的である $v(z)$ が求まる．

(h) (g) の積分は，部分積分により以下のように表されることを示せ．

$$z(v) = \frac{1}{\pi}\int_0^{X(v^{-1})} \cosh^{-1}(pv) dX$$

ただし $X(v_0^{-1}) = 0$ (つまり，地表面の速度 v_0 では $X = 0$) を用いること．

20 世紀初頭にドイツのヘルグロッツ (Herglotz) とヴィーヘルト (Wiechert) はこの積分方程式を用いて，地震波の P 波や S 波の $T(\Delta)$ の観測データから，地球内部の構造 (ここでは地震波速度構造) が求められることを示した．そして，1920 年頃には英国のジェフリース卿とドイツのグーテンベルグ (Beno Gutenberg) によって，最初の (そして最新の観測からみてもほぼ正確な) 地球内部構造モデルが完成した．

11-4 次の積分方程式を解け．

(a) ★
$$u(x) = x + \int_0^x xyu(y)dy$$

(ヒント：核が縮退している場合である．)

(b) ★★
$$f(x) = e^{-|x|} + \lambda \int_0^\infty f(y)\cos(xy)dy$$

(ヒント：$f(x)$ が偶関数であることを確認し，cos によるフーリエ変換 $F(\omega) = 2\int_0^\infty f(x)\cos\omega x dx$ を考える．)

11-5 ★★ 次のアーベルの積分方程式の一般形を解け．つまり $f(x)$ が与えられたとして，$\psi(x)$ を求めよ．

$$f(x) = \int_0^x \frac{\psi(y)}{(x-y)^\alpha}dy \quad (0 < \alpha < 1)$$

(ヒント：11.2 節と同様に，両辺に $\int_0^z dx/(z-x)^{1-\alpha}$ をかける．そして，二重積分の順番を変えて，一方の積分について変数変換を適当に行うと，以下のような形の積分

となり，これは練習問題 1-13 のように解析的に求まる．最後に両辺を z で微分する．)

$$\int_0^1 \frac{du}{(1-u)^{1-\alpha}u^\alpha} = \Gamma(\alpha)\Gamma(1-\alpha) = \frac{\pi}{\sin\alpha\pi}$$

11-6 *† 次の物理的問題を表現する積分方程式を，それぞれ作れ．

(a) 古典力学において，質量 m の粒子の位相空間 $(\vec{x}, \vec{p})$ （$\vec{x}$ は位置ベクトル，$\vec{p}$ は運動量ベクトル）での分布関数 $f(\vec{x}, \vec{p}, t)$ を考える．粒子が散乱体により $\vec{p_0} \to \vec{p}$ に散乱される単位時間あたりの確率を $W(\vec{p} \leftarrow \vec{p_0})$ と表現すると，時間 $t \sim (t+dt)$ における粒子の位相空間での出入りを考えて，f に対する方程式を導け．これを**輸送方程式** (transfer equation) という．

(b) (2.4) の形のシュレディンガー方程式に対して，ポテンシャルエネルギー U が運動量にも依存するシュレディンガー方程式

$$\left[-\frac{\hbar^2}{2m}\nabla^2 + U(\vec{x}, \vec{p})\right]\psi(\vec{x}) = E\psi(\vec{x})$$

を考える．波動関数 $\psi(\vec{x})$ を

$$\psi(\vec{x}) = \frac{1}{(2\pi\hbar)^{3/2}}\int\int_{-\infty}^{\infty}\int \phi(\vec{p})e^{i\vec{p}\cdot\vec{x}/\hbar}d^3p$$

と逆フーリエ変換で表わす場合，$\phi(\vec{p})$ についての積分方程式を導け．

練習問題解答

第1章

1-1 (a)
$$e^z = e^{x+iy} = e^x e^{iy} = e^x(\cos y + i \sin y)$$
より，$u = e^x \cos y, v = e^x \sin y$. 各偏微分は

$$\frac{\partial u}{\partial x} = e^x \cos y, \qquad \frac{\partial v}{\partial y} = e^x \cos y, \qquad \frac{\partial u}{\partial y} = -e^x \sin y, \qquad \frac{\partial v}{\partial x} = e^x \sin y$$

となり，(1.5), (1.6) を満たすので，正則関数である．

(b) z の偏角を θ とすると，$\ln z = \ln |z| + i\theta = \ln \sqrt{x^2+y^2} + i \arctan(y/x)$ より，$u = \frac{1}{2}\ln(x^2+y^2), v = \arctan(y/x)$ となる．ここで，$d(\arctan s)/ds = 1/(1+s^2)$ より，各偏微分は以下のようになるので，正則関数である：

$$\frac{\partial u}{\partial x} = \frac{x}{x^2+y^2}, \qquad \frac{\partial v}{\partial y} = \frac{1}{1+\left(\frac{y}{x}\right)^2}\frac{1}{x} = \frac{x}{x^2+y^2}$$

$$\frac{\partial u}{\partial y} = \frac{y}{x^2+y^2}, \qquad \frac{\partial v}{\partial x} = \frac{1}{1+\left(\frac{y}{x}\right)^2}\left(-\frac{y}{x^2}\right) = -\frac{y}{x^2+y^2}$$

(c) $z^{1/2} = |z|^{1/2}e^{i\theta/2} = |z|^{1/2}(\cos\theta/2 + i\sin\theta/2)$ より，$u = (x^2+y^2)^{1/4}\cos\theta/2$, $v = (x^2+y^2)^{1/4}\sin\theta/2$. (b) の $\partial v/\partial x$, $\partial v/\partial y$ が $\partial \theta/\partial x$, $\partial \theta/\partial y$ となっているので，それを利用する．各偏微分は以下のようになり，正則関数である．

$$\frac{\partial u}{\partial x} = \frac{x}{2(x^2+y^2)^{3/4}}\cos\frac{\theta}{2} - \frac{(x^2+y^2)^{1/4}}{2}\sin\frac{\theta}{2}\frac{\partial \theta}{\partial x}$$

$$= \frac{1}{2}(x^2+y^2)^{-3/4}\left(x\cos\frac{\theta}{2} + y\sin\frac{\theta}{2}\right), \qquad \frac{\partial v}{\partial y} = \frac{1}{2}(\cdots)^{-3/4}\left(y\sin\frac{\theta}{2} + x\cos\frac{\theta}{2}\right)$$

$$\frac{\partial u}{\partial y} = \frac{1}{2}(\cdots)^{-3/4}\left(y\cos\frac{\theta}{2} - x\sin\frac{\theta}{2}\right), \qquad \frac{\partial v}{\partial x} = \frac{1}{2}(\cdots)^{-3/4}\left(x\sin\frac{\theta}{2} - y\cos\frac{\theta}{2}\right)$$

(d) $|z| = \sqrt{x^2+y^2}$ より，$u = \sqrt{x^2+y^2}, v = 0$ となり，

$$\frac{\partial u}{\partial x} = \frac{x}{\sqrt{x^2+y^2}}, \qquad \frac{\partial v}{\partial y} = 0, \qquad \frac{\partial u}{\partial y} = \frac{y}{\sqrt{x^2+y^2}}, \qquad \frac{\partial v}{\partial x} = 0$$

よって，正則関数でない．

(e) $\operatorname{Re} z = x$ より, $u = x, v = 0$ となり, 以下のように正則関数でない.

$$\frac{\partial u}{\partial x} = 1, \quad \frac{\partial v}{\partial y} = 0, \quad \frac{\partial u}{\partial y} = 0, \quad \frac{\partial v}{\partial x} = 0$$

(f) $e^{\sin z} = e^{\sin(x+iy)} = e^{\sin x \cos iy + \cos x \sin iy}$ であり, $\cos iy = (e^{i(iy)} + e^{-i(iy)})/2 = \cosh y$, $\sin iy = (e^{i(iy)} - e^{-i(iy)})/2i = i\sinh y$ より,

$$e^{\sin z} = e^{\sin x \cosh y} e^{i \cos x \sinh y} = e^{\sin x \cosh y}(\cos(\cos x \sinh y) + i\sin(\cos x \sinh y))$$

$$u = e^{\sin x \cosh y} \cos(\cos x \sinh y), \quad v = e^{\sin x \cosh y} \sin(\cos x \sinh y)$$

である. 各偏微分は以下のようになるので, 正則関数である.

$$\frac{\partial u}{\partial x} = \cos x \cosh y \, e^{\sin x \cosh y} \cos(\cdots) - (-\sin x) \sinh y \, e^{\cdots} \sin(\cdots)$$

$$\frac{\partial v}{\partial y} = \sin x \sinh y \, e^{\sin x \cosh y} \sin(\cdots) + \cos x \cosh y \, e^{\cdots} \cos(\cdots)$$

$$\frac{\partial u}{\partial y} = \sin x \sinh y \, e^{\sin x \cosh y} \cos(\cdots) - \cos x \cosh y \, e^{\cdots} \sin(\cdots)$$

$$\frac{\partial v}{\partial x} = \cos x \cosh y \, e^{\sin x \cosh y} \sin(\cdots) - \sin x \sinh y \, e^{\cdots} \cos(\cdots)$$

1-2 (a) (1.5) の

$$\frac{\partial u}{\partial x} = e^x \cos y = \frac{\partial v}{\partial y}$$

を y で積分し, $v = e^x \sin y + g(x)$ ($g(x)$ は任意の関数) を得る. これと (1.6) より

$$-\frac{\partial u}{\partial y} = e^x \sin y, \quad \frac{\partial v}{\partial x} = e^x \sin y + g'(x)$$

の二つは等しいので, $g'(x) = 0$. よって, $g(x) = C$ (C は任意の定数) で, $v = e^x \sin y + C$ となり,

$$f(z) = u + iv = e^x \cos y + i(e^x \sin y + C) = e^x e^{iy} + iC = e^z + iC$$

(b)
$$\frac{\partial u}{\partial x} = \cos x \cosh y = \frac{\partial v}{\partial y}$$

より, $v = \cos x \sinh y + g(x)$ となる. 一方, 以下の二つは等しいので,

$$-\frac{\partial u}{\partial y} = -\sin x \sinh y, \quad \frac{\partial v}{\partial x} = -\sin x \sinh y + g'(x)$$

$g'(x) = 0$, すなわち $g(x) = C$ となる. つまり, $v = \cos x \sinh y + C$ より,

$$f(z) = \sin x \cosh y + i(\cos x \sinh y + C) = \sin x \cos iy + \cos x \sin iy + iC = \sin z + iC$$

(c)
$$\frac{\partial v}{\partial x} = 6xy = -\frac{\partial u}{\partial y}$$
より，$u = -3xy^2 + g(x)$ となる．一方，以下の二つは等しいので，
$$\frac{\partial v}{\partial y} = 3x^2 - 3y^2 - 1, \quad \frac{\partial u}{\partial x} = -3y^2 + g'(x)$$
$g'(x) = 3x^2 - 1$ で，$g(x) = x^3 - x + C$ となり，$u = x^3 - 3xy^2 - x + C$．よって，
$$f(z) = x^3 - 3xy^2 - x + C + i(-y^3 + 3x^2y - y) = z^3 - z + C$$

(d) $\tan f(z) = z$ とみなし，両辺を z で全微分すると，$\sec^2 f(z) \cdot df/dz = 1$ より，
$$\frac{df}{dz} = \cos^2 f(z) = \frac{1}{1+z^2} = \frac{1}{1+(x+iy)^2} = \frac{1+x^2-y^2-2ixy}{(1+x^2-y^2)^2+4x^2y^2}$$
が成立する．一方，$f(z)$ が正則なので，コーシー・リーマンの微分方程式は
$$\frac{\partial u}{\partial x} = \frac{\partial v}{\partial y} = \frac{1+x^2-y^2}{(1+x^2-y^2)^2+4x^2y^2}, \quad \frac{\partial u}{\partial y} = -\frac{\partial v}{\partial x} = \frac{2xy}{(1+x^2-y^2)^2+4x^2y^2}$$
となる．$\partial u/\partial x$ の方を用いると，それぞれの変数で積分して u, v は以下のように表される：
$$u(x,y) = \int^x \frac{1-y^2+t^2}{(1+t^2-y^2)^2+4y^2t^2}dt + F(y)$$
$$v(x,y) = \int^y \frac{1+x^2-t^2}{(1+x^2-t^2)^2+4x^2t^2}dt + G(x)$$
ここで，$F(y)$ と $G(x)$ は未定関数である．被積分関数がこのようなベキ乗の分数関数の場合，できるだけ分母を因数分解して，複数の分数の和の形に変形する．u についての分母を $t^4 + 2(1+y^2)t^2 + (1-y^2)^2 = (t^2+(1-y)^2)(t^2+(1+y)^2)$ とみなすと，
$$u(x,y) = \frac{1-y}{2}\int^x \frac{dt}{t^2+(1-y)^2} + \frac{1+y}{2}\int^x \frac{dt}{t^2+(1+y)^2} + F(y)$$
ここで，$t \equiv (1 \mp y)\tan\theta$ と変数変換すれば，上の二つの積分の和は
$$\frac{1-y}{2}\int^{\arctan\frac{x}{1-y}} \frac{(1-y)\sec^2\theta d\theta}{(1-y)^2(1+\tan^2\theta)} + \frac{1+y}{2}\int^{\arctan\frac{x}{1+y}} \frac{(1+y)\sec^2\theta d\theta}{(1+y)^2(1+\tan^2\theta)}$$
$$= \frac{1}{2}\int^{\arctan\frac{x}{1-y}} d\theta + \frac{1}{2}\int^{\arctan\frac{x}{1+y}} d\theta = \frac{1}{2}\left(\arctan\frac{x}{1-y} + \arctan\frac{x}{1+y}\right)$$
と求まる．未定関数 $F(y)$ はこの u についての別の偏微分である

$$\frac{\partial u}{\partial y} = \frac{1}{2}\left(\frac{1}{1+\frac{x^2}{(1-y)^2}}\frac{x}{(1-y)^2} + \frac{1}{1+\frac{x^2}{(1+y)^2}}\frac{-x}{(1+y)^2}\right) + F'(y)$$

$$= \frac{2xy}{(x^2+(1-y)^2)(x^2+(1+y)^2)} + F'(y)$$

を先の結果と比べると，$F'(y) = 0$，すなわち $F(y) = C$（C は未定常数）．

一方，v についての積分を具体的に求めると，u と同様に分母を因数分解して，さらに $t \equiv (x \pm i)\tan\theta$ と変数変換すると，

$$v(x,y) = i\frac{x+i}{y}\int^y \frac{dt}{t^2+(x+i)^2} - i\frac{x-i}{y}\int^y \frac{dt}{t^2+(x-i)^2} + G(x)$$

$$= \frac{i}{2}\left(\arctan\frac{y}{x+i} - \arctan\frac{y}{x-i}\right) + G(x)$$

となる．$G(x)$ については，$F(y)$ と同様に，$\partial v/\partial x$ と合わせて $G'(x) = 0$．よって $G(x) = C'$（C' は未定定数）となる．まとめると，

$$f(z) = u(x,y) + iv(x,y)$$
$$= \frac{1}{2}\left(\arctan\frac{x}{y+1} - \arctan\frac{x}{y-1} + \arctan\frac{y}{x-i} - \arctan\frac{y}{x+i}\right) + C + iC'$$

となる．$z = x = y = 0$ とすると，$f(0) = \arctan 0 = C + iC' = 0$ と定まる．

1-3
$$\frac{\partial u}{\partial r} = \frac{1}{r}\frac{\partial v}{\partial \theta}, \quad \frac{1}{r}\frac{\partial u}{\partial \theta} = -\frac{\partial v}{\partial r}$$

例えば，$\ln z = \ln r + i\theta$ の場合にこれを適応してみると，$u = \ln r, v = \theta$ より，

$$\frac{\partial u}{\partial r} = \frac{1}{r}, \quad \frac{\partial v}{\partial \theta} = 1, \quad \frac{\partial u}{\partial \theta} = 0, \quad \frac{\partial v}{\partial r} = 0$$

となり，練習問題 1-1(b) と同様に，正則関数であることが確かめられる．

1-4 (a)
$$I \equiv \int_0^\infty \frac{\cos ax}{x^2+1}dx = \frac{1}{2}\int_{-\infty}^\infty \frac{e^{iax}}{x^2+1}dx = \frac{1}{2}\oint_C \frac{e^{iaz}}{z^2+1}dz$$

となるような積分路 C を求めればよい．2番目の積分の積分路は実軸上を $-\infty \to \infty$ となっているので，これを含めた上半分，または下半分の半円を考えるのが自然で，半円部分の積分がゼロとなれば最後の等式が成立する．ここで e^{iaz} の項の方が分母の z^2+1 よりも $|z| \to \infty$ での収束・発散の程度が強いので，$|e^{iaz}| \to 0$ となる半円を選べばよい．$|e^{iaz}| = e^{-a\mathrm{Im}\,z}$ なので，$a > 0$ なら $\mathrm{Im}\,z > 0$，すなわち上半面を，$a < 0$ なら下半面を取ればよい．それぞれの半円の積分路を C_1, C_2 とする．

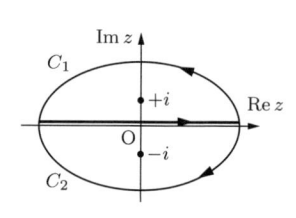

$a>0$ ならば，積分路 C_1 の内部には $z=i$ に 1 位の極があるので，

$$2I = \oint_{C_1} \frac{e^{iaz}}{z^2+1}dz = 2\pi i \cdot \text{Res}(z=i) = 2\pi i \left[(z-i)\frac{e^{iaz}}{z^2+1}\right]_{z=i} = \pi e^{-a}$$

$a<0$ ならば，C_2 は時計回りで，内部には $z=-i$ に 1 位の極があるので，

$$2I = \oint_{C_2} \frac{e^{iaz}}{z^2+1}dz = -2\pi i \cdot \text{Res}(z=-i) = \pi e^a$$

この二つの場合をまとめると，$I = \pi e^{-|a|}/2$.

(b)
$$2I \equiv \int_{-\infty}^{\infty} \frac{e^{iax}}{(x^2+1)^2}dx = \oint_C \frac{e^{iaz}}{(z^2+1)^2}dz$$

として，(a) と同様な積分路 C_1, C_2 を a の符号に応じて選べばよい．

$a>0$ では，内部には $z=i$ に 2 位の極があるので，

$$\oint_C \cdots dz = 2\pi i \left\{\frac{d}{dz}\left[(z-i)^2 \frac{e^{iaz}}{(z+i)^2(z-i)^2}\right]\right\}_{z=i}$$
$$= 2\pi i \left[ia\frac{e^{iaz}}{(z+i)^2} - 2\frac{e^{iaz}}{(z+i)^3}\right]_{z=i} = 2\pi i e^{-a}\left(-\frac{ia}{4}+\frac{1}{4i}\right) = \frac{\pi}{2}e^{-a}(a+1)$$

$a<0$ では，積分路が時計回りになり，内部の $z=-i$ に 2 位の極があるので，

$$\oint_C \cdots dz = -2\pi i \left\{\frac{d}{dz}\left[(z+i)^2 \frac{e^{iaz}}{(z+i)^2(z-i)^2}\right]\right\}_{z=-i} = \frac{\pi}{2}e^a(1-a)$$

二つの結果をまとめると，$I = \pi e^{-|a|}(1+|a|)/4$.

(c) $z=e^{i\theta}$ とおくと，$dz=ie^{i\theta}d\theta=izd\theta$, $\cos\theta=(z+z^{-1})/2$ で，積分範囲の $\theta: 0 \to 2\pi$ は z では原点から半径 1 の円を反時計回りに一周する積分路 C となるので，

$$I \equiv \int_0^{2\pi} \frac{d\theta}{a+b\cos\theta} = \oint_C \frac{dz/iz}{a+b(z+z^{-1})/2} = \frac{2}{i}\oint_C \frac{dz}{bz^2+2az+b}$$

この内部の特異点（極）は，分母をゼロとした $bz^2+2az+b=0$ の根 z_1, z_2 であり，$a>b>0$ よりどちらも実数であり，かつ

$$z_1 \equiv \frac{-a+\sqrt{a^2-b^2}}{b} = -\frac{a}{b}+\sqrt{\left(\frac{a}{b}\right)^2-1}$$

$$z_2 \equiv \frac{-a-\sqrt{a^2-b^2}}{b} = -\frac{a}{b}-\sqrt{\left(\frac{a}{b}\right)^2-1}$$

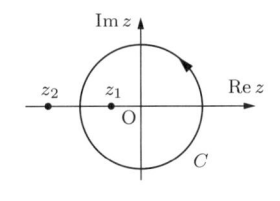

より，$z_2 < -1 < z_1 < 0$ と，$z = z_1$ のみ単位円 C の内部の 1 位の極となるので，

$$I = \frac{2}{i} 2\pi i \cdot \text{Res}(z=z_1) = 4\pi \left[(z-z_1) \frac{1}{b(z-z_1)(z-z_2)} \right]_{z=z_1}$$

$$= \frac{4\pi}{b(z_1 - z_2)} = \frac{4\pi}{b \cdot 2\sqrt{\left(\frac{a}{b}\right)^2 - 1}} = \frac{2\pi}{\sqrt{a^2 - b^2}}$$

(d) (c) と同様の変数変換を行うと，$\sin\theta = (z - 1/z)/2i$ も用いて，

$$I = \frac{1}{i} \oint_C \frac{dz}{z\left(a^2 + \left(\frac{z-1/z}{2i}\right)^2\right)} = 4i \oint_C \frac{z\, dz}{z^4 - 2(2a^2+1)z^2 + 1}$$

被積分関数の分母がゼロとなる根は，z の 4 次式なので四つある：

$$z^2 = 2a^2 + 1 \pm \sqrt{(2a^2+1)^2 - 1} = 2a^2 + 1 \pm 2a\sqrt{a^2 + 1}$$

よって，根は $\pm z_1 \equiv \pm(\sqrt{a^2+1} + a)$，および $\pm z_2 \equiv \pm(\sqrt{a^2+1} - a)$ となる．$a > 0$ では，$z = \pm z_2$ のみ単位円の内部にある．それぞれ 1 位の極なので，

$$\oint_C \frac{z\, dz}{(z^2 - z_1^2)(z^2 - z_2^2)}$$

$$= 2\pi i \left(\left[\frac{z}{(z+z_2)(z^2 - z_1^2)} \right]_{z=z_2} + \left[\frac{z}{(z-z_2)(z^2 - z_1^2)} \right]_{z=-z_2} \right) = \frac{2\pi i}{z_2^2 - z_1^2}$$

$$= \frac{2\pi i}{(2a^2 + 1 - 2a\sqrt{a^2+1}) - (2a^2 + 1 + 2a\sqrt{a^2+1})} = -\frac{\pi i}{2a\sqrt{a^2+1}}$$

すなわち，$I = -4i \cdot \pi i/(2a\sqrt{a^2+1}) = 2\pi/(a\sqrt{a^2+1})$ となる．

一方，$a < 0$ の場合には，$z = \pm z_1$ が単位円の内部になり，この 2 点について同様に留数計算すると，$I = -2\pi/(a\sqrt{a^2+1})$ となる．まとめると，$I = 2\pi/(|a|\sqrt{a^2+1})$．

1-5 $z = Re^{i\theta}$ とし，積分範囲は $\theta: 0 \to -\pi$ なので，C' 上での積分値は，

$$\int_{C'} \frac{dz}{1+z^2} = \lim_{R\to\infty} \int_0^{-\pi} \frac{iRe^{i\theta} d\theta}{1 + R^2 e^{2i\theta}} \simeq \lim_{R\to\infty} \int_0^{-\pi} \frac{iRe^{i\theta} d\theta}{R^2 e^{2i\theta}}$$

$$= \lim_{R\to\infty} \frac{i}{R} \int_0^{-\pi} e^{-i\theta} d\theta = 0$$

と寄与がない．よって，$2I = \int_{C_1 + C'} dz/(1+z^2)$ となる．この積分路は時計回りで，内部に $z = -i$ の 1 位の極を持っているので，その留数を計算すればよい．

$$2I = -2\pi i \cdot \text{Res}(z = -i) = -2\pi i \left((z+i) \frac{1}{1+z^2} \right)_{z=-i} = \pi$$

と，この積分路を取っても同じ結果となる．

1-6 $p(x,t)$ のフーリエ変換の積分表示式は，上半分の半円の積分路を C とすると，

$$\frac{1}{2\pi}\oint_C F(\omega)e^{i\omega a}d\omega = \frac{1}{2\pi}\oint_C F(\omega)e^{ia\cdot\mathrm{Re}\,\omega}e^{-a\cdot\mathrm{Im}\,\omega}d\omega$$

で，$a \equiv x/c - t > 0$, $\mathrm{Im}\,\omega > 0$ なら，半円部分はゼロになる．上半面で $F(\omega)$ が正則ならば，この積分路 C の内部には特異点がないので，この積分はゼロになる．すなわち，$a = x/c - t > 0$ なら $p(x,t) = 0$ という因果律に対応する．この概念は物理的な考察ばかりでなく，因果律を満たすデジタルフィルターの製作などに利用され，応用上でも極めて重要である．

1-7 (a) 部分積分して，

$$\Gamma(z) = \int_0^\infty x^{z-1}e^{-x}dx = \left[-x^{z-1}e^{-x}\right]_0^\infty + (z-1)\int_0^\infty x^{z-2}e^{-x}dx$$

$$= (z-1)\int_0^\infty x^{(z-1)-1}e^{-x}dx = (z-1)\Gamma(z-1)$$

(b) 以下の $\Gamma(1)$ についての結果と (a) を用いて

$$\Gamma(1) = \int_0^\infty e^{-x}dx = \left[-e^{-x}\right]_0^\infty = 1$$
$$\Gamma(n) = (n-1)\Gamma(n-1) = \cdots = (n-1)(n-2)\cdots 2\cdot 1\cdot\Gamma(1) = (n-1)!$$

(c) $x = t^2$ と変数変換すると，$dx = 2tdt$. 積分変数を $t \to s$ とした積分との積は

$$\Gamma\left(\frac{1}{2}\right)^2 = \left(\int_0^\infty x^{-1/2}e^{-x}dx\right)^2 = 4\int_0^\infty e^{-t^2}dt\int_0^\infty e^{-s^2}ds$$

(t,s) の2変数を $t = r\cos\theta, s = r\sin\theta$ という (r,θ) の極座標に変換すると，$t^2 + s^2 = r^2$, $dtds = rdrd\theta$，また積分範囲は $t, s : 0 \to \infty$ が $r : 0 \to \infty$, $\theta : 0 \to \pi/2$ に対応するので，

$$\Gamma\left(\frac{1}{2}\right)^2 = 4\int_0^{\frac{\pi}{2}}d\theta\int_0^\infty e^{-r^2}rdr = 2\pi\int_0^\infty e^{-r^2}rdr = \pi\left[-e^{-r^2}\right]_0^\infty = \pi$$

よって，$\Gamma(1/2) = \sqrt{\pi}$.

(d) $$\Gamma\left(\frac{5}{2}\right) = \frac{3}{2}\cdot\Gamma\left(\frac{3}{2}\right) = \frac{3}{2}\cdot\frac{1}{2}\cdot\Gamma\left(\frac{1}{2}\right) = \frac{3}{4}\sqrt{\pi}$$

1-8 $\oint_C e^{izt}/z\,dz$ を考える．積分路 C は $t > 0$ の場合に図1.6で示したものであり，$i\pi$ となることも示した．$t < 0$ の場合には，積分路 C は下半面の半円状となる．原点の回り (II とする) の微小な半円は下に凸の形とする．すると，

$$\oint_C \frac{e^{izt}}{z}dz = \int_\mathrm{I} + \int_\mathrm{II} + \int_\mathrm{III} + \int_\mathrm{IV} = P\int_{-\infty}^\infty \frac{e^{ixt}}{x}dx + \int_\mathrm{II} + \int_\mathrm{IV}$$

となる. 無限遠の半円 IV では $e^{izt} = e^{it\operatorname{Re}z}e^{-t\operatorname{Im}z}$ となるので, $t<0$ なら $\operatorname{Im}z<0$, すなわち下半面ではゼロに収束する. 一方, 原点回りの微小半円は $z = \epsilon e^{i\theta}$ として, 積分範囲が $\theta : \pi \to 2\pi$ なので, $\epsilon \to 0$ では

$$\int_{\mathrm{II}} \frac{e^{izt}}{z}dz = \int_\pi^{2\pi} \frac{e^{i\epsilon t e^{i\theta}}}{\epsilon e^{i\theta}} i\epsilon e^{i\theta} d\theta \to i\int_\pi^{2\pi} d\theta = i\pi$$

となる. 積分路 C の内部には特異点がないので, 積分の値はゼロとなり,

$$P\int_{-\infty}^{\infty} \frac{e^{ixt}}{x}dx = -i\pi$$

となる. よって,

$$H(t) = \frac{1}{2} + \frac{i\pi}{2\pi i} = 1 \quad (t>0), \qquad H(t) = \frac{1}{2} - \frac{i\pi}{2\pi i} = 0 \quad (t<0)$$

となる. $t \to t-a$ と変換すれば, 求める階段関数となる.

1-9 (a)
$$f(z) = \frac{1}{2\pi i}\left[\int_{C_1} \frac{f(\xi)}{\xi - z}d\xi + \int_{C_2} \frac{f(\xi)}{\xi - z}d\xi\right]$$

無限遠の上半円の積分 C_2 は $\xi = Re^{i\theta}$ とおいて, $R \to \infty$ とすればよいので,

$$\int_{C_2} = \int_0^\pi \frac{f(Re^{i\theta})}{Re^{i\theta} - z} iRe^{i\theta} d\theta \to \int_0^\pi \frac{f(Re^{i\theta})}{Re^{i\theta}} iRe^{i\theta} d\theta = i\int_0^\pi f(Re^\theta)d\theta$$

となり, $f(z)$ が無限遠でゼロになる条件より, この積分はゼロとなる.
(b) C_1 の積分について, $z = x+i\epsilon$ と変換して $\epsilon \to 0$ とする. $\xi = x$ 付近では下半分の微小半円 $\tilde{C}$ に積分路を変形すると, C_1 はコーシーの主値積分と $\tilde{C}$ 上の積分との和になるので,

$$2\pi i f(x) = P\int_{-\infty}^{\infty} \frac{f(x')}{x'-x}dx' + \int_{\tilde{C}} \frac{f(\xi)}{\xi - x}d\xi$$

ここで, $\xi = x + \delta e^{i\theta}(\theta : -\pi \to 0)$ とおき, $\delta \to 0$ の極限を求めると, $\tilde{C}$ の積分は

$$\int_{\tilde{C}} = \int_{-\pi}^0 \frac{f(x+\delta e^{i\theta})}{\delta e^{i\theta}} i\delta e^{i\theta} d\theta \to i\int_{-\pi}^0 f(x)d\theta = i\pi f(x)$$

よって,
$$i\pi f(x) \to i\pi F(x) = P\int_{-\infty}^{\infty} \frac{F(x')}{x'-x}dx'$$

(c) $F(x) = \operatorname{Re}F(x) + i\operatorname{Im}F(x)$ として, (b) の結果に代入すると,

$$\operatorname{Re}F(x) + i\operatorname{Im}F(x) = \frac{1}{i\pi}P\int_{-\infty}^{\infty} \frac{\operatorname{Re}F(x') + i\operatorname{Im}F(x')}{x'-x}dx'$$
$$= \frac{1}{\pi}P\int_{-\infty}^{\infty} \frac{\operatorname{Im}F(x')}{x'-x}dx' - \frac{i}{\pi}P\int_{-\infty}^{\infty} \frac{\operatorname{Re}F(x')}{x'-x}dx'$$

練習問題解答　*211*

よって，以下の**クラマース・クローニヒの関係式** (Kramers-Kronig relation) を得る：

$$\text{Re}\,F(x) = \frac{1}{\pi} P \int_{-\infty}^{\infty} \frac{\text{Im}\,F(x')}{x' - x} dx', \quad \text{Im}\,F(x) = -\frac{1}{\pi} P \int_{-\infty}^{\infty} \frac{\text{Re}\,F(x')}{x' - x} dx'$$

1-10　まず，図 1.9(a) を考える（右図参照）．与えられた点を A として，$z = a$ を時計回りに一周，すなわち左側の分岐カットを下から上に横切ってから複素平面上で元の場所に戻った点を B とし，もう一周して（もう一度，下から上に横切る）戻った点を C とする．A → B → C での $(z-a)^{1/2}$ と $(z-b)^{1/2}$ の位相は，$\theta_1 \to \theta_1 - 2\pi \to \theta_1 - 4\pi$ と変化し，θ_2 は元に戻るので，点 B では

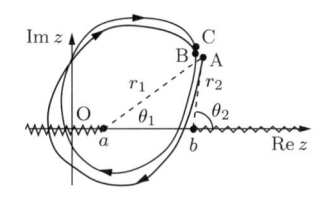

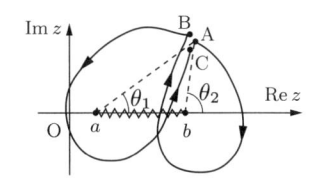

$$f(z) = \sqrt{(z-a)(z-b)} = (r_1 r_2)^{1/2} e^{i((\theta_1 - 2\pi) + \theta_2)/2} = (r_1 r_2)^{1/2} e^{i(\theta_1 + \theta_2)/2 - i\pi}$$

となり，点 A とは異なった値となる．点 C では

$$f(z) = (r_1 r_2)^{1/2} e^{i((\theta_1 - 4\pi) + \theta_2)/2} = (r_1 r_2)^{1/2} e^{i(\theta_1 + \theta_2)/2 - 2i\pi} = (r_1 r_2)^{1/2} e^{i(\theta_1 + \theta_2)/2}$$

と点 A での値に戻る．$z = a$ の分岐を逆方向に 2 回横切る場合には，上の位相の値が -2π から 2π と代わるだけで，全く同じになる．同様に，$z = b$ からの分岐を横切る場合も，上の θ_1, θ_2 を交換するだけで，同じ結果になる．

図 1.9(b) の場合，例えば，分岐カットを $z = b$ を回った後に下から上に 1 回横切って元の点 A に戻った場合を点 B，それから $z = a$ を反時計回りに回って，下から上に再び横切って戻った場合を点 C とすると（右図参照），A → B → C での位相は，$\theta_1 \to \theta_1 \to \theta_1 + 2\pi$ および $\theta_2 \to \theta_2 - 2\pi \to \theta_2 - 2\pi$ となる．よって，点 B では

$$f(z) = (r_1 r_2)^{1/2} e^{i(\theta_1 + (\theta_2 - 2\pi))/2} = (r_1 r_2)^{1/2} e^{i(\theta_1 + \theta_2)/2 - i\pi}$$

となり，点 A とは異なった値となるが，点 C では

$$f(z) = (r_1 r_2)^{1/2} e^{i((\theta_1 + 2\pi) + (\theta_2 - 2\pi))/2} = (r_1 r_2)^{1/2} e^{i(\theta_1 + \theta_2)/2}$$

と点 A での値に戻る．また，分岐を逆方向に横切る場合には，上の 2π のそれぞれの符号が反対になるので，同じ結果となる．

1-11　$f(z) = (z+i)^{1/2}(z-i)^{1/2}$ と分岐点は $z = \pm i$ なので，(1) $z = -i \to -i\infty$

と $z = i \to i\infty$ にそれぞれ延びるか，(2) この 2 点を結ぶか，の二つの場合となる．

1-12 (a)
$$I \equiv \oint_C \frac{\ln z}{1+z^2} dz = \int_{C_1} + \int_{C_2} + \int_{C_3} + \int_{C_4}$$

無限遠 C_2 では，$z = Re^{i\theta}$ で $R \to \infty$ とする．$dz = iRe^{i\theta}d\theta$ より

$$\int_{C_2} \cdots dz = \int_0^{2\pi} \frac{\ln R + i\theta}{1 + R^2 e^{2i\theta}} iRe^{i\theta} d\theta \to iR \int_0^{2\pi} \frac{\ln R\, e^{i\theta}}{R^2 e^{2i\theta}} d\theta = i\frac{\ln R}{R} \int_0^{2\pi} e^{-i\theta} d\theta$$

となって，ゼロに収束する．原点回りの C_4 では，$z = \epsilon e^{i\theta}$ とおいて，$\epsilon \to 0$ とすると，

$$\int_{C_4} \cdots dz = -\int_0^{2\pi} \frac{\ln \epsilon + i\theta}{1 + \epsilon^2 e^{2i\theta}} i\epsilon e^{i\theta} d\theta \to -i\epsilon \ln \epsilon \int_0^{2\pi} e^{i\theta} d\theta$$

でやはりゼロとなる．C_1, C_3 では，$z = xe^{i\theta}$ として，位相がそれぞれ $\theta = 0, 2\pi$ となるので，$dz = e^{i\theta} dx$ より

$$\int_{C_1} \cdots dz = \left[\int_0^\infty \frac{\ln|x| + i\theta}{1 + x^2 e^{2i\theta}} e^{i\theta} dx\right]_{\theta=0} = \int_0^\infty \frac{\ln x}{1+x^2} dx$$

$$\int_{C_3} \cdots dz = -\left[\int_0^\infty \frac{\ln|x| + i\theta}{1 + x^2 e^{2i\theta}} e^{i\theta} dx\right]_{\theta=2\pi} = -\int_0^\infty \frac{\ln x + 2\pi i}{1+x^2} dx$$

$$= -\int_0^\infty \frac{\ln x}{1+x^2} dx - 2\pi i \int_0^\infty \frac{dx}{1+x^2}$$

これらをまとめると，以下のようになる：

$$I = \int_{C_1} \cdots dz + \int_{C_3} \cdots dz = -2\pi i \int_0^\infty \frac{dx}{1+x^2}$$

I の値は，C 内部にある $z = \pm i$ の 1 位の極の留数を求めればよい．ここで大切なのは極での位相である．積分路 C_1, C_3 で $0, 2\pi$ と選んだので，$z = i = e^{i\pi/2}$, $z = -i = e^{3i\pi/2}$ とそれぞれの極での位相が定まる：

$$\text{Res}(z = i) = \left[(z-i)\frac{\ln z}{(z+i)(z-i)}\right]_{z=e^{i\pi/2}} = \frac{\ln(e^{i\pi/2})}{2i} = \frac{\ln 1 + i\pi/2}{2i} = \frac{\pi}{4}$$

$$\text{Res}(z = -i) = \left[(z+i)\frac{\ln z}{(z+i)(z-i)}\right]_{z=e^{3i\pi/2}} = \frac{\ln(e^{3i\pi/2})}{-2i} = \frac{\ln 1 + 3i\pi/2}{-2i} = -\frac{3}{4}\pi$$

よって，$I = 2\pi i(\pi/4 - 3\pi/4) = -2\pi i \cdot \pi/2$ より，$\int_0^\infty dx/(x^2+1) = \pi/2$．

(b)
$$I \equiv \oint_C \frac{dz}{\sqrt{1-z^2}(1+z^2)} = \int_{C_1} + \int_{C_2} + \int_{C_3} + \int_{C_4} + \int_{C_5} + \int_{C_6} + \int_{C_7}$$

分岐をまたがないので，C_2 と C_7 の積分の値は相殺される．無限遠の積分路 C_1 では，

$z = Re^{i\theta}$ として，$R \to \infty$ でゼロとなる：
$$\int_{C_1} \frac{dz}{\sqrt{1-z^2}(1+z^2)} = \int_{-\pi}^{\pi} \frac{iRe^{i\theta}d\theta}{\sqrt{1-R^2e^{2i\theta}}(1+R^2e^{2i\theta})}$$
$$\to i\int_{-\pi}^{\pi} \frac{Re^{i\theta}d\theta}{\sqrt{-R^2e^{2i\theta}}R^2e^{2i\theta}} = iR^{-2}\int_{-\pi}^{\pi} \frac{e^{i\theta}d\theta}{e^{i(\theta+\pi/2)}e^{2i\theta}}$$

$z = 1$ の回りの無限小の円 C_5 では，$z-1 = \epsilon e^{i\theta}$ として，$\epsilon \to 0$ では，
$$\int_{C_5} \frac{dz}{\sqrt{1-z^2}(1+z^2)} = -\int_{-\pi}^{\pi} \frac{i\epsilon e^{i\theta}d\theta}{\sqrt{-\epsilon e^{i\theta}}\sqrt{2+\epsilon e^{i\theta}}(1+\epsilon^2 e^{2i\theta})}$$
$$\to -\int_{-\pi}^{\pi} \frac{i\epsilon e^{i\theta}d\theta}{\epsilon^{1/2}e^{i(\theta+\pi)/2}\sqrt{2}} = -i\epsilon^{1/2}\int_{-\pi}^{\pi} \frac{e^{i\theta}d\theta}{\sqrt{2}e^{i(\theta+\pi)/2}}$$

とゼロになる．同様に，$z = -1$ の回りの C_3 についても $z+1 = \epsilon e^{i\theta}$ として，$\epsilon \to 0$ の極限でゼロとなる．よって，C_4 と C_6 のみ残る．

C_4 と C_6 の積分で重要なのは，被積分関数の分母の $\sqrt{1-z^2} = (1-z)^{1/2}(1+z)^{1/2}$ の位相である．C_4 を点 A ($z=-1$) から点 B ($z=1$)，C_6 を C から D とすると，A $\to$ B $\to$ C $\to$ D と移っていく場合の $\arg(1-z)$, $\arg(1+z)$ は，点 A でともにゼロとすると，$0 \to 0 \to -2\pi \to -2\pi$，$0 \to 0 \to 0 \to 0$ と変化していく．すなわち，AB 上 (C_4) と CD 上 (C_6) では

$$\frac{(1-z)^{-1/2}(1+z)^{-1/2}}{\mid (1-z)^{-1/2}(1+z)^{-1/2} \mid} = e^{i(0+0)} = 1, \qquad \frac{\cdots}{\cdots} = e^{i((-2\pi)(-1/2)+0)} = e^{i\pi}$$

とそれぞれなるので，
$$\int_{C_4} \frac{dz}{\sqrt{1-z^2}(1+z^2)} = \int_{-1}^{1} \frac{dx}{\sqrt{1-x^2}(1+x^2)}$$
$$\int_{C_6} \frac{dz}{\sqrt{1-z^2}(1+z^2)} = \int_{1}^{-1} \frac{e^{i\pi}dx}{\sqrt{1-x^2}(1+x^2)} = -e^{i\pi}\int_{-1}^{1} \frac{dx}{\sqrt{1-x^2}(1+x^2)}$$

となり，最終的にまとめると，
$$I = \left(1 - e^{i\pi}\right)\int_{-1}^{1} \frac{dx}{\sqrt{1-x^2}(1+x^2)} = 2\int_{-1}^{1} \frac{dx}{\sqrt{1-x^2}(1+x^2)}$$

残る作業として，積分路の内部の極での留数を計算し，I を求める．被積分関数の分母より，$z = \pm i$ の 2 点に 1 位の極がある．分岐のある場合の留数の計算では，二つの極の位相を上の積分路で計算した位相と調和的する必要がある．つまり，平方根内の $1-z, 1+z$ について，それぞれの極での適当な位相を求める．

$z = i$ は経路 AB 側にあるので，C_4 の計算で $1-z, 1+z$ の位相をゼロと選択したので，$z=-1$ から $z=i$ への角度を θ_1 とすると，$z=1$ からの角度は反対になるの

で，$\arg(1+z) = \theta_1, \arg(1-z) = -\theta_1$ より，

$$\left[(1-z^2)^{-1/2}\right]_{z=i} = \left[|1-z^2|^{-1/2}e^{i(-\theta_1+\theta_1)\cdot(-1/2)}\right]_{z=i} = 2^{-1/2}\cdot 1 = \frac{1}{\sqrt{2}}$$

一方，$z=-i$ は CD 側にあり，C_6 で $1-z, 1+z$ の位相を $-2\pi, 0$ としたので $z=i$ への角度は $z=-1$ から $-\theta_1$, $z=1$ からの角度は $-2\pi+\theta_1$ となるので，$\arg(1+z) = -\theta_1$, $\arg(1-z) = -2\pi+\theta_1$ より，

$$\left[(1-z^2)^{-1/2}\right]_{z=-i} = \left[|1-z^2|^{-1/2}e^{i(-2\pi+\theta_1-\theta_1)\cdot(-1/2)}\right]_{z=-i} = 2^{-1/2}\cdot e^{i\pi} = -\frac{1}{\sqrt{2}}$$

よって，それぞれの点での留数は以下のようになる:

$$\mathrm{Res}(z=i) = \left[(z-i)\frac{1}{\sqrt{1-z^2}(1+z^2)}\right]_{z=i} = \left[\frac{1}{\sqrt{1-z^2}(z+i)}\right]_{z=i} = \frac{1}{2\sqrt{2}i}$$

$$\mathrm{Res}(z=-i) = \left[(z+i)\frac{1}{\sqrt{1-z^2}(1+z^2)}\right]_{z=-i} = -\frac{1}{\sqrt{2}}\frac{1}{-2i} = \frac{1}{2\sqrt{2}i}$$

結果として，求めるべき積分の値である $I/2$ は次のようになる:

$$\frac{I}{2} = \frac{1}{2}2\pi i\left(\frac{1}{2\sqrt{2}i} + \frac{1}{2\sqrt{2}i}\right) = \frac{\pi}{\sqrt{2}}$$

(c) 上半円の積分路を C として，$\oint_C \cdots dz$ を考える．そのうち，$\mathrm{Re}\,z > 0$ に当たる四半円の積分路を C_1, $\mathrm{Re}\,z < 0$ に当たる四半円の積分路を C_2 とする．C_1 上では $|z| \to \infty$ の極限では，$\mathrm{Re}\,z > 0$ より

$$\int_{C_1} \frac{e^{\alpha z}}{e^z+1}dz \to \int_{C_1} \frac{e^{\alpha z}}{e^z}dz = \int_{C_1} e^{(\alpha-1)z}dz$$

となり，$\alpha-1 < 0, \mathrm{Re}\,z > 0$ なので $|z| \to \infty$ でゼロに収束する．一方，$\mathrm{Re}\,z < 0$ なので

$$\int_{C_2} \frac{e^{\alpha z}}{e^z+1}dz \to \int_{C_2} e^{\alpha z}dz$$

となるので，$\alpha > 0$ より，$\mathrm{Re}\,z < 0$ の場合では $|z| \to \infty$ なら，ゼロに収束する．よって，無限円周上の積分はゼロとなり，$-\infty \to \infty$ の実軸上の積分と同じ値となる．上半円の積分路 C の内部にある極での留数を足し合わせると，求めている積分の値となる．分母 $e^z+1=0$ から内部の極は $z=\pi i, 3\pi i, 5\pi i, \ldots \equiv (2k-1)\pi i$ に等間隔に無限個ある $(k=1,2,\ldots)$. 分母を各点でテイラー展開すると，

$$e^z+1 = e^{(2k-1)\pi i} + e^{(2k-1)\pi i}(z-(2k-1)\pi i) + \cdots + 1 = -(z-(2k-1)\pi i) + \cdots$$

と 1 位の極となっているので，それぞれの留数は以下のようになって，積分が求まる:

$$\mathrm{Res}(z=(2k-1)\pi i) = \left[(z-(2k-1)\pi i)\frac{e^{\alpha z}}{e^z+1}\right]_{z=(2k-1)\pi i} = -e^{(2k-1)\pi\alpha i}$$

$$\int_{-\infty}^{\infty}\cdots dx = 2\pi i\left(-e^{\pi\alpha i} - e^{3\pi\alpha i} - \cdots\right) = -2\pi i e^{\pi\alpha i}\left(1+e^{2\pi\alpha i}+\cdots\right)$$

$$= -2\pi i\frac{e^{\pi\alpha i}}{1-e^{2\pi\alpha i}} = \frac{2\pi i}{e^{\pi\alpha i}-e^{-\pi\alpha i}} = \frac{\pi}{\sin\pi\alpha}$$

[別解] $e^x = z$ と変数変換すると,$e^x dx = zdx = dz$,および積分範囲は $x: -\infty \to \infty$ が $z: 0 \to \infty$ と対応するので,

$$\int_{-\infty}^{\infty}\frac{e^{\alpha x}}{e^x+1}dx = \int_0^\infty \frac{z^\alpha}{z+1}\frac{dz}{z} = \int_0^\infty \frac{z^{\alpha-1}}{z+1}dz$$

この積分の値は,練習問題 1-13(b) と同じになり,その解法に従えばよい.

1-13 (a) ヒントより,$dx = udt$ で,積分範囲が $x: 0 \to u$ から $t: 0 \to 1$ となり,

$$\Gamma(r)\Gamma(s) = \int_0^\infty x^{r-1}e^{-x}dx \int_0^\infty y^{s-1}e^{-y}dy$$
$$= \int_0^u x^{r-1}dx \int_0^\infty (u-x)^{s-1}e^{-u}du = \int_0^1 udt \int_0^\infty du\, u^{r-1}t^{r-1}(u-ut)^{s-1}e^{-u}$$
$$= \int_0^1 t^{r-1}(1-t)^{s-1}dt \int_0^\infty u^{r+s-1}e^{-u}du = B(r,s)\cdot\Gamma(r+s)$$

(b)
$$\Gamma(z)\Gamma(1-z) = \Gamma(1)\cdot B(1-z,z) = \int_0^1 s^{-z}(1-s)^{z-1}ds$$

ここで,$s = 1/(t+1)$ と変数変換すると,$ds = -dt/(t+1)^2$, $1-s = t/(t+1)$,そして積分領域は $s: 0 \to 1$ が $t: \infty \to 0$ に対応するので,

$$\Gamma(z)\Gamma(1-z) = \int_0^\infty (t+1)^z\left(\frac{t}{t+1}\right)^{z-1}\frac{dt}{(t+1)^2} = \int_0^\infty \frac{t^{z-1}}{t+1}dt$$

ここで図 1.10(a) の積分路 C を考えると:

$$I \equiv \oint_C \frac{s^{z-1}}{s+1}ds = \int_{C_1} + \int_{C_2} + \int_{C_3} + \int_{C_4}$$

C_2 では,$s = Re^{i\theta}$ として $R \to \infty$ の極限を取ると,

$$\int_{C_2} = \int_0^{2\pi}\frac{R^{z-1}e^{i(z-1)\theta}}{Re^{i\theta}+1}iRe^{i\theta}d\theta \to i\int_0^{2\pi}\frac{R^z e^{iz\theta}}{Re^{i\theta}}d\theta = iR^{z-1}\int_0^{2\pi}e^{i(z-1)\theta}d\theta$$

よって,これがゼロとなるには $\mathrm{Re}\,(z-1) < 0$,すなわち,$\mathrm{Re}\,z < 1$ が条件.一方,

C_4 では $s = \epsilon e^{i\theta}$ とおいて，$\epsilon \to 0$ の極限を取ればよいので，

$$\int_{C_4} = -\int_0^{2\pi} \frac{\epsilon^{z-1} e^{i(z-1)\theta}}{\epsilon e^{i\theta} + 1} i\epsilon e^{i\theta} d\theta \to -i \int_0^{2\pi} \epsilon^{z-1} e^{i(z-1)\theta} \epsilon e^{i\theta} d\theta = -i\epsilon^z \int_0^{2\pi} e^{iz\theta} d\theta$$

これがゼロになるには，$\mathrm{Re}\, z > 0$．よって，$0 < \mathrm{Re}\, z < 1$ が必要条件となる．

残る作業は C_1, C_3 での積分であるが，原点からの位相がそれぞれ $0, 2\pi$ であるので，$s = te^{i0} = t, s = te^{i2\pi}$ となる．よって，

$$\int_{C_1} = \int_0^\infty \frac{t^z}{t+1} dt, \quad \int_{C_3} = -\int_0^\infty \frac{(te^{i2\pi})^z}{te^{i2\pi}+1} e^{i2\pi} dt = -e^{i2\pi z} \int_0^\infty \frac{t^z}{t+1} dt$$

とそれぞれ表される．よって，積分値 I は次のようになる：

$$I = \left(1 - e^{i2\pi z}\right) \int_0^\infty \frac{t^z}{t+1} dt$$

一方，C の内部には $s = -1$ に 1 位の極があり，C_1 で位相がゼロ，C_3 では 2π と定義したので，$s = -1$ の位相は π となる．よって，$s = -1 = e^{i\pi}$ として，留数を計算する：

$$I = 2\pi i \cdot \mathrm{Res}(s = e^{i\pi}) = 2\pi i \left[(s+1) \frac{s^{z-1}}{s+1}\right]_{s=e^{i\pi}} = 2\pi i e^{i\pi(z-1)} = -2\pi i e^{i\pi z}$$

よって，$\int_0^\infty \cdots dt$ の積分が求まり，まとめると

$$\Gamma(z)\Gamma(1-z) = \int_0^\infty \frac{t^z}{t+1} dt = \frac{-2\pi i e^{i\pi z}}{1 - e^{i2\pi z}} = \frac{2\pi i}{e^{i\pi z} - e^{-i\pi z}} = \frac{\pi}{\sin \pi z}$$

第 2 章

2-1 (a) 密度を ρ，変位ベクトルを u_i，応力テンソルを τ_{ij} とすると，繰り返しの添字は和を取るとして，外力がないと仮定した場合（斉次）の弾性方程式は

$$\rho \frac{\partial^2 u_i}{\partial t^2} = \frac{\partial \tau_{ji}}{\partial x_j}$$

となる．応力テンソルは歪みテンソル $e_{kl} \equiv \frac{1}{2}(\partial u_k/\partial x_l + \partial u_l/\partial x_k)$ と線形の関係で表される（フックの法則）：$\tau_{ij} = C_{ijkl} e_{kl}$（$C_{ijkl}$ は一般化された弾性定数）．よって，u_i について時間と空間についての 2 階の偏微分方程式となる．ここで $a > 0, b = 0, c < 0$ より $b^2 - ac > 0$ となり，波動方程式 (2.2) と同じ双曲線型となっている．

(b) ラグランジュ微分 D/Dt，続いて通常のオイラー微分形式を用いると，外力のない場合は速度ベクトル v_i について以下のように表される：

$$\rho\frac{Dv_i}{Dt} = \rho\left(\frac{\partial v_i}{\partial t} + (\boldsymbol{v}\cdot\nabla)v_i\right) = \frac{\partial \tau_{ji}}{\partial x_j}$$

流体の場合，応力ベクトルは歪みではなくて（流体では歪みは放置したままでも解放されてしまうため），歪み速度（歪み率）ベクトル $\dot{e}_{kl} = \frac{1}{2}(\partial v_k/\partial x_l + \partial v_l/\partial x_k)$ に比例する（これをニュートン流体と呼ぶが，比例しない非ニュートン流体としても，以下の議論は同じ）．このときの比例定数のうち，せん断歪み成分に対応するものが粘性率である．いずれにしても，速度ベクトルについて $(\boldsymbol{v}\cdot\nabla)v_i$ という 2 次形式が含まれるので，この方程式は非線形となり，これまでのような分類はできない．

2-2 (a) $x = bz$ で $dx = bdz$ より，超幾何関数の微分方程式 (2.14) は変数 x では

$$x\left(1 - \frac{x}{b}\right)\frac{d^2U}{dx^2} + \left[c - \left(1 + \frac{a+1}{b}\right)x\right]\frac{dU}{dx} - aU = 0$$

となるので，$b \to \infty$ では

$$x\frac{d^2U}{dx^2} + (c - x)\frac{dU}{dx} - aU = 0$$

と (2.17) になる．ここで，$p_1(x) = c/x - 1$, $p_0(x) = -a/x$ なので，$x = 0$ の回りは確定特異点のままである．一方，$t = 1/x$ と変数変換すると，

$$\frac{1}{t}\left(-t^2\frac{d}{dt}\right)\left(-t^2\frac{dU}{dt}\right) + \left(c - \frac{1}{t}\right)\left(-t^2\frac{dU}{dt}\right) - aU = 0$$

となるので，$p_1(t) = (2-c)/t + 1/t^2$, $p_0(t) = -a/t^3$ より，$t = 0$ で $p_1(t)$, $p_0(t)$ も，$tp_1(t)$, $t^2p_0(t)$ も正則でないので，$x = \infty$ では不確定特異点となる．

(b)

$$F(a, a \mid z) = 1 + \frac{a}{a}\frac{z}{1!} + \frac{a(a+1)}{a(a+1)}\frac{z^2}{2!} + \cdots = 1 + z + \frac{z^2}{2!} + \cdots = \sum_{n=0}^{\infty}\frac{z^n}{n!} = e^z$$

$$F\left(n+1, -n, 1 \mid \frac{1-z}{2}\right) = 1 + \frac{(n+1)(-n)}{1!}\frac{1-z}{2} + \cdots$$
$$\quad + \frac{(n+1)(n+2)\cdots(n+n)(-n)(-n+1)\cdots(-n+(n-1))}{n!n!}\left(\frac{1-z}{2}\right)^n$$
$$= 1 + (n+1)n\frac{z-1}{2} + \cdots + \frac{(n+1)(n+2)\cdots(n+n)n(n-1)\cdots 1}{(n!)^2}\left(\frac{z-1}{2}\right)^n$$
$$= \sum_{k=0}^{n}\frac{(n+k)\cdots n(n-1)\cdots(n-k+1)}{(k!)^2}\left(\frac{z-1}{2}\right)^k = \sum_{k=0}^{n}\frac{(n+k)!}{(n-k)!(k!)^2}\left(\frac{z-1}{2}\right)^k$$

一方で，第 3 章のルジャンドル多項式のロドリゲス公式 (3.24) はこれに一致する：

$$P_n(z) = \frac{1}{2^n n!}\left(\frac{d}{dz}\right)^n (z^2-1)^n = \frac{(-1)^n}{n!}\left(\frac{d}{dz}\right)^n \left[(1-z)^n \left(1-\frac{1-z}{2}\right)^n\right]$$

$$= \frac{(-1)^n}{n!}\left(\frac{d}{dz}\right)^n \sum_{k=0}^{n} \frac{(-1)^k n!}{(n-k)!k!} \frac{(1-z)^{n+k}}{2^k} = \sum_{k=0}^{n} \frac{1}{2^k} \frac{1}{(n-k)!k!}\left(\frac{d}{dz}\right)^n (z-1)^{n+k}$$

$$= \sum_{k=0}^{n} \frac{1}{2^k} \frac{1}{(n-k)!k!} \frac{(n+k)!}{(n+k-n)!}(z-1)^k = \sum_{k=0}^{n} \frac{(n+k)!}{(n-k)!(k!)^2}\left(\frac{z-1}{2}\right)^k$$

2-3 $x=0$ は正則点なので，テイラー展開 $y(x) = \sum_{n=0}^{\infty} a_n x^n$ で表わせる：

$$\frac{d^2 y}{dx^2} = \sum_{n=2}^{\infty} a_n \cdot n(n-1) x^{n-2} = x \cdot y(x) = \sum_{n=0}^{\infty} a_n x^{n+1} = \sum_{n=3}^{\infty} a_{n-3} x^{n-2}$$

$n=0,1$ は制約がなく，a_0, a_1 は未定定数となる．また，

$$a_n \cdot n(n-1) = 0 \quad (n=2) \longrightarrow a_2 = 0$$

となる．$n \geq 3$ では，次の漸化式より $n \to 3n, 3n+1, 3n+2$ の三つの場合になる：

$$a_n \cdot n(n-1) = a_{n-3}$$

(1)
$$a_{3n} = \frac{a_{3n-3}}{3n(3n-1)} = \frac{a_{3n-6}}{3n(3n-1)(3n-3)(3n-4)} = \cdots$$
$$= \frac{a_0}{3n(3n-3)\cdots 3 \cdot (3n-1)(3n-4)\cdots 2} = \frac{a_0}{3^n n! 3^n (n-\frac{1}{3})(n-\frac{4}{3})\cdots \frac{5}{3}\frac{2}{3}}$$

$\Gamma(x+1) = x\Gamma(x)$ を用いて

$$a_{3n} = \frac{a_0}{3^n n! 3^n (n-\frac{1}{3})(n-1-\frac{1}{3})\cdots(2-\frac{1}{3})(1-\frac{1}{3})} = \frac{\Gamma\left(\frac{2}{3}\right)}{9^n n! \Gamma\left(n+\frac{2}{3}\right)} a_0$$

(2)
$$a_{3n+1} = \frac{a_{3(n-1)+1}}{(3n+1)3n} = \frac{a_{3(n-2)+1}}{(3n+1)3n(3n-2)(3n-3)}$$
$$= \frac{a_1}{3n(3n-3)\cdots 3 \cdot (3n+1)(3n-2)\cdots 4} = \frac{a_1}{3^n n! 3^n (n+\frac{1}{3})(n-\frac{2}{3})\cdots \frac{7}{3}\frac{4}{3}}$$
$$= \frac{a_1}{3^n n! 3^n (n+\frac{1}{3})(n-1+\frac{1}{3})\cdots(2+\frac{1}{3})(1+\frac{1}{3})} = \frac{\Gamma\left(\frac{4}{3}\right)}{9^n n! \Gamma\left(n+\frac{4}{3}\right)} a_1$$

(3)
$$a_{3n+2} = \frac{a_{3n-1}}{(3n+2)(3n+1)} = \cdots = \frac{a_2}{\cdots} = 0$$

ここで，$c_1 \equiv a_0 \Gamma(2/3), c_2 \equiv a_1 \Gamma(4/3)$ という未定定数を導入すれば，以下のようなコンパクトな形式に解を表現できる：

$$y(x) = c_1 \sum_{n=0}^{\infty} \frac{x^{3n}}{9^n n! \, \Gamma\left(n + \frac{2}{3}\right)} + c_2 \sum_{n=0}^{\infty} \frac{x^{3n+1}}{9^n n! \, \Gamma\left(n + \frac{4}{3}\right)}$$

後出の練習問題 5-7 のような積分表示式に基づいて慣例的に用いられるエアリー関数は，以下のような定義となっている：

$$\mathrm{Ai}(x) \equiv 3^{-2/3} \sum_{n=0}^{\infty} \frac{x^{3n}}{9^n n! \, \Gamma\left(n + \frac{2}{3}\right)} - 3^{-4/3} \sum_{n=0}^{\infty} \frac{x^{3n+1}}{9^n n! \, \Gamma\left(n + \frac{4}{3}\right)}$$

$$\mathrm{Bi}(x) \equiv 3^{-1/6} \sum_{n=0}^{\infty} \frac{x^{3n}}{9^n n! \, \Gamma\left(n + \frac{2}{3}\right)} + 3^{-5/6} \sum_{n=0}^{\infty} \frac{x^{3n+1}}{9^n n! \, \Gamma\left(n + \frac{4}{3}\right)}$$

2-4 $y(x) = \sum_{n=0}^{\infty} a_n x^{n+s}$ という確定特異点での級数解を用いて

$$\frac{dy}{dx} = \sum_{n=0}^{\infty} a_n (n+s) x^{n+s-1}, \quad \frac{d^2 y}{dx^2} = \sum_{n=0}^{\infty} a_n (n+s)(n+s-1) x^{n+s-2}$$

より，微分方程式 (2.17) の最初の二つの項は以下のようになる：

$$x \frac{d^2 y}{dx^2} = \sum_{n=0}^{\infty} a_{n+1}(n+s+1)(n+s) x^{n+s} + a_0 s(s-1) x^{s-1}$$

$$(c-x)\frac{dy}{dx} = \sum_{n=0}^{\infty} a_{n+1} c (n+s+1) x^{n+s} + a_0 c s x^{s-1} - \sum_{n=0}^{\infty} a_n (n+s) x^{n+s}$$

よって，方程式は次のようになる：

$$\sum_{n=0}^{\infty} \{a_{n+1}(n+s+1)(n+s+c) - a_n(n+s+a)\} x^{n+s} + a_0 s(s-1+c) x^{s-1} = 0$$

$a_0 \neq 0$ の条件から，左辺の最後の項から s の値，続いて a_n の漸化式が導かれる：

$$s(s-1+c) = 0 \quad \longrightarrow \quad s = 0, 1-c$$

$$a_{n+1} = \frac{n+s+a}{(n+s+1)(n+s+c)} a_n \quad (n = 0, 1, 2, \ldots)$$

これを具体的に表すと，係数は以下のようになる：

$$a_1 = \frac{s+a}{(s+1)(s+c)} a_0, \quad a_2 = \frac{(s+a+1)(s+a)}{(s+2)(s+1)(s+c+1)(s+c)} a_0$$

$$a_n = \frac{(s+a+n-1)(s+a+n-2)\cdots(s+a)}{(s+n)(s+n-1)\cdots(s+1)(s+c+n-1)\cdots(s+c)} a_0$$

よって，s の選択によって，以下のように解は表現される：

(1) $s = 0$

$$a_n = \frac{(a+n-1)(a+n-2)\cdots(a+1)a}{n(n-1)\cdots 1\cdot(c+n-1)(c+n-2)\cdots(c+1)c}a_0$$

$a_0 = 1$ と選ぶと，一つの独立な解は

$$y_1(x) \equiv \sum_{n=0}^{\infty} \frac{a(a+1)\cdots(a+n-1)}{c(c+1)\cdots(c+n-1)}\frac{x^n}{n!} = 1 + \frac{a}{c}x + \frac{a(a+1)}{c(c+1)}\frac{x^2}{2!} + \cdots$$

(2) $s = 1 - c$：

$$a_n = \frac{(a+1-c)(a+2-c)\cdots(a+n-c)}{(2-c)(3-c)\cdots(n+1-c)n(n-1)\cdots 1}a_0$$

$$y_2(x) \equiv x^{1-c}\sum_{n=0}^{\infty} \frac{(1+a-c)(1+a-c+1)\cdots(1+a-c+n-1)}{(2-c)(2-c+1)\cdots(2-c+n-1)}\frac{x^n}{n!}$$

このように二つの解 (2.18) と (2.19) が示された．

2-5 $x = 0$ は確定特異点なので，$y(x) = \sum_{n=0}^{\infty} a_n x^{n+s}$ を方程式 (2.14) に代入すると，

$$\sum_{n=0}^{\infty} \{(n+s)(n+s-1+c)a_n x^{n+s-1} - (n+s+a)(n+s+b)a_n x^{n+s}\}$$
$$= s(s-1+c)a_0 x^{s-1} +$$
$$\sum_{n=1}^{\infty} \{(n+s)(n+s-1+c)a_n - (n+s-1+a)(n+s-1+b)a_{n-1}\} x^{n+s-1} = 0$$

よって，s についての方程式 ($a_0 \neq 0$) と，a_n についての漸化式が求まる：

$$s(s-1+c)a_0 = 0 \longrightarrow s = 0, 1-c$$
$$(s+n)(s-1+c+n)a_n = (s-1+a+n)(s-1+b+n)a_{n-1} \quad (n=1,2,\ldots)$$

(1) $s = 0$：a_n についての漸化式は以下のようになる：

$$a_n = \frac{(a-1+n)(b-1+n)}{(c-1+n)n}a_{n-1}$$
$$= \frac{(a-1+n)(a-1+n-1)(b-1+n)(b-1+n-1)}{(c-1+n)(c-1+n-1)n(n-1)}a_{n-2} = \cdots$$
$$= \frac{(a-1+n)(a-1+n-1)\cdots(a+1)a\cdot(b-1+n)(b-1+n-1)\cdots(b+1)b}{(c-1+n)(c-1+n-1)\cdots(c+1)c\cdot n(n-1)\cdots 2\cdot 1}a_0$$

よって，この場合の解は (2.15) の超幾何級数となる：

$$y_1(x) \equiv a_0\left(1 + \frac{a\cdot b}{c}x + \frac{a(a+1)b(b+1)}{c(c+1)}\frac{x^2}{2!} + \cdots\right)$$
$$= \frac{a_0\Gamma(c)}{\Gamma(a)\Gamma(b)}\sum_{n=0}^{\infty}\frac{\Gamma(a+n)\Gamma(b+n)}{\Gamma(c+n)}\frac{x^n}{n!}$$

(2) $s = 1 - c$：(2.16) のような解となる：

$$y_2(x) \propto x^{1-c} F(a+(1-c)), b+(1-c), 2-c \mid x) = x^{1-c} F(1+a-c, 1+b-c, 2-c \mid x)$$

2-6 $x = 1/t$ と変数変換すると，$d/dx = -t^2 d/dt$ より方程式は次のようになる：

$$\left(1 - \frac{1}{t^2}\right)\left(-t^2 \frac{d}{dt}\right)\left(-t^2 \frac{dy}{dt}\right) - \frac{2}{t}(-t^2)\frac{dy}{dt} + \nu(\nu+1)y = 0$$

$$t^2(t^2-1)\frac{d^2 y}{dt^2} + 2t^3 \frac{dy}{dt} + \nu(\nu+1)y = 0$$

よって，$p_1(t) = 2t/(t^2-1)$，$p_0(t) = \nu(\nu+1)/t^2(t^2-1)$ より，$t = 0$ は確定特異点である．$a_0 \neq 0$ として，解の形 (2.28) は以下のように表される：

$$y = \sum_{n=0}^{\infty} a_n t^{k+n} = \sum_{n=0}^{\infty} a_n x^{-k-n}, \qquad \frac{dy}{dx} = -\sum_{n=0}^{\infty} (k+n)a_n x^{-k-n-1}$$

$$\frac{d^2 y}{dx^2} = \sum_{n=0}^{\infty} (k+n)(k+n+1)a_n x^{-k-n-2}$$

これらを元の微分方程式に代入し，ベキ乗の次数を合わせると，

$$-\sum_{n=0}^{\infty} \{(k+n)(k+n+1) - 2(k+n) - \nu(\nu+1)\} a_n x^{-k-n}$$

$$+\sum_{n=0}^{\infty} (k+n)(k+n+1)a_n x^{-k-n-2}$$

$$= -\left\{k^2 - k - \nu(\nu+1)\right\} a_0 x^{-k} - \left\{k^2 + k - \nu(\nu+1)\right\} a_1 x^{-k-1}$$

$$-\sum_{n=2}^{\infty} \{[(k+n)(k+n+1) - 2(k+n) - \nu(\nu+1)] a_n$$

$$-(k+n-2)(k+n-1)a_{n-2}\} x^{-k-n} = 0$$

以上から，次の三つの条件が求まる：

$$\left(k^2 - k - \nu(\nu+1)\right) a_0 = (k+\nu)(k-\nu-1)a_0 = 0$$

$$\left(k^2 + k - \nu(\nu+1)\right) a_1 = (k+\nu+1)(k-\nu)a_1 = 0$$

$$(k+\nu+n)(k-\nu-1+n)a_n = (k-2+n)(k-1+n)a_{n-2} \quad (n=2, 3, \ldots)$$

最初の条件より，$k = -\nu, \nu+1$ となる．それぞれの場合に，2 番目の条件は $-2\nu a_1 = 0, 2(\nu+1)a_1 = 0$ となるので，いずれも $a_1 = 0$．最後の漸化式より，n が奇数の場合はいずれも $a_1 = 0$ より $a_n = 0$ である．n が偶数の場合をそれぞれの k について考える：

(1) $k = -\nu$ の場合：

$$a_n = \frac{(n-\nu-1)(n-\nu-2)}{n(n-2\nu-1)}a_{n-2}$$

$$= \cdots = \frac{(n-\nu-1)(n-\nu-2)\cdots(-\nu-1)(-\nu)}{n(n-2)\cdots 4\cdot 2\cdot(n-2\nu-1)(n-2\nu-3)\cdots(-2\nu+1)}a_0$$

$$= \frac{(-1)^{\frac{n}{2}}\nu(\nu-1)\cdots(\nu-n+2)(\nu-n+1)}{n(n-2)\cdots 4\cdot 2\cdot(2\nu-1)(2\nu-3)\cdots(2\nu-n+1)}a_0$$

よって，添字を $n \to 2n$ $(n = 1, 2, \ldots)$ として，

$$a_{2n} = \frac{(-1)^n \nu(\nu-1)\cdots(\nu-2n+1)}{2n(2n-2)\cdots 4\cdot 2\cdot(2\nu-1)(2\nu-3)\cdots(2\nu-2n+1)}a_0$$

よって，独立な解の一つは以下のように表される：

$$y_1(x) \propto x^\nu \sum_{n=0}^{\infty} \frac{(-1)^n \nu(\nu-1)\cdots(\nu-2n+1)}{2n(2n-2)\cdots 4\cdot 2\cdot(2\nu-1)(2\nu-3)\cdots(2\nu-2n+1)} x^{-2n}$$

(2) $k = \nu + 1$ の場合：

$$a_n = \frac{(\nu+n-1)(\nu+n)}{n(2\nu+n+1)}a_{n-2}$$

より，(1) と同様にして，この場合の係数と解は次のようになる：

$$a_{2n} = \frac{(\nu+1)(\nu+2)\cdots(\nu+2n-1)(\nu+2n)}{2n(2n-2)\cdots 4\cdot 2\cdot(2\nu+3)(2\nu+5)\cdots(2\nu+2n+1)}a_0$$

$$y_2(x) \propto x^{-\nu-1} \sum_{n=0}^{\infty} \frac{(\nu+1)(\nu+2)\cdots(\nu+2n-1)(\nu+2n)}{2n(2n-2)\cdot 2\cdot(2\nu+3)(2\nu+5)\cdots(2\nu+2n+1)} x^{-2n}$$

2-7 (a) y 成分のみ振動するので，変位ベクトル u_i でゼロでないのは $u_y \equiv v$ である：

$$\rho \frac{\partial^2 v}{\partial t^2} = \frac{\partial \tau_{yx}}{\partial x} + \frac{\partial \tau_{yy}}{\partial y} + \frac{\partial \tau_{yz}}{\partial z}$$

また，y 方向には変位ベクトルも媒質も一定なので，すべての変数は y によらない．

$$\tau_{yx} = 2\mu e_{yx} = \mu\left(\frac{\partial u}{\partial y} + \frac{\partial v}{\partial x}\right) = \mu\frac{\partial v}{\partial x}$$

$$\tau_{yy} = \lambda e_{xx} + (\lambda + 2\mu)e_{yy} + \lambda e_{zz} = \lambda\frac{\partial u}{\partial x} + (\lambda + 2\mu)\frac{\partial v}{\partial y} + \lambda\frac{\partial w}{\partial z} = 0$$

$$\tau_{yz} = 2\mu e_{yz} = \mu\left(\frac{\partial v}{\partial z} + \frac{\partial w}{\partial y}\right) = \mu\frac{\partial v}{\partial z}$$

(b)
$$\rho\frac{\partial^2 v}{\partial t^2} = \frac{\partial}{\partial x}\left(\mu\frac{\partial v}{\partial x}\right) + \frac{\partial}{\partial z}\left(\mu\frac{\partial v}{\partial z}\right) = \mu\frac{\partial^2 v}{\partial x^2} + \frac{\partial}{\partial z}\left(\mu\frac{\partial v}{\partial z}\right)$$

(c) $\partial v/\partial t = -i\omega v$, $\partial^2 v/\partial t^2 = -\omega^2 v$, $\partial^2 v/\partial x^2 = -k^2 v$ を (b) の結果に代入して,

$$-\rho\omega^2 V = -\mu k^2 V + \frac{d}{dz}\left(\mu\frac{dV}{dz}\right) \longrightarrow \mu\frac{d^2V}{dz^2} + \frac{d\mu}{dz}\frac{dV}{dz} + (\rho\omega^2 - \mu k^2)V = 0$$

(d)
$$\frac{dV}{dz} = -\frac{1}{2}\frac{d\mu}{dz}\mu^{-3/2}Z + \mu^{-1/2}\frac{dZ}{dz}$$
$$\frac{d^2V}{dz^2} = \frac{3}{4}\left(\frac{d\mu}{dz}\right)^2 \mu^{-5/2}Z - \frac{1}{2}\frac{d^2\mu}{dz^2}\mu^{-3/2}Z - \frac{d\mu}{dz}\mu^{-3/2}\frac{dZ}{dz} + \mu^{-1/2}\frac{d^2Z}{dz^2}$$

これらを (c) の結果の左辺に代入すると, dZ/dz の項が消えて次のようになる:

$$\frac{d^2Z}{dz^2} + \left[\frac{1}{4\mu^2}\left(\frac{d\mu}{dz}\right)^2 - \frac{1}{2\mu}\frac{d^2\mu}{dz^2} + \frac{\rho\omega^2}{\mu} - k^2\right]Z = 0$$

(e) $d\mu/dz = \mu_0 \epsilon$, $d^2\mu/dz^2 = 0$, $\epsilon dz = d\zeta$ より, (d) の結果は次のようになる:

$$\frac{d^2Z}{d\zeta^2} + \left[\frac{1}{4\zeta^2} + \frac{\rho_0\omega^2(1+\delta z)}{\mu_0\epsilon^2\zeta} - \frac{k^2}{\epsilon^2}\right]Z = 0$$

さらに, $z = (\zeta-1)/\epsilon$ で, $1+\delta z = 1+\delta(\zeta-1)/\epsilon = \delta\zeta/\epsilon + (\epsilon-\delta)/\epsilon$ より

$$\frac{d^2Z}{d\zeta^2} + \left[\frac{1}{4\zeta^2} + \frac{\rho_0\omega^2(\epsilon-\delta)}{\mu_0\epsilon^3}\frac{1}{\zeta} - \frac{\mu_0\epsilon k^2 - \rho_0\omega^2\delta}{\mu_0\epsilon^3}\right]Z = 0$$

となるので, 問題に与えられた定数は以下のようになる:

$$\kappa = \frac{\rho_0\omega^2(\epsilon-\delta)}{\mu_0\epsilon^3}, \quad \eta^2 = \frac{\mu_0 k^2 \mu_0\epsilon - \rho_0\omega^2\delta}{\mu_0\epsilon^3}$$

(f) $dx = 2\eta d\zeta$ より, (e) の結果は以下のようになる:

$$4\eta^2\frac{d^2Z}{dx^2} + \left[\frac{\eta^2}{x^2} + \frac{2\eta\kappa}{x} - \eta^2\right]Z = 0$$

つまり, $m = 0$, $k = \kappa/2\eta$ でホイッタカーの方程式と一致する. 第 6 章で示すように, 問題に示した合流型超幾何関数の前にある二つの項は, $x \to \infty$ と $x \to 0$ での漸近形から導入される. すなわち, $x \to \infty, 0$ では, この方程式は以下の項が支配的になる:

$$\frac{d^2W}{dx^2} - \frac{W}{4} \simeq 0 \quad \longrightarrow \quad W(x) \propto e^{-\frac{x}{2}} \quad (x \to \infty)$$

$$\frac{d^2W}{dx^2} + \frac{1/4 - m^2}{x^2}W \simeq 0 \quad (x \to 0)$$

2 番目の方程式の確定特異点 $x = 0$ での級数解 $W \propto \sum_{n=0}^{\infty} x^{k+n}$ を仮定して, 最低次の $n = 0$ の項を注目すると,

$$k(k-1) + \frac{1}{4} - m^2 = 0 \quad \longrightarrow \quad \left(k - \left(\frac{1}{2} - m\right)\right)\left(k - \left(\frac{1}{2} + m\right)\right) = 0$$

より，$k = 1/2 \pm m$ となる．元のホイッタカーの方程式では m の正負は関係ないので，$k = m + 1/2$ だけを選ぶ．以上の結果から，解の形を次のように仮定する：

$$W(x) \equiv x^{m+\frac{1}{2}} e^{-\frac{x}{2}} y(x)$$

これをホイッタカーの方程式に代入し，$y(x)$ が満たすべき方程式を求める：

$$\frac{d^2 y}{dx^2} + \left(\frac{2m+1}{x} - 1\right) \frac{dy}{dx} - \frac{m+1/2-k}{x} y = 0$$

すなわち，(2.17) で $a = m + 1/2 - k$, $c = 2m+1$ の場合に当たる．合流型超幾何関数の微分方程式 (2.17) で本問題である $m = 0$ を代入し，解は以下のように求まる：

$$v(x,z,t) = \frac{1}{\sqrt{\mu}} Z(z) e^{ikx-i\omega t} = \frac{1}{\sqrt{\mu}} (2\eta\zeta)^{1/2} e^{-\eta\zeta} F\left(\frac{1}{2} - k, 1 \mid 2\eta\zeta\right) e^{ikx-i\omega t}$$

2-8 (a) $d\mu/dz = \alpha\mu_0 e^{\alpha z} = \alpha\mu$ より，練習問題 2-7(c) の方程式は以下のようになる：

$$\frac{d^2 V}{dz^2} + \alpha \frac{dV}{dz} + \left(\frac{\rho}{\mu}\omega^2 - k^2\right) V = \frac{d^2 V}{dz^2} + \alpha \frac{dV}{dz} + \left(\frac{\omega^2}{b_0{}^2} e^{-2\beta z} - k^2\right) V = 0$$

(b) $d\zeta = -2\beta e^{-2\beta z} dz = -2\beta\zeta dz$ より，(a) の結果は以下のようになる：

$$4\beta^2 \zeta \frac{d}{d\zeta}\left(\zeta \frac{dV}{d\zeta}\right) - 2\alpha\beta\zeta \frac{dV}{d\zeta} + \left(\frac{\omega^2}{b_0{}^2}\zeta - k^2\right) V = 0$$

$$\frac{d^2 V}{d\zeta^2} + \left(1 - \frac{\alpha}{2\beta}\right) \frac{1}{\zeta} \frac{dV}{d\zeta} + \frac{1}{4\beta^2}\left(\frac{\omega^2}{b_0{}^2} \frac{1}{\zeta} - \frac{k^2}{\zeta^2}\right) V = 0$$

第 3 章

3-1 量子力学における波動関数は，そのものが観測されることはなく，その絶対値のみが存在確率として観測される．よって，ϕ についての周期性の条件は，$|\Phi(\phi)| = |\Phi(\phi + 2\pi)|$ となる．つまり，$\Phi(\phi + 2\pi) = \pm \Phi(\phi)$ と二つの場合があり，これがスピンの正負（アップとダウン）に対応する．

3-2 $0 \leq \theta \leq \pi$ なので，$\theta = 0, \pi$ の 2 点（北極点と南極点）で $\sin\theta = 0$ と特異点になる．$\theta \simeq 0$（$\theta \simeq \pi$ も同じ）で $\sin\theta \simeq \theta$ として，以下のように確定特異点である：

$$\frac{1}{\theta}\frac{d}{d\theta}\left(\theta \frac{d\Theta}{d\theta}\right) + \left(b - \frac{m^2}{\theta^2}\right)\Theta = \frac{d^2\Theta}{d\theta^2} + \frac{1}{\theta}\frac{d\Theta}{d\theta} + \left(b - \frac{m^2}{\theta^2}\right)\Theta \simeq 0$$

3-3 $dx = -\sin\theta d\theta$ と $\sin^2\theta = 1 - x^2$ より，θ についての微分方程式は次のようになる：

$$\frac{d}{dx}\left(\sin^2\theta\frac{d\Theta}{dx}\right) + \left(n(n+1) - \frac{m^2}{\sin^2\theta}\right)\Theta$$
$$= \frac{d}{dx}\left((1-x^2)\frac{d\Theta}{dx}\right) + \left(n(n+1) - \frac{m^2}{1-x^2}\right)\Theta = 0$$

3-4 (a) $t \equiv z + |z^2-1|^{1/2}e^{i\phi}$ として，$\phi: 0 \to 2\pi$ と積分範囲を取ると，$dt = i|z^2-1|^{1/2}e^{i\phi}d\phi$, $t - z = |z^2-1|^{1/2}e^{i\phi}$ より，

$$t^2 - 1 = z^2 - 1 + |z^2-1|e^{2i\phi} + 2z|z^2-1|^{1/2}e^{i\phi}$$
$$= |z^2-1|^{1/2}e^{i\phi}\left(|z^2-1|^{1/2}(e^{-i\phi} + e^{i\phi}) + 2z\right)$$
$$= 2|z^2-1|^{1/2}e^{i\phi}(z + \sqrt{z^2-1}\cos\phi)$$

となっているので，(3.25) の C の周積分は以下のようになり，(3.26) が求まる：

$$\oint_C \cdots dt = i\int_0^{2\pi} \frac{2^n|z^2-1|^{n/2}e^{in\phi}(z+\sqrt{z^2-1}\cos\phi)^n}{|z^2-1|^{(n+1)/2}e^{i(n+1)\phi}}|z^2-1|^{1/2}e^{i\phi}d\phi$$
$$= 2^n i\int_0^{2\pi}(z+\sqrt{z^2-1}\cos\phi)^n d\phi = 2^n \cdot 2i\int_0^{\pi}(z+\sqrt{z^2-1}\cos\phi)^n d\phi$$

(b) $P_n(z)$ の積分の前に出ている定数を $a \equiv 1/(2^n 2\pi i)$ とすると，

$$\frac{dP_n}{dz} = a(n+1)\oint_C \frac{(t^2-1)^n}{(t-z)^{n+2}}dt, \quad \frac{d^2P_n}{dz^2} = a(n+1)(n+2)\oint_C \frac{(t^2-1)^n}{(t-z)^{n+3}}dt$$

となるので，(3.19) に代入すると（変数は x から z とする），左辺は

$$a(n+1)\oint_C \frac{(t^2-1)^n}{(t-z)^{n+3}}\left\{(n+2)(1-z^2) - 2z(t-z) + n(t-z)^2\right\}dt$$

となる．上の $\{\cdots\} = -(n+2)(t^2-1) + 2(n+1)t(t-z)$ より，

$$\oint_C \frac{-(n+2)(t^2-1)^{n+1} + 2t(n+1)(t^2-1)^n(t-z)}{(t-z)^{n+3}}dt = \oint_C \frac{d}{dt}\left\{\frac{(t^2-1)^{n+1}}{(t-z)^{n+2}}\right\}dt$$

のように，被積分関数が全微分の形になり，C を一周しても n が整数ならば分岐などがないので，元の値に戻りゼロとなる．すなわち，微分方程式 (3.19) の解となる．

3-5 (a) ヒントに従い，$\partial F/\partial z = h/(1-2hz+h^2)^{3/2}$ より

$$(1-2hz+h^2)\frac{\partial F}{\partial z} = hF \longrightarrow (1-2hz+h^2)\sum_{n=0}^{\infty}h^n P_n'(z) = h\sum_{n=0}^{\infty}h^n P_n(z)$$

となる．両辺における h の同じベキ乗の項を比較すると，

$$\sum h^n P_n'(z) - 2z \sum h^{n+1} P_n'(z) + \sum h^{n+2} P_n'(z) = \sum h^{n+1} P_n(z)$$
$$\sum h^n P_n'(z) - 2z \sum h^n P_{n-1}'(z) + \sum h^n P_{n-2}'(z) = \sum h^n P_{n-1}(z)$$
$$\sum h^n \left\{ P_n'(z) - 2z P_{n-1}'(z) + P_{n-2}'(z) - P_{n-1}(z) \right\} = 0$$

すなわち，上の { } の中がゼロとなる．

(b) 漸化式 (3.29) の両辺を z で微分すると，

$$(n+1)P_{n+1}'(z) - (2n+1)z P_n'(z) + n P_{n-1}'(z) = (2n+1) P_n(z) \qquad (*)$$

一方，(a) の結果である (3.56) で，次数を $n \to n+1$ として，さらに n をかけると

$$n P_{n+1}'(z) - 2nz P_n'(z) + n P_{n-1}'(z) = n P_n(z)$$

この二つの式の両辺を引けば，(1) が求まる．

次に，(3.56) の次数を $n \to n+1$ として，$(n+1)$ をかけると

$$(n+1) P_{n+1}'(z) - 2(n+1)z P_n'(z) + (n+1) P_{n-1}'(z) = (n+1) P_n(z)$$

上の $(*)$ とこの式の両辺を引けば，(2) が求まる．

また，(3.56) の次数を $n \to n+1$ として，今度は $(2n+1)$ をかけると

$$(2n+1) P_{n+1}'(z) - 2(2n+1)z P_n'(z) + (2n+1) P_{n-1}'(z) = (2n+1) P_n(z)$$

$(*)$ に 2 をかけてから，上の式の両辺を引けば，(3) が求まる．

最後に，(1) の結果で $n \to n-1$ とし，また (2) の結果の両辺に z をかけると，

$$P_n'(z) - z P_{n-1}'(z) = n P_{n-1}(z), \qquad z^2 P_n'(z) - z P_{n-1}'(z) = nz P_n(z)$$

とそれぞれなり，この二つの式の両辺を引けば，(4) が求まる．

(c) (3.28) で $z = -1$ とおくと，$F(h, z = -1)$ は以下のようになる：

$$\sum_{n=0}^{\infty} h^n P_n(-1) = \frac{1}{\sqrt{1 + 2h + h^2}} = \frac{1}{1+h} = \sum_{n=0}^{\infty} (-h)^n = \sum_{n=0}^{\infty} h^n (-1)^n$$

両辺を比べると，$P_n(-1) = (-1)^n$ が示される．

(d)
$$F(h, z=0) = \sum_{n=0}^{\infty} h^n P_n(0) = \frac{1}{\sqrt{1+h^2}} = (1+h^2)^{-1/2}$$
$$= 1 - \frac{1}{2} h^2 + \frac{1}{2!} \left(-\frac{1}{2}\right)\left(-\frac{3}{2}\right) h^4 + \frac{1}{3!} \left(-\frac{1}{2}\right)\left(-\frac{3}{2}\right)\left(-\frac{5}{2}\right) h^6 + \cdots$$
$$= 1 + (-1)\frac{h^2}{2} + \frac{(-1)^2}{2!} \frac{1 \cdot 3}{2^2} h^4 + \frac{(-1)^3}{3!} \frac{1 \cdot 3 \cdot 5}{2^3} h^6 + \cdots$$

h^n の項は，n が奇数の場合はゼロで，n が偶数の場合は

$$P_n(0) = \frac{(-1)^{\frac{n}{2}}(n-1)(n-3)\cdots 5 \cdot 3}{\left(\frac{n}{2}\right)! 2^{\frac{n}{2}}}$$

(e) $$F(-h,-z) = \sum_{n=0}^{\infty}(-1)^n h^n P_n(-z) = \frac{1}{\sqrt{1-2hz+h^2}} = F(h,z)$$

よって，$(-1)^n P_n(-z) = P_n(z)$，すなわち $P_n(-z) = (-1)^n P_n(z)$.

(f) 母関数 (3.28) の両辺を h を 0 から z まで積分すると，

$$\int_0^z F(h,z)dh = \sum_{n=0}^{\infty}\int_0^z h^n dh P_n(z) = \sum_{n=0}^{\infty}\frac{z^{n+1}}{n+1}P_n(z) = \int_0^z \frac{dh}{\sqrt{1-2hz+h^2}}$$

となる．さらに，数学公式集（例えば，森口他）を参照して，$a > 0$ ならば

$$\int \frac{dx}{\sqrt{ax^2+bx+c}} = \frac{1}{\sqrt{a}}\ln\left|2ax+b+2\sqrt{a(ax^2+bx+c)}\right|$$

より，
$$\int_0^z \frac{dh}{\sqrt{1-2hz+h^2}} = \left[\ln\left|2h-2z+2\sqrt{1-2hz+h^2}\right|\right]_{h=0}^z = \ln\left|\frac{2\sqrt{1-z^2}}{-2z+2}\right|$$
$$= \ln\left|\frac{\sqrt{(1-z)(1+z)}}{1-z}\right| = \ln\left|\frac{1+z}{1-z}\right|^{1/2} = \frac{1}{2}\ln\frac{1+z}{1-z}$$

3-6 (a) 図 3.6 のように，点 P の $(x,y,z) = r(\sin\theta\cos\phi, \sin\theta\sin\phi, \cos\theta)$ と内部の点 Q の $(x',y',z') = r'(\sin\theta'\cos\phi', \sin\theta'\sin\phi', \cos\theta')$ との角度 ψ は，

$$\cos\psi = \frac{\vec{OP}\cdot\vec{OQ}}{|\vec{OP}|\cdot|\vec{OQ}|} = \frac{xx'+yy'+zz'}{rr'} = \sin\theta\sin\theta'\cos(\phi-\phi')+\cos\theta\cos\theta'$$

となる．また，$R = \sqrt{r^2+r'^2-2rr'\cos\psi}$.

(b) $r > r'$ ならば，(a) より $1/R$ は次のようになり，$U(P)$ の展開が求まる：

$$\frac{1}{R} = \frac{1}{r}\frac{1}{\sqrt{1-2\frac{r'}{r}\cos\psi+\left(\frac{r'}{r}\right)^2}} = \frac{1}{r}\sum_{n=0}^{\infty}\left(\frac{r'}{r}\right)^n P_n(\cos\psi)$$

$$U(P) = \frac{G}{r}\sum_{n=0}^{\infty}\int_V \left(\frac{r'}{r}\right)^n P_n(\cos\psi)dm$$

(c) $n = 0$：$M \equiv \int_V dm$ という全質量を定義すると，

$$\frac{G}{r}\int_V P_0(\cos\psi)dm = \frac{G}{r}\int_V dm = \frac{GM}{r}$$

$n = 1$:
$$\frac{G}{r}\int_V \frac{r'}{r} P_1(\cos\psi) dm = \frac{G}{r^2}\int_V r' \cos\psi \, dm$$

$\cos\psi$ を (a) の結果のように (x', y', z') で表すと

$$\int_V r' \cos\psi \, dm = \frac{1}{r}\int_V (xx' + yy' + zz') dm = \frac{x}{r}\int_V x' dm + \cdots = \frac{M}{r}(xx_0 + yy_0 + zz_0)$$

ただし，点 S：(x_0, y_0, z_0) を次のように重心と定義した：

$$x_0 \equiv \frac{1}{M}\int_V x' dm, \quad y_0 \equiv \frac{1}{M}\int_V y' dm, \quad z_0 \equiv \frac{1}{M}\int_V z' dm$$

よって，通常は原点を重心に取るので，$x_0 = y_0 = z_0 = 0$ で，この項はゼロとなる．

(d) (a) を用いて ψ から R に変数変換すると，

$$dR = \frac{rr' \sin\psi \, d\psi}{\sqrt{r^2 + r'^2 - 2rr'\cos\psi}} = \frac{rr' \sin\psi \, d\psi}{R}$$

より，$dm = \rho_0 r'^2 dr' \sin\psi \, d\psi \, d\phi = \rho_0 r' dr' R dR \, d\phi/r$ となる．$\phi: 0 \to 2\pi, \psi: 0 \to \pi$，そして $r: 0 \to a$ の積分領域に対応するのは，$R: |r - r'| \to r + r'$ なので，

$$G\int_V \frac{dm}{R} = G\frac{\rho_0}{r}\int_0^{2\pi} d\phi \int_{|r-r'|}^{r+r'} dR \int_0^a r' dr' = \frac{2\pi G\rho_0}{r}\int_0^a \left[r + r' - |r - r'|\right] r' dr'$$

ここで，観測点 P の位置によって，積分範囲が以下のように異なる：

(1) $r > a$ (P が外部)：どこでも $|r - r'| = r - r'$ で，$r': 0 \to a$ なので

$$U = \frac{2\pi G\rho_0}{r}\int_0^a \left[r + r' - (r - r')\right] r' dr' = \frac{2\pi G\rho_0}{r}\left[\frac{2}{3}r'^3\right]_0^a = \frac{G\rho_0}{r}\frac{4}{3}\pi a^3 = \frac{GM}{r}$$

ただし，全質量を $M \equiv \frac{4}{3}\pi a^3 \rho_0$ とした．つまり，「観測点 P が外側の場合，原点に質量 M の質点があることと等価である」ことが示された．

(2) $r < a$ (P が内部)： $0 \leq r' \leq r$ と $r < r' \leq a$ の範囲で，$|r - r'|$ が異なるので，以下のようになる：

$$U = \frac{2\pi G\rho_0}{r}\left\{\int_0^r \left[r + r' - (r - r')\right] r' dr' + \int_r^a \left[r + r' - (r' - r)\right] r' dr'\right\}$$
$$= \frac{2\pi G\rho_0}{r}\left\{2\int_0^r r'^2 dr' + 2r\int_r^a r' dr'\right\} = \frac{2}{3}\pi G\rho_0 (3a^2 - r^2)$$

重力を求めると，(1) では $g = -dU/dr = GM/r^2$ に対して，(2) では $g = \frac{4\pi}{3}G\rho_0 r$ となる．つまり，点 P の内側にある質量を $m \equiv \frac{4}{3}\pi r^3 \rho_0$ とすると，$g = Gm/r^2$，すなわち点 P より内側の質量のみが原点に集まった質点と同じ値となり，点 P より外側

の質量は相殺しあって，重力の寄与がないことを示す．

3-7 (a) (3.42) と (3.24) の微分の部分のみを以下に計算する：

$$\left(\frac{d}{dx}\right)^{n+m}(x^2-1)^n = \sum_{k=0}^{n+m}\frac{(n+m)!}{k!(n+m-k)!}\left(\frac{d}{dx}\right)^k(x-1)^n\left(\frac{d}{dx}\right)^{n+m-k}(x+1)^n$$

となって，$(x+1)^n$ の微分がゼロでないためには $k \geq m$ なので，上の和は $k = m$ から $n+m$ までとなる．同様に，$(x-1)^n$ の微分の方から $k \leq n$ となり，結局は $k = m$ から n までになる．$l = k-m$ とすると，l は 0 から $n-m$ の和となり，

$$\cdots = \sum_{l=0}^{n-m}\frac{(n+m)!}{(m+l)!(n-l)!}\left(\frac{d}{dx}\right)^{l+m}(x-1)^n\left(\frac{d}{dx}\right)^{n-l}(x+1)^n$$

$$= \sum_{l=0}^{n-m}\frac{(n+m)!}{(m+l)!(n-l)!}\frac{n!}{(n-l-m)!}(x-1)^{n-m-l}\frac{n!}{l!}(x+1)^l$$

一方，$P_n^{-m}(x)$ の微分の部分は以下のようになる：

$$\left(\frac{d}{dx}\right)^{n-m}(x^2-1)^n = \sum_{l=0}^{n-m}\frac{(n-m)!}{l!(n-m-l)!}\left(\frac{d}{dx}\right)^l(x-1)^n\left(\frac{d}{dx}\right)^{n-m-l}(x+1)^n$$

$$= \sum_{l=0}^{n-m}\frac{(n-m)!}{l!(n-m-l)!}\frac{n!(x-1)^{n-l}}{(n-l)!}\frac{n!(x-1)^{m+l}}{(m+l)!}$$

上の $P_n^{-m}(x)$ と $P_n^m(x)$ の結果を比べると

$$\left(\frac{d}{dx}\right)^{n-m}(x^2-1)^n = \frac{(n-m)!}{(n+m)!}(x^2-1)^m\left(\frac{d}{dx}\right)^{n+m}(x^2-1)^n$$

となり，この両辺に $(-1)^m(1-x^2)^{-m/2}$ をかければ，(3.57) が示される．
(b)
$$\int_{-1}^1 P_n^{-m}(x)P_l^m(x)dx = \frac{1}{2^n n! 2^l l!}\int_{-1}^1\left(\frac{d}{dx}\right)^{n-m}(x^2-1)^n\left(\frac{d}{dx}\right)^{l+m}(x^2-1)^l dx$$

ここで，部分積分を m 回繰り返すと，

$$\cdots = \frac{(-1)^m}{2^n n! 2^l l!}\int_{-1}^1\left(\frac{d}{dx}\right)^n(x^2-1)^n\left(\frac{d}{dx}\right)^l(x^2-1)^l dx$$

$$= (-1)^m\int_{-1}^1 P_n(x)P_l(x)dx = (-1)^m\frac{2}{2n+1}\delta_{nl}$$

(a) の (3.57) を左辺の積分に代入すると，(3.58) が示される．

(c) (3.42) で，$x' = -x$ と変数変換し，練習問題 3-5(e) の結果も用いると，

$$P_n^m(-x') = (1-x'^2)^{\frac{m}{2}} \left(\frac{d}{d(-x')}\right)^m P_n(-x')$$
$$= (-1)^{n+m}(1-x'^2)^{\frac{m}{2}} \left(\frac{d}{dx'}\right)^m P_n^m(x') = (-1)^{n+m} P_n^m(x')$$

(d) (3.42) の微分の部分は $x = \pm 1$ で有限なので，$m \neq 0$ ならば，$(1-x'^2)^{m/2}$ の項によって，ゼロとなる．一方，$m = 0$ の場合は，$P_n(x)$ と同じなので，定義（例題 3-2(b)）より $P_n(1) = 1$．また，練習問題 3-5(c) より，$P_n(-1) = (-1)^n$．

(e) まず，練習問題 3-5(b)(1) の両辺を m 階微分すると，

$$P_{n+1}^{(m+1)}(x) - xP_n^{(m+1)}(x) - mP_n^{(m)}(x) = (n+1)P_n^{(m)}(x)$$

この両辺に $(1-x^2)^{(m+1)/2}$ をかければ，(1) が求まる．

次に，練習問題 3-5(b)(2) で $n \to n+1$ として，両辺を $(m-1)$ 階微分すると，

$$xP'_{n+1}(x) - P'_n(x) = (n+1)P_{n+1}(x)$$
$$(m-1)P_{n+1}^{(m-1)}(x) + xP_{n+1}^{(m)}(x) - P_n^{(m)}(x) = (n+1)P_{n+1}^{(m-1)}(x)$$

両辺を整理してから，$(1-x^2)^{m/2}$ をかけると，

$$P_n^m(x) - xP_{n+1}^m(x) + (1-x^2)^{1/2}(n-m+2)P_{n+1}^{m-1}(x) = 0$$

(1) の結果で $m \to m-1$ として，上の第 2 項に代入すると，(2) が求まる：

$$(1-x^2)P_n^m(x) - (n+m)(1-x^2)^{\frac{1}{2}} xP_n^{m-1}(x) + (1-x^2)^{\frac{1}{2}}(n-m+2)P_{n+1}^{m-1}(x) = 0$$

最後に，$P_n^m(x)$ を微分すると，

$$P_n^{m\prime}(x) = -mx(1-x^2)^{\frac{m}{2}-1}\left(\frac{d}{dx}\right)^m P_n(x) + (1-x^2)^{\frac{m}{2}}\left(\frac{d}{dx}\right)^{m+1} P_n(x)$$
$$= \frac{-mx}{1-x^2}P_n^m(x) + \frac{1}{\sqrt{1-x^2}}P_n^{m+1}(x)$$

上の右辺の第 2 項に，(2) の結果（$m \to m+1$ とする）を用いると，(3) が求まる：

$$(1-x^2)P_n^{m\prime}(x) = -mxP_n^m(x) + \{(n+m+1)xP_n^m(x) - (n-(m+1)+2)P_{n+1}^m(x)\}$$

(f) (a) で示したように，$P_n^m(x)$ は以下の形となっている：

$$\frac{(1-x^2)^{\frac{m}{2}}}{2^n n!} \sum_{l=0}^{n-m} \frac{(n+m)!(n!)^2}{(m+l)!(n-l)!(n-m-l)!l!}(x-1)^{n-m-l}(x+1)^l$$

$\theta \to 0$ の極限を取ると，$x = \cos\theta \to 1 - \theta^2/2$ より，$1 - x^2 \to \theta^2$，$x - 1 \to$

$-\theta^2/2$, $x+1 \to 2$ となる．よって，この極限操作で上の和の一番大きな項は，$l = n-m$ の場合なので，結局

$$P_n^m(\cos\theta) \to \frac{\theta^m}{2^n n!}\frac{(n+m)!(n!)^2}{n!\,m!\,(n-m)!\,1!}2^{n-m} = \frac{1}{2^m m!}\frac{(n+m)!}{(n-m)!}\theta^m$$

3-8 (a) $m \geq 0$ では

$$Y_{lm}(\theta,\phi) = \left[\frac{2l+1}{4\pi}\frac{(l-m)!}{(l+m)!}\right]^{1/2} P_l^m(\cos\theta)e^{im\phi}(-1)^m$$

$$P_l^m(\cos\theta) = \frac{(1-\cos^2\theta)^{m/2}}{2^l l!}\left(\frac{d}{d\cos\theta}\right)^{l+m}(\cos^2\theta-1)^l$$

で，与えられた形となる．練習問題 3-7(a) の結果より，$m < 0$ では $Y_{lm}(\theta,\phi)$ は

$$\left[\frac{2l+1}{4\pi}\frac{(l+m)!}{(l-m)!}\right]^{1/2} P_l^{-m}(\cos\theta)e^{im\phi} = [\cdots]^{1/2}(-1)^m\frac{(l-m)!}{(l+m)!}P_l^m(\cos\theta)e^{im\phi}$$

(b) $m \geq 0$ として，練習問題 3-7(a) の結果を用いると，

$$Y_{l,-m}(\theta,\phi) = \left[\frac{2l+1}{4\pi}\frac{(l+m)!}{(l-m)!}\right]^{1/2} P_l^m(\cos\theta)e^{-im\phi}$$

$$= [\cdots]^{1/2}(-1)^m\frac{(l-m)!}{(l+m)!}P_l^{|m|}(\cos\theta)e^{-im\phi} = (-1)^m Y_{lm}^*(\theta,\phi)$$

(c) 以下にそれぞれを書き下す．図については省略．

$$Y_{00} = \sqrt{\frac{1}{4\pi}}, \quad Y_{1\pm 1} = \mp\sqrt{\frac{3}{8\pi}}\sin\theta e^{\pm i\phi}, \quad Y_{10} = \sqrt{\frac{3}{4\pi}}\cos\theta$$

$$Y_{2\pm 2} = \sqrt{\frac{15}{32\pi}}\sin^2\theta e^{\pm 2i\phi}, \quad Y_{2\pm 1} = \mp\sqrt{\frac{15}{8\pi}}\sin\theta\cos\theta e^{\pm i\phi}$$

$$Y_{20} = \sqrt{\frac{5}{16\pi}}(3\cos^2\theta - 1)$$

$$Y_{3\pm 3} = \mp\sqrt{\frac{35}{64\pi}}\sin^3\theta e^{\pm 3i\phi}, \quad Y_{3\pm 2} = \sqrt{\frac{105}{32\pi}}\cos\theta\sin^2\theta e^{\pm 2i\phi}$$

$$Y_{3\pm 1} = \mp\sqrt{\frac{21}{64\pi}}\sin\theta(5\cos^2\theta - 1)e^{\pm i\phi}, \quad Y_{30} = \sqrt{\frac{7}{16\pi}}\cos\theta(5\cos^2\theta - 3)$$

(d) C_m を $m \geq 0$ で $(-1)^m$，$m < 0$ で 1 と定義すると，(3.45) の積分は以下となる：

$$\int_C Y_{lm}^*(\theta,\phi)Y_{l'm'}(\theta',\phi)d\Omega = \frac{2l+1}{4\pi}\left[\frac{(l-m)!}{(l+m)!}\frac{(l'-m')!}{(l'+m')!}\right]^{1/2}$$

$$\cdot C_m C_{m'} \int_0^{2\pi} e^{i(m'-m)\phi}d\phi \int_0^\pi \sin\theta d\theta P_l^m(\cos\theta)P_{l'}^{m'}(\cos\theta)$$

ϕ についての積分は $2\pi\delta_{mm'}$ なので, $C_m C_{m'}$ は $C_m C_m = 1$ となり, (3.58) も用いて,

$$\int_C \cdots d\Omega = \frac{2l+1}{4\pi}[\cdots]^{1/2} 2\pi\delta_{mm'} \int_0^\pi P_l^m(\cos\theta) P_{l'}^m(\cos\theta) \sin\theta d\theta$$

$$= \frac{2l+1}{4\pi}[\cdots]^{1/2} 2\pi\delta_{mm'} \frac{2}{2l+1}\frac{(l+m)!}{(l-m)!}\delta_{ll'} = \delta_{mm'}\delta_{ll'}$$

3-9 (a) (3.54) と (3.45) より, 下の右辺の積分は $\delta_{mm'}$ となり, 問題文の式となる:

$$\int_C Y_{lm}(\theta,\varphi) P_l(\cos\psi) d\Omega = \frac{4\pi}{2l+1}\sum_{m'=-l}^{l} Y_{lm'}(\theta',\varphi') \int_C Y_{lm'}^*(\theta,\varphi) Y_{lm}(\theta,\varphi) d\Omega$$

(b) (a) の結果において $m=0$ の場合には, 両辺は以下のようになる:

$$\sqrt{\frac{2l+1}{4\pi}}\int_C P_l(\cos\theta) P_l(\cos\psi) d\Omega = \frac{4\pi}{2l+1}\sqrt{\frac{2l+1}{4\pi}} P_l(\cos\theta')$$

3-10 (a) $P_2(\cos\psi)$ は (3.55) より以下のようになる:

$$P_2(\cos\theta) P_2(\cos\theta') + 2\sum_{m=1}^{2} \frac{(2-m)!}{(2+m)!} P_2^m(\cos\theta) P_2^m(\cos\theta') \cos m(\phi-\phi')$$

$$= P_2(\cos\theta) P_2(\cos\theta') + \frac{1}{3} P_2^1(\cos\theta) P_2^1(\cos\theta') \cos(\phi-\phi')$$

$$+ \frac{1}{12} P_2^2(\cos\theta) P_2^2(\cos\theta') \cos 2(\phi-\phi')$$

(b) $x' = r'\sin\theta'\cos\phi'$, $y' = r'\sin\theta'\sin\phi'$, $z' = r'\cos\theta'$ より,

$$A = \int r'^2 (\sin^2\theta'\sin^2\phi' + \cos^2\theta') dm, \quad B = \int r'^2 (\sin^2\theta'\cos^2\phi' + \cos^2\theta') dm$$

$$C = \int r'^2 \sin^2\theta' dm, \quad C_{xy} = -\int r'^2 \sin^2\theta' \sin\phi'\cos\phi' dm$$

$$C_{yz} = -\int r'^2 \sin\theta'\cos\theta' \sin\phi' dm, \quad C_{xz} = -\int r'^2 \sin\theta'\cos\theta' \cos\phi' dm$$

(c)

$$\frac{G}{r^3}\int r'^2 P_2(\cos\psi) dm = \frac{G}{r^3}\int \left\{ \frac{r'^2}{2}(3\cos^2\theta' - 1) P_2(\cos\theta) \right.$$

$$+ r'^2(\sin\theta'\cos\theta'\cos\phi'\cos\phi + \sin\theta'\cos\theta'\sin\phi'\sin\phi) P_2^1(\cos\theta)$$

$$+ \left. \frac{r'^2}{4}\left[\sin^2\theta'(\cos^2\phi' - \sin^2\phi')\cos 2\phi + 2\sin^2\theta'\sin\phi'\cos\phi'\sin 2\phi\right] P_2^2(\cos\theta) \right\} dm$$

上の積分の中の三角関数の部分は, それぞれ以下のようになる:

$$\frac{r'^2}{2}(3\cos^2\theta'-1) = \frac{1}{2}(3z'^2-r'^2) = \frac{1}{2}\left(2z'^2-(x'^2+y'^2)\right)$$
$$= \frac{(x'^2+z'^2)+(y'^2+z'^2)}{2}-(x'^2+y'^2)$$

$$r'^2(\sin\theta'\cos\theta'\cos\phi'\cos\phi+\sin\theta'\cos\theta'\sin\phi'\sin\phi) = x'z'\cos\phi+y'z'\sin\phi$$

$$\frac{r'^2}{4}[\cdots] = \frac{(x'^2+z'^2)-(y'^2+z'^2)}{4}\cos 2\phi+\frac{x'y'}{2}\sin 2\phi$$

(b) の慣性モーメントを用いると，結果として

$$\frac{G}{r^3}\int r'^2 P_2(\cos\psi)dm = \frac{G}{r^3}\left\{\left(\frac{A+B}{2}-C\right)P_2(\cos\theta)\right.$$
$$\left.-(C_{xz}\cos\phi+C_{yz}\sin\phi)P_2^1(\cos\theta)+\left(\frac{B-A}{4}\cos 2\phi-\frac{C_{xy}}{2}\sin 2\phi\right)P_2^2(\cos\theta)\right\}$$

(d) $n=1$ の項は重心を原点に選べばゼロになるので，練習問題 3-6(c) の $n=0$ の項と，上の (c) の $m=0$ の項を合わせて，U は以下のようになる：

$$\frac{GM}{r}+\frac{G}{r^3}\left(\frac{A+B}{2}-C\right)P_2(\cos\theta) = \frac{GM}{r}\left[1+\frac{1}{Mr^2}\left(\frac{A+B}{2}-C\right)P_2(\cos\theta)\right]$$
$$= \frac{GM}{r}\left[1-\left(\frac{a}{r}\right)^2\frac{C-(A+B)/2}{Ma^2}P_2(\cos\theta)\right]$$

すなわち，問題文に示されている J_2 による表現となる．地球の重力の場合には，$a=6,378,140$ m, $J_2=1082.637\times 10^{-6}$ であり，例えば，P_3, P_4 に対応する項は $J_3=-2.541\times 10^{-6}$, $J_4=1.618\times 10^{-6}$ と，J_2 項よりはるかに小さい．

(e) 子午線上 ($y=0$) の点での遠心力 h_x は，z 軸（自転軸）から x だけ離れているから，$h_x=\omega^2 x$ となる．これに対応するポテンシャル V は $\vec{h}\equiv\nabla V$ で定義されるので，

$$V = \frac{1}{2}\omega^2 x^2 = \frac{1}{2}\omega^2 r^2\sin^2\theta$$

(f) (d), (e) の結果より，$P_2(\cos\theta)=(3\cos^2\theta-1)/2$ を用いて，

$$W \simeq \frac{GM}{r}\left\{1-\left(\frac{a}{r}\right)^2 J_2\frac{1}{2}(3\cos^2\theta-1)\right\}+\frac{1}{2}\omega^2 r^2\sin^2\theta$$

ジオイド面は $r\simeq a$ で，$W\equiv W_0=GM/a$ という基準値を表すので，

$$W_0 r \simeq GM\left\{1-\left(\frac{a}{r}\right)^2 J_2\frac{1}{2}(3\cos^2\theta-1)\right\}+\frac{1}{2}\omega^2 r^3\sin^2\theta$$

と近似でき，この右辺において $r\simeq a$ とすると，

$$r \simeq \frac{GM}{W_0}\left\{1+\frac{J_2}{2}+\frac{\omega^2 a^3}{2GM}-\left(\frac{3}{2}J_2+\frac{\omega^2 a^3}{2GM}\right)\cos^2\theta\right\}$$

ここで，$m \equiv \omega^2 a^3/GM$ とパラメータを定義する．すると，極と赤道での半径 c, a は，$\theta = 0, \pi/2$ とそれぞれおいて

$$c \simeq \frac{GM}{W_0}\left(1 + \frac{J_2}{2} + \frac{m}{2} - \left(\frac{3}{2}J_2 + \frac{m}{2}\right)\right), \qquad a \simeq \frac{GM}{W_0}\left(1 + \frac{J_2}{2} + \frac{m}{2}\right)$$

となる．$J_2, m \ll 1$ より，上の二つの表現と $W_0 \simeq GM/c$ を用いて次の結果が得られる：

$$f \equiv \frac{a-c}{c} \simeq \frac{GM/W_0}{c}\left(\frac{3}{2}J_2 + \frac{m}{2}\right) \simeq \frac{3}{2}J_2 + \frac{m}{2}$$

3-11 (a) 以下のように $P_\alpha(1) = 1$ と α が整数の場合の結果と一致する：

$$P_\alpha(1) \propto \oint_C \frac{(t^2-1)^\alpha}{(t-1)^{\alpha+1}}dt = \oint_C \frac{(t+1)^\alpha}{t-1}dt = 2\pi i \left[(t-1)\frac{(t+1)^\alpha}{t-1}\right]_{t=1} = 2\pi i \cdot 2^\alpha$$

(b)
$$P_\alpha(z) = \frac{1}{2^\alpha}\frac{1}{2\pi i}\oint_C \frac{(t-1)^\alpha(t+1)^\alpha}{(t-z)^{\alpha+1}}dt$$

より，ベキ乗 α が整数でない場合には，それぞれの点を一周しても，元の値に戻らないので，分岐点となる．

(c) $t = 1 + \psi(z-1)$ では，積分範囲の $t: 1 \to z$ は $\psi: 0 \to 1$ が対応し，さらに $dt = (z-1)d\psi$, $t - 1 = \psi(z-1)$, $t - z = 1 - z - \psi + z\psi = (\psi-1)(z-1)$ と，各項は変換される．一方，$t + 1 = 2 + \psi(z-1) = 2\left(1 - (1-z)\psi/2\right)$ より，

$$(1-x)^\alpha = \sum_{k=0}^\infty (-1)^k \frac{\alpha\cdots(\alpha-k+1)}{k!}x^k = \sum_{k=0}^\infty \frac{(-\alpha)(-\alpha+1)\cdots(-\alpha+k-1)}{k!}x^k$$

$$(t+1)^\alpha = 2^\alpha\left(1 - \frac{1-z}{2}\psi\right)^\alpha = 2^\alpha \sum_{k=0}^\infty \frac{(-\alpha)(-\alpha+1)\cdots(-\alpha+k-1)}{k!}\left(\frac{1-z}{2}\right)^k \psi^k$$

となる．まとめると，

$$P_\alpha(z) = \frac{1}{2^\alpha 2\pi i}2^\alpha \sum_{k=0}^\infty \Biggl\{\frac{(-\alpha)\cdots(-\alpha+k-1)}{k!}\left(\frac{1-z}{2}\right)^k$$

$$\oint_{C'} \frac{\psi^\alpha(z-1)^\alpha \psi^k(z-1)}{(\psi-1)^{\alpha+1}(z-1)^{\alpha+1}}d\psi\Biggr\} = \frac{1}{2\pi i}\sum\cdots\left(\frac{1-z}{2}\right)^k \oint_{C'} \psi^{\alpha+k}(\psi-1)^{-\alpha-1}d\psi$$

$$= -\frac{e^{-i\pi\alpha}}{2\pi i}\sum\cdots\left(\frac{1-z}{2}\right)^k \oint_{C'} \psi^{\alpha+k}(1-\psi)^{-\alpha-1}d\psi$$

ここで，被積分関数の二つのベキ乗 $\psi, 1-\psi$ の位相を図 3.7(b) の経路で考える．AB 上のそれぞれの位相をゼロにすると，CD 上では 2π および 0 なので，上の積分は

$$\oint_{C'}\cdots d\psi = -\int_{AB}\cdots d\psi + e^{i(2\pi)(\alpha+k)}\int_{DC}\cdots d\psi$$

$$= \left(e^{2\pi\alpha i} - 1\right)\int_0^1 \psi^{\alpha+k}(1-\psi)^{-\alpha-1}d\psi = 2ie^{\pi\alpha i}\sin\pi\alpha \int_0^1 \psi^{\alpha+k}(1-\psi)^{-\alpha-1}d\psi$$

右辺の積分は，練習問題 1-13 のベータ関数やガンマ関数で表現され，それらの公式より

$$\int_0^1 \psi^{\alpha+k}(1-\psi)^{-\alpha-1}d\psi = B(\alpha+k+1,-\alpha) = \frac{\Gamma(\alpha+k+1)\Gamma(-\alpha)}{\Gamma(k+1)}$$

$$= \frac{(\alpha+k)(\alpha+k-1)\cdots(\alpha+1)\Gamma(\alpha+1)\Gamma(-\alpha)}{k!}$$

$$= -\frac{(\alpha+k)(\alpha+k-1)\cdots(\alpha+1)}{k!}\frac{\pi}{\sin\alpha\pi}$$

のように，$P_\alpha(z)$ の級数での表現 (3.61) が求められる．

第 4 章

4-1 (a) ヒントより，一般解はある点 $x = x_0$ では以下のように表せる：

$$y(x_0) \equiv a = C_1 f(x_0) + C_2 g(x_0), \qquad y'(x_0) \equiv b = C_1 f'(x_0) + C_2 g'(x_0)$$

$$\begin{pmatrix} a \\ b \end{pmatrix} = \begin{pmatrix} f(x_0) & g(x_0) \\ f'(x_0) & g'(x_0) \end{pmatrix} \begin{pmatrix} C_1 \\ C_2 \end{pmatrix}$$

定数 C_1, C_2 の存在には，上の連立方程式が一意に解けなくてはならない．これは上の行列の $\det(\cdots) \neq 0$ が条件なので，すべての点 x において，次の条件となる：

$$W(x) \equiv \begin{vmatrix} f(x) & g(x) \\ f'(x) & g'(x) \end{vmatrix} \neq 0$$

(b) ベッセルの微分方程式 (4.5) の二つの独立な解を $f(x), g(x)$ とすると，それぞれ次の方程式を満たす：

$$\frac{d}{dx}(xf') + \frac{1}{x}(x^2 - m^2)f = 0, \qquad \frac{d}{dx}(xg') + \frac{1}{x}(x^2 - m^2)g = 0$$

最初の式に g をかけ，次の式に f をかけた後，両辺の差を取ると，

$$g\frac{d}{dx}(xf') - f\frac{d}{dx}(xg') = x(f''g - fg'') + f'g - fg' = \frac{d}{dx}\left(x(f'g - fg')\right) = 0$$

より，$W(x) \equiv f'g - fg' = C/x$ （C は定数）となる．

(c) 級数展開 (4.7) で，$x \to 0$ での一番大きな項のみをそれぞれ取り出すと，

$$J_m(x) = \frac{1}{m!}\sum_{r=0}^{\infty}\frac{(-1)^m}{r!\Gamma(m+r+1)}\left(\frac{x}{2}\right)^{m+2r} \simeq \frac{x^m}{2^m \Gamma(m+1)}$$

$$J_{-m}(x) \simeq \frac{x^{-m}}{2^{-m}\Gamma(-m+1)} = \frac{2^m}{\Gamma(-m+1)x^m}$$

$$J'_m(x) \simeq \frac{mx^{m-1}}{2^m \Gamma(m+1)}, \qquad J'_{-m}(x) \simeq \frac{(-m)2^m}{\Gamma(-m+1)x^{m+1}}$$

よって，$x \to 0$ では $J_m(x)$ と $J_{-m}(x)$ のロンスキアンは以下のようになる：

$$W(x) = J_m(x)J'_{-m}(x) - J'_m(x)J_{-m}(x)$$
$$\simeq \frac{x^m}{2^m \Gamma(m+1)} \frac{(-m)2^m}{\Gamma(-m+1)x^{m+1}} - \frac{mx^{m-1}}{2^m \Gamma(m+1)} \frac{2^m}{\Gamma(-m+1)x^m}$$
$$= -\frac{2m}{x} \frac{1}{\Gamma(m+1)\Gamma(-m+1)} = -\frac{2}{x} \frac{1}{\Gamma(m)\Gamma(-m+1)} = -\frac{2\sin m\pi}{\pi x}$$

つまり，m が非整数ならばゼロでないが，m が整数のときはロンスキアンはゼロ，すなわち $J_m(x), J_{-m}(x)$ が独立な解でないことを示している．

(d) m が整数の場合，ノイマン関数の定義式 (4.32) の分子も分母もゼロとなるので，テイラー展開，すなわちどちらも ν で微分した後に極限操作をすればよい：

$$Y_m(x) = \frac{-\pi \sin m\pi J_m(x) + \cos m\pi \left(\frac{\partial J_\nu}{\partial \nu}\right)_{\nu=m} - \left(\frac{\partial J_{-\nu}}{\partial \nu}\right)_{\nu=m}}{\pi \cos m\pi}$$
$$= \frac{1}{\pi}\left\{\left(\frac{\partial J_\nu}{\partial \nu}\right)_{\nu=m} - (-1)^m \left(\frac{\partial J_{-\nu}}{\partial \nu}\right)_{\nu=m}\right\} \quad (*)$$

ここでは，$x \to 0$ での一番大きい項のみを考えればよい．(c) の $J_m(x)$ の結果より，

$$\frac{\partial J_\nu}{\partial \nu} \simeq \frac{\partial}{\partial \nu}\left(\frac{1}{\Gamma(\nu+1)}\right)\left(\frac{x}{2}\right)^\nu + \frac{1}{\Gamma(\nu+1)}\left(\frac{x}{2}\right)^\nu \ln\frac{x}{2}$$

この右辺では第 2 項の方が $x \to 0$ では大きいから，この項だけを考えればよいので，

$$\left(\frac{\partial J_\nu}{\partial \nu}\right)_{\nu=m} \simeq \frac{1}{\Gamma(m+1)}\left(\frac{x}{2}\right)^m \ln\frac{x}{2} = \frac{1}{m!}\left(\frac{x}{2}\right)^m \ln\frac{x}{2}$$

同様に，$(*)$ の $J_{-\nu}(x)$ についての偏微分の方は，$x \to 0$ で以下のようになる：

$$J_{-\nu}(x) \simeq \frac{1}{\Gamma(1-\nu)}\left(\frac{x}{2}\right)^{-\nu} = \frac{\sin \pi\nu \cdot \Gamma(\nu)}{\pi}\left(\frac{x}{2}\right)^{-\nu}$$

$$\frac{\partial J_{-\nu}}{\partial \nu} \simeq \cos\pi\nu \cdot \Gamma(\nu)\left(\frac{x}{2}\right)^{-\nu} + \frac{\sin\pi\nu}{\pi}\frac{\partial \Gamma(\nu)}{\partial \nu}\left(\frac{x}{2}\right)^{-\nu} - \frac{1}{\Gamma(1-\nu)}\left(\frac{x}{2}\right)^{-\nu}\ln\frac{x}{2}$$

$$\left(\frac{\partial J_{-\nu}}{\partial \nu}\right)_{\nu=m} \simeq (-1)^m \Gamma(m)\left(\frac{2}{x}\right)^m - \frac{1}{\Gamma(1-m)}\left(\frac{x}{2}\right)^{-m}\ln\frac{x}{2}$$

これらをまとめると，$x \to 0$ で次のようになることがわかる：

$$Y_m(x) \simeq \frac{1}{\pi}\left\{\frac{1}{m!}\left(\frac{x}{2}\right)^m \ln\frac{x}{2} + \frac{(-1)^m}{\Gamma(1-m)}\left(\frac{2}{x}\right)^m \ln\frac{x}{2} - \Gamma(m)\left(\frac{2}{x}\right)^m\right\} \quad (**)$$

m が正の整数だと $1/\Gamma(1-m) = 0$ より，$(**)$ の右辺の第 3 項が一番大きくなり，

$$Y_m(x) \simeq -\frac{\Gamma(m)}{\pi}\left(\frac{2}{x}\right)^m = -\frac{(m-1)!}{\pi}\left(\frac{2}{x}\right)^m \quad (m \neq 0)$$

一方，$m = 0$ では，$(**)$ の第 1 項と第 2 項が一番大きくなるので（第 3 項は定数項

となるが，これは省略した他の項と相殺する．詳しくは，ガンマ関数の微分などですべての項を計算する必要があるが，ここでは証明は省略），

$$Y_0(x) \simeq \frac{1}{\pi}\left(\ln\frac{x}{2} + \frac{1}{\Gamma(1)}\ln\frac{x}{2}\right) = \frac{2}{\pi}\ln\frac{x}{2}$$

(e) まず，m が正の整数の場合には，$Y_m'(x)$ の $x \to 0$ の結果より，

$$Y_m'(x) \sim \frac{m(m-1)!}{\pi}\frac{2^m}{x^{m+1}} = \frac{m!\,2^m}{\pi x^{m+1}}$$

$$J_m(x)Y_m'(x) - J_m'(x)Y_m(x) \simeq \frac{x^m}{2^m m!}\frac{m!\,2^m}{\pi x^{m+1}} - \frac{mx^{m-1}}{2^m m!}\left(-\frac{(m-1)!\,2^m}{\pi x^m}\right) = \frac{2}{\pi x}$$

一方，$m = 0$ では，$Y_0'(x) \simeq 2/\pi x$，および $J_0'(x) = -J_1(x)$, $J_0(0) = 1$ より，

$$J_0(x)Y_0'(x) - J_0'(x)Y_0(x) \simeq \frac{2}{\pi x} + \frac{1}{\Gamma(2)}\frac{x}{2}\frac{2}{\pi}\ln\frac{x}{2} \simeq \frac{2}{\pi x}$$

ここで，$x \to 0$ では $x \ln x \to 0$ を用いた．よって，いずれの場合も，x が有限ならば $W(x)$ はゼロではなく，$J_m(x)$ と $Y_m(x)$ が独立であることが示された．

4-2 (a)
$$J_0(z) = \sum_{n=0}^{\infty}\frac{(-1)^n}{n!\,\Gamma(n+1)}\left(\frac{z}{2}\right)^{2n} = \sum_{n=0}^{\infty}\frac{(-1)^n}{(n!)^2}\left(\frac{z}{2}\right)^{2n} \quad (*)$$

一方，母関数の指数関数部分を $z = 0$ の周りでテイラー展開すると，

$$\exp\left(\frac{z}{2}\left(h - \frac{1}{h}\right)\right) = 1 + (h - h^{-1})\frac{z}{2} + \frac{1}{2!}(h - h^{-1})^2\left(\frac{z}{2}\right)^2 + \cdots$$

$$= \sum_{n=0}^{\infty}\frac{(h - h^{-1})^n}{n!}\left(\frac{z}{2}\right)^n$$

となるので，$J_0(z)$ に対応する h^0 の項を取り出すと，$(h - h^{-1})^n$ の n が偶数で，かつ h と h^{-1} の 2 項展開のベキ乗が同じ場合に対応するので，

$$1 - \frac{1}{2!}\binom{2}{1}\left(\frac{z}{2}\right)^2 + \frac{1}{4!}\binom{4}{2}\left(\frac{z}{2}\right)^4 - \cdots = \sum_{n=0}^{\infty}\frac{(-1)^n}{(n!)^2}\left(\frac{z}{2}\right)^{2n}$$

$(*)$ と比べると，$\phi(z) = 1$ が示された．

(b) 以下のようになるが，最後の式では $n = k + l$ と和の添字を変換する：

$$F(h, x+y) = \sum_{n=-\infty}^{\infty}h^n J_n(x+y) = \exp\left(\frac{x+y}{2}\left(h - \frac{1}{h}\right)\right)$$

$$= \exp\left(\frac{x}{2}\left(h - \frac{1}{h}\right)\right) \cdot \exp\left(\frac{y}{2}\left(h - \frac{1}{h}\right)\right)$$

$$= \sum_{k=-\infty}^{\infty}h^k J_k(x)\sum_{l=-\infty}^{\infty}h^l J_l(y) = \sum_{n=-\infty}^{\infty}h^n\left(\sum_{k=-\infty}^{\infty}J_k(x)J_{n-k}(y)\right)$$

(c) $F(-h, -z) = \exp\left(-\dfrac{z}{2}\left(-h + \dfrac{1}{h}\right)\right) = F(h, z) = \displaystyle\sum_{n=-\infty}^{\infty} (-h)^n J_n(-z)$

よって, $(-1)^n J_n(-z) = J_n(z)$. また,

$$F(-h^{-1}, z) = \exp\left(\dfrac{z}{2}(-h^{-1} + h)\right) = F(h, z) = \sum_{n=-\infty}^{\infty} (-h^{-1})^n J_n(z)$$

$$= \sum_{n=-\infty}^{\infty} (-1)^n h^{-n} J_n(z) = \sum_{m=-\infty}^{\infty} (-1)^m h^m J_{-m}(z)$$

上の最後では, $m = -n$ と変換した. よって, $(-1)^n J_{-n}(z) = J_n(z)$. さらに,

$$\sum_{n=-\infty}^{\infty} h^n J'_n(z) = \dfrac{\partial F}{\partial z} = \dfrac{1}{2}\left(h - \dfrac{1}{h}\right)\exp\left(\dfrac{z}{2}\left(h - \dfrac{1}{h}\right)\right) = \dfrac{1}{2}(h - h^{-1})F(h, z)$$

$$= \dfrac{1}{2}\sum_{n=-\infty}^{\infty} (h^{n+1} J_n(z) - h^{n-1} J_n(z)) = \sum_{n=-\infty}^{\infty} h^n \left\{\dfrac{1}{2}(J_{n-1}(z) - J_{n+1}(z))\right\}$$

(d) $t = e^{i\theta}$ と変数変換すると, $dt = ie^{i\theta}d\theta$ で積分路 C は $\theta : -\pi \to \pi$ に当たるので,

$$J_n(z) = \dfrac{1}{2\pi i}\oint_C \dfrac{\exp\left(\dfrac{z}{2}(t - t^{-1})\right)}{t^{n+1}}dt = \dfrac{1}{2\pi i}\int_{-\pi}^{\pi} \dfrac{\exp\left(\dfrac{z}{2}(e^{i\theta} - e^{-i\theta})\right)}{e^{i(n+1)\theta}}ie^{i\theta}d\theta$$

$$= \dfrac{1}{2\pi}\int_{-\pi}^{\pi} e^{-i(n\theta - z\sin\theta)}d\theta = \dfrac{1}{\pi}\int_0^{\pi} \cos(n\theta - z\sin\theta)d\theta$$

(e) $z \to 0$ でのベッセル関数の級数展開の一番大きな項のみを考える:

$$J_m(z) = \dfrac{1}{\Gamma(m+1)}\left(\dfrac{z}{2}\right)^m - \dfrac{1}{\Gamma(m+2)}\left(\dfrac{z}{2}\right)^{m+2} + \cdots \to 0 \quad (m \geq 1)$$

$$J_0(z) = 1 - \dfrac{1}{\Gamma(2)}\left(\dfrac{z}{2}\right)^2 + \cdots \to 1$$

また, この微分は

$$J'_m(z) = \dfrac{m}{\Gamma(m+1)}\dfrac{1}{2}\left(\dfrac{z}{2}\right)^{m-1} - \cdots \to 0 \quad (m > 1)$$

$$J'_1(z) = \dfrac{1}{\Gamma(2)}\dfrac{1}{2} + \cdots \to \dfrac{1}{2}, \qquad J'_0(z) = -\dfrac{1}{\Gamma(2)}\dfrac{z}{2} + \cdots \to 0$$

4-3
$$s^{n+1}J_n(s) = \dfrac{d}{ds}\left(s^{n+1}J_{n+1}(s)\right)$$

の両辺に s^{m-n-1} をかけてから, 積分する. 部分積分を用いると,

$$\int^x s^m J_n(s)ds = \int^x s^{m-n-1}\dfrac{d}{ds}\left(s^{n+1}J_{n+1}(s)\right)ds$$

$$= \left[s^{m-n-1}s^{n+1}J_{n+1}(s)\right]_x - (m - n - 1)\int^x s^{m-n-2}s^{n+1}J_{n+1}(s)ds$$

$$= x^m J_{n+1}(x) - (m - n - 1)\int^x s^{m-1}J_{n+1}(s)ds$$

同様に，(4.11) の m を $n-1$ とした式の両辺に s^{m+n-1} をかけてから，積分すると，

$$\int^x s^m J_n(s) ds = -\int^x s^{m+n-1} \frac{d}{ds}\left(s^{-n+1} J_{n-1}(s)\right) ds$$

$$= -\left[s^{m+n-1} s^{-n+1} J_{n-1}(s)\right]_x + (m+n-1)\int^x s^{m-n-2} s^{n+1} J_{n-1}(s) ds$$

$$= -x^m J_{n-1}(x) + (m+n-1)\int^x s^{m-1} J_{n-1}(s) ds$$

4-4 (4.42) に (4.7) を代入して，$x \to 0$ では

$$I_n(x) = \frac{1}{i^n n!}\left(\frac{ix}{2}\right)^n \left(1 - \frac{1}{n+1}\left(\frac{ix}{2}\right)^2 + \cdots \right) \simeq \frac{x^n}{2^n n!}$$

4-5 (a) $Y_{lm} \propto e^{im\phi}$ より $\partial^2 Y_{lm}/\partial \phi^2 = -m^2 Y_{lm}$ となる．また，$x = \cos\theta$ と変数変換して，

$$\nabla_1^2 Y_{lm} = \left((1-x^2)\frac{\partial^2}{\partial x^2} - 2x\frac{\partial}{\partial x} - \frac{m^2}{1-x^2}\right) Y_{lm}$$

一方で，Y_{lm} は m 次のルジャンドルの微分方程式 (3.39) を満たすので，

$$\left((1-x^2)\frac{\partial^2}{\partial x^2} - 2x\frac{\partial}{\partial x} + l(l+1) - \frac{m^2}{1-x^2}\right) Y_{lm} = 0$$

よって，この二つの式を比較すると，$\nabla_1^2 Y_{lm} = -l(l+1)Y_{lm}$ となる．
(b) $\nabla^2 \psi = 0$ に $\psi(r,\theta,\phi) \propto R_{lm}(r) Y_{lm}(\theta,\phi)$ の解の形を代入すれば，

$$\left[\frac{1}{r^2}\frac{d}{dr}\left(r^2 \frac{d}{dr}\right) - \frac{l(l+1)}{r^2}\right] R_{lm}(r) = 0$$

(c) $R_l(r) \equiv ar^k$ と解の形を仮定して，(b) の方程式に代入すると，

$$k(k-1) + 2k - l(l+1) = (k-l)(k+l+1) = 0$$

より，$k = l, -l-1$，すなわち $R_l(r) \propto r^l$ または r^{-l-1} となる．

4-6 (a) 練習問題 4-5 のラプラスの方程式に，k^2 の項が追加されただけなので，

$$\left[\frac{1}{r^2}\frac{d}{dr}\left(r^2 \frac{d}{dr}\right) + k^2 - \frac{l(l+1)}{r^2}\right] R_{lm}(r) = 0$$

(b) $R_l(r) \equiv u_l(r)/\sqrt{r}$ を (a) の方程式に代入すると，以下の $R_l(r)$ の微分より，

$$R_l' = \frac{1}{r^{1/2}} u_l' - \frac{1}{2r^{3/2}} u_l, \qquad R_l'' = \frac{1}{r^{1/2}} u_l'' - \frac{1}{r^{3/2}} u_l' + \frac{3}{4r^{5/2}} u_l$$

$$u_l'' - \frac{1}{r} u_l' + \frac{3}{4r^2} u_l + \frac{2}{r} u_l' - \frac{1}{r^2} u_l + \left[k^2 - \frac{l(l+1)}{r^2}\right] u_l = 0$$

$$u_l'' + \frac{1}{r} u_l' + \left[k^2 - \frac{\left(l+\frac{1}{2}\right)^2}{r^2}\right] u_l = 0$$

となる．すなわち，$(l+1/2)$ 次のベッセルの微分方程式 (4.5) となり，例題 4-2 と (4.45) に示したように，この解は $j_l(kr), n_l(kr)$ となる．

4-7 ベッセル関数の母関数 (4.19) で，$h = ie^{i\theta}$ とし，さらに $z = kr$ とすると，

$$F(h, z) = \sum_{n=-\infty}^{\infty} h^n J_n(z) = \sum_{n=-\infty}^{\infty} i^n e^{in\theta} J_n(z)$$

$$= \exp\left(\frac{z}{2}\left(h - \frac{1}{h}\right)\right) = \exp\left(\frac{z}{2}(ie^{i\theta} - i^{-1}e^{-i\theta})\right) = \exp(ikr\cos\theta)$$

4-8 (a) $x \to \infty$ で

$$j_l(x) = \sqrt{\frac{\pi}{2x}} J_{l+1/2}(x) \simeq \sqrt{\frac{\pi}{2x}} \sqrt{\frac{2}{\pi x}} \cos\left(x - \frac{l+1/2}{2}\pi - \frac{\pi}{4}\right)$$

$$= \frac{1}{x}\cos\left(x - \frac{l+1}{2}\pi\right) = \frac{1}{x}\sin\left(x - \frac{l}{2}\pi\right)$$

$$j_l(x) \simeq (-1)^{l/2}\frac{\sin x}{x} = i^l \frac{\sin x}{x} \qquad (l：偶数)$$

$$\simeq (-1)^{(l+1)/2}\frac{\cos x}{x} = i^{l+1}\frac{\cos x}{x} \qquad (l：奇数)$$

(b) (4.57) の右辺について (a) の結果を用いると，$x \to \infty$ で以下のようになる：

$$\sum_{l=0}^{\infty}(2l+1)i^l j_l(kr)\int_0^\pi P_l(\cos\theta)P_m(\cos\theta)\sin\theta d\theta$$

$$= \sum_{l=0}^{\infty}(2l+1)i^l j_l(kr)\frac{2}{2m+1}\delta_{lm} = 2i^m j_m(kr)$$

$$\sum_{l=0}^{\infty}\cdots \simeq 2i^m i^m \frac{\sin kr}{kr} = 2(-1)^m \frac{\sin kr}{kr} = 2\frac{\sin kr}{kr} \qquad (m：偶数)$$

$$\simeq 2i^m i^{m+1}\frac{\cos kr}{kr} = 2(-1)^m i\frac{\cos kr}{kr} = -2i\frac{\cos kr}{kr} \qquad (m：奇数)$$

一方，(4.57) の左辺については，部分積分を利用すると，

$$\int_0^\pi e^{ikr\cos\theta} P_m(\cos\theta)\sin\theta d\theta$$

$$= \left[-\frac{e^{ikr\cos\theta}}{ikr}P_m(\cos\theta)\right]_0^\pi - \frac{1}{ikr}\int_0^\pi e^{ikr\cos\theta} P_m'(\cos\theta)\sin\theta d\theta$$

となり，第 2 項は $(kr)^{-1}$ より大きいベキ乗なので，$kr \to \infty$ では第 1 項が大きくて，

$$\int_0^\pi \cdots d\theta \simeq \frac{e^{ikr}}{ikr}P_m(1) - \frac{e^{-ikr}}{ikr}P_m(-1) = \frac{1}{ikr}\left(e^{ikr} - (-1)^m e^{-ikr}\right)$$

となる．上では，$P_m(1) = 1, P_m(-1) = (-1)^m P_m(1)$ を用いた．よって，左辺は，

$$\int_0^\pi \cdots d\theta \simeq \frac{1}{ikr}\left(e^{ikr} - e^{-ikr}\right) = 2\frac{\sin kr}{kr} \qquad (m：偶数)$$

$$\int_0^\pi \cdots d\theta \simeq \frac{1}{ikr}\left(e^{ikr} + e^{-ikr}\right) = 2\frac{\cos kr}{ikr} = -2i\frac{\cos kr}{kr} \qquad (m：奇数)$$

すなわち，$kr \to \infty$ で支配的な項については (4.57) が成立することが示された．

4-9 $V(\zeta) \equiv \zeta^{\alpha/4\beta} W(\zeta)$ とおくと，

$$V' = W'\zeta^{\alpha/4\beta} + \frac{\alpha}{4\beta} W \zeta^{\alpha/4\beta - 1}$$

$$V'' = W''\zeta^{\alpha/4\beta} + \frac{\alpha}{2\beta} W' \zeta^{\alpha/4\beta - 1} + \frac{\alpha}{4\beta}\left(\frac{\alpha}{4\beta} - 1\right) W \zeta^{\alpha/4\beta - 2}$$

より，V についての微分方程式に代入すると，W についての微分方程式は以下のようになる：

$$W'' + \frac{\alpha}{2\beta}\frac{1}{\zeta}W' + \frac{\alpha}{4\beta}\left(\frac{\alpha}{4\beta} - 1\right)\frac{1}{\zeta^2}W$$
$$+ \left(1 - \frac{\alpha}{2\beta}\right)\frac{1}{\zeta}W' + \frac{\alpha}{4\beta}\left(1 - \frac{\alpha}{2\beta}\right)\frac{1}{\zeta^2}W + \frac{1}{4\beta^2}\left(\frac{\omega^2}{b_0{}^2}\frac{1}{\zeta} - \frac{k^2}{\zeta^2}\right)W = 0$$

上の式を整理すると，

$$W'' + \frac{1}{\zeta}W' + \left(\frac{\omega^2}{4\beta^2 b_0{}^2}\frac{1}{\zeta} - \frac{P^2}{4}\frac{1}{\zeta^2}\right)W = 0$$

ここで，さらに $\eta = \omega\sqrt{\zeta}/\beta b_0$ と変数変換すると，

$$\zeta = \frac{\beta^2 b_0{}^2}{\omega^2}\eta^2, \quad \frac{d}{d\zeta} = \frac{\omega^2}{2\beta^2 b_0{}^2}\frac{1}{\eta}\frac{d}{d\eta}$$

より，微分方程式はさらに以下のように簡素化される：

$$\eta^2 \frac{d^2 W}{d\eta^2} + \eta \frac{dW}{d\eta} + (\eta^2 - P^2)W = 0$$

これは，ベッセルの微分方程式 (4.5) であり，解は $W = J_P(\eta), J_{-P}(\eta)$ である．

第5章

5-1 整数の階乗 $n!$ を単純に計算機を用いて求めると，ある困難に出会う．電卓やパソコンで実際に試してみること．

$5! = 5 \cdot 4 \cdot 3 \cdot 2 \cdot 1 = 120$, $\quad 10! = 10 \cdot 9 \cdots 2 \cdot 1 = 362880$, $\quad 30! = 30 \cdot 29 \cdots 2 \cdot 1 = $???

30! の計算を「整数」として計算すると，桁が大きくなりすぎて，スーパーコンピューターと呼ばれている計算機でも，エラーとなってしまう．そこで「実数」として計算すれば，有効な桁数は限られるが，結果は求まる：

$$30! = 30.0 \cdot 29.0 \cdots 2.0 \cdot 1.0 \simeq 2.652529 \times 10^{32}$$

しかし，実数としてもこれより少し大きな数の階乗では，桁が大きくなって，エラーとなる．(例えば，著者の手元の Linux システムの C コンパイラー (gcc) では，実数 (float) だと 34! は計算できるが，35! では 10^{39} 以上となって，エラーとなった．倍精度，つまり変数に割り当てられるバイト数を倍とすると，もう少し大きな値まで計算できる．) これは計算機そのものの機能の限界ではない．計算機ごとに（OS ごとに）実数については 10 のベキ乗部分を何桁まで設定するか決められている．では，100! や 500! のような大きな数を計算機でどのように扱うかは，スターリングの公式 (5.7) の 2 番目の表現のように，対数（ここでは，10 のベキとする）の値をまず計算する：

$$\log(100!) = \log(100 \cdot 99 \cdots 2 \cdot 1) = \log 100 + \log 99 + \cdots + \log 1 = 157.970004$$

この結果から，桁数に当たる整数部を分離して，残りの少数部のみ元に戻せばよい：

$$100! = 10^{157.970004} = 10^{0.970004} \times 10^{157} = 9.3326215 \times 10^{157}$$

同様に，500! については，次のように求める：

$$500! = 10^{\log 500!} = 10^{1134.086409} = 10^{0.086409} \times 10^{1134} = 1.220137 \times 10^{1134}$$

スターリングの公式 (5.7) を用いても，約 30! より大きい場合，対数表示の式で計算しないと，エラーを起こす．計算すると，

$$5! \simeq 118.0192, \quad 10! \simeq 3.598696 \times 10^6$$

$$100! \simeq 10^{157.969642} = 9.324848 \times 10^{157}, \quad 500! \simeq 10^{1134.086336} = 1.219933 \times 10^{1134}$$

相対誤差は，5! でも 2% 以下，10! で既に 1% 未満，100! になれば 0.1% 以下となる．1 モルは 10^{23} 個の分子に相当する（アボガドロ数）ので，個々の分子の運動を無視して，その集団としての確率論的変数のみから物質のマクロな性質を議論する統計力学では，スターリングの公式は十分な精度の結果を与える．

5-2 図のようなパイ形の積分路 C について，以下の積分の内部には特異点がないのでゼロとなる（a は実数で，$a > 0$ とする）：

$$\oint_C e^{-az^2} dz = \int_{C_1} + \int_{C_2} + \int_{C_3} = 0$$

三つの積分値はそれぞれ以下のようになる：

$$\int_{C_1} e^{-az^2} dz = \int_0^\infty e^{-ax^2} dx = \frac{1}{2}\sqrt{\frac{\pi}{a}}$$

ここでは，練習問題 1-7(c) の $\int_{-\infty}^\infty e^{-x^2} dx = \sqrt{\pi}$

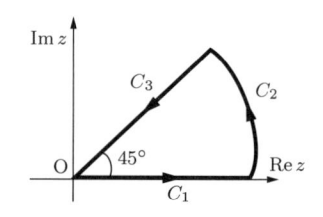

を用いた. 次に, C_2 については, $z = Re^{i\theta}$ で $R \to \infty$ として, $\theta : 0 \to \pi/4$ で $\text{Re}(ae^{2i\theta}) > 0$ より

$$\int_{C_2} e^{-az^2} dz = \int_0^{\frac{\pi}{4}} e^{-aR^2 e^{2i\theta}} iRe^{i\theta} d\theta \to 0$$

最後の積分 C_3 では, $z = e^{i\frac{\pi}{4}}x$ と変数変換して,

$$\int_{C_3} e^{-az^2} dz = \int_\infty^0 e^{-iax^2} e^{i\frac{\pi}{4}} dx = -e^{i\frac{\pi}{4}} \int_0^\infty e^{-iax^2} dx$$

となる. これらの三つの結果から以下の積分が求まり, 実部と虚数部が (5.10) となる:

$$\int_0^\infty e^{-iax^2} dx = \int_0^\infty \cos ax^2 dx - i \int_0^\infty \sin ax^2 dx = \frac{1}{2}\sqrt{\frac{\pi}{a}} e^{-i\frac{\pi}{4}}$$

ここで $x' = -x$ と変数変換しても, 左辺の積分範囲は $-\infty$ から 0 となるだけで同じ値となる. これら二つの積分の和の複素共役を取ると, 以下が求まる:

$$\int_{-\infty}^\infty e^{iax^2} dx = \left[\int_{-\infty}^\infty e^{-iax^2} dx\right]^* = \left[\sqrt{\frac{\pi}{a}} e^{-i\frac{\pi}{4}}\right]^* = \sqrt{\frac{\pi}{a}} e^{i\frac{\pi}{4}} = \sqrt{\frac{\pi}{2a}}(1+i)$$

$a < 0$ については, $-a > 0$ を上の結果に用いればよい:

$$\int_{-\infty}^\infty e^{iax^2} dx = \left[\int_{-\infty}^\infty e^{i(-a)x^2} dx\right]^* = \left[\sqrt{\frac{\pi}{2(-a)}}(1+i)\right]^* = \sqrt{\frac{\pi}{-2a}}(1-i)$$

5-3 (a) 第 1 種ハンケル関数の積分表示式 (4.26) より,

$$K_n(x) = \frac{\pi i}{2}\frac{i^n}{\pi i}\int_{C'} \frac{\exp\left(\frac{ix}{2}\left(t - \frac{1}{t}\right)\right)}{t^{n+1}} dt = \frac{i^n}{2}\int_{C'} \cdots dt$$

積分路 C' が原点と無限遠でゼロに収束する方向 (位相) を選んで, 変形させる.
(1) $|t| \to 0$ では, 指数関数部分が以下のようになる ($t \equiv \epsilon e^{i\phi}$ と変換):

$$\exp(\cdots) \sim \exp\left(-\frac{ix}{2t}\right) = \exp\left(-\frac{x}{2\epsilon} e^{i\left(\frac{\pi}{2} - \phi\right)}\right)$$

$\epsilon \to 0$ で上の値がゼロになるためには, 指数関数の中の実部が負となればよい. $x, \epsilon > 0$ なので, $\text{Re}\left\{e^{i\left(\frac{\pi}{2} - \phi\right)}\right\} > 0$ がその条件であり, $-\pi/2 < \pi/2 - \phi < \pi/2$, すなわち, 原点での積分路の位相が $0 < \phi < \pi$ と制約される.
(2) $|t| \to \infty$ では, $t \equiv Re^{i\phi}$ とおいて, (1) と同様に指数関数部分は

$$\exp(\cdots) \sim \exp\left(\frac{ixt}{2}\right) = \exp\left(\frac{xR}{2} e^{i\left(\frac{\pi}{2} + \phi\right)}\right)$$

となる．$R \to \infty$ でゼロになるには，指数関数の中の実部が負となればよい．$x, R > 0$ なので，$\mathrm{Re}\left\{e^{i\left(\frac{\pi}{2}+\phi\right)}\right\} < 0$ より，$\pi/2 < \pi/2 + \phi < 3\pi/2$，すなわち，無限遠での積分路の位相が $0 < \phi < \pi$ と制約される．

つまり，始点と終点が t の上半面ならどの方向でもよいが，ここではこの制約の中で原点と無限遠を結ぶごく自然な経路として，正の虚数軸に沿った積分路を C' とする．よって，最終的に，図のようになる：

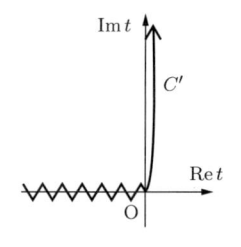

$$K_n(x) = \frac{i^n}{2} \int_{i0}^{i\infty} \frac{\exp\left(\frac{ix}{2}\left(t - \frac{1}{t}\right)\right)}{t^{n+1}} dt$$

(b) $t = i/s$ で $dt = -ids/s^2$ となり，積分範囲は $t : +i0 \to i\infty$ が $s : \infty \to 0$ となる．よって，

$$K_n(x) = \frac{i^n}{2} \int_{\infty}^{0} \frac{\exp\left(\frac{ix}{2}\left(\frac{i}{s} - \frac{s}{i}\right)\right)}{i^{n+1} s^{-(n+1)}} \left(-\frac{i}{s^2}\right) ds = \frac{1}{2} \int_{0}^{\infty} \frac{\exp\left(-\frac{x}{2}\left(s + \frac{1}{s}\right)\right)}{s^{1-n}} ds$$

(c) (b) の結果をラプラスの方法の標準形 (5.1) に対応させると，

$$F(s) = \frac{1}{2s^{1-n}}, \quad f(s) = -\frac{1}{2}\left(s + \frac{1}{s}\right)$$

より，$f'(s) = -1/2(1 - 1/s^2) = 0$ から極値は $s = \pm 1$ となり，積分の範囲 $(0, \infty)$ に含まれる $s = 1$ のみ考慮すればよい．$F(1) = \frac{1}{2}, f(1) = -1, f''(s) = -1/s^3$ より，$f''(1) = -1$（極大値）となる．よって，$\tau = s - 1$ とおいて

$$K_n(x) \simeq \frac{e^{-x}}{2} \int_{1\text{ 付近}} \exp\left(-\frac{x}{2}(s-1)^2\right) ds \simeq \frac{e^{-x}}{2} \int_{-\infty}^{\infty} \exp\left(-\frac{x}{2}\tau^2\right) d\tau$$

$$= \frac{e^{-x}}{2} \sqrt{\frac{2\pi}{x}} = \sqrt{\frac{\pi}{2x}} e^{-x}$$

参考のために，ハンケル関数の漸近展開 (5.27) からでも，(a) の定義を代入すると，

$$K_n(x) \equiv \frac{\pi i}{2} \cdot i^n \cdot H_n^{(1)}(ix) \simeq \frac{\pi i}{2} \cdot i^n \cdot \sqrt{\frac{2}{\pi ix}} e^{-x - i\left(\frac{\pi}{2}n + \frac{\pi}{4}\right)} = \sqrt{\frac{\pi}{2x}} e^{-x}$$

5-4 $z \equiv \alpha e^{i\beta}$ として $\alpha \to \infty$ を考えれば，5.3 節の最急降下法の $x \to \infty$ と同じ扱いができる．

$$\Gamma(z+1) = \int_0^\infty \exp\left(z\left(\ln t - \frac{t}{z}\right)\right) dt = \int_0^\infty \exp\left(\alpha\left(\ln t - \frac{t}{z}\right)e^{i\beta}\right) dt$$

となるので，(5.15) で $F(t) = 1, g(t) = (\ln t - t/z)e^{i\beta}$ より，$g'(t) = (1/t - 1/z)e^{i\beta} =$

0 となる鞍部点は $t_0 = z = \alpha e^{i\beta}$. $g''(t) = -1/t^2 e^{i\beta}$ より,

$$g(t_0) = (\ln z - 1)e^{i\beta}, \quad g''(t_0) = -\frac{1}{z^2}e^{i\beta} = -\frac{1}{\alpha^2}e^{-i\beta} \equiv \rho e^{i\theta}$$

よって, $\rho = 1/\alpha^2, \theta = \pi - \beta$ となる. (5.20) を適用すると,

$$\Gamma(z+1) \simeq e^{\alpha g(t_0)+i\phi} \int_{t_0 \text{ 付近}} e^{\frac{\alpha}{2}\rho s^2(\cos(\theta+2\phi)+i\sin(\theta+2\phi))} ds$$

$\cos(\theta + 2\phi) = -1$ と選択し, $\theta + 2\phi = \pm\pi$, すなわち, $\phi = \beta/2, \beta/2 - \pi$ となる.

例題 5-1 では z を実数としたので, $\beta = 0$ で $\phi = 0$. よって, ここでは $\phi = \beta/2$ の方を選ぶ. 厳密には, $u \equiv \text{Re}(g(t))$ の等高線を t_0 付近の複素 t 平面にプロットして確認すべきである. (β の偏角が加わった場合にどのように積分路が変形されるか, 具体的に理解ができるので, 自分で描いて確認せよ). よって,

$$\Gamma(z+1) \simeq e^{\alpha e^{i\beta}(\ln z - 1)+i\frac{\beta}{2}}\sqrt{\frac{2\pi}{\alpha\rho}} = e^{z(\ln z - 1)}\sqrt{\alpha}e^{i\frac{\beta}{2}}\sqrt{2\pi} = \sqrt{2\pi}z^{z+1/2}e^{-z}$$

となる. すわなち, z が実数の (5.6) の場合と同じ表現となり, 一般の複素数 $|z| \to \infty$ に拡張できる. ただし, z のベキ乗が整数でなく分岐があり, また e^{-z} の項より z が負の実数の場合には, 上の結果は適応できない. z の偏角によって漸近展開の表現がいくつかの領域ごとに異なる. これを **ストークス現象** (Stokes phenomenon) と呼ぶが, 詳しくは Mathews and Walker などを参照のこと.

5-5 (a) ベッセル関数のベッセルの積分表示式 (4.46) より, $\phi = \theta - \pi/2$ と変数変換した後に, さらに $t \equiv i\phi$ と変数変換すれば,

$$J_0(x) = \frac{1}{\pi}\int_0^\pi \cos(-x\sin\theta)d\theta = \frac{1}{\pi}\int_{-\frac{\pi}{2}}^{\frac{\pi}{2}} \cos\left(x\sin\left(\phi + \frac{\pi}{2}\right)\right)d\phi$$

$$= \frac{1}{\pi}\int_{-\frac{\pi}{2}}^{\frac{\pi}{2}} \cos\left(\frac{x}{2}\left(e^{i\phi} + e^{-i\phi}\right)\right)d\phi = \frac{1}{\pi i}\int_{-i\frac{\pi}{2}}^{i\frac{\pi}{2}} \cos\left(\frac{x}{2}\left(e^t + e^{-t}\right)\right)dt$$

$$= \frac{1}{\pi i}\int_{-i\frac{\pi}{2}}^{i\frac{\pi}{2}} \cos(x\cosh t)dt = \text{Re}\frac{1}{\pi i}\int_{-i\frac{\pi}{2}}^{i\frac{\pi}{2}} \exp(ix\cosh t)dt$$

(b) 下の左図の実線が (a) の積分路だが, 破線の積分経路 C_1, C_2 を追加する. C_1 の積分経路では, 変数変換 $r \equiv t + i\pi/2$ とおくと,

$$\exp(ix\cosh t) = \exp\left(\frac{ix}{2}\left(e^t + e^{-t}\right)\right)$$
$$= \exp\left(\frac{ix}{2}\left(e^{r-i\frac{\pi}{2}} + e^{-r+i\frac{\pi}{2}}\right)\right) = \exp\left(\frac{x}{2}\left(e^r - e^{-r}\right)\right)$$

となり, $t = -\infty - i\frac{\pi}{2} \to -i\frac{\pi}{2}$ は $r = -\infty \to 0$ となるので,

$$\frac{1}{\pi i}\int_{-\infty-i\frac{\pi}{2}}^{-i\frac{\pi}{2}} \exp(\cdots)dt = \frac{1}{\pi i}\int_{-\infty}^{0} \exp\left(\frac{x}{2}\left(e^r - e^{-r}\right)\right)dr$$

と，この被積分関数も積分路も実数となり，積分値は純虚数となる．

一方，積分路 C_2 についても，$r \equiv t - i\pi/2$ と変数変換すれば，同様に，

$$\frac{1}{\pi i}\int_{i\frac{\pi}{2}}^{+\infty+i\frac{\pi}{2}} \exp(\cdots)dt = \frac{1}{\pi i}\int_{0}^{\infty} \exp\left(-\frac{x}{2}\left(e^r - e^{-r}\right)\right)dr$$

と，やはり純虚数となる．また，それぞれの無限遠での被積分関数は発散しない．（ただし，C_1 の積分では，$r \to -\infty$ で，被積分関数が $\sim \exp\left(-\frac{x}{2}e^{-r}\right)$ となるから，これが発散しないためには，$\mathrm{Re}\, x > 0$ という条件が必要である．C_2 の積分も同様の条件となる．）よって，二つの破線と (a) の実線の三つを合わせた積分路としても，実数部は同じ値となる．

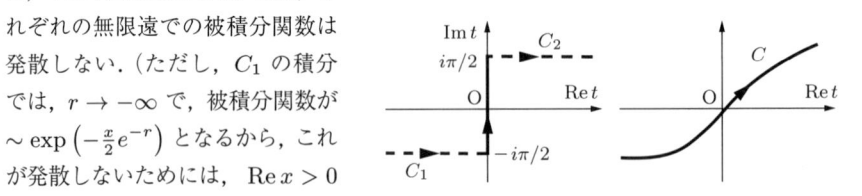

(c) (b) で求めた積分路を上の右図のように，複素 t 平面において，$-\infty - i\pi/2 \to +\infty + i\pi/2$ を滑らかな曲線で結ぶ積分路 C に変形してもよい：

$$J_0(x) = \mathrm{Re}\frac{1}{\pi i}\int_{C} \exp(ix\cosh t)dt$$

最急降下法の式 (5.15) に合わせると，

$$g(t) \equiv i\cosh t = i\frac{e^t + e^{-t}}{2}, \qquad g'(t) = i\frac{e^t - e^{-t}}{2} = 0$$

となるので，$t_0 = 0$ が鞍部点となり，ここでは，

$$g(0) = i, \qquad g''(t) = i\frac{e^t + e^{-t}}{2} \to g''(0) = i$$

となる．鞍部点 $t = 0$ での積分路を $g(t)$ の最大降下の方向 ϕ は

$$\theta \equiv \arg\left(g''(0)\right) = \arg i = \frac{\pi}{2}, \qquad \phi = -\frac{1}{2}\left(\frac{\pi}{2}\right) \pm \frac{\pi}{2} = \frac{\pi}{4}, -\frac{3}{4}\pi$$

と，(5.21) より定まる．元の積分路 C が鞍部点 $t = 0$ を通過する方向は $\phi = \pi/4$ が自然である．よって，(5.23) より $J_0(x)$ の漸近形は以下のように求まる：

$$J_0(x) \sim \mathrm{Re}\frac{1}{i\pi}\sqrt{\frac{2\pi}{x|i|}}e^{ix+i\phi} = \mathrm{Re}\sqrt{\frac{2}{\pi x}}e^{ix-i\frac{\pi}{4}} = \sqrt{\frac{2}{\pi x}}\cos\left(x - \frac{\pi}{4}\right)$$

5-6
$$J_0(x) \sim \sqrt{\frac{2}{\pi x}} \cos\left(x - \frac{\pi}{4}\right), \quad J_3(x) \sim \sqrt{\frac{2}{\pi x}} \cos\left(x - \frac{7\pi}{4}\right)$$

の漸近形は，電卓でも計算できる．また，計算機に備え付けのサブルーチンでは，$J_0(x), J_1(x)$ のみが与えられ，漸化式 (4.8) より

$$J_2(x) = \frac{2}{x}J_1(x) - J_0(x), \quad J_3(x) = \frac{4}{x}J_2(x) - J_1(x)$$

と求められる．漸近形がどの程度の精度で近似できるかを，図に比較した．$J_0(x), J_1(x)$ を計算するプログラムの中身を調べてみよ．実は多くのプログラム（ソフト）は，x が小さいときは級数展開 (4.7)，x がある程度大きくなると，漸近展開 (5.29) の高次を含めた式を使っている．

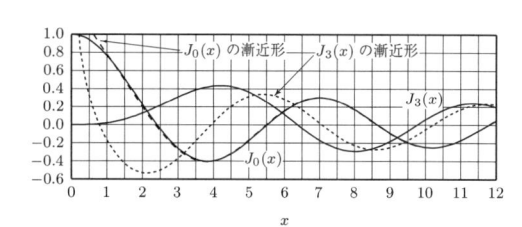

5-7 (a) まず，$Y(k)$ の表現の両辺を k で微分してから，$y(x)$ のフーリエ変換の形と比較すると，$xy(x)$ は以下となる：

$$\frac{dY}{dk} = \int_{-\infty}^{\infty} ix \cdot y(x) e^{ikx} dx \longrightarrow xy(x) = \frac{1}{2\pi}\int_{-\infty}^{\infty} \frac{1}{i}\frac{dY}{dk} e^{-ikx} dk$$

一方，$y(x)$ のフーリエ変換の両辺を x で微分すると

$$y'(x) = \frac{1}{2\pi}\int_{-\infty}^{\infty} (-ik) \cdot Y(k) e^{-ikx} dk, \quad y''(x) = \frac{1}{2\pi}\int_{-\infty}^{\infty} (-ik)^2 \cdot Y(k) e^{-ikx} dk$$

となるので，$Y(k)$ は下の $\{\cdots\}$ の微分方程式を満たす：

$$y'' - xy = \frac{1}{2\pi}\int_{-\infty}^{\infty} \left\{-k^2 Y(k) - \frac{1}{i}\frac{dY}{dk}\right\} e^{-ikx} dx = 0$$

これは $Y(k)$ についての 1 階常微分方程式なので，以下のように解が求まる：

$$\frac{dY}{Y} = -ik^2 dk \longrightarrow \ln Y = -i\frac{k^3}{3} + C' \longrightarrow Y(k) = A e^{-i\frac{k^3}{3}}$$

未定常数 $A = 1$ としてフーリエ変換の式に代入し，$k' \equiv -k$ と変換すれば，

$$y(x) = \frac{1}{2\pi}\int_{-\infty}^{\infty} e^{-i\frac{k^3}{3} - ikx} dk = \frac{1}{2\pi}\int_{-\infty}^{\infty} e^{i\left(\frac{k'^3}{3} + k'x\right)} dk'$$

(b) エアリー関数の定義式 (5.35) において，$F(k) = 1, g(k) = k + k^3/3x$．$x \to +\infty$ の場合の漸近形を求めるために，まず鞍部点 k_0 を求める：

$$g'(k) = 1 + \frac{k^2}{x} = 0 \quad \to \quad k_0 = \pm i\sqrt{x}$$

問題文にある理由から $k_0 = i\sqrt{x}$ を選び，他に必要な値は以下のようになるので，

$$g(k_0) = i\sqrt{x} - i\frac{x^{3/2}}{3x} = \frac{2}{3}i\sqrt{x}, \quad g''(k) = \frac{2}{x}k \quad \to \quad g''(k_0) = \frac{2}{x}i\sqrt{x} = \frac{2i}{\sqrt{x}}$$

$$\mathrm{Ai}(x) \sim \frac{1}{2\pi} e^{-\frac{2}{3}x^{\frac{3}{2}}} \int_{-\infty}^{\infty} e^{-\sqrt{x}(k-k_0)^2} dk = \frac{1}{2\sqrt{\pi}} x^{-\frac{1}{4}} e^{-\frac{2}{3}x^{\frac{3}{2}}}$$

(c) $x \to -\infty$ の場合では，次の二つの k_0 が $g(k)$ の極値になっている：

$$g'(k) = 1 + \frac{k^2}{x} = 0 \quad \to \quad k_0 = \pm\sqrt{-x} = \pm\sqrt{|x|}$$

$$g(k_0) = \pm\left(\sqrt{|x|} + \frac{|x|^{3/2}}{3x}\right) = \pm\frac{2}{3}\sqrt{|x|}, \quad g''(k_0) = \pm\frac{2}{x}\sqrt{|x|} = \mp\frac{2}{\sqrt{|x|}}$$

$g(k)$ は次のようにテイラー展開されるので，停留値法に従い問題 5-2 の結果より，それぞれの停留値 k_0 での $x \to -\infty$ の積分値は，以下のようになる：

$$g(k) \simeq \pm\frac{2}{3}\sqrt{|x|} \mp \frac{1}{\sqrt{|x|}}(k - k_0)^2$$

$$\frac{1}{2\pi} e^{ix\left(\pm\frac{2}{3}\sqrt{|x|}\right)} \int_{-\infty}^{\infty} e^{ix\left(\mp\frac{1}{\sqrt{|x|}}\right)(k-k_0)^2} dk$$

$$= \frac{1}{2\pi} e^{\mp\frac{2}{3}i|x|^{\frac{3}{2}}} \int_{-\infty}^{\infty} e^{\pm i\sqrt{|x|}(k-k_0)^2} dk = \frac{1}{2\pi} e^{\mp\frac{2}{3}i|x|^{\frac{3}{2}}} \sqrt{\frac{\pi}{2\sqrt{|x|}}}(1 \pm i)$$

これら二つの積分の値の和を取ると，$x \to -\infty$ の漸近形が求まる：

$$\mathrm{Ai}(x) \simeq \frac{1}{2\pi}\sqrt{\frac{\pi}{2\sqrt{|x|}}}\left[e^{-i\frac{2}{3}|x|^{\frac{3}{2}}}(1+i) + e^{i\frac{2}{3}|x|^{\frac{3}{2}}}(1-i)\right]$$

$$= \frac{1}{\sqrt{\pi}|x|^{\frac{1}{4}}}\frac{1}{2i}\left[-e^{-i\frac{2}{3}|x|^{\frac{3}{2}}}\frac{1-i}{\sqrt{2}} + e^{i\frac{2}{3}|x|^{\frac{3}{2}}}\frac{1+i}{\sqrt{2}}\right]$$

$$= \frac{1}{\sqrt{\pi}}|x|^{-\frac{1}{4}}\frac{1}{2i}\left[e^{i\frac{2}{3}|x|^{\frac{3}{2}}+i\frac{\pi}{4}} - e^{-i\frac{2}{3}|x|^{\frac{3}{2}}-i\frac{\pi}{4}}\right] = \frac{1}{\sqrt{\pi}|x|^{\frac{1}{4}}}\sin\left(\frac{2}{3}|x|^{\frac{3}{2}} + \frac{\pi}{4}\right)$$

(d)

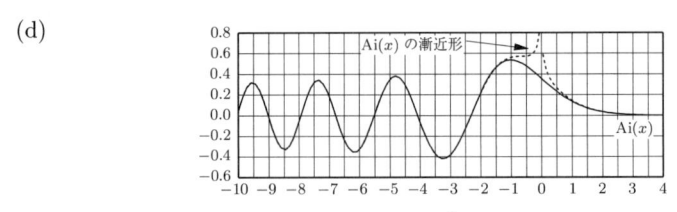

5-8 (a)
$$f(t) = f(t_0) + f'(t_0)(t-t_0) + \frac{f^{(2)}(t_0)}{2!}(t-t_0)^2 + \cdots$$

で $f(t_0) = 0$ の点を取るが，$f^{(2)}(t_0) = 0$ でもあれば，$(t-t_0)^3$ の項まで展開してから，積分を評価しなくてはいけない．しかし，3 次の項が主要項となると，t_0 付近の被積分関数は $t_0 - \epsilon$ と $t_0 + \epsilon$ とで同じ大きさで符号が異なってしまうため，ラプラスの方法は使えない．同様な理由から，一般に

$$f'(t_0) = f^{(2)}(t_0) = \cdots = f^{(p-1)}(t_0) = 0, \quad f^{(p)}(t_0) \neq 0$$

については，「p が偶数」の場合のみ，2 次での展開と同様に漸近展開ができる．この条件に加えて，$f^{(p)}(t_0) < 0$ の場合のみ，以下のように求まる：

$$I(x) \equiv \int_a^b F(t) e^{xf(t)} dt = \int_a^b F(t) e^{x\left(f(t_0) + \cdots + \frac{f^{(p)}(t_0)}{p!}(t-t_0)^p + \cdots\right)} dt$$

$$\simeq F(t_0) e^{xf(t_0)} \int_{t_0-\epsilon}^{t_0+\epsilon} e^{x \frac{f^{(p)}(t_0)}{p!}(t-t_0)^p} dt \simeq F(t_0) e^{xf(t_0)} \int_{-\infty}^{\infty} e^{x \frac{f^{(p)}(t_0)}{p!} \tau^p} d\tau$$

$$= 2F(t_0) e^{xf(t_0)} \left(\frac{p!}{-xf^{(p)}(t_0)}\right)^{1/p} \Gamma\left(1 + \frac{1}{p}\right)$$

(b) $a < t_0 < b$ において，
$$g'(t_0) = \cdots = g^{(p-1)}(t_0) = 0, \quad g^{(p)}(t_0) \neq 0$$

とする．以下のように，積分が表される：

$$I(x) = \int_a^b F(t) e^{ix\left(g(t_0) + \cdots + \frac{g^{(p)}(t_0)}{p!}(t-t_0)^p + \cdots\right)} dt$$

$$\simeq F(t_0) e^{ixg(t_0)} \int_{t_0-\epsilon}^{t_0+\epsilon} e^{ix \frac{g^{(p)}(t_0)}{p!}(t-t_0)^p} dt$$

$$\simeq F(t_0) e^{ixg(t_0)} \left[\int_0^{\infty} e^{ix \frac{g^{(p)}(t_0)}{p!} \tau^p} d\tau + \int_{-\infty}^0 e^{ix \frac{g^{(p)}(t_0)}{p!} \tau^p} d\tau\right]$$

ここで $g^{(p)}(t_0) > 0$ ならば，τ の実軸上の積分を，$\pi/2p$ の角度だけずらす，すわなち，$\tau \equiv \exp(i\pi/2p)s$ とすると，

$$\int_0^{\infty} \cdots d\tau = e^{i\frac{\pi}{2p}} \int_0^{\infty} e^{i \frac{xg^{(p)}(t_0)}{p!} e^{i\frac{\pi}{2}} s^p} ds$$

$$= e^{i\frac{\pi}{2p}} \int_0^{\infty} e^{-\frac{xg^{(p)}(t_0)}{p!} s^p} ds = e^{i\frac{\pi}{2p}} \left(\frac{p!}{xg^{(p)}(t_0)}\right)^{1/p} \Gamma\left(1 + \frac{1}{p}\right)$$

一方，$g^{(p)}(t_0) < 0$ ならば，$-\pi/2p$ の角度だけずらす ($\tau \equiv \exp(-i\pi/2p)s$) と，

$$\int_0^\infty \cdots d\tau = e^{-i\frac{\pi}{2p}} \int_0^\infty e^{i\frac{xg^{(p)}(t_0)}{p!}} e^{-i\frac{\pi}{2}s^p} ds$$

$$= e^{-i\frac{\pi}{2p}} \int_0^\infty e^{i\frac{xg^{(p)}(t_0)}{p!}s^p} ds = e^{-i\frac{\pi}{2p}} \left(\frac{p!}{-xg^{(p)}(t_0)}\right)^{1/p} \Gamma\left(1+\frac{1}{p}\right)$$

これに対して, $-\infty \sim 0$ の積分については, p が偶数だと $\tau = -s$ とおいて,

$$\int_{-\infty}^0 \cdots d\tau = \int_0^\infty e^{ix\frac{g^{(p)}(t_0)}{p!}(-s)^p} ds = \int_0^\infty e^{ix\frac{g^{(p)}(t_0)}{p!}\tau^p} d\tau$$

となり, また p が奇数だと

$$\int_{-\infty}^0 \cdots d\tau = \int_0^\infty e^{ix\frac{g^{(p)}(t_0)}{p!}(-s)^p} ds = \int_0^\infty e^{-ix\frac{g^{(p)}(t_0)}{p!}\tau^p} d\tau$$

となる. よって, これらをまとめると, p が偶数ならば,

$$I(x) \simeq 2F(t_0) e^{ixg(t_0) \pm i\frac{\pi}{2p}} \left(\frac{p!}{x\,|g^{(p)}(t_0)|}\right)^{1/p} \Gamma\left(1+\frac{1}{p}\right)$$

(ここで, $\pm$ は $g^{(p)}(t_0)$ の符号による) となり, p が奇数ならば,

$$I(x) \simeq F(t_0) e^{ixg(t_0)} \left(e^{i\frac{\pi}{2p}} + e^{-i\frac{\pi}{2p}}\right) \left(\frac{p!}{x\,|g^{(p)}(t_0)|}\right)^{1/p} \Gamma\left(1+\frac{1}{p}\right)$$

$$= 2F(t_0) e^{ixg(t_0)} \cos\left(\frac{\pi}{2p}\right) \left(\frac{p!}{x\,|g^{(p)}(t_0)|}\right)^{1/p} \Gamma\left(1+\frac{1}{p}\right)$$

第 6 章

6-1 (a)
$$(-1)^n \frac{dH_n}{dx} = e^{x^2}\left(\frac{d}{dx}\right)^{n+1} e^{-x^2} + 2xe^{x^2}\left(\frac{d}{dx}\right)^n e^{-x^2}$$

$$(-1)^n \frac{d^2 H_n}{dx^2} = e^{x^2}\left(\frac{d}{dx}\right)^{n+2} e^{-x^2} + 4xe^{x^2}\left(\frac{d}{dx}\right)^{n+1} e^{-x^2}$$
$$+ 2e^{x^2}\left(\frac{d}{dx}\right)^n e^{-x^2} + 4x^2 e^{x^2}\left(\frac{d}{dx}\right)^{n+1} e^{-x^2}$$

ここで,

$$\left(\frac{d}{dx}\right)^{n+2} e^{-x^2} = \left(\frac{d}{dx}\right)^{n+1}\left(-2xe^{-x^2}\right) = -2x\left(\frac{d}{dx}\right)^{n+1} e^{-x^2} - 2(n+1)\left(\frac{d}{dx}\right)^n e^{-x^2}$$

より,

$$e^{-x^2}(-1)^n \frac{d^2 H_n}{dx^2} = 2x\left(\frac{d}{dx}\right)^{n+1} e^{-x^2} - 2n\left(\frac{d}{dx}\right)^n e^{-x^2} + 4x^2\left(\frac{d}{dx}\right)^n e^{-x^2}$$

となる. よって, 以下のように方程式 (6.8) を満たすことがわかる:

練習問題解答　251

$$e^{-x^2}(-1)^n \left(\frac{d^2 H_n}{dx^2} - 2x\frac{dH_n}{dx} + 2nH_n\right) = 2x\left(\frac{d}{dx}\right)^{n+1} e^{-x^2} - 2n\left(\frac{d}{dx}\right)^n e^{-x^2}$$

$$+ 4x^2 \left(\frac{d}{dx}\right)^n e^{-x^2} - 2x\left\{\left(\frac{d}{dx}\right)^{n+1} e^{-x^2} + 2x\left(\frac{d}{dx}\right)^n e^{-x^2}\right\} + 2n\left(\frac{d}{dx}\right)^n e^{-x^2} = 0$$

(b) 母関数 (6.19) の両辺を x で 1 階および 2 階微分すると，

$$2t \cdot \exp\left(-t^2 + 2tx\right) = \sum_{n=0}^{\infty} \frac{H_n'(x)}{n!} t^n, \quad 4t^2 \cdot \exp\left(-t^2 + 2tx\right) = \sum_{n=0}^{\infty} \frac{H_n''(x)}{n!} t^n$$

一方，(6.19) の両辺を t で微分した後に $2t$ をかけると，

$$2t(-2t + 2x) \cdot \exp\left(-t^2 + 2tx\right) = 2t \sum_{n=1}^{\infty} n\frac{H_n(x)}{n!} t^{n-1} = \sum_{n=0}^{\infty} 2n\frac{H_n(x)}{n!} t^n$$

よって，上の三つの式を合わせると，以下の結果が導かれる：

$$\sum_{n=0}^{\infty} \left(H_n'' - 2xH_n' + 2nH_n\right) \frac{t^n}{n!} = \left(4t^2 - 2x \cdot 2t + 2t(-2t + 2x)\right) \cdot \exp(\cdots) = 0$$

(c) 母関数 (6.19) の両辺を t で微分すると，

$$(-2t + 2x) \cdot \exp(\cdots) = \sum_{n=1}^{\infty} \frac{H_n(x)}{(n-1)!} t^{n-1} = \sum_{n=0}^{\infty} \frac{H_{n+1}(x)}{n!} t^n$$

左辺の第 1 項は

$$-2t \cdot \exp(\cdots) = -2\sum_{n=0}^{\infty} \frac{H_n(x)}{n!} t^{n+1} = -2\sum_{n=1}^{\infty} \frac{H_{n-1}(x)}{(n-1)!} t^n = -2n\sum_{n=1}^{\infty} \frac{H_{n-1}(x)}{n!} t^n$$

まとめると，以下のように (6.39) が示される（$H_{-1}(x)$ はゼロとみなす）：

$$\sum_{n=0}^{\infty} \frac{t^n}{n!} \left(H_{n+1} + 2nH_{n-1} - 2xH_n\right) = 0$$

また，両辺を x で微分した (b) の結果についても同様に，$2n\sum_{n=1}^{\infty} \frac{H_{n-1}'(x)}{n!} t^n$ となるので，(6.40) が示される．

(d) n が奇数ならば，(6.14) となり，この x^0 の項はないので，$H_n(0) = 0$．

(e) $H_0(0) = 1$ で，n が偶数なら，(d) と漸化式 (6.39) を用いて，

$$H_n(0) = 2 \cdot 0 \cdot H_{n-1}(0) - 2(n-1) \cdot H_{n-2}(0) = -2(n-1) \cdot H_{n-2}(0)$$

$$H_2(0) = -2 \cdot H_0(0) = -2, \quad H_4(0) = -2 \cdot 3 \cdot H_2(0) = (-2)^2 3$$

$$H_6(0) = -2 \cdot 5 \cdot H_4(0) = (-2)^3 5 \cdot 3$$

となり，一般には，
$$H_n(0) = (-2)^{\frac{n}{2}}(n-1)\cdot(n-3)\cdots 3\cdot 1 = (-2)^{\frac{n}{2}}\frac{(n-1)!}{(n-2)\cdots 4\cdot 2}$$
$$= (-2)^{\frac{n}{2}}\frac{(n-1)!}{2^{\frac{n}{2}-1}(n/2-1)!} = (-1)^{\frac{n}{2}}\frac{2(n-1)!}{(n/2-1)!}$$

6-2 (6.15) をライプニッツの法則を用いて，級数展開の形にして示すこともできるが，ここでは数学的帰納法を用いて証明する．すなわち，$H_{2n}(x)$ がこの表現であると仮定して，$H_{2n+1}(x)$ についても示すことができれば，任意の次数について成立する．よって，
$$(-1)^{2n}e^{x^2}\left(\frac{d}{dx}\right)^{2n}e^{-x^2} = (-1)^n\sum_{s=0}^{n}(-1)^s(2x)^{2s}\frac{(2n)!}{(2s)!(n-s)!}$$
すなわち，次の式が成立していると仮定する：
$$(-1)^n\left(\frac{d}{dx}\right)^{2n}e^{-x^2} = \sum_{s=0}^{n}(-1)^s\frac{(2n)!}{(2s)!(n-s)!}(2x)^{2s}e^{-x^2}$$
この両辺を x で微分し，マイナスを付けると
$$(-1)^{n+1}\left(\frac{d}{dx}\right)^{2n+1}e^{-x^2} = -\sum_{s=1}^{n}\frac{(-1)^s(2n)!2s\cdot 2}{(2s)!(n-s)!}(2x)^{2s-1}e^{-x^2}$$
$$+\sum_{s=0}^{n}\frac{(-1)^s(2n)!(2x)^{2s+1}}{(2s)!(n-s)!}e^{-x^2} = \sum_{s=0}^{n-1}\left\{-\frac{(-1)^{s+1}2(2n)!}{(2s+1)!(n-s-1)!}\right.$$
$$\left.+\frac{(-1)^s(2n)!}{(2s)!(n-s)!}\right\}(2x)^{2s+1}e^{-x^2} + (-1)^n\frac{(2n)!}{(2n)!0!}(2x)^{2n+1}e^{-x^2}$$
$$\{\cdots\} = (-1)^s\frac{(2n)!}{(2s+1)!(n-s)!}(2(n-s)+(2s+1)) = (-1)^s\frac{(2n+1)!}{(2s+1)!(n-s)!}$$
また，右辺の最後の項は $(-1)^n(2x)^{2n+1}e^{-x^2}$ より，上の $\{\cdots\}$ の部分で $s=n$ とした場合と一致するので，$H_{2n+1}(x)$ の場合にも (6.14) に一致することが示される：
$$(-1)^{n+1}\left(\frac{d}{dx}\right)^{2n+1}e^{-x^2} = \sum_{s=0}^{n}(-1)^s\frac{(2n+1)!}{(2s+1)!(n-s)!}(2x)^{2s+1}e^{-x^2}$$
逆に，$H_{2n+1}(x)$ で成立すると仮定しても，$H_{2n+2}(x)$ が成立することが上と同様の操作で示せる．よって，任意の次数について二つの表現が一致する．また (6.13)，(6.14) で $s=n$ とおけば，$(2x)^{2n}$ または $(2x)^{2n+1}$ となる．

6-3 (a) (6.25) を方程式 (6.24) に代入すると，

$$\frac{dR}{dx} = x^l e^{-\frac{x}{2}} \frac{dW}{dx} + lx^{l-1} e^{-\frac{x}{2}} W - \frac{1}{2} x^l e^{-\frac{x}{2}} W$$

$$\frac{d^2 R}{dx^2} = x^l e^{-\frac{x}{2}} \frac{d^2 W}{dx^2} + 2lx^{l-1} e^{-\frac{x}{2}} \frac{dW}{dx} - x^l e^{-\frac{x}{2}} \frac{dW}{dx}$$

$$- lx^{l-1} e^{-\frac{x}{2}} W + l(l-1)x^{l-2} e^{-\frac{x}{2}} W + \frac{1}{4} x^l e^{-\frac{x}{2}} W$$

$$\frac{d^2 W}{dx^2} + \left(\frac{2l}{x} - 1\right) \frac{dW}{dx} + \left(\frac{l(l-1)}{x^2} - \frac{l}{x} + \frac{1}{4}\right) W$$

$$+ \frac{2}{x} \frac{dW}{dx} + \left(\frac{2l}{x^2} - \frac{1}{x}\right) W + \left(-\frac{1}{4} + \frac{\mu}{x} - \frac{l(l+1)}{x^2}\right) W = 0$$

と，$W(x)$ についての方程式となり，これを整理すると (6.26) になる．

(b) 合流型超幾何級数の方程式 (2.17) と (6.26) を比べると，$c = 2l+2$, $a = -\mu+l+1$ に対応するので，解は (6.27) となる．第 2 章のもう一つの解 (2.19) は次の形となるので，$x \to \infty$ で発散する：

$$W(x) \propto x^{1-c} F(1+a-c, 2-c \mid x) = x^{-2l-1} F(-\mu-l, -2l \mid x)$$
$$= x^{-2l-1} \left(1 + \frac{-\mu-l}{-2l} x + \frac{(-\mu-l)(-\mu-l+1)}{(-2l)(-2l+1)} \frac{x^2}{2!} + \cdots\right)$$

6-4 (a)
$$e^{-x} L_n(x) = \left(\frac{d}{dx}\right)^n (x^n e^{-x}) = \frac{n!}{2\pi i} \oint_C \frac{z^n e^{-z}}{(z-x)^{n+1}} dz$$

ただし，C は x を反時計方向に一周する．ここで $t \equiv (z-x)/z$ と変数変換すれば，t 平面の積分路は $t=0$ を反時計方向に一周する C' となる．$dz = xdt/(1-t)^2$ より，

$$e^{-x} L_n(x) = \frac{n!}{2\pi i} \oint_{C'} e^{-\frac{x}{1-t}} \left(\frac{x}{1-t}\right)^n \left(\frac{1-t}{xt}\right)^{n+1} \frac{x}{(1-t)^2} dt = \frac{n!}{2\pi i} \oint_{C'} \frac{e^{-\frac{x}{1-t}}}{1-t} \frac{dt}{t^{n+1}}$$

よって，母関数は以下の被積分関数内の $F(x,t) \equiv \exp(-xt/(1-t))/(1-t)$ となる：

$$\frac{L_n(x)}{n!} = \frac{1}{2\pi i} \oint_{C'} \frac{e^{-\frac{x}{1-t}} e^x}{1-t} \frac{dt}{t^{n+1}} = \frac{1}{2\pi i} \oint_{C'} \frac{e^{-\frac{xt}{1-t}}}{1-t} \frac{dt}{t^{n+1}}$$

(b) (6.36) より $\ln F(x,t) = -xt/(1-t) - \ln(1-t)$ となり，両辺を t で偏微分すると，

$$\frac{1}{F} \frac{\partial F}{\partial t} = -\frac{x}{1-t} - \frac{xt}{(1-t)^2} + \frac{1}{1-t} = \frac{-t+1-x}{(1-t)^2}$$

$$(1-t)^2 \frac{\partial F}{\partial t} = (-t+1-x) F \longrightarrow$$

$$(1 - 2t + t^2) \sum_n \frac{n L_n(x)}{n!} t^{n-1} = (-t + 1 - x) \sum_n \frac{L_n(x)}{n!} t^n$$

となるので，t^n の表現を各項でそろえると，

$$\sum_n \frac{L_{n+1}(x)}{n!}t^n - 2\sum_n \frac{nL_n(x)}{n!}t^n + \sum_n \frac{(n-1)L_{n-1}(x)}{(n-1)!}t^n$$
$$= -\sum_n \frac{L_{n-1}(x)}{(n-1)!}t^n + (1-x)\sum_n \frac{L_n(x)}{n!}t^n$$

各項の $t^n/n!$ の係数をまとめると，(6.41) となる．

一方，$\ln F$ の両辺を x で偏微分すると，

$$\frac{1}{F}\frac{\partial F}{\partial x} = -\frac{t}{1-t} \longrightarrow (1-t)\frac{\partial F}{\partial x} = (1-t)\sum_n \frac{L_n'(x)}{n!}t^n = -tF$$

よって，

$$\sum_n \frac{L_n'(x)}{n!}t^n - \sum_n \frac{L_n'(x)}{n!}t^{n+1} = -\sum_n \frac{L_n(x)}{n!}t^{n+1}$$

ここで，t^n に各項の表現をそろえると，以下のように (6.42) が求まる：

$$\sum_n \frac{L_n'(x)}{n!}t^n - \sum_n \frac{nL_{n-1}'(x)}{n!}t^n = -\sum_n \frac{nL_{n-1}(x)}{n!}t^n$$

(c) $n > m$ として，次の積分について部分積分を n 回繰り返すと，

$$\int_0^\infty e^{-x}L_n(x)L_m(x)dx = \int_0^\infty e^{-x}e^x\left(\frac{d}{dx}\right)^n (x^n e^{-x})L_m(x)dx$$
$$= \left[\left(\frac{d}{dx}\right)^{n-1}(x^n e^{-x})L_m(x)\right]_0^\infty - \int_0^\infty \left(\frac{d}{dx}\right)^{n-1}(x^n e^{-x})\frac{dL_m(x)}{dx}dx$$
$$= -\int_0^\infty \left(\frac{d}{dx}\right)^{n-1}(x^n e^{-x})\frac{dL_m(x)}{dx}dx = \cdots = (-1)^n \int_0^\infty x^n e^{-x}\frac{d^n L_m(x)}{dx^n}dx$$

$L_m(x)$ は m 次の多項式なので，最後の n 階微分はゼロとなる．

$n = m$ では，同様に部分積分を n 回繰り返すと，

$$\int_0^\infty e^{-x}(L_n(x))^2 dx = \int_0^\infty \left(\frac{d}{dx}\right)^n (x^n e^{-x})L_n(x)dx = (-1)^n \int_0^\infty x^n e^{-x}\frac{d^n L_n(x)}{dx^n}dx$$

となる．$L_n(x)$ の x^n の係数は，(6.32), (6.33) より $(-1)^n$ とわかるので，$d^n L_n(x)/dx^n = (d/dx)^n(\cdots + (-1)^n x^n) = (-1)^n n!$ となり，

$$\int_0^\infty e^{-x}L_n(x)L_n(x)dx = (-1)^{2n}n!\int_0^\infty x^n e^{-x}dx = n!\,\Gamma(n+1) = (n!)^2$$

6-5 (a) ヤコビの多項式に限らず，一般的な 2 階の常微分方程式の解の形式の議論する：

$$\frac{d}{dx}\left(\rho(x)X(x)\frac{du(x)}{dx}\right) + \lambda_n \rho(x)u(x) = 0 \qquad (*)$$

の解が，以下の形の n 次の多項式になることを導く：

$$u_n(x) \equiv \frac{1}{k_n \rho(x)}\left(\frac{d}{dx}\right)^n [\rho(x)X(x)^n]$$

ここで，k_n は係数であり，$X(x)$ は高々2次の多項式とする（つまり，2階微分以上ではゼロになるというのが必要条件）．この条件より，

$$\left(\frac{d}{dx}\right)^{n+1}\left[X\left(\frac{d}{dx}\right)(\rho X^n)\right] = X\left(\frac{d}{dx}\right)^{n+2}(\rho X^n)$$
$$+ (n+1)X'\left(\frac{d}{dx}\right)^{n+1}(\rho X^n) + \frac{n(n+1)}{2}X''\left(\frac{d}{dx}\right)^n(\rho X^n) \qquad (**)$$

ここで，$k_n \rho(x) u_n(x) = (d/dx)^n (\rho(x)X(x)^n)$ より，上の式は以下のようになる：

$$\cdots = k_n \left(X\frac{d^2}{dx^2}(\rho u_n) + (n+1)X'\frac{d}{dx}(\rho u_n) + \frac{n(n+1)}{2}X''\rho u_n\right) \qquad (\star)$$

一方，$(**)$ の左辺を以下のように分解して微分すると，$d(\rho X)/dx \equiv k_1 \rho u_1(x)$ を用いて，

$$\left(\frac{d}{dx}\right)^{n+1}\left(X\frac{d}{dx}(\rho X \cdot X^{n-1})\right) = \left(\frac{d}{dx}\right)^{n+1}\left(X^n \frac{d}{dx}(\rho X) + (n-1)\rho X^n \frac{dX}{dx}\right)$$
$$= \left(\frac{d}{dx}\right)^{n+1}\left((k_1 u_1 + (n-1)X')\rho X^n\right) = (k_1 u_1 + (n-1)X')\left(\frac{d}{dx}\right)^{n+1}(\rho X^n)$$
$$+ (n+1)\left(k_1 u_1' + (n-1)X''\right)\left(\frac{d}{dx}\right)^n (\rho X^n)$$

ここで，$(d/dx)^{n+1}(\rho X^n) = k_n d(\rho u_n)/dx$，および $(d/dx)^n (\rho X^n) = k_n \rho u_n$ より，

$$\cdots = k_n \left\{(k_1 u_1 + (n-1)X')\frac{d}{dx}(\rho u_n) + (n+1)(k_1 u_1' + (n-1)X'')\rho u_n\right\} \qquad (\star\star)$$

つまり，$(\star)$ と $(\star\star)$ が等しいので，以下の u_n についての2階の微分方程式が成立する：

$$X\frac{d^2}{dx^2}(\rho u_n) + (2X' - k_1 u_1)\frac{d}{dx}(\rho u_n) - (n+1)\left(k_1 u_1' + \frac{n-2}{2}X''\right)\rho u_n = 0$$

さらに，$k_1 \rho u_1 = \frac{d}{dx}(\rho X) = \rho X' + \rho' X$，および $d(k_1 \rho u_1)/dx = k_1(\rho u_1' + \rho' u_1) = (d/dx)^2 (\rho X) = \rho'' X + 2\rho' X' + \rho X''$ を用いて，各項をまとめると，以下のようになる：

$$X\frac{d^2 u_n}{dx^2} + k_1 u_1 \frac{du_n}{dx} - n\left(k_1 u_1' + \frac{n-1}{2}X''\right)u_n = 0$$

$u_1(x)$ は1次の多項式，$X(x)$ は高々2次の多項式なので，上の u_n の係数は定数となり，

と定義する．さらに du_n/dx の係数は $k_1 u_1 = (d(\rho X)/dx)/\rho$ なので，最初に示した微分方程式 (*) に帰着される．つまり，(*) の解は $u_n(x)$ であることが示された．

$$\lambda_n \equiv -n\left(k_1 u_1' + \frac{n-1}{2}X''\right)$$

この結果をヤコビの多項式に当てはめると，$k_n = (-1)^n 2^n n!$, $\rho(x) = (1-x)^\alpha \cdot (1+x)^\beta$, $X(x) = 1 - x^2$ であり，$k_1 = (-1) \cdot 2 \cdot 1 = -2$, また

$$u_1(x) = \frac{1}{k_1(1-x)^\alpha(1+x)^\beta}\left(\frac{d}{dx}\right)\left((1-x)^{\alpha+1}(1+x)^{\beta+1}\right)$$
$$= -\frac{1}{2}(-(\alpha+\beta+2)x + (\beta-\alpha))$$

より，$k_1 u_1' = -(\alpha+\beta+2)$，および $X'' = -2$ より，$\lambda_n = n(\alpha+\beta+n+1)$．すなわち，満たすべき微分方程式 (*) は

$$(1-x^2)\frac{d^2 u_n}{dx^2} + ((\beta-\alpha) - (\alpha-\beta+2)x)\frac{du_n}{dx} + n(\alpha+\beta+n+1)u_n = 0$$

(ルジャンドル，エルミートやラゲールなどの多項式についても，$\rho(x), X(x)$ をそれぞれ対応させれば，統一的な議論が可能なことがわかる．)

(b) $P_n^{(\alpha,\beta)}(x)$ は n 次の多項式なので，$x \to \infty$ では $P_n^{(\alpha,\beta)}(x)/x^n$ が，x^n の係数となる．以下にその係数を求める：

$$\lim_{x\to\infty} x^{-n} P_n^{(\alpha,\beta)}(x) = \frac{(-1)^n}{2^n n!} \lim_{x\to\infty} x^{-n}(-x)^{-\alpha} x^{-\beta} \left(\frac{d}{dx}\right)^n \left((-x)^{n+\alpha} x^{n+\beta}\right)$$
$$= \frac{x^{-n-\alpha-\beta}}{2^n n!}(2n+\alpha+\beta)(2n+\alpha+\beta-1)\cdots(2n+\alpha+\beta-n+1)x^{n+\alpha+\beta}$$
$$= \frac{(2n+\alpha+\beta)(2n+\alpha+\beta-1)\cdots(n+\alpha+\beta+1)}{2^n n!} = \frac{\Gamma(2n+\alpha+\beta+1)}{2^n n! \Gamma(n+\alpha+\beta+1)}$$

(c) $n > m$ として，以下の積分について部分積分を n 回繰り返すと，

$$\int_{-1}^{1}(1-x)^\alpha(1+x)^\beta P_n^{(\alpha,\beta)}(x) P_m^{(\alpha,\beta)}(x) dx$$
$$= \frac{(-1)^n}{2^n n!}\int_{-1}^{1}\left(\frac{d}{dx}\right)^n\left[(1-x)^{\alpha+n}(1+x)^{\beta+n}\right] P_m^{(\alpha,\beta)}(x) dx$$
$$= -\frac{(-1)^n}{2^n n!}\int_{-1}^{1}\left(\frac{d}{dx}\right)^{n-1}[\cdots]\frac{d}{dx}P_m^{(\alpha,\beta)}(x) dx$$
$$= \frac{(-1)^{2n}}{2^n n!}\int_{-1}^{1}(1-x)^{\alpha+n}(1+x)^{\beta+n}\left(\frac{d}{dx}\right)^n P_m^{(\alpha,\beta)}(x) dx$$

最後の被積分関数内の $P_m^{(\alpha,\beta)}(x)$ は m 次の多項式なので，その n 階微分はゼロとなる．一方，$n = m$ の場合は，同様に部分積分を n 回繰り返すと，

$$\int_{-1}^{1} (1-x)^\alpha (1+x)^\beta P_n^{(\alpha,\beta)}(x) P_n^{(\alpha,\beta)}(x) dx$$
$$= \frac{(-1)^{2n}}{2^n n!} \int_{-1}^{1} (1-x)^{\alpha+n} (1+x)^{\beta+n} \left(\frac{d}{dx}\right)^n P_n^{(\alpha,\beta)}(x) dx$$

右辺の被積分関数内の微分は，(b) の結果より，

$$\left(\frac{d}{dx}\right)^n \left[\frac{\Gamma(\alpha+\beta+2n+1)}{2^n n! \Gamma(\alpha+\beta+n+1)} x^n + \cdots\right] = \frac{\Gamma(\alpha+\beta+2n+1)}{2^n \Gamma(\alpha+\beta+n+1)}$$

となるので，上の積分はさらに $2t \equiv 1-x$ と変数変換し，ベータ関数で表現できる（練習問題 1-7）．これをさらにガンマ関数に変換すれば，積分の値が以下のように求まる：

$$\int_{-1}^{1} \cdots dx = \frac{\Gamma(\alpha+\beta+2n+1)}{2^{2n} n! \Gamma(\alpha+\beta+n+1)} \int_{-1}^{1} (1-x)^{\alpha+n} (1+x)^{\beta+n} dx$$
$$= \cdots \int_{0}^{1} (2t)^{\alpha+n} (2t-2)^{\beta+n} 2 dt$$
$$= \frac{2^{\alpha+\beta+1} \Gamma(\alpha+\beta+2n+1)}{n! \Gamma(\alpha+\beta+n+1)} B(\alpha+n+1, \beta+n+1)$$
$$= \frac{2^{\alpha+\beta+1} \Gamma(\alpha+\beta+2n+1)}{n! \Gamma(\alpha+\beta+n+1)} \frac{\Gamma(\alpha+n+1)\Gamma(\beta+n+1)}{\Gamma(\alpha+\beta+2n+2)}$$
$$= \frac{2^{\alpha+\beta+1} \Gamma(\alpha+n+1) \Gamma(\beta+n+1)}{n! \Gamma(\alpha+\beta+n+1) \cdot (\alpha+\beta+2n+1)}$$

第 7 章

7-1 ノルムはゼロか正であり，また，(7.5), (7.6) より

$$0 \le N(\cdots) = (g,g) - 2\sum_n c_n (g, f_n(x)) + \sum_n \sum_m c_n c_m (f_n(x), f_m(x))$$
$$= (g,g) - 2\sum_n c_n^2 + \sum_n \sum_m c_n c_m \delta_{nm} = (g,g) - \sum_{n=0}^{N} c_n^2$$

7-2 (a) （三角関数の積を和に変換する公式を利用すればよいが，これらは暗記せずとも，単に $e^{inx} e^{\pm imx} = e^{i(n\pm m)x}$ の両辺を三角関数で表現すれば簡単に求まる．）

$$2\int_{-\pi}^{\pi} \cos nx \cos mx\, dx = \int_{-\pi}^{\pi} (\cos(n+m)x + \cos(n-m)x)\, dx$$
$$= \left[\frac{1}{n+m} \sin(n+m)x + \frac{1}{n-m} \sin(n-m)x\right]_{-\pi}^{\pi} = 0 \quad (n \ne m)$$
$$2\int_{-\pi}^{\pi} \cos nx \cos nx\, dx = \int_{-\pi}^{\pi} (\cos 2nx + 1) dx = \left[\frac{1}{2n} \sin 2nx + x\right]_{-\pi}^{\pi} = 2\pi$$

(b)
$$2\int_{-\pi}^{\pi} \sin nx \sin mx\, dx = \int_{-\pi}^{\pi} (\cos(n-m)x - \cos(n+m)x)\, dx$$
$$= \left[\frac{1}{n-m}\sin(n-m)x - \frac{1}{n+m}\sin(n+m)x\right]_{-\pi}^{\pi} = 0 \quad (n \neq m)$$
$$2\int_{-\pi}^{\pi} \sin nx \sin nx\, dx = \int_{-\pi}^{\pi} (-\cos 2nx + 1) dx = \left[-\frac{1}{2n}\sin 2nx + x\right]_{-\pi}^{\pi} = 2\pi$$

(c) (a),(b) と同様に示せるが,「奇関数の積分なのでゼロ」と済ますセンスは重要.

7-3 (a) 奇関数なので,計算せずとも係数 a_n はすべてゼロになる.b_n は,
$$b_n = \frac{1}{\pi}\int_{-\pi}^{\pi} f(x) \sin nx\, dx = \frac{2}{\pi}\int_{0}^{\pi} \sin nx\, dx = \frac{2}{\pi}\left[-\frac{\cos nx}{n}\right]_{0}^{\pi}$$
$$= \frac{2}{\pi n}[-\cos n\pi + 1] = \frac{2}{\pi n}[-(-1)^n + 1] = \begin{cases} 0 & (n:\text{偶数}) \\ \dfrac{4}{\pi n} & (n:\text{奇数}) \end{cases}$$

となる.よって,この関数のフーリエ級数展開は
$$f(x) = \sum_{n:\text{奇数}} \frac{4}{\pi}\frac{\sin nx}{n} = \frac{4}{\pi}\left[\sin x + \frac{\sin 3x}{3} + \frac{\sin 5x}{5} + \cdots \right]$$

不連続点 $x=0$ および $x=\pm\pi$ では,フーリエ級数展開の $\sin nx$ はすべてゼロになるので,全体もゼロとなる.これらの不連続点の正と負側の値は $+1$ と -1 なので,その平均値となっている.

(b), (c) フーリエ級数の項の数 n を増やすと $f(x)$ にどのように近づくかを,図示す

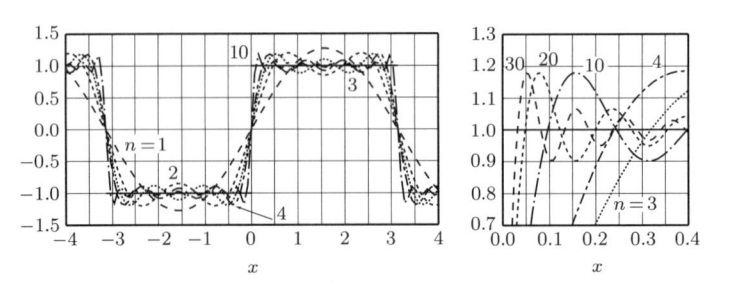

る.また,不連続点 $x=0$ 近傍での振舞いを拡大して,右図に示す.級数展開の項数を増やしても,最初の極大値は真の値の 1 よりも有意に大きく(約 1.2)なってしまう.ただし,項数を増やせば,極大値の位置は $x=0$ にいくらでも近づいていく.

7-4 (a)
$$\pi a_n = \int_{-\pi}^{\pi} f(x)\cos nx\, dx = \int_{-\pi}^{\pi} (\text{奇関数})\cdot(\text{偶関数}) dx = 0$$

(b)
$$\pi b_n = \int_{-\pi}^{\pi} f(x) \sin nx\, dx = 2 \int_0^{\pi} \left(\frac{\pi}{2} - \frac{x}{2}\right) \sin nx\, dx$$
$$= 2\left[\left(\frac{\pi}{2} - \frac{x}{2}\right) \frac{\cos nx}{-n}\right]_0^{\pi} - \frac{1}{n} \int_0^{\pi} \cos nx\, dx = \frac{\pi}{n} - \frac{1}{n^2}[\sin nx]_0^{\pi} = \frac{\pi}{n}$$

よって，$b_n = 1/n$ が求まる．

(c) (a) と (b) の結果を合わせて，以下のフーリエ級数展開となるので，$f(0)$ は，
$$f(x) = \sum_{n=1}^{\infty} \frac{1}{n} \sin nx \longrightarrow f(0) = \sum_{n=1}^{\infty} \frac{1}{n} \sin(n \cdot 0) = 0$$
となる．一方，この不連続点の両側である $x = 0\pm$ での平均値もゼロとなる：
$$\frac{1}{2}\left(f(0+) + f(0-)\right) = \frac{1}{2}\left(\frac{\pi}{2} + \left(-\frac{\pi}{2}\right)\right) = 0$$

(d)
$$g(x) = (1 - \cos x)f(x) = \begin{cases} \left(\dfrac{\pi}{2} - \dfrac{x}{2}\right)(1 - \cos x) & (x > 0) \\ \left(-\dfrac{\pi}{2} - \dfrac{x}{2}\right)(1 - \cos x) & (x < 0) \end{cases}$$
より，以下のように $x = 0$ の両隣りの値が共にゼロとなる：
$$g(0+) = \frac{\pi}{2}(1 - \cos 0) = 0, \qquad g(0-) = -\frac{\pi}{2}(1 - \cos 0) = 0$$

(e) $\qquad (1 - \cos x) \cdot \sin nx = \sin nx - \dfrac{1}{2}\left[\sin(n+1)x + \sin(n-1)x\right]$

この両辺に $f(x)$ を掛けて，$-\pi$ から π まで積分すると，それぞれ $g(x)$ と $f(x)$ の $\sin nx$ についての係数を求める式となるので，
$$\beta_n = b_n - \frac{1}{2}[b_{n-1} + b_{n+1}] \quad (n = 2, 3, \ldots) \tag{$*$}$$

$n = 1$ では，$(1-\cos x)\cdot\sin x = \sin x - \frac{1}{2}\sin 2x$ より，両係数の関係は，$\beta_1 = b_1 - b_2/2$ となる．つまり，$b_0 = 0$ と定義すれば，漸化式 $(*)$ は $n = 1$ でも成立する．

(f)
$$h_N(x) = \sigma_N(x) - (1 - \cos x)S_N(x) = \sum_{n=1}^{N}(\beta_n - (1 - \cos x)b_n)\sin nx$$
$$= \sum_{n=1}^{N}\left\{b_n \cos x \sin nx - \frac{1}{2}[b_{n-1} + b_{n+1}]\sin nx\right\}$$
$$= \frac{1}{2}\sum_{n=1}^{N}\left\{b_n(\sin(n+1)x + \sin(n-1)x) - [b_{n-1} + b_{n+1}]\sin nx\right\}$$
$$= \frac{1}{2}\sum_{n=1}^{N}\left\{[b_{n-1} + b_{n+1}]\sin nx - [b_{n-1} + b_{n+1}]\sin nx\right\}$$

$$+ \frac{b_N}{2}\sin(N+1)x - \frac{b_{N+1}}{2}\sin Nx$$
$$= \frac{b_N}{2}\sin(N+1)x - \frac{b_{N+1}}{2}\sin Nx = \frac{1}{2}\left(\frac{\sin(N+1)x}{N} - \frac{\sin Nx}{N+1}\right)$$
$$\longrightarrow 0 \quad (N \to \infty)$$

(g) $$S_N(x) = \sum_{n=1}^{N}\frac{1}{n}\sin nx = \sum_{n=1}^{N}\int_0^x \cos nt\, dt = \int_0^x \left[\sum_{n=1}^{N}\cos nt\right] dt$$

括弧の中の有限和は以下のようになるので，$S_N(x)$ は与えられた式となる：

$$\sum_{n=1}^{N}\cos nt = \mathrm{Re}\sum_{n=1}^{N}e^{int} = \mathrm{Re}\left[\frac{1-e^{i(N+1)t}}{1-e^{it}} - 1\right] = \mathrm{Re}\left[\frac{\sin\frac{N+1}{2}t}{\sin\frac{1}{2}t}e^{i\frac{N}{2}t} - 1\right]$$

$$= \frac{\sin\frac{N+1}{2}t}{\sin\frac{t}{2}}\cos\frac{N}{2}t - 1 = \frac{\sin\left(N+\frac{1}{2}\right)t + \sin\frac{t}{2}}{2\sin\frac{t}{2}} - 1 = \frac{\sin\left(N+\frac{1}{2}\right)t}{2\sin\frac{t}{2}} - \frac{1}{2}$$

$$S_N(x) = \int_0^x \left[\frac{\sin\left(N+\frac{1}{2}\right)t}{2\sin\frac{t}{2}} - \frac{1}{2}\right] dt = \int_0^x \frac{\sin\left(N+\frac{1}{2}\right)t}{2\sin\frac{t}{2}} dt - \frac{x}{2}$$

(h) $x > 0$ での残差は (g) の結果より

$$R_N(x) = f(x) - S_N(x) = \frac{\pi}{2} - \int_0^x \frac{\sin\left(N+\frac{1}{2}\right)t}{2\sin\frac{t}{2}} dt$$

となり，極値となる x の値は

$$\frac{dR_N(x)}{dx} = -\frac{\sin\left(N+\frac{1}{2}\right)x}{2\sin\frac{x}{2}} = 0 \longrightarrow \left(N+\frac{1}{2}\right)x_k = k\pi \quad (k=1,2,\ldots)$$

(i) $$\rho_N(x) = \int_0^{(N+\frac{1}{2})x} \frac{\sin y}{y} dy - \int_0^x \frac{\sin\left(N+\frac{1}{2}\right)t}{2\sin\frac{t}{2}} dt$$

ここで，最初の積分変数を $y = \left(N+\frac{1}{2}\right)t$ と変数変換すると，$y : 0 \to (N+1/2)x$ は $t : 0 \to x$ に対応するので，

$$\rho_N(x) = \int_0^x \left[\frac{1}{t} - \frac{1}{2\sin\frac{t}{2}}\right]\sin\left(N+\frac{1}{2}\right)t\, dt = \int_0^x \left[2\sin\frac{t}{2} - t\right]\frac{\sin\left(N+\frac{1}{2}\right)t}{2t\sin\frac{t}{2}} dt$$

となる．ここで $x \to 0$ の性質を調べるので，被積分関数について積分変数 t が小さい極限を考えればよい．括弧の中をテイラー展開すると，$[\cdots] = 2(t/2 - (t/2)^3/6 + \cdots) - t \simeq -t^3/24$ となる．一方，分数の分母は $2t\sin(t/2) \simeq 2t \cdot t/2 = t^2$ となるので，$N \to \infty, x_k \to 0$ の極限では，絶対値は以下のようにゼロに収束する：

$$|\rho_N(x_k)| \simeq \left|\frac{1}{24}\int_0^{x_k} t \cdot \sin[(N+1/2)t]\, dt\right| \leq \frac{1}{24}\int_0^{x_k} t\, dt = \frac{x_k^2}{48} \to 0$$

(j) $x=0$ に一番近い最初の極値は $k=1$ に対応するから，その値は $\int_0^\pi \sin y\, dy/y \simeq \pi/2 + 0.28$ となる（参考：例題 1-6 のコーシーの主値積分では $\int_0^\infty \sin y\, dy/y = \pi/2$ を示した）．(i) の結果とあわせると，

$$R_N(x_1) \simeq \frac{\pi}{2} - \left(\frac{\pi}{2} + 0.28\right) = -0.28 \quad (x_1 \to 0)$$

と，いくらフーリエ級数の係数 N を大きくしても，不連続点 $x=0$ に近づく $x=x_1$ での値が有限な誤差を持つこと，それが約 0.28 であることがわかる．

7-5 (a) (7.25) より

$$\frac{1}{L}\int_{-\frac{L}{2}}^{\frac{L}{2}} |f(x)|^2 dx = \frac{1}{L}\int_{-\frac{L}{2}}^{\frac{L}{2}} f(x)f(x)^* dx$$
$$= \frac{1}{L}\sum_{n=-\infty}^{\infty}\sum_{m=-\infty}^{\infty} \alpha_n \alpha_m^* \int_{-\frac{L}{2}}^{\frac{L}{2}} e^{i\frac{2\pi(n-m)}{L}x} dx$$

右辺の積分は $n \neq m$ ではゼロとなり，$n=m$ では L となるので，

$$\frac{1}{L}\int_{-\frac{L}{2}}^{\frac{L}{2}} |f(x)|^2 dx = \frac{1}{L}\sum_{n=-\infty}^{\infty}\sum_{n=-\infty}^{\infty} \alpha_n \alpha_m^* L \delta_{nm} = \sum_{n=-\infty}^{\infty} \alpha_n \alpha_n^* = \sum_{n=-\infty}^{\infty} |\alpha_n|^2$$

(b) $|\alpha_n|^2$ は，フーリエ級数の第 n 番成分のエネルギー（係数の絶対値の 2 乗）であり，その総和の形式となっている．一方，$f(x)$ の積分の形式では変数 x でのエネルギー（絶対値の 2 乗）の $-L/2$ から $L/2$ までの平均値の表現となっている．

第 8 章

8-1 (a) 図のように，$f(x)$ のフーリエ変換 $g(y)$ の変数 y の符号によって，複素 z 平面での積分路を上半面 C_1 と下半面 C_2 に区別する（練習問題 1-9 のジョルダンの補題）．$y > 0$ では，積分路を C_1 に取り，その内部の極は $z = i\mu$ なので，

$$g(y) = \int_{-\infty}^{\infty} \frac{e^{ixy}}{x^2 + \mu^2} dx = \oint_{C_1} \frac{e^{izy}}{z^2 + \mu^2} dz$$
$$= 2\pi i \left[(z - i\mu)\frac{e^{izy}}{z^2+\mu^2}\right]_{z=i\mu} = 2\pi i\left[\frac{e^{izy}}{z+i\mu}\right]_{z=i\mu} = 2\pi i \frac{e^{-\mu y}}{2i\mu} = \frac{\pi}{\mu}e^{-\mu y}$$

一方，$y < 0$ では，時計回りの積分路 C_2 を取り，その内部の極は $z = -i\mu$ なので，

$$g(y) = \oint_{C_2} \frac{e^{izy}}{z^2+\mu^2} dz = -2\pi i\left[(z+i\mu)\frac{e^{izy}}{z^2+\mu^2}\right]_{z=-i\mu} = \frac{\pi}{\mu}e^{\mu y}$$

二つの場合をまとめると（$y=0$ の場合も，この形でまとめられる，例題 1-5 参照），

$$g(y) = \frac{\pi}{\mu} e^{-\mu|y|}$$

(b)
$$g(y) = \int_{-\infty}^{\infty} \exp\left(ixy - \frac{x^2}{2a^2}\right) dx = \int_{-\infty}^{\infty} \exp\left(-\frac{1}{2a^2}(x^2 - 2iya^2 x)\right) dx$$
$$= e^{-\frac{a^2 y^2}{2}} \int_{-\infty}^{\infty} \exp\left(-\frac{1}{2a^2}(x - iya^2)^2\right) dx = \sqrt{2\pi} a e^{-\frac{a^2 y^2}{2}}$$

ここで, 最後の積分は練習問題 1-7(c) の $\Gamma(1/2)$ を用いた.

(c) ガウス分布の標準偏差の定義のように, $f(x) = e^{-x^2/2a^2}$ のピークの半値幅は a となる. そのフーリエ変換 $g(y) \propto e^{-a^2 y^2/2}$ では $1/a$ となっている. すなわち, a に反比例し, これら二つの幅の積は a の値によらず, 一定である. x を空間とすると y は波数に相当し, x を時間とすると y は角周波数になる. このような二つの幅の積が一定であるのは, 波動現象の一つの大きな特徴であり, 量子力学でのハイゼンベルグの不確定性原理も, 基本的には物質波としての同じ現象である.

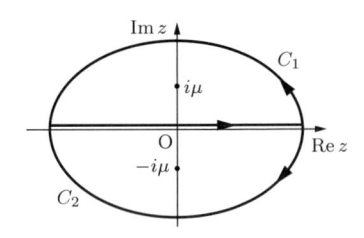

8-2 (a) 関数 $f(x)$ のフーリエ変換を $\mathcal{F}[f(x)] \equiv F(k)$ と以後は表現すると,

$$\mathcal{F}[f'(x)] = \int_{-\infty}^{\infty} f'(x) e^{ikx} dx = [f(x) e^{ikx}]_{-\infty}^{\infty} - ik \int_{-\infty}^{\infty} f(x) e^{ikx} dx = -ik \cdot F(k)$$

上で部分積分において, 最初の項 $[\cdots]_{-\infty}^{\infty}$ をゼロとしたのは, フーリエ変換が存在するための条件としての $f(x)$ のフーリエの積分定理 (8.11) による.

(b)
$$\mathcal{F}[C] = \int_{-\infty}^{\infty} C e^{ikx} dx = 2\pi C \cdot \frac{1}{2\pi} \int_{-\infty}^{\infty} e^{ikx} dx = 2\pi C \cdot \delta(k)$$

(c) 一般的に, $g(x) = \int^x f(t) dt + C'$ (C' は定数) と不定積分は表現されるので, (b) の結果と合わせて

$$\mathcal{F}[g(x)] = \int_{-\infty}^{\infty} \left(\int^x f(t) dt\right) e^{ikx} dx + \mathcal{F}[C']$$
$$= \left[\frac{e^{ikx}}{ik} \int^x f(t) dt\right]_{x=-\infty}^{\infty} - \frac{1}{ik} \int_{-\infty}^{\infty} f(x) e^{ikx} dx + 2\pi C' \cdot \delta(k)$$

部分積分の最初の項は, フーリエの積分定理 (8.11) よりゼロとなり, また $C \equiv 2\pi C'$ とすると,
$$\mathcal{F}[g(x)] = -\frac{F(k)}{ik} + C \cdot \delta(k)$$

(d) $y = x + a$ という変数変換を用いて,

$$\mathcal{F}[g(x)] = \int_{-\infty}^{\infty} f(x+a)e^{ikx}dx = \int_{-\infty}^{\infty} f(y)e^{ik(y-a)}dy$$

$$= e^{-ika}\int_{-\infty}^{\infty} f(y)e^{iky}dy = e^{-ika} \cdot F(k)$$

(e)
$$\frac{dF(k)}{dk} = \frac{d}{dk}\left[\int_{-\infty}^{\infty} f(x)e^{ikx}dx\right] = \int_{-\infty}^{\infty} ixf(x)e^{ikx}dx$$

$$\longrightarrow \mathcal{F}[xf(x)] = \int_{-\infty}^{\infty} xf(x)e^{ikx}dx = \frac{1}{i}\frac{dF(k)}{dk}$$

この操作を n 回繰り返した以下の結果より,一般的な表現が求まる:

$$\frac{d^n F(k)}{dk^n} = (i)^n \int_{-\infty}^{\infty} x^n f(x)e^{ikx}dx \longrightarrow \mathcal{F}[h(x)] = \mathcal{F}[x^n f(x)] = \frac{1}{(i)^n}\left(\frac{d}{dk}\right)^n F(k)$$

(f) 実数 $f(x)$ の複素共役は元と同じなので,その逆フーリエ変換の表現を考えると,

$$f(x) = \frac{1}{2\pi}\int_{-\infty}^{\infty} F(k)e^{-ikx}dk = \frac{1}{2\pi}\left[\int_{-\infty}^{\infty} F(k)e^{-ikx}dk\right]^* = \frac{1}{2\pi}\int_{-\infty}^{\infty} F^*(k)e^{ikx}dk$$

左辺を $k' = -k$ と変数変換すると,

$$f(x) = \frac{1}{2\pi}\int_{-\infty}^{\infty} F^*(-k')e^{-ik'x}dk'$$

k' を k に置き換え,元の逆フーリエ変換の形と比べると,$F(k) = F^*(-k)$ が求まる.

次に,この結果を利用して,元の逆フーリエ変換の積分範囲を正負の二つの領域に分け,負の領域については $k' = -k$ と変数変換すると,

$$\int_{-\infty}^{0} F(k)e^{-ikx}dk = \int_{0}^{\infty} F(-k')e^{ik'x}dk'$$

$$= \int_{0}^{\infty} F^*(k')e^{ik'x}dk' = \left[\int_{0}^{\infty} F(k')e^{-ik'x}dk'\right]^*$$

と,正の積分領域の複素共役となっていることがわかるので,

$$f(x) = \frac{1}{2\pi}\left\{\int_{0}^{\infty} + \int_{-\infty}^{0}\right\} = \frac{1}{2\pi}\left\{\int_{0}^{\infty} + \left[\int_{0}^{\infty}\right]^*\right\} = \frac{1}{\pi}\mathrm{Re}\int_{0}^{\infty} F(k)e^{-ikx}dk$$

8-3 (a) (注意:ここでは減衰振動を想定しているので,時間 t に対するフーリエ変換の変数を角周波数 ω とみなす.)

$$g(\omega) = A\int_{0}^{\infty} e^{-\frac{t}{\tau}}\cos\omega_0 t \cdot e^{i\omega t}dt = \frac{A}{2}\int_{0}^{\infty}\left\{\exp\left(t\left(i(\omega+\omega_0)-\frac{1}{\tau}\right)\right)\right.$$

$$\left.+ \exp\left(t\left(i(\omega-\omega_0)-\frac{1}{\tau}\right)\right)\right\}dt = \frac{iA}{2}\left(\frac{1}{(\omega+\omega_0)+\frac{i}{\tau}} + \frac{1}{(\omega-\omega_0)+\frac{i}{\tau}}\right)$$

(b) ピークの一つである $\omega \simeq \omega_0$ 付近では，(a) の第 2 項のみとなり，その 2 乗絶対値は

$$g(\omega) \simeq \frac{iA}{2}\frac{1}{(\omega-\omega_0)+\frac{i}{\tau}} \longrightarrow |g(\omega)|^2 \simeq \frac{A^2}{4}\frac{1}{(\omega-\omega_0)^2+1/\tau^2}$$

となる．$f(t)$ は時定数が τ 程度で減衰する振動を表すが，このスペクトル $|g(\omega)|$ は ω_0 を中心に $1/\tau$ 程度の幅のピークを持つ．つまり，τ が大きくなり振動が長く継続すると，スペクトルの幅 $1/\tau$ が狭くなる．$\tau \to \infty$ の極限が単振動であり，それはスペクトルが無限小の幅を持つデルタ関数 $\delta(\omega-\omega_0)$ に比例する（練習問題 8-4(b) 参照）．

8-4 (a)

$$\langle T_f, \alpha u + \beta v \rangle = \int_{-\infty}^{\infty} f(x)\left(\alpha u(x) + \beta v(x)\right)dx$$
$$= \alpha \int_{-\infty}^{\infty} f(x)u(x)dx + \beta \int_{-\infty}^{\infty} f(x)v(x)dx = \alpha \langle T_f, u \rangle + \beta \langle T_f, v \rangle$$

このように，線形であることが示され，さらにこの汎関数は連続なので，定義 (1) より超関数である．

(b) $\delta_\epsilon(x-a)$ は $Y_\epsilon(x,a)$ の被積分関数となっており，$\epsilon \to \pm 0$ での値は，

$$\delta_\epsilon(x-a) = \frac{1}{\pi}\frac{\epsilon}{(x-a)^2+\epsilon^2} \to 0 \ (x \neq a); \qquad \delta_\epsilon(x-a) \to \pm\infty \ (x=a)$$

となる．つまり，ディラックのデルタ関数と同じ振舞いをすることがわかる．一方，(8.61) では，$x'-a = \epsilon\tan\theta$ と変数変換すると，$dx' = \epsilon\sec^2\theta d\theta$ より，積分範囲として $x-a \equiv \epsilon\tan\bar\theta$ と定義すると，$x' : -\infty \to x$ は $\theta : -\pi/2 \to \bar\theta$ に対応するので，

$$Y_\epsilon(x,a) = \frac{1}{\pi}\int_{-\infty}^{x}\frac{\epsilon}{(x'-a)^2+\epsilon^2}dx' = \frac{1}{\pi}\int_{-\frac{\pi}{2}}^{\bar\theta}\frac{\epsilon}{\epsilon^2\sec^2\theta}\epsilon\sec^2\theta d\theta$$
$$= \frac{1}{\pi}\left(\bar\theta+\frac{\pi}{2}\right) = \frac{1}{2}+\frac{1}{\pi}\tan^{-1}\frac{x-a}{\epsilon} \longrightarrow \begin{cases} 1 & (x>a) \\ 1/2 & (x=a) \\ 0 & (x<a) \end{cases} \quad (\epsilon \to 0+)$$

よって，一般の関数との積の積分は，部分積分より $\epsilon \to 0+$ では以下のようになる：

$$\int_{-\infty}^{\infty}\delta_\epsilon(x-a)u(x)dx = [Y_\epsilon(x-a)u(x)]_{-\infty}^{\infty} - \int_{-\infty}^{\infty}Y_\epsilon(x-a)u'(x)dx$$
$$\longrightarrow -\int_{a}^{\infty}u'(x)dx = -[u(x)]_a^{\infty} = u(a)$$

(c) 定義の項目 (1), (2) のように，線形性と連続性を示せばよい．まず，線形性は

$$\int_{-\infty}^{\infty} \delta(x-a)(\alpha u(x) + \beta v(x))dx$$
$$= \alpha \int_{-\infty}^{\infty} \delta(x-a)u(x)dx + \beta \int_{-\infty}^{\infty} \delta(x-a)v(x)dx = \alpha u(a) + \beta v(a)$$

と示される．連続性については，関数列が $n \to \infty$ で $\{u_n(x)\} \to u(x)$ となれば，

$$|\langle \delta(a), u_n \rangle - \langle \delta(a), u \rangle| = |u_n(a) - u(a)| \to 0 \quad (n \to \infty)$$

(d) 階段関数の定義から，一般の関数との積分は

$$\langle H, u \rangle \equiv \int_{-\infty}^{\infty} H(x)u(x)dx = \int_0^{\infty} u(x)dx$$

となる．そして，(c) と同様に，この積分の線形性と連続性を示せばよい．

$$\langle H, \alpha u(x) + \beta v(x) \rangle = \alpha \int_0^{\infty} u(x)dx + \beta \int_0^{\infty} v(x)dx = \alpha \langle H, u \rangle + \beta \langle H, v \rangle$$

$$|\langle H, u_n \rangle - \langle H, u \rangle| = |\int_0^{\infty} (u_n(a) - u(a))dx| \to 0 \quad (n \to \infty)$$

より，$H(x)$ は汎関数である．次に，この超関数としての微分は，定義 (8.59) を用いて，

$$\left\langle \frac{dH}{dx}, u \right\rangle = -\left\langle H, \frac{du}{dx} \right\rangle = -\int_{-\infty}^{\infty} H(x)\frac{du}{dx}dx = -\int_0^{\infty} \frac{du}{dx}dx = -[u(x)]_0^{\infty} = u(0)$$

ここで，$u(x) \to 0 \ (x \to \infty)$ という関数 $u(x)$ は台が有界である性質を用いた．

(e) $g \to \infty$ で，

$$\frac{\sin gx}{\pi x} = \frac{1}{2\pi}\frac{e^{igx} - e^{-igx}}{ix} = \frac{1}{2\pi}\left[\frac{e^{ikx}}{ix}\right]_{k=-g}^{g} = \frac{1}{2\pi}\left[\frac{d}{dk}e^{ikx}\right]_{k=-g}^{g}$$
$$= \frac{1}{2\pi}\int_{-g}^{g} e^{ikx}dk \longrightarrow \frac{1}{2\pi}\int_{-\infty}^{\infty} e^{ikx}dk = \delta(x)$$

(2) については，以下の積分 I を評価するために，部分積分を 2 回繰り返して，

$$I \equiv \frac{1}{2}\int_{-\infty}^{\infty} e^{ikx - \epsilon|k|}dk = \int_0^{\infty} \cos kx\, e^{-\epsilon k}dk = \left[\frac{\sin xk}{x}e^{-\epsilon k}\right]_0^{\infty}$$
$$+ \frac{\epsilon}{x}\int_0^{\infty} \sin xk\, e^{-\epsilon k}dk = \frac{\epsilon}{x}\left\{\left[-\frac{\cos kx}{x}e^{-\epsilon k}\right]_0^{\infty} - \frac{\epsilon}{x}I\right\} = \frac{\epsilon}{x^2} - \frac{\epsilon^2}{x^2}I$$

よって，I が求まる．(b) の結果を用いて $\epsilon \to 0+$ の極限では，

$$\int_{-\infty}^{\infty} e^{ikx - \epsilon|k|}dk = 2I = \frac{2\epsilon}{x^2 + \epsilon^2} = 2\pi \cdot \frac{1}{\pi}\frac{\epsilon}{x^2 + \epsilon^2} \longrightarrow 2\pi\delta(x)$$

(f) これも以下のような一般の関数 $u(x)$ との積分を評価すればよい．ただし，関数は正規直交関数系で $u(x) = \sum_n c_n e_n(x)$ と係数 c_n で展開されるとする：

$$\int_{-\infty}^{\infty} \left(\sum_n e_n(x) e_n(y) \right) u(x) dx = \sum_n e_n(y) \int_{-\infty}^{\infty} e_n(x) u(x) dx$$

$$= \sum_n c_n e_n(y) = u(y) = \int_{-\infty}^{\infty} \delta(x-y) u(x) dx$$

8-5 (a) $\displaystyle\int_{-\infty}^{\infty} \delta(-x) u(x) dx = \int_{-\infty}^{\infty} \delta(t) u(-t) dt = u(0) = \int_{-\infty}^{\infty} \delta(x) u(x) dx$

(b) $\displaystyle\int_{-\infty}^{\infty} x \delta(x) u(x) dx = \int_{-\infty}^{\infty} \delta(x) \left[u(x) \cdot x \right] dx = u(0) \cdot 0 = 0$

(c) $\displaystyle\int_{-\infty}^{\infty} \delta(ax) u(x) dx = \int_{-\infty}^{\infty} \delta(t) u\left(\frac{t}{a}\right) \frac{dt}{a} = \frac{1}{a} u(0) = \int_{-\infty}^{\infty} a^{-1} \delta(x) \cdot u(x) dx$

(d) $\displaystyle\int_{-\infty}^{\infty} \delta(x^2 - a^2) u(x) dx = \int_{-\infty}^{0} \delta(x^2 - a^2) u(x) dx + \int_{0}^{\infty} \delta(x^2 - a^2) u(x) dx$

とみなし，最初の積分では $x = -\sqrt{t}$，後の積分では $x = \sqrt{t}$ と変数変換し，さらに積分範囲が共に $0 \to \infty$ と新しい積分変数となるが，デルタ関数の変数がゼロとなるのはどちらも $t = a^2$ なので，$-\infty \to \infty$ に変えても積分値は変わらない．よって

$$\int_{-\infty}^{\infty} \cdots dx = \int_{-\infty}^{\infty} \delta(t - a^2) \frac{1}{2\sqrt{t}} \left[u(-\sqrt{t}) + u(\sqrt{t}) \right] dt$$

$$= \frac{1}{2a} [u(-a) + u(a)] = \frac{1}{2a} \int_{-\infty}^{\infty} \left(\delta(x+a) + \delta(x-a) \right) u(x) dx$$

(e) $\displaystyle\int_{-\infty}^{\infty} \left(\int_{-\infty}^{\infty} \delta(x-a) \delta(x-b) dx \right) u(b) db$

$$= \int_{-\infty}^{\infty} \delta(x-a) u(x) dx = u(a) = \int_{-\infty}^{\infty} \delta(a-b) u(b) db$$

(f) $\displaystyle\int_{-\infty}^{\infty} x \delta'(x) u(x) dx = [\delta(x) x u(x)]_{-\infty}^{\infty} - \int_{-\infty}^{\infty} \delta(x) \left(u(x) - x u'(x) \right) dx$

$$= -u(0) + 0 \cdot u'(0) = -u(0) = -\int_{-\infty}^{\infty} \delta(x) u(x) dx$$

(g) 数学的帰納法（$m = 1$ の場合に成立を示し，さらに $m = k$ のときに成立と仮定して $m = k+1$ が成立を示す）を用いる．まず，$m = 1$ の場合は (f) に当たり，成立する．次に，$m = k$ が成立と仮定して，$m = k+1$ の場合を調べる：

$$\int_{-\infty}^{\infty} x\left(\frac{d}{dx}\right)^{k+1} \delta(x) u(x) dx$$
$$= \left[\left(\frac{d}{dx}\right)^{k} \delta(x) \cdot xu(x)\right]_{-\infty}^{\infty} - \int_{-\infty}^{\infty} \left(\frac{d}{dx}\right)^{k} \delta(x) \left(u(x) + xu'(x)\right) dx$$
$$= -\int_{-\infty}^{\infty} \left(\frac{d}{dx}\right)^{k} \delta(x) \cdot u(x) dx + k \int_{-\infty}^{\infty} \left(\frac{d}{dx}\right)^{k-1} \delta(x) \cdot u'(x) dx \qquad (*)$$

最後の積分は，部分積分を用いて

$$\int_{-\infty}^{\infty} \left(\frac{d}{dx}\right)^{k-1} \delta(x) \cdot u'(x) dx$$
$$= \left[\left(\frac{d}{dx}\right)^{k-1} \delta(x) \cdot u(x)\right]_{-\infty}^{\infty} - \int_{-\infty}^{\infty} \left(\frac{d}{dx}\right)^{k} \delta(x) \cdot u(x) dx$$

となる．この右辺の第1項はゼロとなるので，式 $(*)$ は次のようになる：

$$\int_{-\infty}^{\infty} x\left(\frac{d}{dx}\right)^{k+1} \delta(x) u(x) dx = -(k+1) \int_{-\infty}^{\infty} \left(\frac{d}{dx}\right)^{k} \delta(x) \cdot u(x) dx$$

すなわち，$m = k+1$ の場合も，成立することが示された．よって，任意の自然数 m についても成立する．

(h) (c) と同じ式で，$ax \equiv -t$ と変数変換すると，$x : -\infty \to \infty$ は $a < 0$ より，$t : -\infty \to \infty$ に対応する．よって，(a) の結果も用いて，

$$\int_{-\infty}^{\infty} \delta(ax) u(x) dx = \int_{-\infty}^{\infty} \delta(-t) u\left(-\frac{t}{a}\right) \frac{dt}{-a} = -\frac{1}{a} \int_{-\infty}^{\infty} \delta(t) u\left(-\frac{t}{a}\right) dt$$
$$= -\frac{1}{a} u(0) = -a^{-1} \int_{-\infty}^{\infty} \delta(x) u(x) dx$$

すなわち，$\delta(ax) = -a^{-1}\delta(x) \quad (a < 0)$ が示された．

(i) 部分積分と (a) の結果を用いると，

$$\int_{-\infty}^{\infty} \delta'(-x) u(x) dx = [-\delta(-x) u(x)]_{-\infty}^{\infty} + \int_{-\infty}^{\infty} \delta(-x) u'(x) dx$$
$$= \int_{-\infty}^{\infty} \delta(x) u'(x) dx = [\delta(x) u(x)]_{-\infty}^{\infty} - \int_{-\infty}^{\infty} \delta'(x) u(x) dx = -\int_{-\infty}^{\infty} \delta'(x) u(x) dx$$

(j)
$$\int_{-\infty}^{\infty} f(x) \delta(x-a) u(x) dx = f(a) u(a) = f(a) \int_{-\infty}^{\infty} \delta(x-a) u(x) dx$$

8-6 (a) このグリーン関数は，$G(x, y) = \frac{i}{2k} e^{ik|x-y|} \equiv G(x-y)$ と表現できるので，

$$u(x) = \int_{-\infty}^{\infty} G(x, y) f(y) dy = \int_{-\infty}^{\infty} G(x-y) f(y) dy = G(x) * f(x)$$

すなわち，一般解 $u(x)$ のフーリエ変換 $U(k)$ は，グリーン関数と力源のそれぞれのフーリエ変換 $G(k), F(k)$ の積 $U(k) = G(k) \cdot F(k)$ で表される．

(b) $s(t) = \int_{-\infty}^{\infty} s(t-\tau)\delta(\tau)d\tau$ と表現される．線形性より，このデルタ関数，すなわちインパルス応答がグリーン関数 $g(t)$ に置換されれば，一般の入力 $s(t)$ の場合の出力 $w(t)$ が畳み込みの形で表現される．

8-7 (a)
$$T(x,t) = \frac{1}{2\pi}\int_{-\infty}^{\infty} F(k,t)e^{ikx}dk \longrightarrow \frac{\partial^2}{\partial x^2}T(x,t) = \frac{1}{2\pi}\int_{-\infty}^{\infty}(-k^2)F(k,t)e^{ikx}dk$$

また，$\partial T/\partial t$ は $\partial F/\partial t$ となるので，$F(k)$ については，問題文の方程式となる．

(b) $F(k,t) \equiv \phi(k) \cdot \Phi(t)$ として，(a) の結果に代入すると，
$$-\kappa k^2 \phi(k) \cdot \Phi(t) = \phi(k)\frac{d\Phi(t)}{dt} \quad \rightarrow \quad -\kappa k^2 \Phi = \frac{d\Phi}{dt}$$

この解は $\Phi(t) \propto e^{-\kappa k^2 t}$ となるので，$F(k,t) = \phi(k)e^{-\kappa k^2 t}$ と求まる．

(c)
$$T(x,t) = \frac{1}{2\pi}\int_{-\infty}^{\infty} \phi(k)e^{-\kappa k^2 t + ikx}dk$$

と，(a), (b) より表現されるので，$t=0$ の初期条件は
$$s(x) = T(x,0) = \frac{1}{2\pi}\int_{-\infty}^{\infty} \phi(k)e^{ikx}dk$$

すなわち，$\phi(k)$ は初期条件 $s(x)$ のフーリエ変換に対応することがわかる：
$$\phi(k) = \int_{-\infty}^{\infty} s(x)e^{-ikx}dx$$

(d)
$$T(x,t) = \frac{1}{2\pi}\int_{-\infty}^{\infty}\left[\int_{-\infty}^{\infty} s(y)e^{-iky}dy\right]e^{-\kappa k^2 t + ikx}dk$$
$$= \frac{1}{2\pi}\int_{-\infty}^{\infty} s(y)dy \int_{-\infty}^{\infty} e^{-\kappa k^2 t + ik(x-y)}dk$$

ここで，右辺の k についての積分は
$$\int_{-\infty}^{\infty} e^{-\kappa k^2 t + ik(x-y)}dk = e^{-\frac{(x-y)^2}{4\kappa t}}\int_{-\infty}^{\infty} e^{-\kappa t\left(k - \frac{i(x-y)}{2\kappa t}\right)^2}dk$$
$$= e^{-\frac{(x-y)^2}{4\kappa t}}\int_{-\infty}^{\infty} e^{-\kappa t k'^2}dk' = e^{-\frac{(x-y)^2}{4\kappa t}}\sqrt{\frac{\pi}{\kappa t}}$$

(注：ここでは $k' = k - i(x-y)/2\kappa t$ と変数変換し，かつ実軸より少し上の無限遠でつながる積分路ではゼロとなることを用いた．)よって，解は以下のように表現できる：
$$T(x,t) = \frac{1}{2\sqrt{\pi\kappa t}}\int_{-\infty}^{\infty} s(y)e^{-\frac{(x-y)^2}{4\kappa t}}dy$$

8-8 (8.33) において $\epsilon \to 0-$ と替えると，図のように，二つの特異点が実軸から少しずれる．$\epsilon \to 0+$ の場合と同様に，$x-y>0$ では上側の半円 C_1，$x-y<0$ では下側の半円 C_2 の積分経路を取った複素積分が，元の実軸上の積分と同じになる．前者の場合は $p=-k-i\epsilon$，後者は $p=k+i\epsilon$ と内部の点の留数を計算し，最後に $\epsilon \to 0-$ とすればよい：

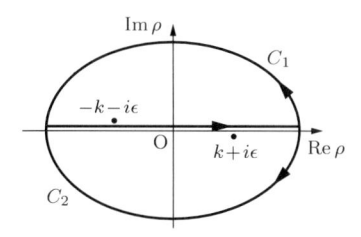

(a) $x-y>0$
$$\frac{1}{2\pi}\int_{-\infty}^{\infty}\cdots dp = \frac{1}{2\pi}\int_{C_1}\cdots dp = \frac{1}{2\pi}2\pi i\left[-\frac{e^{ip(x-y)}}{p-k-i\epsilon}\right]_{p=-k-i\epsilon}$$
$$= i\frac{e^{-i(x-y)(k+i\epsilon)}}{2(k+i\epsilon)} \longrightarrow \frac{i}{2k}e^{-ik(x-y)}$$

(b) $x-y<0$
$$\frac{1}{2\pi}\int_{-\infty}^{\infty}\cdots dp = \frac{1}{2\pi}\int_{C_2}\cdots dp = -\frac{1}{2\pi}2\pi i\left[-\frac{e^{ip(x-y)}}{p+k+i\epsilon}\right]_{p=k+i\epsilon}$$
$$= i\frac{e^{i(x-y)(k+i\epsilon)}}{2(k+i\epsilon)} \longrightarrow \frac{i}{2k}e^{ik(x-y)}$$

二つの場合をまとめると，
$$G(x,y) = \frac{i}{2k}e^{-ik|x-y|}$$

となる．よって，力源 $f(x)$ についての解，および $x \to \pm\infty$ では次のようになる：

$$u(x) = \frac{i}{2k}\int_{-\infty}^{\infty}e^{-ik|x-y|}f(y)dy$$
$$= \frac{i}{2k}\left[e^{-ikx}\int_{-\infty}^{x}e^{iky}f(y)dy + e^{ikx}\int_{x}^{\infty}e^{-iky}f(y)dy\right]$$
$$\longrightarrow \begin{cases} \frac{i}{2k}e^{-ikx}\int_{-\infty}^{\infty}f(y)e^{iky}dy = \frac{i}{2k}e^{-ikx}g(-k) & (x\to\infty) \\ \frac{i}{2k}e^{ikx}\int_{-\infty}^{\infty}f(y)e^{-iky}dy = \frac{i}{2k}e^{ikx}g(k) & (x\to-\infty) \end{cases}$$

前者は $e^{-ikx-i\omega t}$，後者は $e^{ikx-i\omega t}$ という時空間の関数となるので，$x=\infty$ から x の負の方向へ伝搬，$x=-\infty$ から x の正の方向へ伝搬に対応する．両側の無限遠から $g(k)$，すなわち $f(y)$ に集まってくる．よって時間を逆回しにした現象を表現する．

8-9 (a)
$$g(p) = \int_{-\infty}^{\infty}e^{-\alpha|x|}e^{-ipx}dx = \int_{0}^{\infty}e^{-(\alpha+ip)x}dx + \int_{-\infty}^{0}e^{(\alpha-ip)x}dx$$
$$= \left[-\frac{e^{-(\alpha+ip)x}}{\alpha+ip}\right]_{0}^{\infty} + \left[\frac{e^{(\alpha-ip)x}}{\alpha-ip}\right]_{-\infty}^{0} = \frac{2\alpha}{\alpha^2+p^2}$$

よって，(8.32) を用いると，

あとは，この積分を評価するだけだが，ジョルダンの補題を用いて，$x > 0$ では上半円の積分路を取り，内部には，$p = k + i\epsilon, i\alpha$ の二つの極があり，それらの留数を計算すると（$\epsilon \to 0$ の操作も含めて），

$$u(x) = \frac{1}{2\pi}\int_{-\infty}^{\infty}\frac{g(p)}{k^2-p^2}e^{ipx}dp = -\frac{\alpha}{\pi}\int_{-\infty}^{\infty}\frac{e^{ipx}dp}{(p^2-k^2)(p^2+\alpha^2)}$$

$$u(x) = -\frac{\alpha}{\pi}2\pi i\left\{\left[(p-k)\frac{e^{ipx}}{(p^2-k^2)(p^2+\alpha^2)}\right]_{p=k} + [(p-i\alpha)\cdots]_{p=i\alpha}\right\}$$

$$= -2\alpha i\left\{\frac{e^{ikx}}{2k(k^2+\alpha^2)} - \frac{e^{-\alpha x}}{2i\alpha(k^2+\alpha^2)}\right\} = \frac{1}{k^2+\alpha^2}\left(-\frac{i\alpha}{k}e^{ikx}+e^{-\alpha x}\right)$$

$x < 0$ では，時計回りの下半円の積分路で，$p = -k - i\epsilon, -i\alpha$ の極が内部にあるので，

$$u(x) = -\frac{\alpha}{\pi}(-2\pi i)\left\{\left[(p+k)\frac{e^{ipx}}{(p^2-k^2)(p^2+\alpha^2)}\right]_{p=-k} + [(p+i\alpha)\cdots]_{p=-i\alpha}\right\}$$

$$= \frac{1}{k^2+\alpha^2}\left(-\frac{i\alpha}{k}e^{-ikx}+e^{\alpha x}\right)$$

まとめると，

$$u(x) = \frac{1}{k^2+\alpha^2}\left(-\frac{i\alpha}{k}e^{ik|x|}+e^{-\alpha|x|}\right)$$

(b) 非斉次の特解である (a) の結果に，斉次の $u''(x) + k^2 u(x) = 0$ での解を加えた

$$u(x) = Ce^{ikx} + De^{-ikx} + \frac{1}{k^2+\alpha^2}\left(-\frac{i\alpha}{k}e^{ik|x|}+e^{-\alpha|x|}\right)$$

が一般解となる（C, D は未定定数）．ここで，

$$u(x) \simeq Ce^{ikx} + De^{-ikx} - \frac{i\alpha}{k(k^2+\alpha^2)}e^{ikx} \quad (x \to \infty)$$

$$u(x) \simeq Ce^{ikx} + De^{-ikx} - \frac{i\alpha}{k(k^2+\alpha^2)}e^{-ikx} \quad (x \to -\infty)$$

より，$C = 1, D = 0$ となる．また，$A = 1 - i\alpha/k(k^2+\alpha^2), B = -i\alpha/k(k^2+\alpha^2)$．

第9章

9-1 (a) $\displaystyle F(s) = \int_0^{\infty}f(x)e^{-sx}dx = \int_0^1 e^{-sx}dx = \left[\frac{e^{-sx}}{-s}\right]_0^1 = \frac{1-e^{-s}}{s}$

$$f(x) = \frac{1}{2\pi i}\int_{c-i\infty}^{c+i\infty}\frac{1-e^{-s}}{s}e^{sx}ds = \frac{1}{2\pi i}\int_{c-i\infty}^{c+i\infty}\frac{e^{sx}-e^{s(x-1)}}{s}ds \quad (*)$$

ここで，複素平面 s の特異点は $s = 0$ で 1 位の極のみである．

一方，次の積分は，$y > 0$ で複素平面 s の左半分の半円，$y < 0$ で右半分の半円を積分路 C とすると，それぞれ半円周上でゼロとなり，上の積分の値と等しくなる．前者しか $s = 0$ の極を内部に含まないので，留数定理を用いると，積分値が求まる：

$$\frac{1}{2\pi i}\oint_C \frac{e^{sy}}{s}ds = \frac{1}{2\pi i}\int_{c-i\infty}^{c+i\infty}\frac{e^{sy}}{s}ds = \begin{cases} 1 & (y>0) \\ 0 & (y<0) \end{cases}$$

よって，逆ラプラス変換の積分 $(*)$ の二つの項は，x および $x-1$ の正負によって，積分値が決まる．$x<0$ ではどちらも 0, $0<x<1$ では前者のみ 1, $x>1$ ではどちらも 1 となる．結局，$0<x<1$ の場合のみ 1，その他はゼロとなり，元の $f(x)$ となる．

(b) $y=sx$ という変数変換を用いると，ラプラス変換は以下のようになる：

$$F(s) = \int_0^\infty x^n e^{-sx}dx = \int_0^\infty \left(\frac{y}{s}\right)^n e^{-y}\frac{dy}{s} = \int_0^\infty \frac{e^{-y}y^n}{s^{n+1}}dy = \frac{\Gamma(n+1)}{s^{n+1}} = \frac{n!}{s^{n+1}}$$

これを (9.4) に代入すると，分母の s^{n+1} より $s=0$ に $(n+1)$ 位の極となる．$s<0$ の場合は右半分の無限遠半円ではゼロになるので，それを含む閉曲線上の積分路にすると，内部に極がなく，積分値はゼロになる．一方，$s>0$ の場合は左半分の半円を積分路 C として選べばよく，内部にある $s=0$ の極の留数を (1.18) より求めればよい：

$$f(x) = \frac{n!}{2\pi i}\int_{c-i\infty}^{c+i\infty}\frac{e^{sx}}{s^{n+1}}ds = \frac{n!}{2\pi i}\oint_C \cdots ds$$
$$= \frac{n!}{2\pi i}2\pi i\left[\frac{1}{n!}\left(\frac{d}{ds}\right)^n e^{sx}\right]_{s=0} = [x^n e^{sx}]_{s=0} = x^n$$

(c)
$$F(s) = \int_0^1 e^{-sx}dx + \int_2^3 e^{-sx}dx + \int_4^5 e^{-sx}dx + \cdots$$

ここで，2 番目以降の積分を $y=x-2, y=x-4,\ldots$ のように積分変換すると，すべて最初の積分と同じ形に帰着される：

$$g(s) = \int_0^1 e^{-sx}dx + e^{-2s}\int_0^1 e^{-sx}dx + e^{-4s}\int_0^1 e^{-sx}dx + \cdots$$
$$= \sum_{n=0}^\infty e^{-2ns}\int_0^1 e^{-sx}dx = \frac{1}{1-e^{-2s}}\frac{1-e^{-s}}{s} = \frac{1}{s(1+e^{-s})}$$

逆ラプラス変換は，上の $1/(1+e^{-s})$ を $(-e^{-s})$ の級数展開として，各項を考える：

$$f(x) = \frac{1}{2\pi i}\int_{c-i\infty}^{c+i\infty}\frac{e^{sx}}{s}\sum_{n=0}^\infty (-e^{-s})^n ds = \frac{1}{2\pi i}\int \frac{e^{sx}\left(1-e^{-s}+e^{-2s}-\cdots\right)}{s}ds$$
$$= \frac{1}{2\pi i}\int_{c-i\infty}^{c+i\infty}\frac{e^{sx}-e^{s(x-1)}+e^{s(x-2)}-e^{s(x-3)}+\cdots}{s}ds$$

上の各積分は (a) で用いた積分と同じ形式なので，それぞれ $x, x-1, x-2,\ldots$ の正負により，1 または 0 になるので，まとめると以下のようになる：

$$f(x) = \begin{cases} 0-0+0-0+\cdots = 0 & (x<0) \\ 1-0+0-0+\cdots = 1 & (0<x<1) \\ 1-1+0-0+\cdots = 0 & (1<x<2) \\ 1-1+1-0+\cdots = 1 & (2<x<3) \\ \vdots & \end{cases}$$

9-2
$$\int_0^\infty \delta(x-x_0)e^{-sx}dx = e^{-sx_0}$$

一方，逆ラプラス変換によりデルタ関数の以下の新しい積分表現式が得られる：

$$\delta(x-x_0) = \frac{1}{2\pi i}\int_{c-i\infty}^{c+i\infty} e^{s(x-x_0)}ds$$

複素平面 s の積分路は $x > x_0$ なら左半円，$x < x_0$ なら右半円を選べばよく，いずれも特異点がないのでゼロになる．$x = x_0$ のみはゼロではないが，通常の積分では定義できない（超関数の概念が必要）．

9-3 逆ラプラス変換の積分で，$x<0$ では右半円の積分路でゼロとなる．$x>0$ では左半円の積分路となり，内部の三つの極 $(s = \pm i, -1)$ での留数の和を計算する：

$$f(x) = \frac{1}{2\pi i}\int_{c-i\infty}^{c+i\infty}\frac{e^{sx}}{(s^2+1)(s+1)}ds = \left[\frac{e^{sx}}{(s-i)(s+1)}\right]_{s=-i}$$
$$+ \left[\frac{e^{sx}}{(s+i)(s+1)}\right]_{s=i} + \left[\frac{e^{sx}}{(s+i)(s-i)}\right]_{s=-1} = \frac{e^{-ix}}{-2i(1-i)} + \frac{e^{ix}}{2i(1+i)} + \frac{e^{-x}}{2}$$
$$= \frac{\sqrt{2}}{4i}\left(e^{ix-i\frac{\pi}{4}} - e^{-ix+i\frac{\pi}{4}}\right) + \frac{e^{-x}}{2} = \frac{1}{\sqrt{2}}\sin\left(x-\frac{\pi}{4}\right) + \frac{e^{-x}}{2}$$

9-4
$$H(s) = \int_0^\infty h(x)e^{-sx}dx = \int_0^\infty dx \int_0^x dt f(t)g(x-t)e^{-st}e^{-s(x-t)}$$

ここで，t と x の積分の順番を交換すると，それぞれの積分範囲は図 9.1(b) のようになるので，$y \equiv x - t$ とすると，(9.23) が示される：

$$H(s) = \int_0^\infty dt f(t)e^{-st}\int_t^\infty dx g(x-t)e^{-s(x-t)}$$
$$= \int_0^\infty f(t)e^{-st}dt \cdot \int_0^\infty g(y)e^{-sy}dy = F(s)\cdot G(s)$$

$$\mathcal{L}[f(x) \cdot g(x)] = \int_0^\infty f(x)g(x)e^{-sx}dx$$

$$= \int_0^\infty dx\, e^{-sx} \frac{1}{2\pi i}\int_{\alpha_1-i\infty}^{\alpha_1+i\infty} F(t)e^{tx}dt\, \frac{1}{2\pi i}\int_{\alpha_2-i\infty}^{\alpha_2+i\infty} G(\tau)e^{\tau x}d\tau$$

$$= \frac{1}{(2\pi i)^2}\int_{\alpha_1-i\infty}^{\alpha_1+i\infty} dt\, F(t)\int_{\alpha_2-i\infty}^{\alpha_2+i\infty} d\tau\, G(\tau)\int_0^\infty dx\, e^{(t+\tau-s)x}$$

ここで，$z = s - \tau$ と変数変換すると，

$$\mathcal{L}[f(x) \cdot g(x)] = \frac{1}{(2\pi i)^2}\int_{\alpha_1-i\infty}^{\alpha_1+i\infty} dt\, F(t)\int_{\mathrm{Re}\, s-\alpha_2-i\infty}^{\mathrm{Re}\, s-\alpha_2+i\infty} dz\, G(s-z)\int_0^\infty e^{(t-z)x}dx$$

となる．最後の積分の指数部分 $t - z$ の実部が負になることが収束条件となり，それは $\alpha_1 - \mathrm{Re}\, z \equiv \alpha_1 - c < 0$ である．この場合，積分値は $1/(z-t)$ となる．よって，

$$\mathcal{L}[f(x) \cdot g(x)] = \frac{1}{2\pi i}\int_{\mathrm{Re}\, s-\alpha_2-i\infty}^{\mathrm{Re}\, s-\alpha_2+i\infty} dz\, G(s-z) \cdot \frac{1}{2\pi i}\int_{\alpha_1-i\infty}^{\alpha_1+i\infty} \frac{F(t)}{z-t}dt$$

$$= \frac{1}{2\pi i}\int_{\mathrm{Re}\, s-\alpha_2-i\infty}^{\mathrm{Re}\, s-\alpha_2+i\infty} dz\, G(s-z)\frac{1}{2\pi i}\cdot(-2\pi i)\left[(t-z)\frac{F(t)}{z-t}\right]_{t=z}$$

$$= \frac{1}{2\pi i}\int_{\mathrm{Re}\, s-\alpha_2-i\infty}^{\mathrm{Re}\, s-\alpha_2+i\infty} G(s-z)\cdot F(z)dz$$

ここでは，複素平面 t で右半円の積分路として，極 $t = z$ が内部に存在するために，先の $\alpha_1 < c$ の条件が必要なことがわかる．さらに，残った積分の積分路が虚軸により近い積分路となることが収束条件となることから，$\mathrm{Re}\, s - \alpha_2 > c$ の条件の下で，積分路を $c - i\infty$ から $c + i\infty$ に変更すると，(9.24) が得られる．

9-5 $1/(s+1)$ と $1/(s^2+1)$ のそれぞれの逆ラプラス変換をまず求める：

$$\frac{1}{2\pi i}\int_{c-i\infty}^{c+i\infty}\frac{e^{sx}}{s+1}ds = \frac{1}{2\pi i}2\pi i[e^{sx}]_{s=-1} = e^{-x}$$

$$\frac{1}{2\pi i}\int_{c-i\infty}^{c+i\infty}\frac{e^{sx}}{s^2+1}ds = \frac{1}{2\pi i}2\pi i\left\{\left[\frac{e^{sx}}{s-i}\right]_{s=-i} + \left[\frac{e^{sx}}{s+i}\right]_{s=i}\right\} = \frac{e^{-ix}}{-2i} + \frac{e^{ix}}{2i} = \sin x$$

この二つの関数の積の積分 (9.22) が求める関数 $f(x)$ となる

$$f(x) = \int_0^x e^{-(x-t)}\sin t\, dt = e^{-x}\int_0^x e^t \sin t\, dt \equiv e^{-x}I$$

左辺の積分 I は部分積分を 2 回すると，以下のように求まる：

$$I = \left[-e^t\cos t\right]_0^x + \int_0^x e^t\cos t\, dt = 1 - e^x\cos x + \left[e^t\sin t\right]_0^x - \int_0^x e^t\sin t\, dt$$

$$= 1 + e^x(\sin x - \cos x) - I \longrightarrow I = \frac{1 + e^x\sqrt{2}\sin\left(x - \frac{\pi}{4}\right)}{2}$$

よって，$f(x) = e^{-x}I$ が求まり，練習問題 9-3 と同じ結果となる．

9-6 無限小円のためだけなら，位相は考えずに絶対値のみ考えればよい．$z = 1$ の回りでは，$z = \epsilon e^{i\theta} + 1$ とおくと，$dz = i\epsilon e^{i\theta}d\theta$ より，

$$\frac{C}{2\pi i}\int_{z=1\text{付近}}\frac{e^{ixz}}{\sqrt{1-z^2}}idz = \frac{C}{2\pi}\int_0^{-2\pi}\frac{e^{ix(\epsilon e^{i\theta}+1)}}{\sqrt{|1-z|\cdot|1+z|\,e^{i\theta}}}i\epsilon e^{i\theta}d\theta$$

$$\longrightarrow \frac{iC}{2\pi}\int_0^{-2\pi}\frac{e^{ix}}{\sqrt{2\epsilon e^{i\theta}}}\epsilon e^{i\theta}d\theta = \frac{ie^{ix}C}{2\sqrt{2}\pi}\epsilon^{1/2}\int_0^{-2\pi}e^{i\frac{\theta}{2}}d\theta \quad (\epsilon \to 0)$$

最後の積分は有限なので，$\epsilon \to 0$ でゼロに収束する．$z = -1$ の回りも同様である．

一方，$\arg(1+z)$ は D $\to$ C $\to$ A $\to$ B で，$2\pi \to 2\pi \to 0 \to 0$ となり，$\arg(1-z)$ はすべてゼロとなる．よって，C_4 上での積分の被積分関数の分母は，AB では $\sqrt{1-z^2} = \sqrt{(1-z)(1+z)}$ となり，CD では $\sqrt{1-z^2} = \sqrt{e^{2\pi i}(1-z)(1+z)}$ となる．

9-7 ヒントに従い，$n \to \infty, \Delta k \to 0$ の極限で，$k_n \equiv n\Delta k \to k$ と連続変数にすると，

$$f(x) = \sum_n c_n J_m(k_n x) = \sum_n g_n J_m(k_n x) k_n \Delta k \longrightarrow \int_0^\infty g(k)J_m(kx)k\,dk$$

一方，逆変換については，(4.16) の係数 c_n より，g_n が以下のように表現される：

$$g_n = \frac{1}{k_n \Delta k}c_n = \frac{a}{\pi k_n}\frac{\int_0^a f(x)J_m(k_n x)x\,dx}{\frac{a^2}{2}[J_{m+1}(k_n a)]^2}$$

$a \to \infty$ の極限で，左辺の分母はベッセル関数の漸近展開 (5.29) を用いると，

$$\frac{a^2}{2}[J_{m+1}(k_n a)]^2 \to \frac{a^2}{2}\left[\sqrt{\frac{2}{\pi k_n a}}\cos\left(k_n a - \frac{m+1}{2}\pi - \frac{\pi}{4}\right)\right]^2 \simeq \frac{a^2}{2}\frac{2}{\pi k_n a} = \frac{a}{\pi k_n}$$

のように，$\cos^2(\cdots) \simeq 1$ とみなして求まる．よって，逆変換は $a \to \infty$ では，

$$g_n \longrightarrow g(k) = \int_0^\infty f(x)J_m(kx)x\,dx$$

9-8 (a)
$$g(s) = \int_0^\infty e^{-x}x^{s-1}dx = \Gamma(s)$$

一方，逆変換についてはガンマ関数は $s = 0, -1, -2, \ldots$ で 1 位の極となるので，複素平面 s の左半分の半円を積分路として，

$$f(x) = \frac{1}{2\pi i}\int_{\sigma-i\infty}^{\sigma+i\infty} \Gamma(s)x^{-s}ds = \sum_{n=0}^{\infty}\text{Res}\left[\Gamma(s)x^{-s}\right]_{s=-n}$$

$\Gamma(s+n+1) = (s+n)(s+n-1)\cdots(s+1)s\Gamma(s)$ より，これらは

$$\text{Res}\left[\Gamma(s)x^{-s}\right]_{s=-n} = \left[(s+n)\cdot\Gamma(s)x^{-s}\right]_{s=-n} = \left[\frac{\Gamma(s+n+1)x^{-s}}{(s+n-1)\cdots(s+1)s}\right]_{s=-n}$$

$$= \frac{\Gamma(1)x^n}{(-1)(-2)\cdots(-n+1)(-n)} = \frac{x^n}{(-1)^n n!} = \frac{(-1)^n}{n!}x^n$$

よって，以下のように元の関数 $f(x)$ に逆変換で戻ることが示される：

$$f(x) = \sum_{n=0}^{\infty}\frac{(-1)^n}{n!}x^n = \sum_{n=0}^{\infty}\frac{(-x)^n}{n!} = e^{-x}$$

(b)
$$\int_0^\infty v(\xi)w(\xi)\xi^{s-1}d\xi = \frac{1}{2\pi i}\int_0^\infty d\xi\int_{\sigma-i\infty}^{\sigma+i\infty} V_m(\rho)w(\xi)\xi^{s-\rho-1}d\rho$$
$$= \frac{1}{2\pi i}\int_{\sigma-i\infty}^{\sigma+i\infty} V_m(\rho)d\rho\int_0^\infty w(\xi)\xi^{s-\rho-1}d\xi = \frac{1}{2\pi i}\int_{\sigma-i\infty}^{\sigma+i\infty} V_m(\rho)W_m(s-\rho)d\rho$$

第 10 章

10-1 (a)
$$u(x,t) = \frac{1}{2\pi}\int_{-\infty}^{\infty} U(x,\omega)e^{-i\omega t}d\omega, \quad \frac{\partial^2 u}{\partial t^2} = \frac{1}{2\pi}\int_{-\infty}^{\infty}(-\omega^2)\cdot U(x,\omega)d\omega$$

となり，(10.32) に代入する．ω は一定とみなすと，U の x についての常微分となり，

$$\frac{d^2U}{dx^2} + \frac{\omega^2}{c^2}U = 0$$

(b) $U(x,\omega) = Ae^{i\omega\phi(x)}$ とすると，

$$\frac{dU}{dx} = i\omega\phi'(x)Ae^{i\omega\phi(x)}, \quad \frac{d^2U}{dx^2} = -\omega^2\phi'(x)^2Ae^{i\omega\phi(x)} + i\omega\phi''(x)Ae^{i\omega\phi(x)}$$

より，(a) の結果に代入すると，以下のような $\phi(x)$ についての方程式が得られる：

$$-\omega^2\phi'^2 + i\omega\phi'' + \frac{\omega^2}{c^2} = 0 \tag{*}$$

ここで高周波近似である $\omega \to \infty$ とすると，第 2 項が省略され，

$$-\phi'^2 + \frac{1}{c^2} \simeq 0 \longrightarrow \phi' \simeq \pm\frac{1}{c} \longrightarrow \phi \simeq \pm\int^x \frac{d\xi}{c(\xi)}$$

と，$\phi(x)$ が求まる．次の高次の近似として，これを 2 階微分した $\phi''(x) \simeq \mp c'/c^2$ を

(∗) で省略した ϕ'' の項に代入し，その方程式を以下のように解く：

$$-\omega^2 \phi'^2 \mp i\omega \frac{c'}{c^2} + \frac{\omega^2}{c^2} \simeq 0, \longrightarrow \phi'^2 \simeq \frac{1}{c^2} \mp \frac{i}{\omega}\frac{c'}{c^2} = \frac{1}{c^2}\left(1 \mp \frac{i}{\omega}c'\right)$$

$$\phi' \simeq \pm\frac{1}{c}\left(1 \mp \frac{i}{\omega}c'\right)^{1/2} \simeq \pm\frac{1}{c}\left(1 \mp \frac{i}{2\omega}c'\right) = \pm\frac{1}{c} - \frac{i}{2\omega}\frac{c'}{c}$$

よって，もう一つ高次の近似解は，次のような項が追加される：

$$\phi(x) \simeq \pm\int^x \frac{d\xi}{c(\xi)} - \frac{i}{2\omega}\ln c(x)$$

結果的に，$U(x,\omega)$ は次のように表現される：

$$U \propto e^{i\omega\phi(x)} = \exp\left(\pm i\omega\int^x \frac{d\xi}{c(\xi)} + \frac{1}{2}\ln c(x)\right) = c(x)^{1/2}\exp\left(\pm i\omega\int^x \frac{d\xi}{c(\xi)}\right)$$

$U(x_0,\omega) \equiv A$ と基準となる点 x_0 での振幅を定義すると，解は次のように表現される：

$$U(x,\omega) \simeq A\sqrt{\frac{c(x)}{c(x_0)}}\exp\left(\pm i\omega\int_{x_0}^x \frac{\xi}{c(\xi)}\right)$$

上の指数関数の中の積分は，速度の逆数を経路に沿って積分するもので，$x = x_0$ から x までかかる時間，いわゆる「走時」と呼ばれるものに対応する．これが解の位相に対応し，振幅は $c(x)^{1/2}$ に比例して変動する．

(c) 緑色の可視光の波長は，だいたい 500 nm = 5×10^{-5}cm である．一方，ガラス中の光速度は真空での値のだいたい半分程度である（この逆数比が屈折率と呼ばれる）．レンズの厚みの変化のスケールはせいぜい 0.5 cm 程度で，上の波長に比べるとこのスケールははるかに大きい．$Q(x)$ すなわち速度が波長に比べてゆっくり変動の条件が満たされることがすぐにわかる．

条件 (10.8) の $|Q'(x)|/Q(x)^{3/2} \ll 1$ を，定量的に調べてみる．ここでは，$Q(x) \equiv \omega^2/c^2 = k^2 = (\omega/c)^2$ である．$Q'(x) = dQ(x)/dx = d(\omega/c)^2/dx = \omega^2 dc^{-2}/dx = -2\omega^2/c^3 dc/dx = -2k^2 dc/(cdx) \simeq -2k^2 \Delta c/c/\Delta x$ となる．ここで，上で示した数値である $\Delta c/c \simeq 0.5, \Delta x \simeq 0.5$ cm を用いると，$Q(x) = k^2$ なので，(10.8) は $|Q'(x)|/Q(x)^{3/2} \simeq 2/k \cdot \Delta c/c \cdot 1/\Delta x = 2\lambda/2\pi \cdot 0.5 \cdot 1/\Delta x = \lambda/2\pi\Delta x \simeq 5 \times 10^{-5}/(2\pi \cdot 0.5) \simeq 10^{-5} \ll 1$ となって，確かに成立する．

10-2 $y_{\mathrm{IV}}(x)$ と $y_{\mathrm{V}}(x)$ を接続させるための条件について，まず考える．$x \to x_1$ で，$Q(x) \simeq b(x - x_1)$ なので，$y_{\mathrm{V}}(x)$ は以下のような漸近形を取る：

$$y_{\mathrm{V}}(x) \to \frac{G}{[b(x_1-x)]^{1/4}}\exp\left(-b^{1/2}\int_x^{x_1}(x_1-t)^{1/2}dt\right)$$

$$= \frac{G}{b^{1/4}(x_1-x)^{1/4}}\exp\left(-\frac{2}{3}b^{1/2}(x_1-x)^{3/2}\right)$$

一方，$y_{IV}(x)$ は，$x \to -\infty$ でのエアリー関数の漸近展開 (10.21) を用いると，

$$y_{IV}(x) \to \frac{2\sqrt{\pi}F}{b^{1/6}} \frac{1}{2\sqrt{\pi}} \left(b^{1/3}(x_1 - x)\right)^{-1/4} \exp\left(-\frac{2}{3}(b^{1/3}(x_1 - x))^{3/2}\right)$$

$$= \frac{F}{b^{1/4}(x_1 - x)^{1/4}} \exp\left(-\frac{2}{3} b^{1/2}(x_1 - x)^{3/2}\right)$$

この二つが一致するためには，$F = G$ となればよい．

次に，$y_I(x)$ と $y_{IV}(x)$ を接続する．$x \to x_1$ において，(10.30) の $y_I(x)$ は，含まれる積分の範囲を x_1 からの二つの積分に分けて，以下のような漸近形とする：

$$y_I(x) \to \frac{2D}{[b(x - x_1)]^{1/4}} \sin\left[\int_x^{x_1} b^{1/2}(t - x_1)^{1/2}dt + \int_{x_1}^{x_0} \sqrt{Q(t)}dt + \frac{\pi}{4}\right]$$

$$= \frac{2D}{b^{1/4}(x - x_1)^{1/4}} \sin\left[-\frac{2}{3}b^{1/2}(x - x_1)^{3/2} + \int_{x_1}^{x_0} \sqrt{Q(t)}dt + \frac{\pi}{4}\right]$$

一方，(10.34) の $y_{IV}(x)$ は，(10.21) より $x \to +\infty$ で次のような形になる：

$$y_{IV}(x) \to \frac{2\sqrt{\pi}}{b^{1/6}} F \frac{\left[b^{1/3}(x - x_1)\right]^{-1/4}}{\sqrt{\pi}} \sin\left(\frac{2}{3}\left(b^{1/3}(x - x_1)\right)^{3/2} + \frac{\pi}{4}\right)$$

$$= \frac{-2F}{b^{1/4}(x - x_1)^{1/4}} \sin\left(-\frac{2}{3}b^{1/2}(x - x_1)^{3/2} - \frac{\pi}{4}\right)$$

上の二つの漸近形が一致するには，$F = -D$ となり，かつ $\sin$ の位相の差が 2π の整数倍にならなくてはいけない．つまり，$n = 0, \pm 1, \pm 2, \ldots$ として，

$$\left(\int_{x_1}^{x_0} \sqrt{Q(t)}dt + \frac{\pi}{4}\right) - \left(-\frac{\pi}{4}\right) = n\pi \longrightarrow \int_{x_1}^{x_0} \sqrt{Q(t)}dt = \left(n + \frac{1}{2}\right)\pi$$

となる．なお，$x_1 < x < x_0$ では $Q(x) > 0$ だから，上の積分は正でなければならないので，整数 n は $n = 0, 1, 2, \ldots$ と制約される．このように，$x_1 < x < x_0$ に解が存在するには，$Q(x)$ が上の条件を満たす場合，すなわち，離散的な値であることがわかる．これは波動現象，あるいは物質波としての量子力学の固有値問題に対応する．

第 11 章

11-1 $a \equiv \int_0^1 tf(t)dt$ とすると，$a = 1 + a$ となり，この場合には解は存在しない．

11-2 (a)

$$u(x) = \lambda \int_0^\pi \sin(x - t)u(t)\,dt = \lambda \int_0^\pi (\sin x \cos t - \sin t \cos x)\,u(t)\,dt$$

$$= \lambda \sin x \int_0^\pi \cos t \cdot u(t)\,dt - \lambda \cos x \int_0^\pi \sin t \cdot u(t)\,dt \equiv \lambda A \sin x - \lambda B \cos x$$

ここで定義した定数 A と B についての定積分を計算すると，以下のようになる：

$$A = \int_0^\pi \cos t \cdot u(t)\,dt = \lambda A \int_0^\pi \cos t \sin t\,dt - \lambda B \int_0^\pi \cos^2 t\,dt$$
$$= \frac{\lambda}{2}A \int_0^\pi \sin 2t\,dt - \frac{\lambda}{2}B \int_0^\pi (1+\cos 2t)dt = -\frac{\lambda}{2}B\pi$$

$$B = \int_0^\pi \sin t \cdot u(t)\,dt = \lambda A \int_0^\pi \sin^2 t\,dt - \lambda B \int_0^\pi \cos t \sin t\,dt$$
$$= \frac{\lambda}{2}A \int_0^\pi (1-\cos 2t)dt - \frac{\lambda}{2}B \int_0^\pi \sin 2t\,dt = \frac{\lambda}{2}A\pi$$

この二つの式から A について $A = -\lambda\pi B/2 = -(\lambda\pi/2)^2 A$ という条件があり,$A \neq 0$ のためには λ は以下でなくてはならない:

$$1 + \left(\lambda\frac{\pi}{2}\right)^2 = 0 \longrightarrow \lambda = \pm i\frac{2}{\pi}$$

この場合,$B = \lambda\pi A/2 = \pm iA$ となるので,

$$u(x) = \pm i\frac{2}{\pi}A\sin x - \left(\pm i\frac{2}{\pi}\right)(\pm iA)\cos x = \frac{2A}{\pi}(\pm i\sin x + \cos x) = \frac{2A}{\pi}e^{\pm ix}$$

(b)
$$f(x) = x^2 + x\int_0^1 yf(y)dy \equiv x^2 + ax$$
$$a = \int_0^1 yf(y)dy = \int_0^1 y(y^2 + ay)dy = \left[\frac{y^4}{4} + \frac{ay^3}{3}\right]_0^1 = \frac{1}{4} + \frac{a}{3}$$

より,$a = 3/8$ と求まる.よって,$f(x) = x^2 + 3x/8$.

(c) $t \equiv y - x$ と変数変換すると,積分範囲 $y : x \to \infty$ は $t : 0 \to \infty$ となるので
$$f(t) = e^{-|x|} + \lambda \int_0^\infty e^{-t}f(t+x)dt$$

ここで,両辺をフーリエ変換する.右辺の各項は以下のようになる:

$$\mathcal{F}\left[e^{-|x|}\right] = \int_{-\infty}^\infty e^{-|x|+ikx}dx = \int_0^\infty e^{(-1+ki)x}dx + \int_{-\infty}^0 e^{(1+ik)x}dx$$
$$= \left[\frac{e^{(-1+ik)x}}{-1+ik}\right]_0^\infty + \left[\frac{e^{(1+ik)x}}{1+ik}\right]_{-\infty}^0 = -\frac{1}{-1+ik} + \frac{1}{1+ik} = \frac{2}{1+k^2}$$

$$\mathcal{F}\left[\int_0^\infty \cdots dt\right] = \int_0^\infty dt \int_{-\infty}^\infty e^{-t}f(t+x)e^{ikx}dx = \int_0^\infty e^{-t}dt \int_{-\infty}^\infty f(z)e^{ik(z-t)}dz$$
$$= \int_0^\infty e^{-(1+ik)t}dt \int_{-\infty}^\infty f(z)e^{ikz}dz = \left[\frac{e^{-(1+ik)t}}{-(1+ik)}\right]_0^\infty \cdot \mathcal{F}[f(x)] = \frac{\mathcal{F}[f(x)]}{1+ik}$$

なお，ここでは $z = t + x$ の変数変換を用いた．よって，積分方程式は

$$\mathcal{F}[f(x)] = \frac{2}{1+k^2} + \frac{\lambda}{1+ik}\mathcal{F}[f(x)] \quad \longrightarrow \quad \mathcal{F}[f(x)] = \frac{2}{(k-(1-\lambda)i)(k+i)}$$

となり，$f(x)$ のフーリエ変換が求まった．あとは，この逆フーリエ変換を行えばよい：

$$f(x) = \frac{1}{\pi}\int_{-\infty}^{\infty}\frac{e^{-ikx}}{(k+i)(k-(1-\lambda)i)}dk = \oint_C \cdots dk$$

ジョルダンの補題（例題 1-9）より，$x < 0$ では積分路 C として上半面の C_1，$x > 0$ では下半面の C_2 を取れば，それぞれの無限半円ではゼロになるので，上式が成立する．$1 > \lambda$ より，それぞれの積分路内部の極は $k = (1-\lambda)i$ および $-i$ であるので，以下のように $f(x)$ が求まる：

$$f(x) = \frac{2\pi i}{\pi}\left[\frac{e^{-ikx}}{k+i}\right]_{k=(1-\lambda)i} = \frac{2}{2-\lambda}e^{(1-\lambda)x} \qquad (x < 0)$$

$$f(x) = -\frac{2\pi i}{\pi}\left[\frac{e^{-ikx}}{(k-(1-\lambda)i)}\right]_{k=-i} = \frac{2}{2-\lambda}e^{-x} \quad (x > 0)$$

(d) e^{-ax} を左辺に移行した後，両辺のラプラス変換を取ると，右辺の積分のラプラス変換は $\sin x$ と $f(x)$ の畳み込み (9.22) になっているので，(9.23) の形となって，

$$\int_0^{\infty}\left\{f(x) - e^{-ax}\right\}e^{-sx}dx = \lambda\mathcal{L}\left\{\int_0^x \sin(x-y)f(y)\right\}$$

$$\mathcal{L}\{f(x)\} - \int_0^{\infty}e^{-(s+a)x}dx = \lambda\mathcal{L}\{\sin x\}\cdot\mathcal{L}\{f(x)\}$$

$\text{Re}(s+a) > 0$ の条件で，左辺の積分は $\left[-\frac{e^{-(s+a)x}}{s+a}\right]_0^{\infty} = 1/(s+a)$ となる．一方，$\sin x$ のラプラス変換は

$$\mathcal{L}\{\sin x\} = \int_0^{\infty}\sin x\cdot e^{-sx}dx = \left[\frac{e^{-sx}}{-s}\sin x\right]_0^{\infty} + \frac{1}{s}\int_0^{\infty}\cos x\cdot e^{-sx}dx$$

$$= \left[\frac{e^{-sx}}{-s^2}\cos x\right]_0^{\infty} - \frac{1}{s^2}\int_0^{\infty}\sin x\cdot e^{-sx}dx = \frac{1}{s^2} - \frac{1}{s^2}\mathcal{L}\{\sin x\}$$

より，$\mathcal{L}\{\sin x\} = 1/(s^2+1)$ となる．よって，$\mathcal{L}\{f(x)\}$ が求まる：

$$\mathcal{L}\{f(x)\} - \frac{1}{s+a} = \frac{\lambda}{s^2+1}\mathcal{L}\{f(x)\} \quad \longrightarrow \quad \mathcal{L}\{f(x)\} = \frac{s^2+1}{(s^2+1-\lambda)(s+a)}$$

後は，この逆ラプラス変換を行えばよい：

$$f(x) = \frac{1}{2\pi i}\int_{c-i\infty}^{c+i\infty}\frac{s^2+1}{s^2+(1-\lambda)}\frac{e^{sx}}{s+a}ds$$

ここで，$\lambda < 1, a > 0$ の条件より，分母がゼロとなる極は $s = -a, \pm i\sqrt{1-\lambda}$ となって，すべて複素平面 s の左半分に位置する．$x > 0$ のときは，左半円と上の積分路は同じ値を与えるので，これら三つの極での留数を計算すれば，$f(x)$ が求まる：

$$f(x) = \frac{1}{2\pi i} 2\pi i \left\{ \left[\frac{s^2+1}{s+i\sqrt{1-\lambda}} \frac{e^{sx}}{s+a} \right]_{s=i\sqrt{1-\lambda}} + \left[\frac{s^2+1}{s-i\sqrt{1-\lambda}} \frac{e^{sx}}{s+a} \right]_{s=-i\sqrt{1-\lambda}} \right.$$

$$\left. + \left[\frac{s^2+1}{s^2+(1-\lambda)} e^{sx} \right]_{s=-a} \right\}$$

$$= \frac{a^2+1}{a^2+(1-\lambda)} e^{-ax} + \frac{\lambda}{2i\sqrt{1-\lambda}} \frac{e^{i\sqrt{1-\lambda}x}}{a+i\sqrt{1-\lambda}} - \frac{\lambda}{2i\sqrt{1-\lambda}} \frac{e^{-i\sqrt{1-\lambda}x}}{a-i\sqrt{1-\lambda}}$$

$$= \frac{a^2+1}{a^2+(1-\lambda)} e^{-ax} + \frac{\lambda}{2i\sqrt{1-\lambda}} \frac{2i}{a^2+(1-\lambda)} \left(a\sin\sqrt{1-\lambda}x - \sqrt{1-\lambda}\cos\sqrt{1-\lambda}x \right)$$

$$= \frac{1}{a^2+(1-\lambda)} \left\{ (a^2+1)e^{-ax} + \frac{\lambda}{\sqrt{1-\lambda}} \left(a\sin\sqrt{1-\lambda}x - \sqrt{1-\lambda}\cos\sqrt{1-\lambda}x \right) \right\}$$

11-3 (a) 図のように 2 本の波線を考えると，それに直交する波面 AD から BC までかかる時間が同じでなくてはならない．DC 間は速度 v_1 で，AB 間は v_2 でそれぞれ進む．DC $=$ AC$\cdot\sin\theta_1$, AB $=$ AC $\cdot \sin\theta_2$ なので，

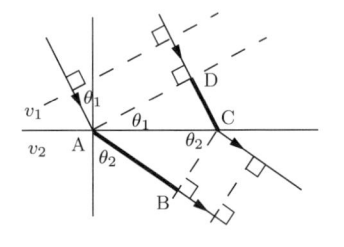

$$\frac{\text{DC}}{v_1} = \frac{\text{AB}}{v_2} \longrightarrow \frac{\text{AC}\cdot\sin\theta_1}{v_1} = \frac{\text{AC}\cdot\sin\theta_2}{v_2}$$

と，スネルの法則が導かれる．

(b) 一番深くまで波線が到達した場所では，角度 $i = \pi/2$ なので，(a) の結果から

$$p = \frac{\sin i_0}{v_0} = \frac{\sin \pi/2}{v(Z(p))} = \frac{1}{v(Z(p))}$$

(c) 波線の微小線分 ds の (x,z) 成分である (dx,dz) を考えると，$pv = \sin i$ より，

$$dx = ds\cdot\sin i = \tan i \cdot dz = \frac{pv}{\sqrt{1-p^2v^2}}dz = \frac{p}{\sqrt{v^{-2}-p^2}}dz$$

よって，この式を積分すると，

$$X(p) = 2\int_0^{Z(p)} dx = 2\int_0^{Z(p)} \tan i\, dz = 2\int_0^{Z(p)} \frac{p\,dz}{\sqrt{v^{-2}-p^2}}$$

(d) 微小線分 ds を伝搬するのに必要な時間 dt は，以下のようになるので，

$$dt = \frac{ds}{v} = \frac{dz}{v\cos i} = \frac{dz}{v\sqrt{1-p^2v^2}} = \frac{v^{-2}}{\sqrt{v^{-2}-p^2}}dz$$

$$T(p) = 2\int_0^{Z(p)} dt = 2\int_0^{Z(p)} \frac{v^{-2}dz}{\sqrt{v^{-2}-p^2}}$$

(e) 地表面に入射する隣接する 2 本の波線を図のように考えると，その長さの違い ds は，走時差 dT と距離の差 dX とすると，$v_0 dT = ds = \sin i_0 dX$ の関係があるので，$dT/dX = \sin i_0/v_0 = p$.

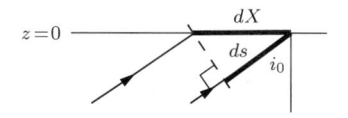

(f) (c) の z の積分範囲 $0 \to Z(p)$ は，変数 v^{-2} では $v_0^{-2} \to v(Z(p))^{-2} = p^2$ なので，

$$\frac{X(p)}{2p} = \int_0^{Z(p)} \frac{dz}{\sqrt{v^{-2}-p^2}} = \int_{v_0^{-2}}^{p^2} \frac{dz/d(v^{-2})}{\sqrt{v^{-2}-p^2}} d(v^{-2})$$

(g) まず，アーベルの積分方程式 (11.5) に (f) の式が対応するように変数変換する．$\xi \to a-\xi, x \to a-x$ とすると，積分範囲は $0 \to x$ から $a \to x$ となり，

$$t(x) = \int_0^x \frac{f(\xi)}{\sqrt{x-\xi}} d\xi \longrightarrow t(x) = \int_a^x \frac{f(\xi)(-d\xi)}{\sqrt{(a-x)-(a-\xi)}} = \int_x^a \frac{f(\xi)}{\sqrt{\xi-x}} d\xi$$

と積分方程式は表される．$t(x) \leftrightarrow X(p)/2p$, $x \leftrightarrow p^2$, $\xi \leftrightarrow v^{-2}$ に対応させれば，(f) の結果と一致する．また，積分範囲は $z=0$ で $v^{-2} = v_0^{-2}$ に当たるので

$$\frac{dz}{d(v^{-2})} = -\frac{1}{\pi} \frac{d}{d(v^{-2})} \int_{v_0^{-2}}^{v^{-2}} \frac{X(p)/2p}{\sqrt{p^2-v^{-2}}} d(p^2)$$

よって

$$z(v) = -\frac{1}{\pi} \int_{v_0^{-1}}^{v^{-1}} \frac{X(p)}{\sqrt{p^2-v^{-2}}} dp$$

(h) (g) の結果における積分で，$p \to pv$ と変数変換し，

$$\frac{d\cosh x}{dx} = \sinh x = \sqrt{\cosh^2 x - 1} \longrightarrow \frac{d\cos h^{-1} x}{dx} = \frac{1}{\sqrt{x^2-1}}$$

という性質を利用すると，この積分は

$$\int_{v_0^{-1}}^{v^{-1}} \cdots dp = \int_{\frac{v}{v_0}}^{1} \frac{X(p)}{\sqrt{(pv)^2-1}} d(pv) = \int_{\cosh^{-1}\left(\frac{v}{v_0}\right)}^{0} X(p) \, d\left(\cosh^{-1}(pv)\right)$$

$$= \left[X(p) \cdot \cosh^{-1}(pv)\right]_{\cosh^{-1}\left(\frac{v}{v_0}\right)}^{0} - \int_0^{X(v^{-1})} \cosh^{-1}(pv) \, dX$$

よって，以下のように速度の深さ分布（つまり，深さの速度分布）が表現できる：

$$z(v) = \frac{1}{\pi}\int_0^{X(v^{-1})} \cosh^{-1}(pv)\,dX$$

11-4 (a)
$$u(x) = x + x\int_0^x yu(y)dy, \quad \frac{du}{dx} = 1 + \int_0^x yu(y)dy + x^2 u(x)$$

du/dx の積分は $u(x)$ にある積分と同じなので,

$$x\frac{du}{dx} = x + x\int_0^x yu(y)dy + x^3 u(x) = u(x) + x^3 u(x) = (1+x^3)u(x)$$

$$\frac{du}{u} = \left(\frac{1}{x} + x^2\right)dx \longrightarrow \ln u = \ln x + \frac{x^3}{3} + C' \longrightarrow u = Cxe^{\frac{x^3}{3}}$$

ここで, C は不定定数である. これを元の積分方程式に代入すると,

$$u(x) = x + Cx\int_0^x y^2 e^{y^3/3}dy = x + Cx\left[e^{y^3/3}\right]_0^x$$
$$= x + Cx\left(e^{x^3/3} - 1\right) = Cxe^{x^3/3} + (1-C)x$$

つまり, $C=1$ となり, 結局, $u(x) = xe^{x^3/3}$ が得られる.

(b) $f(x)$ は積分方程式から偶関数であるので,

$$F(\omega) \equiv 2\int_0^\infty f(x)\cos\omega\,dx, \quad f(x) = \frac{1}{\pi}\int_0^\infty F(\omega)\cos\omega x\,d\omega$$

のように cos のフーリエ変換を定義すると, 元の積分方程式は

$$f(x) = e^{-|x|} + \lambda F(x)/2 \tag{$*$}$$

となる. これをフーリエ変換の定義式に代入すると

$$F(\omega) = 2\int_0^\infty f(x)\cos\omega x\,dx = 2\int_0^\infty e^{-|x|}\cos\omega x\,dx + \lambda\int_0^\infty F(x)\cos\omega x\,dx$$

右辺の最後の積分は, 逆フーリエ変換と同じなので, $\pi f(\omega)$ となる. 右辺の最初の積分を I とすると, 部分積分から

$$I \equiv \int_0^\infty e^{-x}\cos\omega x\,dx = \left[\frac{e^{-x}}{\omega}\sin\omega x\right]_0^\infty + \frac{1}{\omega}\int_0^\infty e^{-x}\sin\omega x\,dx$$
$$= -\left[\frac{1}{\omega^2}e^{-x}\cos\omega x\right]_0^\infty - \frac{1}{\omega^2}\int_0^\infty e^{-x}\cos\omega x\,dx = \frac{1}{\omega^2} - \frac{I}{\omega^2}$$

と, $I = 1/(\omega^2+1)$ が求まる. すなわち, $F(x) = 2/(x^2+1) + \pi\lambda f(x)$ となり, 式 $(*)$ と合わせて,

$$f(x) - e^{-|x|} = \frac{\lambda}{x^2+1} + \frac{\pi}{2}\lambda^2 f(x) \longrightarrow f(x) = \frac{2}{2-\pi\lambda^2}\left(\frac{\lambda}{x^2+1} + e^{-|x|}\right)$$

11-5 ヒントに従うと，次のようになる：

$$\int_0^z \frac{f(x)dx}{\cdots} = \int_0^z dx \int_0^x \frac{\psi(y)dy}{(x-y)^\alpha (z-x)^{1-\alpha}} = \int_0^z dy\, \psi(y) \int_y^z \frac{dx}{(x-y)^\alpha (z-x)^{1-\alpha}}$$

右辺の x についての積分で $(x-y)/(z-y) \equiv \zeta$ と x から変数変換すると，$x : y \to z$ の積分範囲は $\zeta : 0 \to 1$ に対応し，$dx = (z-y)d\zeta$ および $z - x = z - (y+(z-y)\zeta) = (z-y)(1-\zeta)$ より，ヒントの積分の形になる：

$$\int_y^z \frac{dx}{\cdots} = \int_0^1 \frac{(z-y)\,d\zeta}{(z-y)^\alpha \zeta^\alpha (z-y)^{1-\alpha}(1-\zeta)^{1-\alpha}} = \int_0^1 \frac{d\zeta}{(1-\zeta)^{1-\alpha}\zeta^\alpha} = \frac{\pi}{\sin \alpha\pi}$$

よって，最初の積分が次のように示され，両辺を z で微分すると以下のように求まる ($\alpha = 1/2$ で，11.2 節の結果である (11.8) 式と同じになる)：

$$\int_0^z \frac{f(x)}{(z-x)^{1-\alpha}}dx = \frac{\pi}{\sin\alpha\pi} \int_0^z \psi(y)dy \longrightarrow \psi(z) = \frac{\sin\alpha\pi}{\pi}\frac{d}{dz}\int_0^z \frac{f(x)}{(z-x)^{1-\alpha}}dx$$

11-6 (a) $f(\vec{x}, \vec{p}, t)$ の $t \sim (t+dt)$ 間の変化は，$\vec{p_0} \to \vec{p}$ と移動する粒子の総和なので，

$$f(\vec{x}, \vec{p}, t+dt) - f(\vec{x}, \vec{p}, t) = \int\int\int_{-\infty}^\infty W(\vec{p} \leftarrow \vec{p_0}) f(\vec{x}, \vec{p_0}, t) d^3p_0 \cdot dt$$

よって，$dt \to 0$ で以下のような積分方程式となる：

$$\frac{\partial f(\vec{x}, \vec{p}, t)}{\partial t} = \int\int\int_{-\infty}^\infty W(\vec{p} \leftarrow \vec{p_0}) f(\vec{x}, \vec{p_0}, t) d^3p_0$$

(b) フーリエ変換は

$$\phi(\vec{p}) = \frac{1}{(2\pi\hbar)^{3/2}} \int\int\int_{-\infty}^\infty \psi(\vec{x}) e^{-i\vec{p}\cdot\vec{x}/\hbar} d^3x$$

より，この右辺と同じような積分操作を与えられた方程式の両辺に行うと，

$$\frac{1}{(2\pi\hbar)^{3/2}}\left[-\frac{\hbar^2}{2m}\int\int\int \left(\nabla^2 \psi(\vec{x})\right) e^{-i\vec{p}\cdot\vec{x}/\hbar} d^3x \right.$$
$$\left. + \int\int\int V(\vec{x},\vec{p})\psi(\vec{x}) e^{-i\vec{p}\cdot\vec{x}/\hbar} d^3x \right] = \frac{E}{(2\pi\hbar)^{3/2}} \int\int\int \psi(\vec{x}) e^{-i\vec{p}\cdot\vec{x}/\hbar} d^3x$$

となる．この両辺の ψ に逆フーリエ変換の形を代入すると，$\nabla^2\psi \propto -p^2\psi/\hbar^2$ より

$$\frac{p^2}{2m}\phi(\vec{p}) + \frac{1}{(2\pi\hbar)^{3/2}} \int\int\int d^3x \int\int\int d^3p' V(\vec{x},\vec{p})\phi(\vec{p'}) e^{i(\vec{p'}-\vec{p})\cdot\vec{x}/\hbar} = E\phi(\vec{p})$$

すなわち，以下のような積分方程式となる：

$$\left(E - \frac{p^2}{2m}\right)\phi(\vec{p}) = \frac{1}{(2\pi\hbar)^{3/2}} \int\int\int_{-\infty}^\infty d^3x \int\int\int_{-\infty}^\infty d^3p' V(\vec{x},\vec{p})\phi(\vec{p'}) e^{i(\vec{p'}-\vec{p})\cdot\vec{x}/\hbar}$$

参考文献

- 有馬朗人, 神部 勉, 『複素関数論—物理のための数学入門』, 共立出版, pp.220, 1991.
- 犬井鉄朗, 『特殊関数』(岩波全書 252), 岩波書店, pp.376, 1962.
- 小野寺 嘉孝, 『なっとくする複素関数』, 講談社, pp.158, 2000.
- シュワルツ, 『超関数の理論』(岩村 聯 訳), 岩波書店, pp.410, 1971.
- スミルノフ, 『スミルノフ高等数学教程 6』(3巻2部第1分冊)(福原 満州雄 訳), 共立出版, pp.273, 1959.
- スミルノフ, 『スミルノフ高等数学教程 7』(3巻2部第2分冊)(福原 満州雄 訳), 共立出版, pp.329, 1959.
- 時弘哲治, 『工学における特殊関数』, 共立出版, pp.244, 2006.
- ファーロウ, 『偏微分方程式—科学者・技術者のための使い方と解き方』(伊理正夫, 伊理由美 訳), 朝倉書店, pp.424, 1996.
- 藤田 宏, 吉田耕作, 『現代解析入門』(岩波基礎数学選書), 岩波書店, pp.456, 2002.
- 森口繁一, 宇田川 兼久, 一松 信, 『特殊函数 岩波数学公式』, 岩波書店, pp.332, 1987.
- Milton Abramowitz and Irene A. Stegun, *Handbook of Mathematical Functions, with Formulas, Graphs and Mathematical Tables*, Dover Pub., pp.1046, 1972.
- Keiiti Aki and Paul G. Richards, *Quantitative Seismology, 2nd ed.*, University Science Books, pp.700, 2002
- Carl M. Bender and Steven A. Orszag, *Advanced Mathematical Methods for Scientists and Engineers*, McGraw-Hill Book Company, pp.593, 1978.
- Jon Mathews and Robert Walker, *Mathematical Methods of Physics*, Addison-Wiley, pp.501, 1970.
- Phillip M. Morse and Herman Feshbach, *Methods of Theoretical Physics, Part 1*, McGraw-Hill, pp.997, 1953.

- Phillip M. Morse and Herman Feshbach, *Methods of Theoretical Physics, Part 2*, McGraw-Hill, pp.1008, 1953.
- K.F. Riley, M.P. Hobson, and S.J. Bence, *Mathematical Methods for Physics and Engineering, 3rd ed.*, Cambridge University Press, pp.1333, 2006.

重要公式等の抜粋

留数定理（$f(z)$ が z_0 で k 位の極を取る場合）：(1.18)

$$\mathrm{Res}(z_0) = \frac{1}{(k-1)!} \left[\left(\frac{d}{dz}\right)^{k-1} \left[(z-z_0)^k f(z)\right] \right]_{z=z_0}$$

球座標でのラプラシアン：(2.10)

$$\nabla^2 \psi = \left[\frac{1}{r^2} \frac{\partial}{\partial r}\left(r^2 \frac{\partial}{\partial r}\right) + \frac{1}{r^2} \frac{1}{\sin\theta} \frac{\partial}{\partial \theta}\left(\sin\theta \frac{\partial}{\partial \theta}\right) + \frac{1}{r^2} \frac{1}{\sin^2\theta} \frac{\partial^2}{\partial \phi^2} \right] \psi(r,\theta,\phi)$$

円筒座標でのラプラシアン：(2.13)

$$\nabla^2 \psi = \left[\frac{1}{r} \frac{\partial}{\partial r}\left(r \frac{\partial}{\partial r}\right) + \frac{\partial^2}{r^2 \partial \phi^2} + \frac{\partial^2}{\partial z^2} \right] \psi(r,\phi,z)$$

ルジャンドルの微分方程式：(3.14)

$$(1-x^2)\frac{d^2 y}{dx^2} - 2x\frac{dy}{dx} + \left\{ n(n+1) - \frac{m^2}{1-x^2} \right\} y = 0$$

ルジャンドル多項式およびその積分表示式：(3.24), (3.25)

$$P_n(x) = \frac{1}{2^n n!} \left(\frac{d}{dx}\right)^n (x^2-1)^n = \frac{1}{2^n} \frac{1}{2\pi i} \oint_C \frac{(t^2-1)^n}{(t-x)^{n+1}} dt$$

ルジャンドル多項式の母関数：(3.28)

$$\frac{1}{\sqrt{1-2hx+h^2}} = \sum_{n=0}^{\infty} h^n P_n(x)$$

ルジャンドル多項式の直交性：(3.30)

$$\int_{-1}^{1} P_m(x) P_n(x) dx = \frac{2}{2n+1} \delta_{mn}$$

ルジャンドル陪関数： (3.42), (3.57)

$$P_n^m(x) = (1-x^2)^{\frac{m}{2}} \left(\frac{d}{dx}\right)^m P_n(x),$$

$$P_n^{-m}(x) = (-1)^m \frac{(n-m)!}{(n+m)!} P_n^m(x) \quad (0 \leq m \leq n)$$

球面調和関数： (3.44)

$$Y_{lm}(\theta, \phi) = \left[\frac{2l+1}{4\pi} \frac{(l-|m|)!}{(l+|m|)!}\right]^{\frac{1}{2}} P_l^{|m|}(\cos\theta) e^{im\phi} \times \begin{cases} (-1)^m & (m \geq 0) \\ 1 & (m < 0) \end{cases}$$

ルジャンドル多項式の加法定理： (3.54), (3.55)

$$P_l(\cos\psi) = \frac{4\pi}{2l+1} \sum_{m=-l}^{l} Y_{lm}^*(\theta', \varphi') Y_{lm}(\theta, \varphi)$$

$$= P_l(\cos\theta) P_l(\cos\theta') + 2 \sum_{m=1}^{l} \frac{(l-m)!}{(l+m)!} P_l^m(\cos\theta) P_l^m(\cos\theta') \cos m(\varphi - \varphi')$$

ベッセルの微分方程式： (4.5)

$$x^2 \frac{d^2 y}{dx^2} + x \frac{dy}{dx} + (x^2 - m^2) y = 0$$

ベッセル関数： (4.7)

$$J_m(x) = \frac{1}{m!} \left(\frac{x}{2}\right)^m \left[1 - \frac{1}{m+1}\left(\frac{x}{2}\right)^2 + \frac{1}{(m+1)(m+2)} \frac{1}{2!} \left(\frac{x}{2}\right)^4 + \cdots\right]$$

$$= \sum_{n=0}^{\infty} \frac{(-1)^n}{n! \, \Gamma(m+n+1)} \left(\frac{x}{2}\right)^{m+2n}$$

ベッセル関数の母関数および積分表示式： (4.19), (4.21)

$$\exp\left(\frac{x}{2}\left(h - \frac{1}{h}\right)\right) = \sum_{n=-\infty}^{\infty} h^n J_n(x), \qquad J_n(x) = \frac{1}{2\pi i} \oint_C \frac{\exp\left(\frac{x}{2}\left(t - \frac{1}{t}\right)\right)}{t^{n+1}} dt$$

ベッセル関数および第1種ハンケル関数の漸近形： (5.27), (5.29)

$$J_n(x) \simeq \sqrt{\frac{2}{\pi x}} \cos\left(x - \frac{n\pi}{2} - \frac{\pi}{4}\right)$$

$$H_n^{(1)}(x) \simeq \sqrt{\frac{2}{\pi x}} \exp\left[i\left(x - \frac{n\pi}{2} - \frac{\pi}{4}\right)\right] \quad (x \to \infty)$$

索　引

ア

アーベルの積分方程式 (Abel's integral equation), 189, 200
　一般形 (general form), 201
アーベル問題 (Abel's problem), 188
鞍部点 (saddle point), 98
鞍部点法 (saddle point method), 100
1価関数 (single-valued function), 18
因果律 (causality), 29, 150
インパルス応答 (impulse responose), 161
ウエーブレット変換 (wavelet transform), 163
エアリー関数 (Airy function), 107, 182, 219
　漸近形 (asymptotic form), 108, 182
　微分方程式 (differential equation), 43, 107, 181
エネルギー準位 (energy level), 114, 121, 126
エルミート多項式 (Hermite polynomial), 37, 114
　級数展開 (series expansion), 118
　積分表示式 (integral representation), 118
　漸化式 (recurrence relation, recursive equation), 126

直交性 (orthogonality), 118
微分方程式 (differential equation), 114
母関数 (generating function), 119
ロドリゲス公式 (Rodrigues' formula), 116
遠心力 (eccentric force), 71
円筒座標 (cylindrical coordinate), 34, 74
円筒波 (cylindrical wave), 91
応力テンソル (stress tensor), 44

カ

階段関数 (step function), 30, 160, 164
回転楕円体 (ellipsoid of revolution), 71
ガウス・グリーンの定理 (Gauss-Green's theorem), 8, 156
核 (kernel), 187
　縮退 (degenerate), 192, 193, 201
拡散方程式 (diffusion equation), 32, 133, 161
角周波数 (angular frequency), 26, 44, 90, 110, 142, 149, 184
確定特異点 (regular singular point), 37, 39, 43, 61, 75, 120

関数空間 (function space), 129
　1 次独立 (linear independence), 129
　重み関数 (weight function), 128
　完全系 (complete system), 130
　正規直交性 (orthonormality), 128, 160
　内積 (inner product), 129
　ノルム (Norm), 129
慣性モーメント (moment of inertia), 71
ガンマ関数 (gamma function), 30, 31, 43, 58, 78, 171
　漸近形 (asymptotic form), 95, 106
　漸近展開 (asymptotic expansion), 105
幾何光学 (geometrical optics), 185
ギブスの現象 (Gibbs phenomenon), 132, 138
逆フーリエ変換 (inverse Fourier transform), 142
逆問題 (inverse problem), 187
　一意性 (uniqueness), 188
球座標 (spherical coordinate), 33, 48, 63, 89
球ベッセル関数 (spherical Bessel function), 77, 87, 90, 91
球面調和関数 (spherical harmonics functions), 64, 89, 119, 124
　級数展開 (series expansion), 64, 89, 90
　偶奇性 (parity), 70
　正規直交性 (orthonormality), 64, 70
球面波 (spherical wave), 91
極 (pole), 13
クーロン力 (Coulomb force), 119
くし型関数 (comb function), 154

クラマース・クローニヒの関係式 (Kramers-Kronig relation), 211
グリーン関数 (Green's function), 149, 156, 157, 161, 186, 192
　ラプラス方程式 (Laplace equation), 156
グルサの公式 (Goursat's formula), 10, 56, 118, 127
減衰 (attenuation), 31
減衰振動 (damped oscillation), 158
合流型超幾何関数（級数）(confluent hypergeometric function or series), 37, 43–45, 121
コーシーの積分公式 (Cauchy's integral formula), 8
コーシーの積分定理 (Cauchy's theorem), 7
コーシー・リーマンの微分方程式 (Cauchy-Riemann differential equations), 6, 98
誤差関数 (error function), 37
固有値 (eigenvalue), 187, 194, 199
固有値問題 (eigenvalue problem), 89, 114, 121, 134, 185
孤立特異点 (isolated singular point), 11

サ

最急降下法 (method of steepest descent), 100
三角関数 (trigonometric function)
　重み関数 (weight function), 131
　完全系 (complete system), 131
　正規直交性 (orthonormality), 131, 137
散乱 (scattering), 91, 195
　一次散乱 (single scattering), 197
ジオイド (geoid), 72

磁気量子数 (magnetic quantum number), 124
指数方程式 (indicial equation), 42
自転軸 (rotation axis), 71
周期 (period), 142
重心 (center of mass), 69
収束半径 (radius of convergence), 10
主値積分（コーシーの）(Cauchy principal value), 17, 173
主量子数 (principal quantum number), 124
シュレディンガー方程式 (Schrödinger equation), 32, 110, 119, 202
順問題 (forward problem), 188
常微分方程式 (ordinary differential equation), 33, 36
　級数解 (series), 39
ジョルダンの補題 (Jordan's lemma), 16, 28
振幅 (amplitude), 26, 180, 276
水平スローネス (horizontal slowness), 26
水平成層構造 (horizontally layered structure), 26, 34, 44, 198
スターリングの公式 (Stirling's formula), 95, 105
ストークス現象 (Stokes phenomenon), 85, 245
スネルの法則 (Snell's law), 26, 200
スピン (spin), 68
正則関数 (regular function), 5
正則点 (ordinary point), 39, 51, 112
積分方程式 (integral equation)
　エルミート性 (Hermitian), 192
　斉次，同次型 (homogeneous), 192
　正定値 (positive definite), 192
　対称 (symmetric), 192
　反対称 (anti-symmetric), 192
　非斉次，非同次型 (inhomogeneous), 192
　フレッドホルム型 (Fredholm type), 191
　ボルテラ型 (Volterra type), 192
走時 (travel time), 188, 200, 276
ゾンマーフェルト積分 (Sommerfeld integal), 106

タ

台 (support), 159
多価関数 (multi-valued function), 19
WKBJ 法 (WKBJ method), 108, 177, 184
弾性運動方程式 (elastodynamic equation), 43, 44, 92
超関数 (distribution), 145, 152, 158
　微分 (differentiation), 159
超幾何関数（級数）（ガウスの）(Gauss's hypergeometric function or series), 36, 43, 44
調和振動 (harmonic oscillation), 110
直交座標 (rectangular or Cartesian coordinate), 33, 47
低速度層 (low velocity layer), 191
停留値法 (method of stationary phase), 97, 100, 109
停留点 (stationary point), 95
デルタ関数（ディラックの）(Dirac's delta function), 145, 152, 157, 160, 171
　フーリエ変換 (Fourier transform), 146, 155
転移点 (turning point), 181
透過係数 (transmission coefficient), 198
特殊関数 (special functions), 34

級数解 (series), 38
正規直交性 (orthnormality), 38
積分表示式 (integral representation), 38
漸化式 (recurrence relation, recursive equation), 38
直交性 (orthogonality), 38
母関数 (generating function), 38
トモグラフィ(tomography), 188

ナ

ナビア・ストークスの方程式 (Navier-Stokes equation), 43
2価関数 (double-valued function), 19
ノイマン関数 (Neumann function), 75, 84, 88
　　漸近形 (asymptotic form), 85, 102
ノイマン展開 (Neumann series or solution), 195

ハ

パーシバルの定理 (Parseval's theorem), 146, 174
波数 (wavenumber), 44, 90, 143, 179
波線 (ray), 185
波線パラメータ (ray parameter), 26, 200
波線理論 (ray theory), 185
　　陰の部分 (shadow zone), 191
波長 (wavelength), 143
波動方程式 (wave equation), 32, 148, 184
パワースペクトル (power spectrum), 140
汎関数 (functional), 145, 158
ハンケル関数 (Hankel function), 81, 84
　　積分表示式 (integral representation), 83, 84, 100
　　漸近形 (asymptotic form), 85, 100
　　第1種 (first kind), 83
　　　　漸近形 (asymptotic form), 102
　　第2種 (second kind), 83
　　　　漸近形 (asymptotic form), 102
ハンケル変換 (Hankel transform), 171
反射係数 (reflection coefficient), 198
歪みテンソル (strain tensor), 44
表現定理 (representation theorem), 9, 193
表面波 (surface wave), 27
ヒルベルト変換 (Hilbert transform), 173
フーリエ級数展開 (Fourier series expansion), 132, 170
　　複素フーリエ級数 (complex Fourier series), 136
フーリエの積分定理 (Fourier integral theorem), 143
フーリエ・ベッセル変換 (Fourier-Bessel transform), 171, 175
フーリエ変換 (Fourier transform), 107, 142, 199, 201
　　座標移動 (shift-rule), 158
　　積分 (integral), 158
　　多重フーリエ変換 (multi Fourier transform), 147
　　畳み込み (convolution), 147
　　二重フーリエ変換 (double Fourier transform), 143
　　微分 (differentiation), 158
フーリエ変換対 (Fourier transform pair), 142
不確定特異点 (irregular singular

point), 39, 43, 111
複素関数 (function of a complex variable), 4
　解析関数 (analytic function), 5
　解析的 (analytic), 5
　正則 (regular), 5
　正則点 (regular point), 5
　テイラー展開 (Taylor's expansion), 10
　特異点 (singular point), 5, 10, 13
　微分可能 (differentiable), 5
複素共役 (complex conjugate), 4
複素数 (complex variable, complex number), 3
　位相 (phase), 3
　虚部 (imaginary part), 3
　実部 (real part), 3
　絶対値 (absolute value, magnitude), 3
　偏角 (argument), 3
複素平面 (complex plane), 3
フックス型微分方程式 (Fuchsian equations), 37
フレッドホルムの積分定理 (Fredholm's integration theorems), 194
フレネル積分 (Fresnel integral), 18, 96, 105, 108
フロベニウスの方法 (Frobenius method), 43
分岐 (branch), 21
分岐カット (branch cut), 21, 23, 24, 27, 31, 72, 82, 168
分岐点 (branch point), 22
分散公式 (dispersion relations), 30, 174
平面波 (plane wave), 26, 44, 91
ベータ関数 (beta function), 31, 58
ベッセル関数 (Bessel function), 35, 37, 43, 46, 75

加法定理 (addition theorem), 81, 88
級数展開 (series expansion), 80
積分表示式 (integral representation)
　シュレーフリ (Schläfli), 81, 88
　ベッセル (Bessel), 88, 106, 170
漸化式 (recurrence relation, recursive equation), 76, 77, 89
漸近形 (asymptotic form), 85, 102
直交性 (orthogonality), 78
微分方程式 (differential equation), 34, 41, 75, 92, 168
母関数 (generating function), 80, 88, 91
ベッセルの不等式 (Bessel inequality), 129
ヘルムホルツ方程式 (Helmholtz equation), 34, 74, 90, 149, 161, 196
変形されたベッセル関数 (modified Bessel function), 87
　漸近形 (asymptotic form), 106
変数分離 (separation of variables), 33, 47, 74, 89, 133
偏微分方程式 (partial differential equation), 32
　双曲線型 (hyperbolic), 33
　楕円型 (elliptic), 33
　放物線型 (parabolic), 33
ホイッタカーの方程式 (Whittaker equation), 45
方位量子数 (azimuthal quantum number), 124
包絡線 (envelope), 174
ボーア半径 (Bohr radius), 123
ボルン近似 (Born approximation), 197

マ

メラン変換 (Mellin transform), 172
  逆メラン変換 (inverse Mellin transform), 172
  畳み込み (convolution), 176

ヤ

ヤコビの多項式 (Jacobi polynomial), 127
  直交性 (orthogonality), 127
  微分方程式 (differential equation), 127
輸送方程式 (transfer equation), 202
余弦定理 (law of cosines)
  球面三角法 (spherical trigonometry), 66, 69

ラ

ライプニッツの法則 (Leipniz's law), 122
ラゲール多項式 (Laguerre polynomial), 37, 122
  一般化した微分方程式 (associated Laguerre equation), 122
  一般化したラゲール多項式 (associated Laguerre polynomial), 123
  漸化式 (recurrence relation, recursive equation), 127
  直交性 (orthogonality), 123
  微分方程式 (differential equation), 122
  母関数 (generating function), 123, 130
ラプラスの方法 (Laplace's method), 94, 100, 103, 108
ラプラス変換 (Laplace transform), 164
  逆ラプラス変換 (inverse Laplace transform), 164, 165
  座標移動 (shift-rule), 167
  積分 (integral), 167
  畳み込み (convolution), 175, 199
  微分 (differentiation), 166
ラプラス方程式 (Laplace equation), 32, 47, 89
ラメの定数 (Lamé constants), 44
リーマンの P 関数 (Riemann's P function), 37
リーマン面 (Riemann sheet), 22, 27
留数 (residue), 13
留数定理 (the theorem of residues), 13
ルジャンドル関数 (第2種) (Legendre function of the second kind), 59
ルジャンドル多項式 (Legendre polynomial), 37, 43, 50, 53
  加法定理 (addition theorem), 68, 70, 71
  級数展開 (series expansion), 59
  積分表示式 (integral representation)
    シュレーフリ (Schläfli), 56, 68, 72
    ラプラス (Laplace), 56, 68
  漸化式 (recurrence relation, recursive equation), 57, 68
  直交性 (orthogonality), 58, 70
  微分方程式 (differential equation), 44, 49, 51, 61
  母関数 (generating function), 56, 68, 69
  ロドリゲス公式 (Rodrigues' formula), 54, 58, 127
ルジャンドル陪関数 (associated Legendre function), 50, 62

漸化式 (recurrence relation, recursive equation), 70
直交性 (orthogonality), 70
ローラン展開 (Laurent expansion), 11

ロンスキアン (Wronskian), 87

著者略歴

蓬田 清（よもぎだ きよし）

- 1957 年　川崎市生まれ
- 1985 年　（米）マサチューセッツ工科大学　Ph.D.
- 現　在　北海道大学 大学院理学研究院 名誉教授
- 専　門　地球惑星内部物理学，特に波動伝搬などに関する理論地震学

演習形式で学ぶ
特殊関数・積分変換 入門
Self-study guide to special functions and integral transforms in practice

2007 年 1 月 30 日　初版 1 刷発行
2023 年 4 月 25 日　初版 6 刷発行

著　者　蓬田　清 © 2007
発行者　南條光章
発　行　共立出版株式会社
　　　　東京都文京区小日向 4 丁目 6 番 19 号
　　　　電話 東京（03）3947-2511 番（代表）
　　　　郵便番号 112-8700
　　　　振替口座 00110-2-57035 番
　　　　URL http://www.kyoritsu-pub.co.jp/

印　刷
製　本　啓文堂

検印廃止

NDC 414.7, 921.5
ISBN 978-4-320-01829-7

一般社団法人 自然科学書協会 会員

Printed in Japan

JCOPY　<出版者著作権管理機構委託出版物>
本書の無断複製は著作権法上での例外を除き禁じられています．複製される場合は，そのつど事前に，出版者著作権管理機構（TEL：03-5244-5088，FAX：03-5244-5089，e-mail：info@jcopy.or.jp）の許諾を得てください．

◆ 色彩効果の図解と本文の簡潔な解説により数学の諸概念を一目瞭然化！

ドイツ Deutscher Taschenbuch Verlag 社の『dtv-Atlas事典シリーズ』は、見開き2ページで1つのテーマが完結するように構成されている。右ページに本文の簡潔で分り易い解説を記載し、かつ左ページにそのテーマの中心的な話題を図像化して表現し、本文と図解の相乗効果で理解をより深められるように工夫されている。これは、他の類書には見られない『dtv-Atlas 事典シリーズ』に共通する最大の特徴と言える。本書は、このシリーズの『dtv-Atlas Mathematik』と『dtv-Atlas Schulmathematik』の日本語翻訳版。

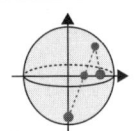

カラー図解 数学事典

Fritz Reinhardt・Heinrich Soeder [著]
Gerd Falk [図作]
浪川幸彦・成木勇夫・長岡昇勇・林 芳樹 [訳]

数学の最も重要な分野の諸概念を網羅的に収録し、その概観を分り易く提供。数学を理解するためには、繰り返し熟考し、計算し、図を書く必要があるが、本書のカラー図解ページはその助けとなる。

【主要目次】 まえがき／記号の索引／序章／数理論理学／集合論／関係と構造／数系の構成／代数学／数論／幾何学／解析幾何学／位相空間論／代数的位相幾何学／グラフ理論／実解析学の基礎／微分法／積分法／関数解析学／微分方程式論／微分幾何学／複素関数論／組合せ論／確率論と統計学／線形計画法／参考文献／索引／著者紹介／訳者あとがき／訳者紹介

■菊判・ソフト上製本・508頁・定価6,050円(税込)■

カラー図解 学校数学事典

Fritz Reinhardt [著]
Carsten Reinhardt・Ingo Reinhardt [図作]
長岡昇勇・長岡由美子 [訳]

『カラー図解 数学事典』の姉妹編として、日本の中学・高校・大学初年級に相当するドイツ・ギムナジウム第5学年から13学年で学ぶ学校数学の基礎概念を1冊に編纂。定義は青で印刷し、定理や重要な結果は緑色で網掛けし、幾何学では彩色がより効果を上げている。

【主要目次】 まえがき／記号一覧／図表頁凡例／短縮形一覧／学校数学の単元分野／集合論の表現／数集合／方程式と不等式／対応と関数／極限値概念／微分計算と積分計算／平面幾何学／空間幾何学／解析幾何学とベクトル計算／推測統計学／論理学／公式集／参考文献／索引／著者紹介／訳者あとがき／訳者紹介

■菊判・ソフト上製本・296頁・定価4,400円(税込)■

www.kyoritsu-pub.co.jp　　共立出版　　(価格は変更される場合がございます)